KB014331

디지털 정글에서
살아남는 법 2

디지털 정글에서 살아남는 법

2

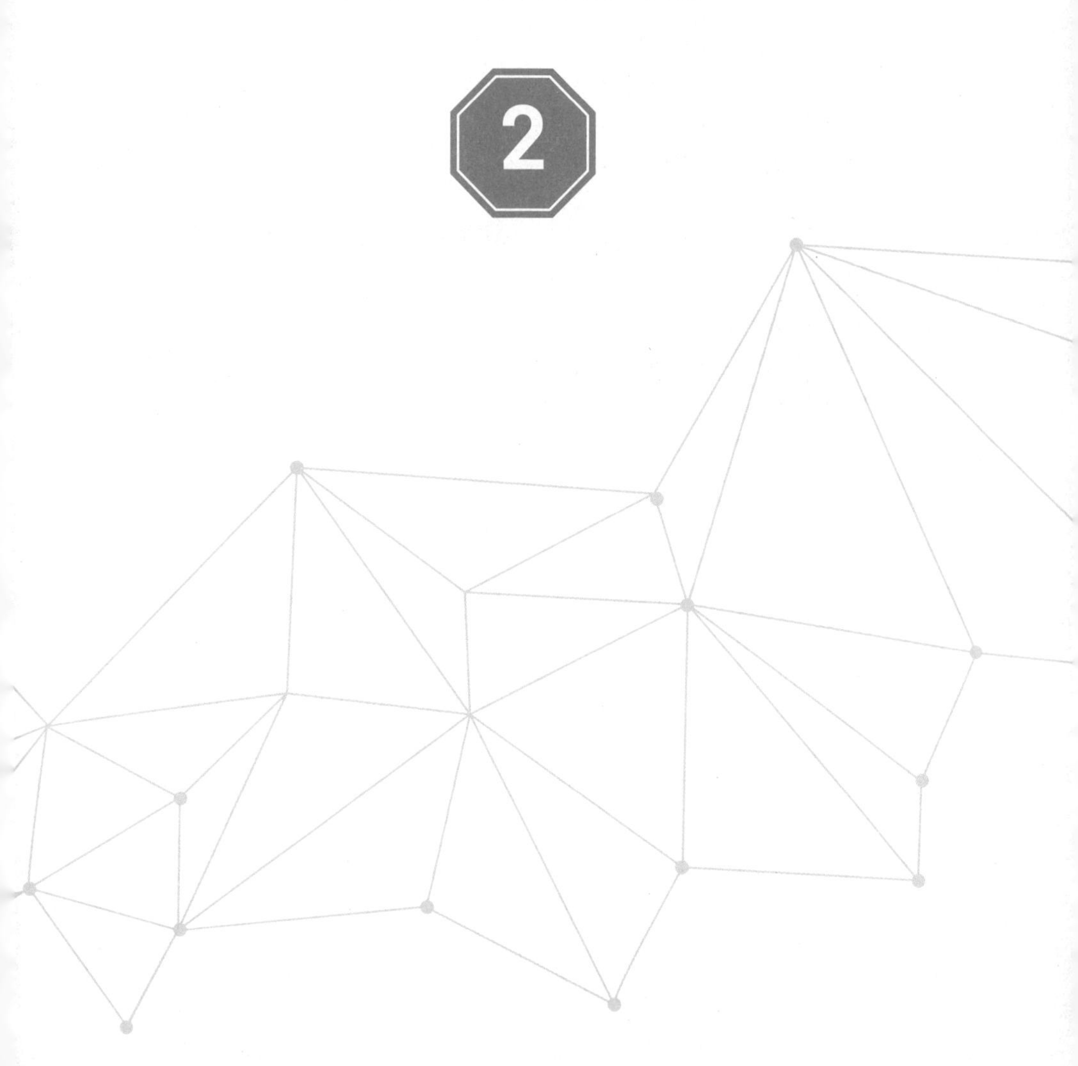

C O N T E N T S

1권

C O N T E N T S

C O N T E N T S

2권

C O N T E N T S

PART 3

개인의 역량 강화

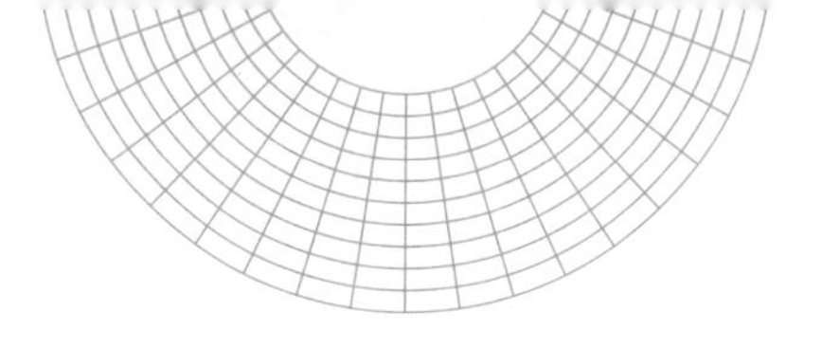

PART **3**

개인의 **역량 강화**

1 디지털 역량의 중요성

"기술적 발전은 놀라울 만큼 강력한 힘을 가지고 있지만, 우리의 운명을 결정짓는 것은 아닙니다. 기술은 우리를 유토피아로 끌어올리거나 원치 않는 미래로 데려가지 않습니다. 그렇게 할 수 있는 힘은 우리 인간에게 있습니다. 기술은 단지 우리의 도구일 뿐입니다."

- 에릭 브린욜프슨 (Erik Brynjolfsson, MIT 경영대학원 교수)

디지털 역량이란 무엇이며, 왜 중요한가?

4차 산업혁명은 곧 디지털 기술의 발전이라고 해도 과언이 아닙니다. 그러므로 4차 산업혁명 시대에 디지털 능력은 개인의 역량 강화에 있어서 중요한 요소로 부각되고 있습니다. 이제는 디지털 역량을 갖추는 것이 개인의 경쟁력과 성공을 위해 필수적인 요구 사항이 되었습니다. 그렇다면 디지털 역량은 구체적으로 무엇을 의미한 것일까요?

'디지털 역량(digital competency)'은 디지털 기술을 활용하여 과제 수행, 문제 해결, 커뮤니케이션, 정보 관리, 협업, 콘텐츠 생성 및 공유 등의 활동을 수행할 수 있는 능력을 의미합니다. 여기에는 디지털 기술에 대한 지식과 태도도 포함됩니다. 그리고 이 모든 활동을 효과적이고 적절하게, 그리고 독립적으로 수행할 수 있어야 합니다. 또 안전에 유의하면서 비판적이고 창의적이며 윤리적으로 수행할 수 있어야 합니다. 디지털 역량은 '디지털 경쟁력'이라고도 합니다. 한마디로 디지털 기기, 소프트웨어, 데이터 분석 등을 이용하여 자신의 업무와 일상생활을 보다 효과적으로 수행하는 능력입니다.

디지털 역량은 '디지털 리터러시'에 기반을 두고 있습니다. 디지털 리터러시(digital literacy)란 문자 그대로 디지털 기술에 대한 이해력을 의미하는데, 디지털 기술과 정보를 이해하고 활용하는 능력을 말합니다. 글을 쓰거나 읽지 못하는 것을 '문맹(illiteracy)' 즉 '까막눈'이라고 하고, 그 반대를 '문해력(literacy)'이라고 합니다. 디지털 리터러시는 바로 여기에 빗대서 나온 말입니다. 이는 기본적으로 디지털 기기와 소프트웨어의 사용법을 이해하고, 온라인 환경에서 정보를 검색·평가할 수 있는 능력을 갖추는 것을 의미합니다. 단지 'ABCD'를 읽는다고 해서 영어 까막눈을 벗어났다고는 할 수 없는 것과 마찬가지로, 우리가 스마트폰과 소셜네트워크를 사용하고 있다고 해서 디지털 리터러시 능력을 갖췄다고는 할 수 없을 것입니다. 둘째로, 디지털 역량은 디지털 기술을 이해하고 활용할 수 있어야 합니다. 이는 디지털 기기와 소프트웨어의 작동 원리와 기능을 이해하고, 다양한 디지털 도구를 적절히 활용하는 능력을 말합니다. 예를 들면, 워드 프로세서(한컴 한글, MS 워드)나 스프레드시트 프로그램(엑셀, 한셀) 등의 오피스 소프트웨어를 활용하여 문서 작성이나 데이터 분석을 수행할 수 있어야 합니다. 셋째로, 디지털 역량은 데이터 관리와 분석 능력을 요구합니다. 현대 사회에서는 많은 양의 데이터가 생성되고 수집되는데, 이를 분석하여 유용한 정보를 도출하는 능력이 중요합니다. 데이터의 수집, 가공, 분석, 시각화 등의 과정을 이해하고 데이터를 활용하여 문제를 해결하고 의사 결정을 내릴 수 있어야 합니다. 마지막으로, 디지털 역량은 디지털 안전과 보안에 대해 이해하고 필요시에는 조치할 수 있어야 합니다. 디지털 시대에서는 개인정보와 온라인 활동의 보호가 매우 중요한 문제가 되었습니다. 개인은 디지털 위협에 대한 인식을 갖고, 암호화, 안티바이러스 소프트웨어, 강력한 암호 등의 보안 조치를 취할 수 있어야 합니다.

이러한 개인의 능력을 포괄하는 디지털 역량은 현대 사회에서 필수적인 생활 기술로 자리 잡았습니다. 디지털 기기와 소프트웨어는 우리의 일상생활을 더욱 편리하고 효율적으로 만들어줍니다. 이메일, 메신저, 온라인 쇼핑 등은 커뮤니케이션과 거래 방식을 혁신적으로 변화시켰습니다. 디지털 역량을 통해 이러한 도구들을 적절히 활용하고, 디지털 리터러시를 갖추는 것은 현대 사회에서 성공적인 삶을 살아가는 데에 있어서 핵심 요소입니다.

디지털 역량은 직업적인 성장과 경쟁력을 향상시키는 데에도 중요한 역할을 합니다. 기업과 조직에서는 디지털 기술의 발전에 따라 디지털 역량을 갖춘 인재를 선호하며, 이를 바탕으로 업무를 더욱 효율적으로 수행할 수 있습니다. 데이터 분석, 프로그래밍, 디지털 마케팅 등의 디지털 역량은 직무 수행 능력을 높이고 경쟁력을 강화하는 데에 큰 도움을 줍니다. 또한, 산업의 디지털화와 자동화가 진행되는 시대에서는 디지털 역량을 갖춘 개인이 훨씬 미래 사회에 적합한 직업을 가질 기회를 얻을 수 있습니다.

창업이나 스스로 사업을 시작하는 개인에게도 디지털 역량이 차지하는 비중은 점점 높아지고 있습니다. 디지털 기술의 발전은 새로운 비즈니스 모델과 기회를 창출하고, 창업자들에게 혁신적인 아이디어를 실현할 수 있는 플랫폼을 제공합니다. 디지털 역량을 갖춘 창업자는 디지털 마케팅 전략, 온라인 플랫폼 활용, 데이터 분석과 예측 등을 통해 비즈니스를 확장하고 성장시킬 수 있습니다.

디지털 역량은 창업 과정에서 협력과 네트워킹을 강화시키는 역할도 합니다. 디지털 플랫폼과 소셜 미디어를 활용한 네트워킹은 새로운 비즈니스 파트너와의 연결과 협업 기회를 제공하며, 다양한 리소스와 지원을 받을 수 있는 환경을 조성합니다.

이와 더불어 개인의 사회적 참여와 창의성 발휘에도 큰 영향을 미칩니다. 소셜 미디어와 온라인 플랫폼은 다양한 사람들과의 소통과 네트워킹을 가능하게 하며, 창의적인 아이디어의 공유와 협업을 촉진합니다. 개인의 디지털 역량이 강화될수록 사회적으로 더 큰 영향력을 발휘할 수 있고, 지식과 정보를 나누며 혁신적인 아이디어를 선보일 수 있습니다.

디지털 역량은 지속적인 성장과 발전을 위한 필수 요소이기도 합니다. 4차 산업혁명 시대는 기술과 환경의 변화가 빠르게 일어나는 시대입니다. 따라서 디지털 역량을 갖춘 개인은 변화에 대응하고 새로운 기술과 트렌드에 대한 이해력을 가지며, 지속적인 학습과 업데이트를 통해 자신의 전문성을 유지하고 향상시킬 수 있습니다. 디지털 역량을 강화하는 것은 개인의 성장과 진보를 위한 필수적인 도구가 되며, 미래 사회에서의 성공적인 존재로서 자리매김 하는 데 큰 도움을 줄 것입니다.

이처럼 디지털 역량은 현대 사회에서 개인이 성공적으로 살아남고 발전하기 위한 필수적인 능력입니다. 디지털 시대의 요구에 부응하고, 끊임없이 진화하는 기술과 환경에 적응하기 위해서는 디지털 역량을 강화하고 업데이트하는 것이 필요합니다.

디지털 역량 평가와 항목

디지털 역량 평가는 디지털 기술의 실제 활용 능력을 측정하는 방법입니다. 디지털 역량 평가는 단순히 디지털 기기나 서비스의 사용량을 측정하는 것을 넘어섭니다. 실질적인 디지털 역량을 평가하기 위해 디지털 도구를 어떻게 활용하는지, 어떻게 문제를 해결하고 협업하는지, 어떻게 창조적으로 콘텐츠를 생산하고 공유하는지를 평가하게 됩니다. 이에 더하여 디지털 능력을 얼마나 효과적이고 적절하게 활용하는가?, 안전하게 사용하는가?, 비판적이고 창의적으로 활용하는가?, 윤리적인 마인드는 가지고 있는가?와 같은 요소도 반영해야 합니다.

디지털 역량 평가는 개인과 조직의 디지털 역량을 개발하고 증진하는 데 중요한 도구입니다. 평가 결과를 통해 개인은 자신의 디지털 역량을 파악하고 강화할 수 있는 방향을 알게 되며, 조직은 디지털 역량을 향상시키기 위한 교육 및 개발 프로그램을 구축할 수 있습니다. 디지털 역량 평가는 디지털 시대의 요구에 부합하며, 변화하는 기술과 환경에 적응하기 위한 중요한 요소입니다.

디지털 기술은 끊임없이 발전하고 진화하고 있습니다. 이러한 발전은 디지털 역량 평가 기준에도 영향을 미칠 수밖에 없습니다. 새로운 기술이 도입되면서 디지털 역량 평가는 이러한 변화에 적응해야 할 것이기 때문입니다. 예전에는 단순히 디지털 도구의 사용 능력만을 평가했지만, 지금은 더욱 포괄적인 역량을 요구하고 있습니다. 디지털 기술의 발전은 새로운 활동과 목표를 창출하고 있으며, 디지털 역량의 중요성은 한층 더 커지고 있습니다. 디지털 역량 평가는 현재의 기술과 그 응용에 대한 관계를 항상 고려해야 합니다. 이는 디지털 기술의 업데이트와 변화에 따라 평가 기준을 조정하고 새로운 측면을 반영하는 것을 의미합니다.

디지털 역량의 정의와 범위는 매우 다양하여 일률적으로 단정짓기 어려우며, 여러 가지 주장과 영역이 등장하고 있습니다. 디지털 도구 및 프로세스와 관련된 대부분의 개념들도 마찬가지입니다. 기술이 빠른 속도로 발전하는 데다 가능한 디지털 활동과 목표 역시 수시로 변화하기 때문입니다. IT 리터러시, 디지털 리터러시, 미디어 리터러시,

정보 리터러시, 인터넷 리터러시 등이 이에 해당합니다. 이들은 기술 발전과 함께 등장하고 사회가 새로운 역량의 필요성을 인식하면서 등장한 것입니다. 이 책에서는 우리의 삶과 관련된 일반적인 목적에 중요한 디지털 관련 지식 및 기술, 역량을 중심으로 평가 항목을 선정했습니다. 그리고 그 목적은 각 영역에서 우리의 능력을 평가하고 그 결과에 따라 어느 분야의 학습이 필요한지 스스로 알 수 있도록 하는 것입니다.

디지털 역량은 실제로 디지털 도구나 플랫폼을 사용하는 능력뿐만 아니라 적합한 **기술**, **지식**, **태도**를 결합하는 능력으로 이해하는 것이 중요합니다. 따라서 디지털 역량 평가 항목 선정 시 이들 3가지 속성을 종합적으로 고려해야 합니다.

기술 : 디지털 도구 및 미디어 사용 기술

기술은 방법, 자료, 도구 등을 적용하여 실제적으로 과제나 문제를 해결할 수 있는 능력을 의미합니다.

예

- 생산적 기술 : 다양한 응용 프로그램을 사용하여 여러 형태의 멀티미디어를 생성하거나 편집하는 능력입니다.
- 소통적 기술 : 의사 소통 과제를 해결하기 위한 방법론과 전략, 필요한 응용 프로그램의 사용 능력 등이 여기에 해당됩니다.
- 정보적 기술 : 로그인 기능 사용, 과제 수행을 위한 자료 찾기, 파일을 다른 형식으로 변환하는 등의 기술입니다.

지식 : 디지털과 관련된 지식과 이론 및 원리에 대한 이해력

지식은 학습을 통해 습득한 정보이며, 직업이나 연구와 관련된 사실, 이론, 원리, 전통 등의 모음입니다. 이론적인 지식과 사실적인 지식으로 나눌 수 있습니다.

예

- 생산적 지식 : 새로운 기술에 대한 지식과, 어떻게 하면 그것들을 기존의 작업이나 업무에 유용하게 활용할 수 있는지에 대한 지식입니다.
- 소통적 지식 : 미디어 효과에 대한 이론이나 다양한 디지털 협업 도구의 지식 등입니다.
- 정보적 지식 : 관련 검색 엔진, 셀프 서비스 솔루션, 저장 가능성 및 정보의 타당성을 평가하는 전략에 대한 지식 등입니다.

태도 : 전략적 사용, 개방성, 비판적 이해, 창의성, 책임감 및 독립성 등에 대한 태도

태도는 우리의 활동 뒤에 있는 사고 방식과 동기를 말하는데, 디지털 활동에 큰 영향을 미칩니다. 여기에는 윤리, 가치, 우선순위, 책임, 협력 및 자율성 등이 있습니다.

예

- 디지털 생산에 대한 태도 : 무엇을 생산하고, 무엇을 공유해야 하는지에 대한 윤리적 기준을 가지고 있는가 하는 문제입니다.
- 의사 소통에 대한 태도 : 미디어를 통해 다른 사람과 대화함으로써 가치와 의미를 느끼는가에 대한 평가입니다. 상대방이 오해하지 않도록 어휘나 말투를 주의해서 쓰는 것 같은 태도가 포함됩니다.

- 정보에 대한 태도 : 디지털 정보를 찾고 저장하는 과정에서 얼마나 적극적이고 분석적이며 비판적인 자세를 갖는가에 대한 평가입니다. 이는 정보에 대한 적극적인 탐색과 신중한 분석을 통해 디지털 정보를 찾고 저장하는 태도를 의미합니다.

디지털 역량 평가 영역 및 세부 항목

디지털 역량의 범위는 매우 복잡하고 보는 사람에 따라 달라지기 때문에 중요 범주 구분에도 차이가 있을 수 있습니다. 여기서는 4가지 영역으로 구분해 보기로 합니다. 영역들 사이에는 중첩되는 부분이 있을 수 있으며, 단일 영역으로 분리할 수 없는 다양한 활동들이 존재합니다. 4개의 주요 영역으로 나누게 되면 그만큼 복잡성을 줄여 단순화는 장점이 있는 대신 정확도는 낮아지게 됩니다. 그렇지만 해당 분야에 대해 쉽게 이해할 수 있다는 장점은 있습니다.

평가 영역	내용
정보	디지털 정보를 식별·검색·저장·분류·분석하는 능력과, 관련성과 목적을 평가할 수 있는 능력
커뮤티케이션(소통)	네트워크에 접속하여 온라인상의 팀과 소통, 협력, 상호작용하고 참여하는 능력과 적절한 미디어를 활용할 수 있고, 적합한 말투로 적절하게 행위하는 능력
생산	디지털 콘텐츠를 구성·생산·편집하고, 디지털 문제를 해결하며, 기술을 활용하는 새로운 방법을 탐구할 수 있는 능력
안전	데이터, 신원, 업무상 재해와 관련하여 디지털 기술을 안전하고 지속가능하게 사용할 수 있는 능력과 법적 권리, 의무, 결과에 주의를 기울이는 능력

◆ 정보 영역

▸ **저장** : 디지털 자료를 포맷하고 조직화하며 안전성과 접근성을 고려하여 저장하는 능력

예

- 자료를 저장할 때 보안, 이용 가능성, 법적 측면을 신중히 고려합니다.
- 사진, 동영상, 문서를 클라우드에 저장하는 방법을 알고 있습니다.
- 나중에 자료를 다시 찾을 때 쉽게 찾을 수 있는 방식으로 내용을 저장할 수 있습니다.
- 자료가 저장되는 위치와 방법에 대한 지침을 이해합니다.
- 다양한 파일 형식의 장단점을 알고 있습니다.
- 사진을 가장 적합한 형식(jpg, png, raw)으로 포맷하고 저장할 수 있습니다.
- 클라우드, 하드 드라이브, 휴대용 장치에 데이터를 저장할 때의 장단점을 알고 있습니다.

▸ **검색** : 디지털 정보를 검색하고, 다양한 온라인 자료를 탐색하며, 관련 없는 정보를 걸러내는 능력

예

- 적합한 검색 엔진을 사용하여 복잡한 주제를 빠르게 조사하고 팩트, 학습 자료 또는 전문가를 찾을 수 있습니다.
- 필터를 사용하여 검색 결과를 날짜, 작성자, 멀티미디어, 파일 형식 등을 기준으로 정렬할 수 있습니다.
- 웹에서 기차 시간표, 팩트, 영업 시간 및 뉴스를 직관적으로 검색합니다.

정보에 대한 비판적 평가 : 디지털 정보를 송수신할 때 이를 처리하고 이해하며 비판적으로 평가할 수 있는 능력

예

- 개인적인 관심사, 프로필 사진, 혼인 상태 및 종교와 같은 정보가 향후 직업에 어떤 영향을 미칠 수 있는지 항상 신중히 고려합니다.
- 검색 로봇이 디지털 자료를 처리하고 인덱싱(색인)하는 방식과 이러한 검색 결과가 사용자에게 제시되는 방식을 이해합니다.
- 항상 작성자와 웹사이트의 신뢰도, 정보의 생성 시기 등을 고려합니다.
- 온라인에서 읽는 내용이 사실인지에 대해 생각합니다.
- 발신자가 실제로는 그 사람이 아닌 것으로 보이는 메시지나 이메일을 분별할 수 있습니다.

온라인 서비스 탐색 및 활용 : 스스로 온라인으로 제공되는 서비스를 찾아 이용하려는 의지와 능력

예

- 신용카드 정보, 주소 또는 주민등록번호를 사용할 때 안전하다고 느낍니다.
- 온라인 뱅킹을 통해 주소 변경, 건강보험증 신청, 치과 예약, 청구서 결제 등을 할 수 있습니다.
- 전화나 직접 문의하기 전에 항상 온라인 셀프 서비스 솔루션(예: 예약이나 티켓 구매)을 먼저 찾아보려고 합니다.

커뮤니케이션 영역

소통 분야에 강한 직업군으로는 저널리스트, 인사 담당자, 마케터 등을 들 수 있습니다. 소통의 주요 영역을 구체화하기 위해 다음 네 가

지 능력으로 세분화해 볼 수 있습니다. 각 디지털 능력에는 해당 능력을 더 명확하게 설명하기 위해 참고가 될만한 예도 몇 가지씩 추가했습니다.

- **능동적 참여** : 디지털 환경에서 적극적으로 참여하고 의견을 표현하거나 다른 방식으로 적극적으로 기여하며 자신을 드러내 보이려는 의지와 능력

예

- 인터넷의 정치 토론과 정치적 메시지 공유에 대한 장단점을 이해합니다. 예를 들어, 바이럴 미디어입니다.
- 네이버 밴드, 카페, 유튜브, 트위터, 페이스북, 인스타그램, 링크드인과 같은 같은 전문적·사회적 네트워크를 알고 있습니다.
- 자주 신문 기사에 댓글을 달거나, 블로그에 글을 쓰거나, 소셜 미디어에서 게시물을 공유하거나, 전문 네트워크에서 적극적으로 참여합니다.

- **협업** : 팀워크, 조정 및 협력 프로세스에 대한 기술과 미디어 사용 능력

예

- 여러 그룹과 함께 작업하는 데 필요한 다양한 디지털 협업 도구를 알고 사용할 수 있습니다.
- 기술이 협업을 더 쉽고 좋게 만들 수 있는 경우와 그렇지 않은 경우를 알고 있습니다.
- 텍스트를 쓸 때 특정 어조를 사용하여 수신자에게 의견이나 감정을 전달하는 능력이 있습니다.

- 이메일을 빠르게 쓰고, 명확하게 의미를 전달하며, 상대방이 오해를 일으키지 않도록 쓸 수 있습니다.
- 디지털 협업의 원칙을 알고, 팀과 프로젝트를 조율하는 방법을 이해합니다.

사회적인 인식 : 사회적 관계의 맥락에서 행동, 어조, 언어 및 기술을 조화롭게 사용하는 능력

예

- 다른 사람의 우려를 존중합니다. 예를 들어, 다른 사람이 좋게 부탁하면 관련 컨텐츠를 삭제하는 것입니다.
- 웹에서 다른 사람을 만났을 때 그들의 감정, 생각, 태도를 이해할 수 있습니다.
- 모욕적인 댓글이나 무례한 이메일에 대한 대응 방식을 미리 정해놨습니다.

미디어 선택 : 다양한 디지털 플랫폼을 통해 상호작용하고 특정 수신자나 그룹에 가장 적합한 미디어를 선택할 수 있는 능력

예

- 어떤 미디어 유형이 어떤 점에서 좋고 나쁜지 알고 있습니다.
- 전화, 이메일, 채팅, 비디오 회의, SMS와 같은 커뮤니케이션 기술의 다양한 장단점을 이해합니다.
- 온라인 서비스를 사용하기 위해 받아들여야 하는 규칙을 항상 확인합니다.
- 어떨 때는 사진이 천 개의 말보다 가치가 있다는 것을 이해합니다. 또 짧은 비디오 형식이 가장 적합할 때도 있다는 것을 알고 있습니다.

◆ 생산 영역

생산과 공유

이미지, 텍스트, 비디오, 사운드 등 다양한 형식의 콘텐츠를 만들고, 편집·수정하는 능력

예

- 가장 적합한 형식으로 사진을 포맷하고 저장할 수 있습니다. (예: jpg, png, raw)
- 사진, 음악, 비디오 등을 오직 디지털로만 만드는 것에 기쁨을 느낍니다.
- 포토샵, 파이널 컷, 아도비 프리미어, 워드 등의 프로그램에서 사진, 비디오, 텍스트, 오디오를 편집할 수 있습니다.
- 웹에 업로드하는 콘텐츠를 공개적으로 접근 가능하게 할지, 숨겨져야 할지, 혹은 폐쇄된 그룹에서만 볼 수 있게 할지 항상 고려합니다.

디지털 탐색 : 기술적 발전에 대한 최신 정보를 얻고 새로운 디지털 기회를 탐색하려는 의지와 능력

예

- 새로운 디지털 기기, 온라인 서비스, 소프트웨어 사용법을 빠르게 배울 수 있습니다.
- 소프트웨어와 디지털 기기를 지속적으로 업데이트 하는 것에 짜증 나거나 스트레스를 받지 않습니다.
- 새로 나온 스마트폰에 호기심이 생기며, 새로운 가전제품이나 신기술에 대해 이야기하는 것에 관심이 있습니다.
- 자신이 웹에 공유한 콘텐츠를 많은 사람들이 보게 하고 주목을 끌 수 있는 여러 가지 방법을 알고 있습니다.
- 텍스트, 비디오, 이미지를 무료로 업로드할 수 있는 다양한 웹 사이트를 알고 있습니다.

자동화 : 작업을 완전 또는 부분적으로 자동화하고 수행하는 데 필요한 솔루션을 활용하는 능력

예

- 엑셀, MySQL, MS 엑세스, 오라클과 같은 데이터베이스를 적절히 활용하여 데이터를 저장하는 방법을 알고 있습니다.
- 프로그래밍에서 완성된 프로그램으로 이어지는 소프트웨어 제작 과정에 대한 지식을 갖고 있습니다.
- 오프라인 훈련 과정을 유연한 이러닝으로 대체할 수 있고, 주간 회의를 비디오 회의로 대체할 수 있는 경우와 방법을 이해합니다.

구성 : 자신의 필요에 맞게 응용 프로그램과 장치를 설정하고 기술적인 문제나 과제를 해결할 수 있는 능력

예

- 기술적 문제가 발생해도 좌절하거나 포기하지 않습니다.
- 어떤 일이 정확히 어떻게 일어날지 미리 알지 못하더라도 시도해보는 것을 두려워하지 않습니다 (예: 프린터가 인쇄되지 않을 때).
- CPU, RAM, 메인보드, 케이블 (예: HDMI), 인터넷 공유기와 같은 요소들이 서로 어떻게 연결되는지 이해하고 있습니다.

안전 영역

법률 : 디지털 행동, 정보 및 콘텐츠에 대한 법규와 저작권에 대한 지식

예

- 다른 사람에 관해 글을 쓰고 공유할 때 합법적인 부분과 불법적인 부분에 대해 정확히 알고 있습니다.

- 다른 사람이 만든 웹 자료를 사용할 때 저작권에 주의를 기울입니다.
- 협박, 괴롭힘, 소문과 비밀 유포가 어떤 경우에 불법적인 행위가 되는지 알고 있습니다.
- 온라인상에 게재된 사진을 사용하기 전에 저작권을 확인합니다.
- 마케팅, 소문, 스팸, 저작권, 위협, 차별, 사적인 사진 또는 웹상의 추측 등과 관련된 법규를 알고 있습니다.

신원 관리 : 온라인에서 개인 정보를 모니터링하고 보호할 수 있으며, 개인적인 디지털 흔적이 가져올 수 있는 결과를 이해하는 능력

예

- 웹상에서 개인 정보를 공유할 경우에 어떤 일이 일어날 수 있는지 고려합니다.
- 자신의 프로필 사진, 혼인 상태, 정치적 견해, 종교 등과 같은 개인 정보가 미래의 경력에 영향을 미칠 수 있다는 것을 이해하고 있습니다.
- 프로필 사진, 이전 댓글, 주소, 직업, 교육 등과 같은 개인 데이터를 검색하고 찾을 수 있는 능력이 있습니다.
- 공개 공간에서 다른 사람이나 조직을 비평하거나 칭찬하는 것이 그들에게 어떤 영향을 미칠 수 있는지 이해합니다.
- 개인 정보로 간주되는 이미지와 정보가 무엇인지 명확히 알고 있습니다.

데이터 보호 : 민감한 데이터를 식별하고 보호할 수 있는 능력 및 관련 위험을 이해하는 능력

예

- 2단계 인증 또는 문서에 암호 보호를 사용하고, 전송될 때 암호화되도록 하는 능력

• 사용자 이름, 비밀번호 또는 신용카드 정보와 같은 민감한 데이터를 빼가려는 시도가 어떤 것인지 알고 있습니다.
• 온라인 암호를 만들 때 특수기호, 숫자, 대문자를 섞어서 사용하고, 가족이나 전화번호, 주민번호, 애완동물 이름 따위를 사용하지 않습니다.

건강 : 기술과 미디어로 둘러싸인 일상에서 신체적·정신적 건강을 챙기는 능력

예

• 컴퓨터나 스마트 기기를 과다하게 사용할 경우 두통, 침침한 눈 또는 손목 통증 같은 증상이 나타날 수 있다는 것을 알고 있습니다.
• 되돌리기, 검색, 스크린샷, 진하게 표시하기, 확대/축소와 같이 흔하게 쓰이는 단축키들을 알고 실제로 사용하고 있습니다. (예, 복사하기 Ctrl + C, 붙여넣기 Ctrl + V)
• 바른 자세, 스크린 높이, 다리 위치, 최적의 작업 도구 등에 대한 지식이 있습니다.

자신의 디지털 역량 평가해 보기

디지털 역량 평가지로 직접 자신의 역량을 평가해 보고 부족한 부분이 있는 경우 학습과 훈련을 통해 디지털 경쟁력을 강화하는 방법을 찾길 권합니다. 다음 웹사이트에 접속하여 개인별 디지털 역량 평가지로 측정하여 평균 점수를 구한 후 다음의 기준에 따라 스스로의 역량을 평가해 보세요.

* 디지털 역량 평가지 : imioim.com/51

<평가기준>

레벨	수준	점수(평균)	디지털 역량 수준	디지털 역량 개발
1	기초	1~15	도움말이나 지침이 있을 때 간단한 디지털 업무 수행 가능	디지털 개념 학습, 간단한 프로그램 활용 도전
2	초급	16~30	간단한 업무는 스스로 수행 가능하고, 도움말이 있는 경우 좀 더 복잡한 업무 수행 가능	업무와 관련된 응용프로그램과 디지털 도구에 대해 전문적인 학습
3	초급	31~45	간단한 업무는 스스로 수행 가능하고, 도움말이 있는 경우 좀 더 복잡한 업무 수행 가능	업무와 관련된 응용프로그램과 디지털 도구에 대해 전문적인 학습
4	중급	46~60	스스로 문제 해결 방법을 찾아내 고급 업무 수행	업무 외 응용프로그램 중 업무에 도움이 되는 프로그램 전문적 활용 학습, 데이터 관리 및 시각화 프로그램 활용 능력 습득
5	중급	61~70	스스로 문제 해결하는 방법을 찾아내 고급 업무 수행	업무 외 응용프로그램 중 업무에 도움이 되는 프로그램 전문적 활용 학습, 데이터 관리 및 시각화 프로그램 활용 능력 습득
6	고급	71~80	디지털 도구를 사용하여 다양한 분야의 문제 해결, 고급 업무 수행, 타인에게 디지털 업무 지침 제공	간단한 솔루션은 스스로 제작할 수 있도록 코딩 능력 강화

7	최고급	81~90	대부분의 복잡한 문제들에 대해 해결 가능하고, 특정 분야에서는 전문가 수준	4차 산업혁명의 흐름을 평가하고 예측하는 능력 함양, 관심 분야의 문제 해결 툴을 만들 수 있도록 코딩 능력 강화
8	전문가	91~100	여러 기능이 요구되는 복잡한 문제에 대한 최적의 해결 책 도출 가능, 새로운 도구 및 솔루션 개발이 가능한 전문가 수준	필요한 분야에 대한 전문지식 습득, 새로운 기술 정보 탐색, 효율적 문제 해결 방안 수립 및 제시

디지털 역량을 갖추는 데 필요한 기술들

개인이 디지털 역량을 갖추는데 필요한 기술은 간단한 컴퓨터 조작, 모바일 기기 활용에서부터 인공지능 활용, 고급 프로그래밍에 이르기까지 다양하고 수준 또한 초급에서 고급까지 천차만별이어서 어느 수준까지 갖춰야 한다고 못 박는 것은 어려울 뿐만 아니라 불필요한 일이기도 합니다. 디지털 역량을 개발하는 데 있어 중요한 것은 자신이 하는 일에 디지털 도구들을 최대한 활용해서 생산성을 극대화시키는 것입니다. 그러므로 필요한 기술 수준은 각자의 일에 따라 달라질 것입니다. 여기서는 일반적인 업무에서 디지털 도구들을 활용할 수 있는 능력을 갖추기 위해 필요한 디지털 기술들을 중심으로 이야기해 보겠습니다.

◆ 문서 작성 및 편집

디지털 시대에서는 문서 작성과 편집이 필수적인 업무입니다. 개인은 워드 프로세서 소프트웨어(예: 한컴의 한글, MS 워드, 구글 Docs)

를 이용하여 문서를 작성하고 서식을 편집하는 기술을 익혀야 합니다. 또한, 협업을 위해 클라우드 기반 문서 공유와 동시 편집 기능을 활용할 수 있어야 합니다.

◆ **스프레드시트 활용**

스프레드시트는 데이터의 관리와 분석에 중요한 역할을 합니다. 개인은 엑셀(Excel) 또는 한컴의 한셀 등의 소프트웨어를 이용하여 데이터를 정리하고 계산하는 기술을 습득해야 합니다. 많은 사람들이 엑셀과 같은 스프레드시트 프로그램을 사용하지만 데이터를 다양하게 가공해서 필요한 결과를 얻거나 업무의 생산성을 높이는 데는 익숙하지 못합니다. 엑셀에는 수많은 함수가 있어서 다양한 문제들을 해결할 수 있는데, 함수들을 잘 사용하는 방법은 엑셀에 어떤 함수가 제공되는지, 그리고 그 함수를 쓰는 방법이 무엇인지를 알려주는 도움말을 익히는 것입니다. 이와 함께 함수와 수식을 활용하여 데이터를 분석하고 시각화하는 능력도 필요합니다.

◆ **프레젠테이션 기술**

회의나 발표 시 자신의 생각과 정보를 명확하게 전달하기 위해 프레젠테이션 기술이 필요합니다. 프레젠테이션 소프트웨어(예: MS 파워포인트, 한컴 한쇼)를 활용하여 자료를 구성하고 시각적이고 효과적으로 전달할 수 있는 슬라이드를 제작하는 기술을 익혀야 합니다.

◆ **소셜 미디어 관리**

소셜 미디어는 개인과 기업의 온라인 활동과 소통의 중심이 되었습니다. 개인은 소셜 미디어 플랫폼(예: 블로그, 페이스북, 인스타그램, 트위터, 링크드인)을 활용하여 적절한 컨텐츠를 게시하고 관리하는 기술을 갖추어야 합니다. 또한, 소셜 미디어를 활용한 마케팅 전략과 분석에 대한 이해도 필요합니다.

◆ 기본적인 코딩

디지털 시대에서는 코딩에 대한 이해와 기술이 중요합니다. 개인은 기본적인 코딩 개념과 웹 개발 언어(HTML, CSS)를 이해하고, 웹 페이지의 구성과 디자인을 수정할 수 있어야 합니다. 또한, 자동화 도구나 스크립트를 작성하여 반복적이고 시간 소모적인 작업을 자동화하는 능력도 필요합니다. 이를 위해 기초적인 프로그래밍 언어(예: 파이썬)를 학습하는 것이 유용합니다.

◆ 데이터 분석과 시각화

데이터는 현대 사회에서 매우 중요한 자산이 되었습니다. 개인은 데이터를 수집하고 분석하는 능력을 갖춰야 합니다. 통계적인 기술과 데이터 분석 도구(예: R, 파이썬의 데이터 분석 라이브러리)를 이용하여 데이터를 정리하고 패턴을 발견하며, 시각화 도구를 활용하여 데이터를 이해하기 쉽게 시각화할 수 있어야 합니다. 대표적인 프로그램으로는 파워 BI, 타블로, 데이터 스튜디오가 있습니다.

- 태블로(Tableau) : 타블로는 데이터 시각화 및 비즈니스 인텔리전스 도구로, 사용자 친화적인 인터페이스를 통해 데이터를 시각화하고 대시보드를 생성할 수 있습니다.

- 파워 BI(Power BI) : 마이크로소프트 파워 BI는 데이터 시각화 및 비즈니스 인텔리전스 도구로, 다양한 데이터 원본에서 데이터를 가져와 시각화하고 대화형 보고서 및 대시보드를 생성할 수 있습니다.
- 구글 데이터 스튜디오 : 구글 애널리틱스와 연동되는 툴입니다.

◆ 정보 검색 및 평가

인터넷 시대에는 다양한 정보가 곳곳에 흩어져 있습니다. 개인은 온라인에서 필요한 정보를 효과적으로 검색하고, 신뢰할 수 있는 소스를 판별하는 능력을 갖추어야 합니다. 검색 엔진의 사용법과 정보 평가 기준을 익히는 것이 중요합니다.

◆ 프로젝트 관리 도구

개인이 프로젝트를 계획하고 진행할 때 프로젝트 관리 도구를 활용하는 것이 효율적입니다. 개인은 프로젝트 관리 도구(예: 프로젝트 관리 소프트웨어, 작업 관리 앱)를 활용하여 일정 관리, 작업 할당, 협업, 리소스 관리 등을 효과적으로 수행할 수 있어야 합니다. 이를 통해 개인은 자신의 업무를 체계적으로 계획하고 조직할 수 있으며, 효율적으로 프로젝트를 완료할 수 있습니다. 국내에서는 카카오워스, 네이버웍스와 같은 메신저 기반 협업툴이 있기는 하나 프로젝트형 협업툴은 아직 생소한 개념입니다. 글로벌 기업들이 개발한 프로젝트 관리 소프트웨어로는 다음과 같은 것들이 있습니다.

- 마이크로소프트 프로젝트(Microsoft Project) : 마이크로소프트에서 개발한 프로젝트 관리 소프트웨어로, 프로젝트 일정 관리, 작업 할당, 리소스 관리, 업무 추적 등의 기능을 제공합니다.
- 아사나(Asana) : 클라우드 기반의 프로젝트 관리 소프트웨어로, 팀 협업, 작업 관리, 일정 조정, 업무 추적, 커뮤니케이션 등을 지원합니다.
- 베이스캠프(Basecamp) : 팀 프로젝트 관리 도구로, 업무 할당, 일정 조정, 파일 공유, 토론 등의 기능을 제공하며, 팀원 간의 협업을 용이하게 합니다.
- 슬랙(Slack) : 업무 커뮤니케이션 및 협업 도구로, 팀 채팅, 파일 공유, 멀티미디어 통화 등의 기능을 제공하여 팀 내 의사소통을 강화합니다.
- 먼데이닷컴(Monday.com) : 이스라엘 기업이 개발한 시각적인 작업 관리 및 프로젝트 추적 도구로, 업무 상태, 일정, 작업 할당, 업무 분담 등을 관리하고 시각적으로 표현할 수 있습니다.

◆ 디지털 커뮤니케이션

디지털 시대에서는 원격 협업과 온라인 소통이 더욱 중요해졌습니다. 개인은 이메일, 채팅, 비디오 회의 등 다양한 디지털 커뮤니케이션 도구를 효과적으로 활용하는 기술을 갖추어야 합니다. 적절한 커뮤니케이션 스타일과 원활한 커뮤니케이션 스킬을 통해 효율적인 협업과 의사소통을 이룰 수 있습니다.

◆ 정보 보안 및 개인정보 보호

디지털 시대에서는 사이버 공격과 개인 정보 유출의 위험이 존재합니다. 개인은 정보 보안 및 개인 정보 보호에 대한 인식을 가지고, 안전한 비밀번호 관리, 암호화, 네트워크 보안 등의 기술과 절차를 따라야 합니다. 또한, 안전한 온라인 행동 및 사이버 위협에 대한 경각심을 갖추는 것이 중요합니다.

이처럼 개인이 4차 산업혁명 시대에 필요한 디지털 역량을 갖추기 위해 습득해야 하는 기술은 다양합니다. 개인은 자신의 직무, 관심 분야, 개인적인 목표에 맞춰 이러한 기술들을 선택적으로 학습하고 익히는 것이 중요합니다. 끊임없는 학습과 업무에 대한 적응력을 발전시키는 것이 개인의 디지털 역량을 강화하는 길이며, 미래 사회에서 더욱 능동적이고 성공적인 역할을 수행할 수 있을 것입니다.

2 개인별 디지털 전환과 전략

디지털 전환이란?

'디지털 전환'은 4차 산업혁명의 상징과도 같은 말입니다. 영어 'digital transformation'이라는 말이 어원입니다. 원래 이 말은 스웨덴의 에릭 스톨터만(Erik Stolterman) 교수가 2004년 처음 사용했는데, 'IT 기술을 활용해서 인간의 삶이 좀 더 나은 방향으로 개선되는 현상'이라는 의미를 담고 있습니다. 우리말로는 '디지털 전환', '디지털 변혁'으로 번역돼 사용되고 있으며, 4차 산업혁명의 가장 근간이 되는 변혁으로, 기술을 포함한 모든 분야에 큰 변화를 가져오기 때문에 변혁의 의미를 강조하기 위해 '디지털 대전환'이라고 부르기도 합니다. 영어권에서는 digital transformation 대신 'DX'라는 축약어도 많이 사용합니다. 왜 DT라고 하지 않고 DX라고 하는지에 대해서는 몇 가지 설이 있지만, 가장 유력한 주장은 영어에서 'trans-'라는 접두어가 'cross'의 의미이고, X는 바로 두 선이 교차(cross)하는 모양이어서 DX라고 부른다는 것입니다. 4차 산업혁명이 심화되는 가운데 모든 산업이 직면하고 있는 가장 큰 과제는 '디지털 전환'입니다. 특히 인터넷, IT와 같은 정보 기술 분야가 아닌 전통적인 굴뚝산업이 이 디지털 혁명 시대에 살아남기 위해서는 디지털 전환을 서둘러야 합니다.

그렇다면 '디지털 전환'이란 무엇일까요? 구글 검색 엔진에 'digital transformation'을 넣고 검색해보면 검색 결과가 0.41초 만에 6억5천만 개가 도출됩니다. 그만큼 이제는 디지털 전환이 보편화 됐고, 이를 바탕으로 4차 산업혁명이 빠른 속도로 진행되고 있음을 보여줍니다. 디지털 전환은 조직(기업)마다 다르게 보이기 때문에 모든 사람에게 적용되는 정의를 정확히 파악하기는 어렵습니다. 그러나 일반적으로 디지털 전환은 비즈니스의 모든 영역에 디지털 기술이 통합되어 비즈니스 운영 방식과 고객에게 가치를 제공하는 방식에 근본적인 변화를 가져오는 것으로 정의할 수 있습니다. 또한 조직이 지속적으로 현상에 도전하고, 자주 실험하고, 실패에 익숙해지도록 요구하는 문화적 변화이기도 합니다. 이는 한편으로는 기업들이 도태되지 않고 거세게 밀려오는 새로운 물결에 부응하기 위해 오랜 비즈니스 관행에서 벗어나는 것을 의미합니다.

디지털 전환은 한마디로 '비즈니스 재구성'입니다. 그런데 이 '변화에 따른 재구성'이 단순한 '변혁'을 넘어 현재의 틀이나 가치관을 근본적인 것부터 바꾸어놓는 '파괴적인 변혁'으로 진행되고 있는 것에 주목해야 합니다. 글로벌 오픈소스 솔루션 선도기업 레드햇(Red Hat)이 후원하는 온라인 커뮤니티 '엔터프라이저 프로젝트(The Enterprisers Project)'는 기업의 혁신을 이끄는 CIO와 IT 전문가들을 위한 다양한 자료와 의견이 게재되는 공간입니다. 디지털 전환은 이 커뮤니티가 가장 중요하게 다루고 있는 분야로 여러 전문가의 의견이 게시됩니다. 4차산 업혁명의 선도기업들은 디지털 전환을 위해 가장 우선시해야 할 일이 무엇이라고 생각할까요? 미국에서 '올해의 CIO상'을 수상한 실리콘 밸리 기업 CIO들이 염두에 두고 있는 우선순위는 디지털 전환에 대해 시사하는 바가 큽니다.

◆ **클라우드, 모바일 기기, 가상현실**

애플(Apple) 부사장 데이브 스몰리(Dave Smoley)가 디지털 전환에서 가장 중요하게 여기는 분야는 클라우드, 모바일, 가상현실을 통한 협업 등 3가지입니다. 클라우드는 이미 보편화됐지만 아직도 충분히 활용하지 못하는 산업과 기업들이 많습니다. 이와 마찬가지로 모바일 기기 역시 활용 분야는 무궁무진하게 남아 있습니다. 코로나 팬데믹이 촉진한 가상현실을 통한 협업도 계속 발전시켜 나가야 할 분야입니다.

◆ **매끄러운 디지털 경험**

건설산업 플랫폼 기업인 프로코어(Procore)의 엘로라 셍굽타(Ellora Sengupta) 부사장은 회원사들과 고객 근로자들을 사로잡는, 매력적이고 연결되고 매끄러운 디지털 경험이 가장 중요한 요소라고 생각합니다. 회원사들과 고객 근로자들은 다양한 선택지를 가지고 있지만, 최상의 선택지는 생산성을 높여주는, 단순하면서도 잘 연결되고 직관적인 경험을 제공하는 플랫폼입니다.

◆ 사이버 보안과 인공지능

이퀴닉스(Equinix)는 디지털 장비 플랫폼 기업입니다. 이 회사의 CIO인 밀린드 웨이글(Milind Wagle)은 디지털 전환에 있어 가장 시급한 두 가지 트랜드로 사이버 보안과 인공지능을 꼽습니다. 사람들이 디지털 기술에 익숙해질수록 회사의 보안을 유지하는 일과 새롭고 독창적인 비즈니스를 만들어내는 것이 중요해질 것이라고 보기 때문입니다.

◆ 실시간 데이터 공유 및 초자동화

의료서비스 플랫폼 기업인 캘리포니아 블루 쉴드(Blue Shield of California)사의 CIO로서 리사 데이비스(Lisa Davis)가 화두로 삼고 있는 부문은 실시간 데이터 공유와 초자동화(hyper-automation)입니다. 의료 생태계 내에서 회원과 의료서비스 제공자, 보험회사 간의 실시간 엑세스 및 데이터 공유는 회원들의 요구를 충족시킬 뿐 아니라 사회적 문제인 '건강 불평등 문제' 해결에도 도움이 될 것이기 때문입니다. 여기에 더해 인공지능과 머신 러닝을 접목시킨 초자동화를 통해 고객이 원하면 언제 어디서나 의료 서비스를 제공하는 것을 목표로 삼고 있습니다.

◆ 원격 업무와 문화를 지원하는 기술 솔루션

우버와 쌍벽을 이루고 있는 공유서비스 기업인 리프트(Lyft)사. 이 회사의 에이미 패로우(Amy Farrow) CIO는 근로의 유연성이 자리를 잡은 만큼 핵심적인 요소로 유연 근로를 뒷받침하는 협업 툴과 포트폴리오 관리, 지식 관리, 데이터 통찰력, 워크플로우 자동화, 가상화, 원격 근로에 대한 보안 등을 듭니다. 그는 "기술을 통한 비즈니스 활성화와 레버리지 창출"이 디지털 전환의 핵심적 개념이라고 봅니다.

이 외에도 여러 기업의 CIO들은 디지털 전환에 있어 가장 관심 있게 다뤄야 할 분야로 하이브리드 클라우드, 유연한 아키텍쳐, 데이타 스토리지와 분석 등을 제시하고 있습니다. 이퀴닉스의 웨이글 CIO의 말을 빌리면 "모든 조직은 지금의 불안정한 내외적 환경에서 수익 모델을 보호하고 경쟁력을 유지해야 한다는 강한 압박을 받습니다. 디지털 기술은 의심의 여지 없이 이러한 수익 모델 보호와 수익 창출, 효율성 증진에 큰 역할을 합니다." 그렇습니다. 4차 산업혁명은 기존의 산업구조를 뿌리째 뒤흔들며 산업 주체들에게 디지털 전환을 통해 고도의 효율성에 기반을 둔 새로운 수익 모델을 창출해낼 것을 요구하고 있습니다.

개인별 디지털 전환

그렇다면 4차 산업혁명의 소용돌이 속으로 빠져들고 있는 개인들에게 있어서 디지털 전환이란 무엇을 의미할까요?

'개인별 디지털 전환(personal digital transformation)'이라는 말은 아직 세상에 존재하지 않는 개념입니다. 그도 그럴 것이 디지털 전환이라는 주제는 주로 기업과 사회, 국가 등 비즈니스와 정책 차원에서 논의되고 있기 때문에 개인 차원에서 논하기에는 디지털 전환이라는 주제의 담론 규모가 너무 크고 방대합니다. 이 책에서는 디지털 전환을 개인 차원에서 논해야 하므로, '개인별 디지털 전환'을 "각 개인이 4차 산업혁명과 디지털 시대에 적응하고 성공하기 위해 개인 차원에서 채택해야 하는 디지털 전환 전략과 능력"이라고 정의하겠습니다. 이는 개인이 자신의 역량과 지식을 강화하고 디지털 기술을 효과적으로 활용하여 업무 생산성을 향상시키고 변화에 적응할 수 있도록 하는 것을 목표로 합니다. 개인별 디지털 전환은 다음과 같은 개념을 내포합니다.

- **기술 습득** : 새로운 디지털 기술과 툴에 대한 학습과 습득을 통해 개인의 역량을 강화합니다. 이는 온라인 강의, 자기 학습, 교육 플랫폼 등을 통해 이루어질 수 있습니다.
- **디지털 역량 강화** : 디지털 역량은 디지털 기술을 이해하고 적용하여 문제 해결과 혁신을 이끌어내는 능력을 의미합니다. 개인은 디지털 역량을 강화하기 위해 자신의 강점을 발전시키고 필요한 기술과 지식을 습득해야 합니다.
- **데이터 기반 의사 결정** : 개인은 데이터를 수집하고 분석하여 통찰력 있는 의사 결정을 내릴 수 있어야 합니다. 데이터 기반의 의사 결정은 개인의 업무 수행과 문제 해결에 큰 도움을 줄 수 있습니다.
- **디지털 보안 및 개인정보 보호** : 디지털 전환은 보안과 개인정보 보호에 대한 중요성을 강조합니다. 개인은 디지털 환경에서 안전하게 정보를 보호하고 사이버 위협으로부터 자신을 보호할 수 있는 디지털 보안 능력을 갖춰야 합니다.

• **네트워킹과 커뮤니티 참여** : 개인은 다양한 네트워킹과 커뮤니티 참여를 통해 새로운 아이디어와 지식을 공유하고 협력할 수 있는 기회를 찾아야 합니다. 디지털 전환은 개인의 네트워크와 커뮤니티 참여를 통해 더 큰 영향력을 발휘할 수 있는 기회를 제공합니다.

디지털 전환 전략

디지털 전환에는 왕도가 따로 없습니다. 모든 일이 그렇듯이 지속적인 탐구와 노력이 뒷받침돼야 합니다. 그러다 보면 지치기도 하고 중도에 포기하기도 합니다. 그런 일 없이 무난하게 디지털 전환에 성공하기 위해서는 무엇보다 실천적이고 현실적인 전략을 수립하는 것이 중요합니다. 앞에서 디지털 역량 평가를 통해 자신의 수준을 측정했다면, 그 수준에 맞춰 지속가능한 디지털 전환 계획을 수립하길 권합니다. 다음은 개인별 디지털 전환을 위한 몇 가지 전략입니다.

전략 1 디지털 전환을 위한 목표 설정

개인별 디지털 전환을 위해 목표 설정은 매우 중요합니다. 목표는 개인의 디지털 전환 방향과 원하는 결과를 명확하게 정의하고 달성하기 위한 동기부여와 방향을 제시합니다. 목표 설정 시 다음 항목들을 참고해 볼 만합니다.

• 비전과 목적 설정 •

먼저, 디지털 전환에 대한 개인적인 비전과 목적을 설정해야 합니다. 왜 디지털 전환을 원하는지, 어떤 변화를 이루고 싶은지, 개인적인 가치와 목표는 무엇인지 생각해 봅니다. 이 비전과 목적은 개인의 동기를 강화하고 목표를 달성하기 위한 기반을 마련해줍니다.

• 구체적이고 실용적인 목표 설정 •

비전과 목적을 바탕으로 구체적이고 실용적인 목표를 설정합니다. 이 목표는 개인의 디지털 전환을 위한 구체적인 도전과 성취를 나타내야 합니다. 특정 기술의 스킬을 습득하거나 디지털 마케팅 전략을 개발하는 등의 목표를 설정할 수 있습니다.

• 측정 가능하고 시간적인 요소 포함 •

목표를 설정할 때는 측정 가능해야 하며, 시간적인 요소를 포함해야 합니다. 목표를 어떻게 측정할 것인지, 얼마의 시간을 투자할 것인지 등을 명확하게 정의해야 합니다. 이를 통해 목표에 대한 진척 상황을 추적하고 성과를 평가할 수 있습니다.

• 중간 목표 및 마일스톤 설정 •

큰 목표를 성취하기 위해 중간 목표와 마일스톤[1]을 설정합니다. 큰 목표를 작은 조각으로 나누어 효율적인 진행과 성취감을 얻을 수 있습니다. 중간 목표와 마일스톤은 개인의 전체적인 진전을 추적하고 동기부여를 제공합니다.

• 자기조절과 조정 •

목표를 설정할 때는 유연성을 고려할 필요가 있습니다. 디지털 환경

1) 마일스톤(milestone)은 큰 목표를 달성하기 위한 과정에서 중요한 진행 단계나 체크 포인트를 의미합니다. 이는 큰 목표를 더 작고 관리 가능한 조각으로 분해하는 데 도움이 되며, 각 마일스톤을 달성함으로써 전체 프로젝트나 목표에 대한 진행 상황을 측정하고 추적할 수 있습니다.

은 계속 변화하므로, 목표를 달성하면서 필요에 따라 자기조절과 조정을 할 수 있어야 합니다. 필요한 경우 목표를 수정하거나 새로운 방향을 탐색할 수도 있어야 합니다. 유연성을 유지하며 변화에 적응하고, 필요한 기술과 지식을 습득하며 계속해서 개인의 디지털 전환을 발전시킬 수 있습니다. 또한, 주기적인 평가와 리뷰를 통해 목표의 진행 상황을 확인하고 필요한 조정을 가할 수 있습니다. 개인의 디지털 전환은 지속적인 학습과 발전의 과정이며, 목표 설정은 이를 지원하고 동기를 부여하는 중요한 요소입니다.

전략 2 학습과 개인 발전

지속적인 학습은 디지털 전환의 핵심입니다. 온라인 강의, 튜토리얼, 자습서 등을 통해 새로운 도구와 기술을 익히고 개인적인 발전을 위한 노력을 기울여야 합니다. 주기적인 학습과 자기계발은 디지털 전환에 필수적인 요소입니다. 다음은 이를 위해 개인이 실천할 수 있는 몇 가지 핵심 과제입니다.

• 꾸준한 학습과 지속적인 자기 발전 •

개인은 자신의 디지털 역량을 계속 업그레이드해 나가야 합니다. 그러자면 변화·발전하는 디지털 환경에 맞춰 새로운 기술과 도구에 대해 꾸준히 학습해야 합니다. 온라인 강의, 자습서, 웹 기반 자료 등을 통해 새로운 개념과 기술을 습득하고 업데이트된 지식을 유지할 수 있습니다. 자기개발을 위해 업무나 개인 관심 분야에 적합한 온라인 교육 플랫폼을 활용하거나 커리어 관련 자격증을 취득함으로써 전문성을 강화할 수 있습니다.

• 실험과 탐색 •

디지털 환경에서의 성공은 실패와 배움의 과정을 거쳐야 합니다. 새로운 디지털 도구와 플랫폼을 직접 실험하고 경험해보는 것이 중요합니다. 사용해보는 것을 통해 기능과 장단점을 파악하고 자신에게 맞는 방식을 찾을 수 있습니다. 실패와 성공을 통해 더 나은 전략을 도출할 수 있으며, 지속적인 실험과 경험을 통해 능력을 향상시킬 수 있습니다.

• 협업과 네트워킹 •

다른 사람들과의 협업과 네트워킹은 디지털 전환에서 큰 도움이 됩니다. 온라인 커뮤니티, 소셜 미디어 그룹, 전문적인 네트워크 등을 활용하여 다른 전문가들과 소통하고 정보를 공유하도록 합니다. 다른 사람들과의 협업을 통해 새로운 아이디어를 얻고 지식을 공유하며, 함께 성장할 수 있습니다.

• 열린 마인드셋과 적극적인 태도 •

디지털 전환은 새로운 아이디어와 접근 방식을 수용할 준비가 되어 있어야 합니다. 개인은 열린 마인드셋과 적극적인 태도를 가지고 변화에 대응하고 혁신적인 아이디어를 적용해야 합니다. 새로운 기술이나 도구가 등장할 때, 개인은 공포를 느낀다거나 저항하기 보다 기회로 인식하고 학습의 욕구를 갖도록 해야 합니다. 또한, 자신의 역량을 적극적으로 발휘하고 새로운 아이디어를 실험하며 혁신적인 해결책을 찾아내는 능력을 기르는 것이 중요합니다. 그렇게 함으로써 개인은 디지털 시대의 변화에 대응하고 새로운 가능성을 모색할 수 있습니다. 실패를 두려워하지 않는 것도 중요한 마인드입니다. 디지털 전환에서 실패는 당연한 일입니다. 새로운 도전과 실험을 통해 학습하고 성장할 수 있습니다. 실패는 성공으로 가는 길에 찍힐 수밖에 없는 발자국이며, 적극적으로 도전하고 실패를 긍정적인 경험으로 삼아 더 나은 전략과 방향을 찾아 나가야 합니다.

• 새로운 기회 탐색 •

디지털 환경에서 제공되는 새로운 기회를 탐색해야 합니다. 새로운 플랫폼, 앱, 서비스 등을 주시하고 자신의 관심 분야나 직무에 맞는 기회를 찾아봅니다. 이를 통해 자신의 역량을 확장하고 새로운 미래에 도전할 수 있습니다.

• 유연성과 적응력 강화 •

디지털 전환은 변화하는 환경에 유연하게 대응하는 능력을 요구합니다. 디지털 환경은 끊임없이 변화하므로, 유연성과 적응력을 강화하는 것이 중요합니다.

전략 3 지속적인 자기평가와 성장

자기평가를 통해 자신의 역량을 파악하고 목표를 설정하며, 꾸준한 학습을 통해 발전하고 성장하는 자세를 갖추는 것이 개인별 디지털 전환의 핵심 전략 가운데 하나입니다. 자기평가와 성장은 자신의 역량과 능력을 파악하고 계속해서 발전시키는 과정을 의미합니다. 자신이 보유한 현재의 디지털 기술과 지식을 평가하고 강점과 약점을 분석합니다. 이를 통해 어떤 분야에서 더 발전해야 할지, 어떤 기술을 학습하거나 습득해야 하는지를 확인할 수 있습니다.

일정한 주기로 자기평가를 실시하고 목표 달성 상황을 확인하는 것이 중요합니다. 목표에 도달했을 때는 자신을 칭찬하고 성취감을 느끼며, 부족한 부분이 있다면 개선하기 위한 계획을 수립합니다. 자기평가를 통해 발견한 부족한 점이나 개선이 필요한 부분을 인식하고, 이를 개선하기 위한 학습과 실전 경험을 쌓아야 합니다. 또한, 주변의 전문가나 동료들과의 소통과 협력을 통해 서로의 지식과 경험을 공유하고 함께 성장하는 기회를 만들어야 합니다.

디지털 도구의 활용

◈ 디지털 도구의 종류와 활용 시 이점

4차 산업혁명 시대에는 다양한 디지털 도구가 개인의 삶과 업무를 지원하고 개선하는 데 도움을 줍니다. 몇 가지 대표적인 디지털 도구를 예로 들어보겠습니다.

- **클라우드 기반 스토리지** : 클라우드 스토리지 서비스는 개인의 데이터를 안전하게 저장하고 필요한 때에 어디서든 접근할 수 있는 편리함을 제공합니다. 대표적인 클라우드 스토리지 서비스로는 네이버 마이박스, 구글 드라이브, 드롭박스(Dropbox), 원드라이브(Microsoft OneDrive) 등이 있습니다.

- **생산성 도구** : 생산성 도구는 업무의 효율성과 생산성을 향상시키는 데 도움을 줍니다. 이메일 관리, 일정 관리, 작업 관리, 프로젝트 협업 등을

위한 도구로서 네이버 캘린더, MS 아웃룩(Outlook), 구글 캘린더, 트렐로(Trello), 아사나(Asana) 등이 널리 사용됩니다.

- **온라인 회의 및 협업 도구** : 온라인 회의 도구와 협업 플랫폼은 원격 작업과 협업을 용이하게 해줍니다. 줌(Zoom), 마이크로소프트 팀스(Teams), 슬랙(Slack), 구글 미트(Meet) 등은 실시간 비대면 회의와 팀 협업을 위한 기능을 제공합니다.

- **인공지능 기반 도구** : 인공지능 기술을 활용한 도구는 자동화, 데이터 분석, 예측 등의 작업을 수행하여 개인의 업무 효율성을 향상시킵니다. 예를 들어, 자동화된 이메일 필터링과 분류를 제공하는 구글 Gmail, 데이터 분석과 예측을 지원하는 MS 엑셀의 파워 쿼리(Power Query) 및 파워 피봇(Power Pivot) 등이 있습니다.

이 외에도 디지털 시대에는 많은 다양한 도구들이 개인의 삶과 업무를 지원합니다. 개인의 필요와 용도에 맞는 도구를 선택하여 적절하게 활용하는 것이 개인의 디지털 전환과 성공에 도움이 됩니다.

이와 같은 디지털 도구가 우리에게 주는 이점이 무엇인지 알아보겠습니다.

- **생산성 향상** : 디지털 도구는 업무를 더 효율적으로 수행하고 생산성을 향상시키는 데 도움을 줍니다. 예를 들어, 프로젝트 관리 도구를 사용하면 업무를 체계적으로 관리하고 팀원들과의 협업을 원활하게 진행할 수 있습니다.

- **시간 절약** : 디지털 도구를 활용하면 일상적이고 반복적인 작업을 자동화할 수 있습니다. 이를 통해 시간을 절약하고 보다 가치 있는 활동에 집

중할 수 있습니다.

- **효율적인 커뮤니케이션** : 디지털 도구를 사용하면 이메일, 채팅, 온라인 회의 등을 통해 팀원들과 원활하게 소통할 수 있습니다. 실시간으로 정보를 공유하고 의사결정을 빠르게 내릴 수 있어 업무 효율성을 높일 수 있습니다.
- **데이터 분석과 인사이트 도출** : 디지털 도구는 데이터를 수집하고 분석하는 데 도움을 줍니다. 이를 통해 기업은 고객 행동이나 시장 동향과 관련된 인사이트를 도출할 수 있으며, 이를 토대로 전략을 개선하고 의사결정을 내릴 수 있습니다.
- **협업과 유연한 작업 환경** : 디지털 도구를 활용하면 지리적으로 분산된 팀원들과도 협업이 원활하게 이루어질 수 있습니다. 또한, 클라우드 기반의 도구를 사용하면 언제 어디서든 작업에 접근할 수 있어 유연한 작업 환경을 구축할 수 있습니다.

이러한 이유로 디지털 도구는 개인과 조직의 업무 효율성과 경쟁력 향상에 중요한 역할을 합니다. 디지털 시대에서는 적극적으로 디지털 도구를 활용하여 변화에 대응하는 사람만이 성공을 이룰 수 있습니다.

◆ 온라인 학습 플랫폼 : 디지털 경쟁력 향상을 위한 IT 학습 전략

온라인 학습 플랫폼은 개인의 지식과 역량을 향상시키는 데 도움을 주는 도구입니다. 시간과 장소에 구애됨이 없이 시간이 날 때마다 수시로 전문 강의를 들음으로써 자신의 디지털 경쟁력을 강화할 수 있습니다.

국가에서 제공하는 교육훈련 지원 제도

국가와 지자체에서 지원하는 학습프로그램을 활용하는 것은 끊임없이 디지털 역량을 강화해야 해야 하는 디지털 혁명 시대에 매우 좋은 기회를 제공합니다.

대학 평생교육체제 지원 사업(www.futureuniv.or.kr)

성인 학습자를 대상으로 원하는 시기에 대학에 입학해 일과 학업을 병행하며 학위 취득 및 지속적인 경력개발을 할 수 있도록 지원하는 사업입니다. 시간 부족과 재정적 부담이 있는 성인 학습자의 특성을 고려하여 야간·주말 수업, 온라인 강좌 등 다양한 형태의 수업과 대학별로 다양한 장학 혜택도 제공하고 있습니다. 대상자만 다를 뿐 입학부터 학사관리 및 졸업까지 일반적인 대학의 교육과정과 동일하게 운영되고, 해당 학과의 교육과정을 모두 마치게 된다면 전문 학사학위를 취득할 수 있으므로 1석2조, 1석3조의 기회를 얻을 수 있습니다.

국민내일배움카드 (www.hrd.go.kr)

고용노동부가 생애에 걸친 직무수행능력 습득 및 향상을 위해 국민 스스로 직업능력개발훈련을 실시하도록 훈련비 등을 지원하는 사업입니다. 일자리를 구하는 취업준비생이나, 다른 분야로의 이직을 원하는 사람, 업무역량 향상을 희망하는 회사원, 제2의 직업을 준비하는 중·장년 등이 필요로 하는 역량개발을 카드 한 장으로 가능하게 합니다.

평생교육바우처 (www.lllcard.kr)

만 19세 이상 성인 중 기초생활수급자, 차상위계층 또는 기준 중위

소득 65% 이하인 가구의 학습자가 자율적으로 학습에 참여할 수 있도록 정부가 제공하는 평생교육 이용권입니다. 별도의 신청 후 대상자로 선정되면 바우처 등록기관의 수강료로 평생교육바우처를 사용할 수 있습니다.

온라인 IT 교육 플랫폼

온라인을 통해 IT 강의를 제공하는 플랫폼은 수없이 많습니다. 그 가운데 몇 가지를 예로 들어보겠습니다.

- 아이티동스쿨 (www.itsdong.com)
- 에듀윌 (eduwill.net)
- 유데미 (www.udemy.com)
- 에듀얍 IT 컴퓨터 인강 (www.eduyap.com)
- 컴스쿨닷컴 (www.컴스쿨.com)
- KG에듀원 아이티뱅크 이룸 (www.edueroom.co.kr)
- 인프런 (www.inflearn.com)
- 컴띵 (www.comthink.co.kr)
- 코드잇 (www.codeit.kr)
- 잇업 (itup.co.kr)
- LPIC (lpickorea.org)

3 창의성과 문제 해결 능력 향상

“상상력은 창조의 시작입니다. 원하는 것을 상상해 보세요. 그러면 상상한 것이 현실로 나타나는 것을 보게 될 것입니다. 우리에게는 뜻하는 것을 창조하는 능력이 있습니다.”

- 조지 버나드 쇼 (노벨문학상을 수상한 아일랜드 문학가)

“산다는 것은 끊임없이 문제에 봉착한다는 것이며, 문제를 해결한다는 것은 지적으로 성장한다는 것을 의미합니다.”

- J. P. 길포드 (미국 심리학자)

창의성의 역사

“창의성에 웬 역사?”라고 반문할 수도 있겠습니다만, 창의성에 관한 이야기는 특히 철학 분야에서 꽤 오랜 역사를 가지고 있습니다. 우리에게 꼭 필요한 소프트 파워의 중심에 있는 창의성을 제대로 함양하고자 하면서도 선현들의 지혜를 빌리지 않는 것은 정말 어리석은 일입니다. 사실 창의성은 4차 산업혁명 물결이 우리의 존재를 위협하지 않더라도 우리 삶에서 그 중요성은 결코 가볍지 않습니다. 인류의 문명사를 이끌어 온 동력이 바로 창의성이기 때문에 그렇습니다. 그래서 철학자들도 이 문제에 매료되고, 우리가 지금 ‘창의성’이라고 부르는 것에 관심을 가지고 있었습니다. 물론 철학사에서 ‘존재’나 ‘본질’ 같은 개념들만큼 명확히 정의되고 논의된 것은 아니지만, 그래서 19

세기 이전까지는 창의성이라는 어휘 자체도 철학적으로 개념화된 적은 없었다고는 하지만, 이와 유사한 주제에 관해서는 많은 철학자들이 분석하고 언급했습니다. 플라톤은 「아이온(Ion)」 편에서 시적 '영감(inspiration)'을 어떤 종류의 광기나 신내림으로 봤습니다. 이 작품은 예술가들이 특정 작품을 창조할 때 신성한 영감을 받는다고 믿는 아폴로 신전의 예언자 아이온과의 대화를 다룹니다. 신성한 영감이란 영적 접신을 통해 신으로부터 받는 지혜나 지식을 의미합니다. 아이온은 시를 지을 때 신으로부터 영감을 받는다고 주장합니다. 플라톤은 예술가들이 작품을 창작할 때 어떤 영감을 받는지, 그리고 그 영감은 어떻게 이루어지는 것인지 궁금했습니다. 그리고 아이온과의 대화를 통해 작가에게 떠오르는 영감은 선험적 결과물이라고 할 수 있는 광기 또는 신내림이라고 이해했던 것입니다.

칸트는 그의 명저 『판단력 비판』에서 창의성을 상상력과 연관 지었습니다. 칸트는 상상력을 두 가지 인식 형태로 파악했습니다. 하나는 인간들이 공통적으로 사용하는 상상력입니다. 우리의 외부 세계로부터 자극을 받아 상상하는 것인데, 기존의 경험을 바탕으로 모든 사람에게 공통적으로 나타나는 상상력입니다. 예를 들어, 우리는 사물을 머릿속에 그려보거나, 음악을 듣고 상상력을 통해 그 음악이 주는 느낌을 상상할 수 있습니다. 다른 하나는 개개인이 독립적으로 연상하고 생각하는 창조적인 상상력입니다. 개인의 내부에서 독립적으로 형성되는 상상력으로 기존의 경험에 의존하지 않고 새로운 아이디어를 형성하는 능력입니다. 예컨대, 작가나 예술가가 고유한 아이디어를 창조하기 위해 상상력을 사용하는 것입니다. 칸트는 창의성을 이러한 창조적인 상상력을 통해 설명합니다. 즉, 창의성은 자신만의 상상력을 독립적으로 활용하여 새로운 아이디어나 개념을 형성하고, 이를 기반으로 독자적인 판단을 내릴 수 있는 능력을 의미합니다. 이러한 창의성 개념은 창의성이 예술, 과학, 비즈니스 등 다양한 분야에서 발견되는 이유를 설명하는 데 도움을 줍니다.

이와 같은 플라톤과 칸트의 주장은 18세기 말부터 19세기 초에 유럽에서 등장한 문화적·정신적 운동인 낭만주의에 큰 영향을 끼쳤습니다. 낭만주의는 이성과 감정의 조화를 추구하는 것을 중요시하며, 그 중심에는 예술적인 창의성과 감정의 표현이 있습니다. 이러한 운동은 개인의 내면세계, 감정, 상상력에 대한 관심과 여정을 강조하며, 현실을 넘어선 아름다움과 진리를 찾고자 합니다. 특히 낭만주의는 예술가들이 자연의 아름다움이나 인간의 감정을 통해 영감을 받아 창조적인 작품을 만들어냈다는 관점을 강조합니다. 예술가들은 자신만의 독특한 감성과 상상력을 통해 표현하며, 이는 낭만주의의 주요한 특징 중 하나입니다. 낭만주의는 또한 예술가의 역할을 신의 영감을 받은 예언자나 예언자의 일종으로 설정하며, 예술이 신비로운 영감과 광기와 깊은 관련이 있다고 여깁니다. 이와 같은 사유의 흐름은 창의성에 대한 대중적인 개념에도 큰 영향을 미쳤습니다. 즉, 우리가 현재까지 가지고 있는 창의성에 대해 흔히 알려진 관념을 형성하는 데 영향을 미친 것입니다. 말하자면 창의성을 타고나는 재능으로 보는 것입니다.

이들 외에도 수많은 사상가들이 창의성에 대해 이야기했습니다. 그렇지만 '영감'이나 '상상력'과 같은 대체어를 주로 사용하고, '창의성'이라는 말을 명확히 개념화하지 않았기 때문에 독립적인 한 분야를 형성하지는 못했습니다. 그래서 지금은 '창의성 철학'이 대부분의 분야에서 신조어로 여겨지고 있습니다. 비교적 근래에 와서는 창의성에 대한 철학 연구가 활발하게 진행되고 있습니다. 창의성이 우리 삶에서 차지하는 비중을 고려할 때 마땅히 철학을 포함한 많은 학문 영역에서 중요한 주제가 되어야 합니다. 다만 철학에서와는 달리 창의성에 대한 심리학적인 연구는 방대한 편입니다.

창의성 철학

창의성만큼 인간의 경험을 깊게 형성하고, 보편적으로 영향을 미치는 것은 드뭅니다. 창의성은 우리가 현실 생활에 적용하기 전에 그 본질적 측면에서 철학적인 문제를 많이 제기합니다. '창의성이란 무엇인가?'라는 질문도 사실은 철학적 영역에서 먼저 답해야 하는 문제입니다. 예술은 창의성의 중요한 영역이기 때문에, 첫 느낌으로는 창의성 철학이 예술 철학이나 미학의 분야, 또는 그와 관련된 분야라고 생각할 수 있습니다. 그러나 창의성은 이들 분야의 범위를 넘어서는 독자적인 질문을 던집니다. '창의적'이라는 수식어는 세 가지 종류의 대상물에 적용될 수 있습니다. 첫째는 사람입니다. '호준이는 창의적이다.'라고 적용할 수 있습니다. 둘째는 과정이나 활동입니다. '한국 비보이 그룹의 공연은 매우 창의적이다.'라고 표현할 수 있습니다. 셋째는 제품(작품)입니다. '이 디자인은 확실히 창의적이다.'라고 말할 수 있습니다.

창의성에 관한 대부분의 정의는 작품에 초점을 맞춥니다. 일반적으로 사람이나 과정은 그들이 만들어내는 작품의 창의성 정도에 따라 창의성이 판별됩니다. 그러므로 창의성에 대한 이야기는 작품의 창의성 중심으로 이루어지게 됩니다. 많은 사상가들은 작품이 갖는 창의성은 새로움만으로는 충분하지 않다고 주장합니다. 왜냐하면 새롭게 창안된 것일지라도 가치가 없다면 창의성을 말하기 어렵기 때문입니다. 예를 들면, 의미 없이 나열되는 '가뭇대옴리통츄' 같은 문자열은 아무도 이전에 사용한 적이 없는 새로운 것이긴 하지만, 도무지 가치가 없습니다. 이런 것을 창조적이라고 할 수는 없습니다. 그래서 칸트는 예술적 천재를, "아무도 전에는 창안하지 못했던 '새로운 것(original)'이면서 또한 '모범적(exemplary)'이기도 한 작품을 만들어내는 능력"으로 정의했습니다. 이 정의는 심리학자들 사이에서 널리 받아들여져서 심리학에서 창의성의 '표준 정의(standard definition)'로 알려져 있습니다. 심리학자들이 명시적으로 정의하고자 할 때는 보통 창의적인 작품이 새로울 뿐만 아니라 어떤 방식으로든 가치가 있어야 한다고 말합니다. 그러면서 그들은 작품의 가치를 '유용하다', '효과적이다', '가치 있다', '적합하다' 또는 '현재 당면한 작업에 적절하다' 등의 용어로 다양하게 표현합니다.

창의성에 대한 정의를 내릴 때는 각 학문 분야 별로 관점이 달라질 수 있습니다. 예술 작품의 대부분은 창의적이라고 말할 수 있습니다. 새로 개발된 많은 제품들도 창의적인 경우가 많습니다. 이제 그림이나 조각과 같은 창의적인 작품을 보고 있다고 가정해 봅시다. 예술철학은

'이것을 예술 작품으로 만들어주는 것은 무엇인가?'라고 물을 겁니다. 미학이라면 마땅히 '이것을 아름답게 만드는 것은 무엇인가?'라고 물어볼 것입니다.

반면, 창의성 철학은 '이것을 창의적으로 만드는 것은 무엇인가? 그냥 새로운 것인가? 아니면 더 많은 조건을 충족해야 하는가?'라고 묻습니다. 우리는 예술뿐만 아니라 어떤 창의적인 제품에 대해서도 같은 질문을 할 수 있습니다. 새로운 과학 이론, 기술적 발명, 철학적 돌파구, 수학적 난제나 논리적 퍼즐의 새로운 해결책에 관해서도 마찬가지입니다. 창의적인 결과물 만큼이나 창의적 과정에 관해서도 수많은 질문을 던질 수 있습니다. 창의적 과정은 반드시 사전에 정해진 규칙 없이 진행되어야 하는가? 의식적인가, 무의식적인가, 아니면 둘 다일까? 창작자의 의도가 들어있어야 하는가? 과정은 어떻게 새로운 것을 생산할 수 있는 것인가? 이를 과학적으로 설명할 수 있을까? 더 나아가 창작자에 대해 물을 수도 있습니다. 사람이 창의적이라는 것은 어떤 의미인가? 창의적이기 위해 필요한 능력과 특성은 무엇인가? 인공지능은 창의적일 수 있을까? 이러한 질문들 중 일부는 경험적인 면을 가지고 있습니다. 특히 창의적 과정이 실제로 어떻게 진행되는지와 관련된 질문은 경험적인 면이 있습니다. 이런 철학적 질문에 제대로 답하려면 인지과학을 필두로 하여 심리학, 신경과학, 컴퓨터 과학 등 많은 인접 학문의 도움을 받아야 합니다.

창의성에 관한 심리학적 연구

현대에 들어와서 창의성에 관한 논의는 주로 철학이 아닌 심리학 영역에서 이루어졌습니다. 1950년, J.P. 길포드(Guilford)[2]는 미국 심리학회(American Psychological Association) 회장 취임 연설에서 심리학자들이 창의성에 대해 거의 연구하지 않고 있을 뿐만 아니라 교육이 창의적 결과물을 얻는 데 어떤 영향을 미치는지 그 상관관계에 관해서도 밝혀내려 노력하지 않는다고 강하게 질타했습니다. 그러면서 그는 심리학자들에게 두 가지 도전적인 과제를 제시했습니다. 하나는 '아이들과 청소년들의 창의적 잠재력을 어떻게 규명할 것인가?'라는 것이었습니다. 또 다른 하나는 '인간의 창의적 능력을 어떻게 하면 발전시킬 수 있는가?'라는 문제였습니다. 그러면서 그는 창의성을 이렇게 정의했습니다.

"창의성은 창의적인 사람들에게서 가장 특징적으로 나타나는 능력을 말합니다. 창의적인 능력을 지니고 있는 개인이 실제로 그 창의력을 발휘할지 아닐지를 결정하는 요인은 동기부여와 성격적 특성입니다. 창의적 성격은 창의적인 사람들에게서 나타나는 특징적인 성격 요소들, 즉 트레이트 패턴(trait pattern)과 관련이 있습니다. 이 패턴의 대표적인 예로는 발명, 디자인, 설계, 작곡, 기획 등을 들 수 있습니다."

이전까지만 해도 심리학자들은 주로 지능이나 기존 지식의 재구성

2) J.P. 길포드(J.P. Guilford, 1897~1987)는 미국의 심리학자로서, 주로 지능지수 이론과 창의성에 관한 연구로 유명합니다. 그는 창의성을 일상적인 지능과 구분하여 독립된 지능으로 간주했으며, 지능의 다양한 측면 중 하나로서 창의성을 강조했습니다. 그러면서 창의성이 단순히 새로운 아이디어를 생각하는 것뿐만 아니라, 이러한 아이디어를 유연하게 활용하고 원숙하게 발전시키는 능력을 갖추어야 한다고 봤습니다.

만을 중요시해왔으며, 창의성이나 창조적 사고에 대해서는 주목하지 않았습니다. 길포드는 이러한 편향적인 관점을 극복하기 위해 창의성의 다양성과 복잡성을 감안한 실험적인 연구의 필요성을 강조했던 것입니다. 그는 '다원적 지능 모델(Multiple Intelligences Model)'을 제시하며, 창의성을 포함한 다양한 지능이 존재한다고 주장했습니다. 길포드가 이러한 창의성 연구의 부재(不在)를 지적하고 나서부터 심리학 영역에서의 창의성 연구는 급속히 발전하게 되었습니다. 심리학 분야에서 창의성에 대한 많은 중요한 이론들이 쏟아졌는데, 정신분석학적, 인지 심리학적, 컴퓨터 과학적, 다원주의적, 사회문화적, 성격 연구 접근법 등이 시도되었습니다. 또한, 임상 연구와 역사적 사례 연구를 포함한 풍부한 자료도 심리학자들에 의해 생산되었습니다. 이러한 연구 결과 가운데 우리에게 꼭 필요한 내용은 뒤에서 자세히 다루기로 합니다.

심리학자들은 우리 문화에서 창의성에 대한 광범위한 신화들이 퍼져있다고 이야기합니다. 이러한 신화들 중 일부는 플라톤의 신적 영감과 같은 설명에서 비롯된 것들입니다. 창의성에 대한 사람들의 생각에 가장 큰 영향을 미친 이론 가운데 하나가 앙리 푸앵카레[3]에 의해 제공된 것입니다. 푸앵카레는 「수학적 창조」라는 논문을 통해 자신이 경험한 수학적 문제 해결이나 수학적 개념 창출에 대한 창의적 과정을 설명했습니다. 그는 자신의 경험을 바탕으로, 다양한 아이디어들이 무

3) 앙리 푸앵카레(Henri Poincaré, 1854~1912)는 프랑스의 수학자, 물리학자, 천문학자로, 현대 수학의 많은 분야에 기여했으며, 특히 미분 기하학과 해석학에 큰 영향을 미쳤습니다. 또한 그는 천체역학과 통계물리학 분야에서도 중요한 업적을 남겼습니다.

의식적으로 떠오르고 무작위로 결합하는데, 그중에서 자신이 세운 미학적 기준에 따라 가장 유망한 아이디를 선택하게 된다고 주장했습니다. 창의성에 관한 이런 견해는 철학자들에게 많은 영향을 미쳤습니다. 그러나 이러한 그의 설명은 여러 가지 비판을 낳습니다. 우선, 푸앵카레의 경험과 접근 방식이 모든 사람에게 적용되지는 않는다는 점입니다. 창조의 과정은 개인에 따라 다양할 수 있으며, 모든 사람이 무의식적인 아이디어들을 자신의 미학적 기준에 따라 선택하는 경험을 하는 것은 아닙니다. 또 복잡한 무의식적 사고 작업을 이야기하지만, 대안적인 가능성도 존재합니다. 사실 무의식적 사고라는 것은 대부분 우리의 고정관념에 근거를 둔 것들입니다. 그러나 창의적인 문제 해결은 어떨 때는 이전에 해결을 방해했던 선입견을 잊어버림으로써 찾아낼 수도 있습니다. 즉, 창조적으로 새로운 아이디어를 찾을 수 있게 되는 것은 자신의 고정관념을 잊어버리는 데에 있기도 한 것입니다. 복잡한 무의식적 사고가 창조 과정의 중요한 측면이라는 이러한 생각은 너무나 흔해서 이것을 기본 전제로 받아들이는 심리학적 연구들도 많은 것이 사실이지만, 그 때문에 상당한 논쟁이 일어나고 있습니다.

이 자리에서 자세히 논하기는 어렵지만, 창의성에 대한 심리학적 연구들로 인해 철학적인 주제들이 파생되는데, 크게 네 가지를 들 수 있습니다. 첫째는 인간의 창의성이 과연 도덕철학의 관점에서 볼 때 '덕목'에 해당하는가 하는 점입니다. 우리는 창의성이 높을수록 무조건 좋을 것이라고 지레 짐작하지만 조금 더 깊이 생각해 보면 어떤 측면에서는 그렇지 않을 수도 있기 때문입니다. 어떤 심리학자는 창의성이

'빛나는 덕목'이라고 주장합니다. 하지만 그레고리 파이스트(Gregory Feist) 같은 심리학자는 창의적인 사람들이 보통 "새로운 경험을 하려고 하고, 틀에 박힌 것을 싫어하며, 규범적이지 않고, 자기 확신과 자아수용성이 강하며, 집착적이고, 야심적이고, 지배하려는 성향이 있으며, 적대감이 강하고, 충동적인 경향이 있다"는 점을 들어 그리 매력적인 성격의 사람들은 아니라고 말합니다. 반면, 창의성 동기론 연구에 따르면, 성공의 동기가 높을수록 창의성이 증가한다고 합니다. 내재적 동기부여를 받게 되면 창조적인 사람이 될 가능성이 훨씬 높아진다는 것입니다. 이 주제는 창의성에 내재된 매우 도전적인 문제를 드러내 주고 있으므로 창의력 개발 시 반드시 대응할 필요가 있습니다.

둘째는 창의성과 합리성의 관계입니다. 앞서 이야기한 대로 플라톤은 음유시인은 신과 접신한 상태에서만 시를 창작할 수 있으며, 이때 시인에게는 이성이란 존재하지 않는다고 말했습니다. 어떤 연구에 따르면, 창의성, 특히 예술 분야에서의 창의성과 다양한 유형의 심리적 질환 사이의 연관성이 있다고도 합니다. 아놀드 루드비히(Arnold Ludwig)는 18개 직업군에 속한 1,000명 이상의 특출한 사람들을 조사했는데, 예술가들이 다른 직업군에 비해 모든 유형의 정신 질환에 자주 걸린다는 것을 발견했습니다. 또한 예술적 창의성이 높은 사람과 조울증 사이에 강한 연관성이 있다는 연구 결과도 있습니다. 일부 심리학 이론에 따르면 이는 단순한 상관관계 이상의 것으로, 다양한 형태의 비합리성이 창조적인 예술 활동을 촉진시킨다는 것입니다. 따라서 창조성이 합리성을 향상시킨다는 주장을 펼치기 위해선 이러한 연구가 잘못된 방법론으로 인해 도출됐다는 것과, 창의적 과정이 합리적인 과정과 일치하는 결과를 보여주는 연구가 필요합니다.

셋째는, 창의적인 것과 전통적인 것 사이의 관계입니다. 일부 철학자들은 어떤 영역에서 전통이 존재해야만 창의성이 가능하다고 주장합니다. 창의성이 전통을 필요로 하고 전통은 본질적으로 사회적이라면, 창의성은 본질적으로 사회적이라는 것입니다. 예를 들어, 한 작가나 예술가가 작품을 창작할 때, 그들은 이전 작품들이나 문화적인 전통에서 영감을 받을 수 있습니다. 전통은 그들에게 창작의 출발점이 되고, 이를 통해 새로운 관점이나 아이디어를 개척할 수 있게 됩니다. 그러나 이러한 관점에 반대하는 의견들도 있습니다. 일부 사람들은 창의성과 전통 사이의 관계는 상호 배타적이라고 주장합니다. 그들은 창의적이기 위해서는 새롭고 혁신적이어야 하며, 전통적인 경험과 규칙에 구속되지 않아야 한다고 믿습니다. 이러한 논쟁들은 창의성의 본질과 역할에 관한 철학적인 질문들입니다. 창의성은 언제나 다양하고 복잡한 개념으로 이해되어 왔으며, 전통과의 관계는 이러한 이해를 더욱 복잡하게 만듭니다. 결국, 이러한 관점들은 개인의 선호나 창작 환경에 따라 달라질 수 있으며, 창의성의 본질을 깊이 파악하기 위해서는 더 많은 연구와 논의가 필요합니다.

넷째, 창의성을 다윈주의(Darwinian theory)로 설명하고자 하는 시도도 있습니다. 이 이론은 창의적 창작 과정이 무의식적이고 맹목적인 아이디어 생성 단계와 그 아이디어들 가운데 유망한 것을 선택하는 단계로 이루어진다고 주장합니다. 창의성이 진화적 과정에 의해 형성된다는 것인데, 단순히 개인의 능력이나 천부적인 재능에 의한 것으로 보는 것이 아니라, 생물학적인 발전과정과 관련하여 이해하려는 시도입니다

창의성의 심리학적·철학적 정의

철학과 심리학에서는 창의성을 정의할 때 앞서 언급한 칸트의 정의를 기초로 하여 '전에는 없던 새로운 것(신규성)이면서, 동시에 가치가 있는 것(가치성)을 만들어 내는 능력'라고 봅니다. 인지과학자이자 컴퓨터 과학자인 마가렛 보덴(Margaret Boden)은 창의성을 크게 두 가지로 분류합니다. 하나는 역사적 창의성이고, 다른 하나는 심리(학)적 창의성입니다. 역사적 창의성(historical creativity)은 이전에 아무도 낸 적이 없는 아이디어를 말합니다. 이에 반해 심리적 창의성(psychological creativity)은 어떤 아이디어가 그 개인에게는 새로운 것이지만 이미 이전에 다른 누군가도 그런 아이디어를 낸 적이 있는 경우를 말합니다. 역사적 창의성은 누가 제일 먼저 발명했는가를 중요하게 여기는 과학, 기술, 역사학에서 중요하게 다뤄집니다. 그러나 창의성의 심리학적 측면을 이해하고자 한다면 심리학적 창의성이 중요해집니다. 아이디어를 먼저 떠올린 사람이 누구인지를 따지지 않고, 그 아이디어를 어떻게 떠올렸는지 관심을 가져야 하기 때문입니다. 이처럼 이 두 가지를 구분하면 창의성을 이야기할 때 여러 가지로 유용한 측면이 있습니다. 창의성 정의에 가치를 포함시키는 것은 아무리 새롭고 중요한 아이디어라도 그것이 인간에게 득이 되지 않고 해가 된다면 창

의적 고안이라고 말할 수 없기 때문입니다. 프랑스 혁명 때 만들어졌던 단두대는 이전에는 찾아볼 수 없었던 획기적인 처형 도구였지만 그것을 창의적이라고 표현할 수는 없습니다.

이론가들은 어떤 제품이 창의적으로 간주되기 위해서는 신규성과 가치성 외에도 최소한 한 가지 이상의 추가 조건을 만족할 수 있어야 한다고 주장합니다. 이러한 추가 조건에는 제품이 (i) 놀라울 것(고도성), (ii) 모방하지 않을 것(독창성), (iii) 창작 목적의 의도가 있을 것(자발성), (iv) 행위의 주체가 있을 것(주체성) 등이 있습니다.

보덴은 창의적인 제품은 "새로운 것, 놀라운 것, 가치 있는 것"이어야 한다고 주장합니다. 놀라움은 그 제품이 그다지 의미를 찾기 어려울 정도로 사소한 것이 아니라 어느 정도는 고도성을 지니고 있다는 뜻입니다. 우리가 '놀랍다'라고 평가하는 데는 그것이 우리에게 익숙하지 않기 때문일 수도 있고, 그럴 것 같지 않은데 그렇게 된다는 것을 보고 놀라기 때문일 수도 있습니다. 또 예상치 못한 아이디어를 보며, 전혀 생소한 것이 아닌데, 지금까지 그걸 생각하지 못했다는 것을 깨닫기 때문에 오는 충격일 수도 있습니다. 또 다른 하나는 불가능할 것 같은 일이거나 누구도 생각하기 힘든 아이디어인 경우입니다. 보덴이 창의성에서 놀라움을 강조하는 것은 그녀의 관심이 창의적 제품 자체 보다는 창안 과정과 '창안자는 어떻게 놀라운 것을 만들어내는가?'라는 보다 더 근본적인 질문에 있기 때문입니다. 그녀의 견해에 따르면, 놀라움을 일으키고 새로운 구조를 생성하는 창의성은 세 가지 방식으로 발현됩니다.

첫째는 익숙한 아이디어들을 엮어서 독특한 조합을 만드는 것입니다. 시적 상상, 미술 회화나 섬유공예에서의 콜라주[4], 유추 등이 그 예입니다. 유추는 개념이나 아이디어를 더 쉽게 이해하고 시각화할 수 있게 도와줍니다. 또한 비슷한 속성이나 특징을 가진 다른 대상을 비교함으로써 새로운 관점과 아이디어를 발견할 수 있습니다. 그러므로 유추는 창의적인 사고의 도구로 자주 사용되며, 새로운 아이디어를 창출하는 데 도움을 줄 수 있습니다. 이러한 새로운 조합은 의도적으로 생성되기도 하지만, 때로는 무의식적으로 생성될 수도 있습니다. 예를 들어, 물리학자가 원자를 태양계와 비교하거나, 기자가 어떤 정치인을 독특한 특성을 가지고 있는 동물과 비교하는 경우 등이 있습니다. 이러한 새로운 조합을 만들기 위해서는 사람의 마음 속에 풍부한 지식과 다양한 사고방식이 필요합니다. 그리고 새로운 조합이 우리에게 가치가 있으려면 어떤 목적을 지니고 있어야 합니다. 아이디어 두 가지가 처음에는 무작위로 결합되더라도, 어떤 목적과 연결될 수 있어야 가치를 얻을 수 있습니다.

둘째는, 창의성은 개념 공간에 대한 탐색 형태로 발현됩니다. 개념 공간이란 생각이 구조화된 형태를 말합니다. 사고방식이라고도 할 수 있습니다. 개념 공간에는 글쓰기나 시를 짓는 방식, 조각, 그림, 음악의 스타일, 화학이나 생물학의 이론, 패션 디자인, 댄스, 새로운 요리 등

---

4) 콜라주란 여러 개의 이미지, 사진, 그림, 글 등을 조립하여 하나의 작품이나 이미지를 만드는 예술 기법을 말합니다. 이러한 작품은 일반적으로 다양한 원본 자료에서 추출한 조각들을 자유롭게 조합하여 새로운 의미나 시각적 효과를 표현합니다. 즉, 콜라주는 다양한 요소들을 조합하여 새로운 창조물을 만들어내는 창의적인 방법입니다.

사회에 익숙하고 가치있는 사고방식들이 있습니다. 공간의 크기와 관계없이 그 안에서 새로운 아이디어를 내놓는 사람은 탐색적인 의미에서 창의적인 것입니다. 탐색적 창의성은 이전에 보지 못했던 가능성을 인식하는 데 도움을 줄 수 있기 때문에 가치가 있습니다. 탐색적 창의성은 어떤 외딴 곳을 찾아가는 길찾기와 유사합니다. 구조화된 지리적 공간을 탐험하는 대신 구조화된 자신의 개념 공간을 탐험하는 것입니다.

마지막으로, 구조화돼 있는 개념 공간을 변형하면서 수준 높은 창의성이 발현됩니다. 자신의 머릿속에 있는 지도가 더 이상 적합한 길을 찾아주지 못할 때는 새로운 지도를 만들어야 합니다. 좀 더 깊은 창의성은 전에는 사고 공간에 없었기 때문에 생각할 수 없었던 어떤 것을 생각해 낼 때 나타납니다. 이런 창의성이 발현되려면 자신의 스타일이나 기존의 사고방식을 벗어나, 개념 공간을 변형할 수 있어야 합니다.

독일 철학자인 마리아 크론펠트너(Maria Kronfeldner)는 창의적 제품에는 독창성이 있어야 한다고 주장합니다. 크론펠트너가 말하는 독창성이란 단순히 '새로운' 것이 아닌 모방하지 않은 새로움을 의미합니다. 예를 들어, 미적분법의 최초 창안자는 라이프니츠였지만, 뉴턴이 발명한 미적분법 역시 창의적 발명이라고 할 수 있습니다. 왜냐하면 뉴턴은 라이프니츠로부터 미적분법을 모방하지 않고 새로운 방식으로 창안했기 때문입니다. 역사적으로 새로운 것은 아니라도 창안자가 이전 것을 모방하지 않고 스스로 새로운 것을 창안해 낸다면 그것 역시 창의적 결과물이라고 할 수 있는 것입니다. 그래서 크론펠트너는 이러한 독창성을 창의성에 필수적이라고 주장하는 것입니다.

그런데 새로움, 독창성, 놀라움, 가치라는 조건만으로는 창의성을 충분히 설명하지는 못합니다. 섬세한 모양을 가진 독특한 눈송이, 눈부신 붉은 색조의 일몰, 바람에 쓸려 만들어지는 모래사막의 독특한 무늬 등도 창의적이라고 할 수 있을까요? 이것들은 모두 새롭고 독창적이며, 가치가 있는 데다 놀랍기까지 합니다. 그러나 이들 모두는 자연적으로 발생한 것으로, 행위자에 의해 만들어지지 않았으므로 창조적이라고 할 수 없는 것입니다. 그러므로 창의적인 것들은 행위자에 의해 만들어져야 창의성을 인정받게 되는 것입니다. 이와 비슷하게 나무가 생명과 성장을 유지하기 위해 빛을 최대한 활용하는 방향으로 가지를 뻗는 것도 사실 매우 창의적인 능력이라고 할 수 있습니다. 하지만, 나무는 의도나 신념에 따른 행동이 없기 때문에 창의적이라고 말하지 않습니다. 따라서 창의성을 인정받으려면 어떤 목적을 가진 의도된 행동이 있어야 합니다. 그리고 또 단순히 규칙을 따른 결과 얻어지는 창작의 결과물도 창의성을 인정받을 수 없습니다. 예를 들면 정해진 순서에 따라 선을 이어서 완성하는 그림 같은 것입니다.

요컨대, 심리학과 철학에서 말하는 창의성이란 인간이라는 주체가 어떤 일에 대한 이해력과 판단 능력을 바탕으로 하여 목적과 의도를 가진 창의적인 행동을 통해 새롭고 가치 있으면서 어느 정도의 중요성이 있는 것을 생산하는 능력이라고 말할 수 있습니다.

창의성은 학습 가능한가?

앞서 살펴봤듯이 플라톤과 칸트 등 앞선 세대의 사람들은 창의성

을 천부적인 천재적 재능으로 간주했기 때문에 후천적으로 학습하여 터득하거나 개발을 통해 능력을 향상시키는 것은 불가능하다고 생각했습니다. 칸트와 동시대인 18세기에 활동했던 에드워드 영(Edward Young)도 창의성은 천재들만이 지니는 특별한 재능이라고 보고 이렇게 말했습니다.

"창의적 작품의 신규성은 식물적인 속성을 가지고 있다고 하겠습니다. 그것은 천재라는 생명의 뿌리에서 자연스럽게 나옵니다. 그것은 그렇게 생겨나는 것이지 만들어지는 것이 아닙니다."

그러면서 이렇게 한탄합니다.

"인간은 태어날 때는 독창적인 존재인데 왜 죽을 때는 모방꾼으로 죽을까요? 원숭이 같이 변해버린 모방꾼들은 모든 창의적 정신 능력을 망치고 맙니다."

영의 생각은 독창성이란 원래 자연스럽게 우리 안에 천부적으로 심어져 있던 것에서 생겨나는 것인데, 학습을 통해 이런 능력을 방해받게 된다는 것입니다. 영은 학습이 모방 또는 규칙을 따르는 방식으로 진행되며, 이 둘은 모두 독창성에 해로운 것으로 생각하고 있는 것입니다. 칸트에 따르면, 천재는 규칙을 따르지 않습니다. 천재는 규칙을 만들어냅니다. 그러나 학습은 그런 규칙을 배우는 것이기 때문에 창의성을 발휘할 수 없게 되는 것입니다. 즉, 창의성은 주어지는 것이지 규칙을 통해 배울 수는 없는 것이라고 본 것입니다. 창의성이 천부적인 것이라는 칸트와 영의 논증은 두 가지로 정리됩니다.

모방 논증

1. 모든 학습은 모방의 한 형태이다.
2. 누군가 또는 무엇을 모방하는 것은 창의적인 것과 양립할 수 없다.

따라서, 창의적인 것을 배울 수는 없다.

규칙 논증

1. 모든 학습은 규칙을 따르는 것에서 이루어진다.
2. 규칙을 따르는 것은 창의적인 것과 양립할 수 없다.

따라서, 창의적인 것을 배울 수는 없다.

베리스 가웃(Berys Gaut)[5]은 이 두 가지 논증이 잘못되었다고 지적합니다. 그는 모든 학습이 모방을 통해 이루어지는 것은 아니며, 우리는 많은 것들을 직접적 경험이나 시행 착오 등을 통해 배울 수 있다고 말합니다. 또 규칙을 따르는 모든 학습이 창의성을 배제하지는 않는다고 주장합니다. 우리는 다른 사람들을 모방함으로써 그들로부터 배울 수 있지만, 이것은 그저 그들을 복사하는 것만이 아니라는 것입니다. 그러면서 가웃은 창의성이 학습을 통해 길러질 수 있다는 것을 경험적으로도 증명할 수 있다고 주장합니다. 즉, 창의성이 가르쳐진 사례를 통해 창의성이 학습될 될 수 있다는 것을 보여줄 수 있다는 것입니다. 그는 '구성적 논증(Constitutive Argument)'이라는 방식으로 창의성의 학습 가능성을 논증합니다. 구성적 논증은 3가지 전제로 구성됩니다.

---

5) 베리스 가웃은 미학, 예술 철학, 영화 이론 등에 대한 연구로 잘 알려진 철학자입니다. 스코틀랜드 세인트 앤드루스 대학교의 철학과 교수로 재직하고 있으며, 주로 창의성, 예술의 윤리, 예술작품의 가치와 성격 등에 관해 연구하고 있습니다. 우리나라에서는 『5세부터 시작하는 철학(Philosophy for Young Children)』이라는 책이 번역돼 있습니다.

1. 창의성이란 새롭고 가치 있는 것들을 만들어내는 능력과 동기가 포함된 인간의 성향이다. 그리고 인간은 선택, 평가, 이해, 판단을 통해 자신의 행동을 표현하는 방식으로 새롭고 가치있는 것들을 만들어낸다.
2. 적어도 일부 사람들은 그들의 창의적 동기를 개선하는 방법을 배울 수 있다.
3. 적어도 일부 사람들은 그들의 창의적 능력을 향상시키는 방법을 배울 수 있다.

결론 : 그러므로, 적어도 일부 사람들은 더 창의적이 될 수 있도록 배울 수 있다.

첫 번째 전제는 창의성이 단지 능력이 아니라 성향 또는 특성이라는 것을 다시 강조합니다. 즉, 창의적인 사람은 그 능력을 행사할 기회가 주어질 때 그 능력을 행사하려는 성향이 있습니다. 두 번째 전제를 입증하기 위해 가웃은 우리가 창의적인 활동에서 즐거움을 느낄 때(내재적 동기), 또는 우리가 창의적 노력에 대해 칭찬, 높은 성적, 급여 등의 보상을 받을 때(외재적 동기) 우리의 창의적 동기를 강화할 수 있다고 주장합니다. 그리고 세 번째 전제에 대해서는 연습과 관련 기술을 강화함으로써 가치 있는 새로운 것들을 생성하는 능력을 개발할 수 있다고 지적합니다. 가웃은 창의적인 사고와 표현을 촉진하고 이해하는 데 있어 휴리스틱(heuristic)의 중요성을 강조합니다.

휴리스틱은 문제 해결이나 학습 과정에서 사용하는 간단하고 경험적인 전략이나 규칙입니다. 사람들은 일상적인 선택 상황에서 논리적 추론보다는 경험적, 직관적 사고 체계를 이용해 단순하고 빠르게 의사

결정하는 단순화 전략을 더 많이 사용합니다. 이런 전략을 휴리스틱이라고 하는데, 이는 인간의 제한된 인지 자원에서 비롯된 성향으로 원시 조상들로부터 내려온 생존 전략이기도 합니다. 휴리스틱이라는 용어는 원래 그리스어 단어 "heuriskein"에서 유래했으며, 이는 "발견하다" 또는 "찾아내다"라는 뜻입니다. 휴리스틱은 시간이나 정보가 불충분하여 합리적인 판단을 할 수 없거나 굳이 체계적인 판단을 할 필요가 없는 상황에서 사람들이 신속하게 사용하는 어림짐작이라고도 할 수 있습니다. 휴리스틱 방법은 일반적으로 복잡한 문제에서 완전한 해결을 추구하기보다는 가능한 합리적인 해결책을 빠르게 식별하고 평가하는 데 유용합니다. 교육에서 휴리스틱 방법은 학습자가 새로운 정보를 이해하고 기억하는 데 도움을 주는 전략이 될 수 있습니다. 과학과 공학에서는 복잡한 문제의 해결책을 발견하는 데 사용될 수 있으며, 인지 심리학에서는 사람들이 정보를 처리하고 판단을 내리는 방식을 이해하는 데 사용될 수 있습니다.

창의적인 수학 교육에서는 도식으로 표현하기, 특수한 경우 고려하기, 극단적인 경우 고려하기, 문제를 일반화하기, 관련된 문제 찾기 등의 휴리스틱을 가르치고, 창의적인 글쓰기에서는 알고 있는 것을 쓰기, 감각적인 경험을 구체적이고 상세하게 묘사하기, 서로 다른 것들 사이의 유사성 찾기, 말하지 않고 보여주기 같은 휴리스틱을 학습시킵니다.

엘런 헤이젝(Alan Hájek)[6]도 이와 유사하게, 철학에서 효과적인

6) 엘런 헤이젝은 호주국립대학교 철학과 교수로, 확률과 결정 이론의 철학적 기초, 인식론, 과학 철학, 형이상학, 종교 철학 등에 관한 연구를 주로 하고 있습니다.

사고를 촉진하고 새로운 아이디어를 발전시키는 데 사용될 수 있는 다양한 휴리스틱을 제안하였습니다. 이러한 철학적 휴리스틱은 매우 광범위한데, 여러 학문 분야에서 아이디어를 생성하고 발전시키는데 사용될 수 있습니다. 헤이젝이 제안한 철학적 휴리스틱 가운데 몇 가지를 살펴보겠습니다.

- **극단적인 경우 점검하기** : 이러한 휴리스틱은 반례를 생성하는 데 유용합니다. 예를 들어, 어떤 이론이 "모든 사람은 본성적으로 이기적이다"라고 주장한다면, 주장과 관련한 극단적인 경우는 '자기 희생'이 될 것입니다. 그러므로 어떤 인물이 자신의 생명을 위험에 빠뜨리면서 다른 사람을 구하는 상황을 상상해 볼 수 있습니다. 이런 예시는 이 이론이 모든 상황에 적용되는 것은 아님을 보여줍니다. 만약 이러한 극단적인 경우에서도 이 이론이 유지된다면, 이 이론은 더 강력한 것으로 간주될 수 있습니다. 이처럼 특정 주장이나 이론이 극단적인 상황에서 어떻게 작동하는지 확인하면, 이는 주장이나 이론의 유효성을 평가하는 데 도움이 됩니다.
- **오래된 논증에서 새로운 논증 생성하기** : 헤이젝은 가능성에 관련된 논증이 많은 경우 시간이나 공간에 관련된 논증으로 재구성될 수 있다고 주장합니다. 어떤 논증이 특정 객체나 사건의 가능성에 대해 다루고 있다면, 그 논증은 시간의 흐름에 따라 어떻게 변화하는지, 또는 다른 공간적 맥락에서 어떻게 이해될 수 있는지를 탐구할 수 있습니다. 이를 통해 기존의 논증이나 이론에 새로운 차원을 추가하여, 더 깊이 있는 이해를 할 수 있게 됩니다. 가령 어떤 이론이 "특정 환경 조건에서 생명이 존재할 수 있다"고 주장한다면, 이 이론은 시간이나 공간의 다른 차원에

서도 탐구될 수 있을 것입니다. 가능성에 관련된 논증으로는 “생명은 온도가 어느 정도 이상인 환경에서만 존재할 수 있다.”가 될 것입니다. 이를 시간의 차원에서 재구성해보면, “과거의 환경 조건에서는 현재와 다르게 생명이 존재할 수 있었을까?”라는 질문을 통해 과거의 지구 환경과 과거의 생명체에 대해 탐구할 수 있습니다. 또 공간의 차원에서 재구성하면, “다른 행성의 환경 조건에서는 어떤 유형의 생명이 존재할 수 있을까?”라는 질문을 통해 다양한 환경 조건에서 생명의 가능성에 대해 탐구할 수 있습니다. 이와 같은 휴리스틱은 새로운 통찰력과 아이디어를 생성하는 데 도움이 됩니다.

- **긍정적인 논증의 템플릿 제공하기** : 어떤 것이 가능하다는 것을 보여주는 방법, 또는 어떤 주장이 참이라는 것을 뒷받침하는 논증을 구축하는 방법을 제공합니다. 이러한 템플릿은 일반적으로 공리, 정의, 원칙, 규칙 등을 사용하여 논증을 구성합니다. 수학에서 긍정적인 논증의 템플릿은 일반적으로 주어진 가정하에 증명을 구축하는 방식을 따릅니다. 예를 들어, “만약 모든 각이 90도인 사각형이 있다면, 그 사각형은 직사각형이다.”와 같이 주어진 조건과 정의를 바탕으로 논리적으로 추론하여 결론에 도달합니다. 과학에서 긍정적인 논증의 템플릿은 주로 실험 설계와 결과 해석을 통해 이루어집니다. 예를 들어, “어떤 화합물이 특정 반응을 일으킬 경우, 그 화합물에는 특정 원소가 존재한다.”는 실험 결과와 그 결과를 해석하는 방법을 제공합니다.

헤이젝은 이런 철학적 휴리스틱들을 제시하면서 칸트와 영의 가정과는 반대로, 철학에서의 창의성은 규칙을 따른다고 해서 상실되는 것이 아니며, 심지어 그로 인해 강화될 수 있다는 것을 보여줍니다.

정리해 보자면, 가웃은 창의성이 단순히 능력이 아니라 동기나 특성을 포함하는 성향이라고 정의하며, 개인의 창의적인 동기를 강화하는 방법, 창의적인 능력을 향상시키는 방법 등을 학습할 수 있다고 합니다. 이러한 주장은 창의적인 성과를 끌어내는 데 필요한 능력이나 동기의 발달이 가능하다는 것을 의미하며, 이를 통해 창의성을 학습하고 개발하는 것이 가능하다는 입장을 뒷받침합니다. 가웃은 또한 휴리스틱이 창의적 역량을 향상시키는 데 도움이 될 수 있다고 주장합니다. 휴리스틱은 문제 해결 전략이나 원칙을 의미하며, 수학, 창작문학, 철학 등 여러 분야에서 창의적인 사고를 촉진하는 데 사용됩니다. 헤이젝 역시 휴리스틱의 중요성을 강조하며, 철학적 휴리스틱, 즉 철학적 사고에 도움이 되는 다양한 전략들이 창의성을 향상시키는 데 도움이 될 수 있다고 강변합니다. 이러한 휴리스틱은 새로운 논거를 생성하거나, 기존의 논거를 새롭게 재구성하는 데 사용될 수 있습니다. 이 두 철학자의 주장은 창의성이 단순히 천재성이나 천부적인 재능에 의존하는 것이 아니라, 특정 전략이나 원칙을 배우고 연습함으로써 향상시킬 수 있다는 점에서 일치합니다. 이러한 관점은 창의성을 개발하는 학습 과정이나 교육 프로그램의 설계에 중요한 영향을 미칠 수 있습니다.

우리가 창의성을 논하는 이유는 그것이 학습을 통해 개발될 수 있기 때문에 창의성 향상시키는 방법론을 찾고자 함입니다. 만약 칸트나 영의 주장처럼 창의성이 단지 천재들에게 주어지는 천부적인 재능이라면 우리가 굳이 여기서 이야기할 필요가 없는 주제가 될 것입니다. 그러나 가웃이 주장하는 것처럼 우리는 경험을 통해 창의성이 학습되고 개발될 수 있다는 것을 잘 알고 있습니다. 따라서 우리에게 필요한 것은 이제 창의성은 어떤 특징을 가지고 있으며, 그런 특징을 바탕으로 어떻게 하면 효과적으로 창의력을 향상시킬 수 있는지 탐구하는 일입니다.

4차 산업혁명과 창의성

이미 1장에서도 살펴봤듯이 세계경제포럼의 클라우스 슈왑 회장의 책인 『제4차 산업혁명』에서는 우리가 살아 가는 방식, 일하는 방식, 서로 다른 관계를 맺고 있는 방식들이 근본적으로 변화하는 혁명이 일어나고 있다고 말합니다. 그는 제4차 산업혁명 기술이 기존 산업혁명들과 달리 물리적, 디지털적, 생물학적 영역 모두를 연결한다고 표현합니다. 그리고 이렇게 빠르게 변화하고 있는 4차 산업혁명의 기술, 예를 들어 2장에서 탐구한 인공지능, 증강현실, 사물인터넷, 블록체인 등은 상상할 수 없었던 것들을 가능하게 만들고 있습니다. 이것은 창의적인 아이디어를 실현할 수 있는 기회가 좋아지고 있음을 의미합니다.

이러한 기술혁명이 창의성에는 어떤 영향을 미칠까요? 이미 인공지능과 로봇이 일자리를 대체하는 것에 대한 불안감이 존재하지만, 인간의 창의성은 로봇이 갖고 있지 않은 것이기 때문에 중요한 역할을 할 것입니다. 세계경제포럼은 창의적 사고가 4차 산업혁명에서 생존하고 번영하는 데 필요한 가장 중요한 스킬 가운데 하나라고 못박고 있습니다. 이는 창의성이 혁신을 주도하는 능력을 갖고 있기 때문입니다. 창의적 사고는 새로운 아이디어를 생성하고 문제를 해결하는 능력으로,

변화하는 환경과 새로운 도전에 대응하는 데 필요한 역량입니다. 이는 기존의 방식으로는 해결할 수 없는 문제에 대한 새로운 해결책을 찾거나, 기존의 생각에서 벗어나 혁신적인 아이디어나 제품, 서비스를 개발하는데 중요한 역할을 합니다. 기술의 발전으로 이제 창의적인 아이디어가 실제로 구현되는 빈도가 점점 높아지고 있습니다. 이는 끊임없이 변화하는 4차 산업혁명에서 큰 기회가 될 것입니다.

혁신은 기업들이 살아남기 위해서 필수적으로 요구되는 것입니다. 소비자들은 유용성, 효율성, 속도, 간편화 등의 요구 사항으로 인해 더 높은 수준의 서비스와 제품을 원하지만 기업들은 이러한 요구에 대응하기 위해 창의성을 발휘해야 합니다. 최근 기술들인 사물인터넷과 인공지능은 소비자 요구에 대응할 수 있는 기술들이 될 수 있게 만들어 줍니다. 따라서 창의성은 이러한 기술들이 성공적으로 작동하는 핵심이라고 할 수 있습니다. 창의성이 있어서 비즈니스가 더 나은 방향으로 발전할 수 있습니다. 창의성은 문제 해결을 도와줄 수 있는 무한한 가능성과 잠재력을 지니고 있습니다.

그러나 이러한 창의적인 아이디어들을 구체화하여 실제로 적용할 수 있는 것은 큰 가치를 지닌 일입니다. 마케터들은 브랜드와 소비자들의 행동, 인식 및 생각을 변화시켜야 하며, 소비자들의 요구 사항에 빠르게 대응할 수 있는 기술들을 활용해야 합니다. 창의성은 훌륭한 아이디어를 개발하여 새로운 기술과 다양한 터치포인트에서 경험하게 하는 능력입니다. 또한, 광고뿐만 아니라 실제로 사용자에게 실용성을 제공하고 브랜드와 감성적 연결을 형성하여 경쟁 업체와 차별화가 가능하도록 해줍니다. 그러므로 기술이 인간을 소유하는 것이 아니라 창의성을 바탕으로 인간이 기술을 소유하는 것이 중요합니다. 모든 기술은 결국 사람들을 위한 도구이며, 사람들을 중심으로 전 세계적으로 긍정적인 변화를 만들어가야 합니다.

파괴적 혁신과 창조적 파괴, 그리고 창의성

4차 산업혁명 시대에는 창의성을 '디지털과 기술적 혁신으로 이어질 수 있는 아이디어를 생성하는 능력'으로 정의할 필요가 있습니다. 이러한 정의와 관련해 비슷한 듯 서로 다른 두 개념을 통해 디지털 시대에 가장 필요한 창의성은 어떤 것일지 살펴보겠습니다. 그중 한 가지는 '파괴적 혁신(disruptive innovation)'이라는 개념입니다. 이 개념은 현대의 기술혁신을 가져오는 중요한 동력이 되고 있습니다. 하버드 경영대 클레이튼 크리스텐슨 교수[7]는 1997년 출간한 자신의 책인 『혁신의 딜레마(The Innovator's Dilemma)』에서 파괴적 혁신을 "새로운 서비스나 기술이 적용된 제품이 먼저 시장의 밑바닥에서 단순한 응용으로 시작해 점진적으로 상위 시장으로 진출하며, 결국 기존

7) 클레이튼 크리스텐슨(Clayton Christensen, 1952-2020)은 미국의 경제학자, 작가, 하버드 경영대학원 교수로 잘 알려져 있습니다. 그는 현대 경영학과 혁신 전략 분야에서 중요한 개념인 '파괴적 혁신(disruptive innovation)' 이론을 제시한 것으로 유명합니다. 파괴적 혁신 이론은 새로운 기술이나 비즈니스 모델이 기존의 시장을 뒤흔들며 성장하고, 결국 기존 기업이나 상품을 대체하는 현상을 설명하는 개념입니다. 이러한 혁신은 초기에는 기존의 기업이나 상품과 경쟁할 수준이 되지 않을 수 있지만, 시장에서 예상치 못한 니즈를 만족시키며 성장합니다. 결국 이것이 기존 시장을 정복하고 새로운 기준이 되며, 기존의 기업이나 상품은 퇴보하거나 사라지게 됩니다. 크리스텐슨은 파괴적 혁신의 예로 최근 수십년 간의 IT기술 발전, 휴대전화 시장의 변화, 스트리밍 서비스 등을 들었습니다. 파괴적 혁신 개념은 현대 기업의 경영 전략 및 혁신 전략의 핵심적인 기반으로 활용되고 있으며, 기업들은 그의 이론을 참고해 새로운 기술이나 비즈니스 모델의 출현에 대비해야 한다고 생각합니다.

에 자리잡고 있던 업체들을 밀어내고 시장 지배력을 확보하는 과정"이라고 정의했습니다.

파괴적 혁신과 흡사하면서 혼동되기도 하는 이율배반적인 개념이 하나가 더 있습니다. '창조적 파괴(creative destruction)'라는 용어입니다. 오스트리아의 경제학자 요셉 슈럼페터(Joseph Schumpeter) 교수[8)]가 1942년에 처음 만든 말입니다. 슈럼페터는 "생산 과정에서의 혁신으로 생산성을 향상시키는 것"을 창조적 파괴로 설명했습니다. 즉, "경제 구조를 내부적으로 계속해서 혁명화하고, 과거를 끊임없이 파괴하며, 새로운 경제 구조를 계속해서 창조하는 과정"이라는 설명으로 창조적 파괴를 개념화했습니다.

창조적 파괴와 파괴적 혁신은 많은 논쟁을 불러일으켰습니다. 창의적인 아이디어는 더 나은 제품을 더 적은 비용으로 만들어냅니다. 그 결과 기존 제품들은 수요 감소로 인해 쇠퇴할 수밖에 없습니다. 이러한 현상을 기존 제품의 소멸이라는 측면에서 보게 되면 기존 제품들에 대한 '파괴'로 나타납니다. 슈럼페터 교수는 이것을 '창조적 파괴'라고 이름하였습니다. 이 개념은 1950년대 이후로 경제학의 주요 연구 주제 가운데 하나가 되었습니다. 창조적 파괴를 관통하는 핵심 키워드는 바

8) 조셉 슘페터(Joseph Alois Schumpeter, 1883-1950) 교수는 오스트리아 출신의 경제학자로, 경제학과 사회학 분야에서 대표적인 업적을 남겼습니다. 그는 하버드대학교에서 교수로 재직하면서 그의 경제이론을 발전시켰습니다. 슘페터의 가장 유명한 이론은 '창조적 파괴(creative destruction)'라는 개념입니다. 창조적 파괴는 기존의 기술이나 제도가 새로운 기술이나 제도에 의해 대체되면서 혁신이 발생하는 경제적 과정을 말합니다. 이 과정에서 불필요한 기업은 망하거나 축소되며, 효율적이고 혁신적인 기업이 대신 성장하게 됩니다. 슘페터는 이 개념을 통해 자본주의 경제 체계에서 지속적인 혁신과 성장이 일어나는 이유를 설명했습니다. 결국, 창조적 파괴는 혁신과 경쟁을 통해 시장에서 능률을 높이는 역할을 하는 것으로 평가되며, 이를 통해 경제 전체의 발전을 이끈다고 볼 수 있습니다. 슘페터의 창조적 파괴 이론은 현대 경제학의 기초가 되는 중요한 개념 중 하나로 자리잡았습니다.

로 인간의 창의성입니다. 그리고 거기에 일을 더 잘 해내기 위한 욕구가 덧붙여진 것입니다. 창의성은 혁신적인 아이디어를 만들어냅니다. 제품과 프로세스를 재구성하는 창의적 아이디어는 점진적으로 더 나은 모델을 더 적은 비용으로 만들어냅니다.

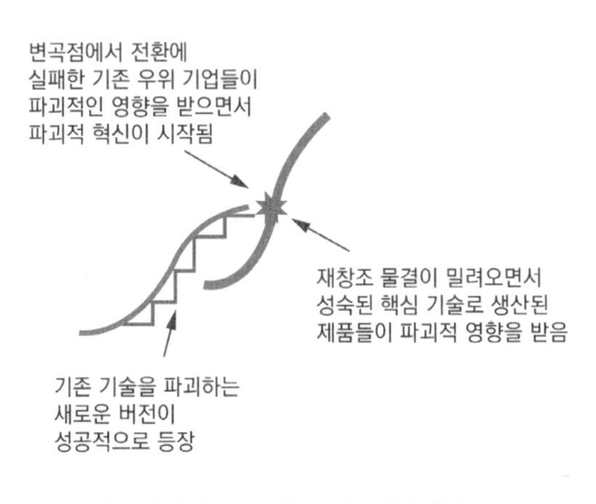
변곡점에서 전환에
실패한 기존 우위 기업들이
파괴적인 영향을 받으면서
파괴적 혁신이 시작됨
재창조 물결이 밀려오면서
성숙된 핵심 기술로 생산된
제품들이 파괴적 영향을 받음
기존 기술을 파괴하는
새로운 버전이
성공적으로 등장
창조적 파괴를 가져오는 두 가지 주요 요인
(1) 동일한 기술의 더 진보한 버전이 성공적으로 등장
(2) 기술 핵심에서 재창조 물결이 일어남

창조적 파괴는 점진적 진보와 재창조 모두에서 일어납니다. 그러나 재창조 물결은 이전 기술의 핵심을 장악해 제품을 생산해오던 기업들의 전환 실패로 인해 파괴적 혁신의 모습을 취하게 됩니다.

기술은 점진적으로 발전하기도 하지만 때로는 완전히 새로운 기술이 나와 기존 흐름을 송두리째 뒤바꾸면서 새로운 물결을 일으키기도 합니다. 이 경우 기존에 번영을 구가하는 기업들 가운데는 새로운 물결에 부응하는 기술 전환을 이루지 못해 퇴출되는 기업들이 생깁니다.

아주 잘 나가던 전통기업들이 새로운 기술의 파괴적인 힘에 제대로 대처하지 못해 망하는 것을 설명하기 위해 크리스텐슨 교수가 내놓은 이론이 '파괴적 혁신'입니다. 창조적 파괴와 파괴적 혁신에 대한 논쟁을 이해하자면 이와 관련한 내용들 좀 더 살펴볼 필요가 있습니다.

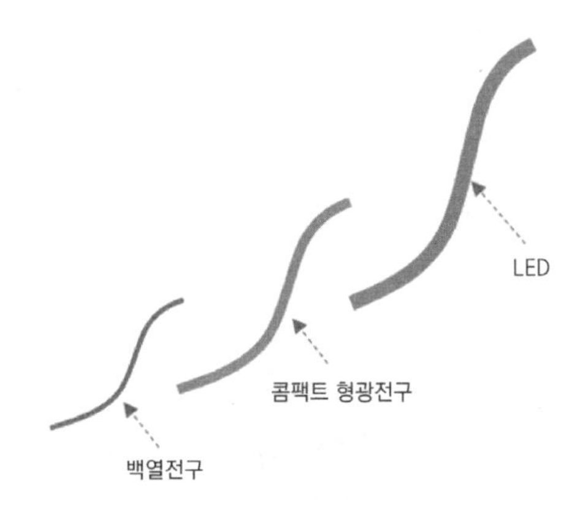

백열등은 점진적 혁신으로 이전 버전을 대체하며 성장했지만, 직업이나 기업을 파괴하지는 않았습니다. 그러나 LED 등장은 콤팩트 형광전구(CFL, 삼파장 전구)와 백열등을 생산하는 직업과 기업에 대한 파괴를 야기했습니다.

창조적 파괴는 최근 출시된 더 나은 품질의 제품들이 이전에 출시된 제품들에게 미치는 영향을 의미합니다. 이때 새로운 제품들은 보통 더 적은 비용으로 생산됩니다. 창조적 파괴는 기존의 일자리와 기업에 대해 반드시 파괴를 일으키는 것은 아닙니다. 반면, 새로운 패러다임으로 전환되는 혁신과 함께 일자리와 기업이 소멸되는 것은 파괴적 혁신입니다.

다른 생명체와는 달리 우리 인간은 창조적입니다. 우리는 제품을 재창조하기 위해 아이디어를 생산합니다. 아리스토텔레스나 소크라테스와 같은 철학자들은 이러한 인간의 행동 패턴을 관찰했고 이를 'Praxis(실행)'라고 명명했습니다. 인간은 삶의 질을 향상시키기 위해 끊임없이 노력하고 있습니다. 기본적인 위생부터 서로 간의 의사소통에 이르기까지 다양한 일을 해야 합니다. 해야 할 일은 끝이 없습니다. 그런데 더 중요한 것은, 이런 해야 할 일들이 계속해서 늘어나고 있다는 것입니다. 인간은 결코 현재 상태에 만족하는 일이 없습니다. 그래서 인간은 더 나은 미래를 추구하는 끝없는 여정을 계속하고 있는 것입니다.

시급성과 지식이 창조적 과정에 주입되면서 점진적 진보와 재창조를 통해 기술 발명과 제품의 개선에 대한 아이디어를 낳습니다.

그렇다면 인간은 어떻게 더 나은 결과를 얻을 수 있을까요? 아이디어를 통해서입니다. 인간은 상황을 관찰하고 경험하며 지식을 축적합니다. 그리고 축적된 지식을 활용하여 일을 더 낫게 하는 아이디어를 짜냅니다. 또한, 더 적은 비용으로 더 편안함을 만들어냅니다.

한편으로, 인구는 증가하고 있습니다. 더 나은 결과를 얻기 위해 해야 할 일 목록도 계속해서 늘어나고 있습니다. 그러나 자원은 한정되어 있고, 날이 갈수록 고갈되고 있습니다. 이러한 딜레마를 어떻게 해결할 수 있을까요? 해답은 바로 더 적은 자원을 사용하면서도 더 나은 결과를 얻는 창의적인 '아이디어'에 있습니다.

아이디어는 경제적 가치를 창출하는 데 중요한 역할을 합니다. 우리는 아이디어와 함께 재료를 혼합하여 경제적 산출물을 생산합니다. 생산된 산출물의 시장 가치는 일반적으로 투입된 비용보다는 높습니다. 그 차이는 재료를 혼합하는 아이디어가 만들어 내는 것입니다. 그 부분이 바로 아이디어의 경제적 가치입니다.

예를 들어, 우리는 실리콘을 사용하여 컴퓨터용 반도체를 생산합니다. 집적도를 높이는 기술 개발과 혁신을 통해 동일한 양의 실리콘에서 점점 더 용량이 큰 반도체를 만들어냅니다. 마찬가지로, 우리는 동일한 양의 연료로부터 더 많은 에너지를 추출하기 위해 엔진을 재설계하고 있습니다. 이처럼 우리는 더 적은 자원으로 더 많은 것을 생산하기 위해 아이디어의 흐름을 연료로 사용하여 지식을 생산하고 있습니다. 더 나은 품질의 제품을 비용을 점점 줄여가며 계속해서 생산하기 위한 아이디어는 지속적인 경제 성장을 가능하게 하는 핵심 동력입니다.

슈럼페터의 "창조적 파괴의 바람"은 "산업적 돌연변이의 과정"을 의미합니다. 이 과정은 경제 구조를 내부에서 지속적으로 혁신하고, 과거 구조를 끊임없이 파괴하고, 새로운 구조를 규칙적으로 창조합니다. 그렇다면 이러한 과정은 어떻게 일어나는 걸까요? 어떤 힘이 이러한 변화를 주도하는 걸까요? 경쟁적인 시장에서 소비자들은 더 나은 제품을 더 낮은 가격에 찾고 있습니다. 생산자들은 이익을 증대시키려고 합니다. 이러한 이해 충돌 상황에 대처하기 위해 생산자들은 끊임없는 아이디어의 경쟁에 뛰어듭니다. 아이디어는 기술을 발전시키고 기존 제품과 공정을 재설계하며, 혁신 제품을 만들어냅니다. 이는 더 나은 제품을 더 낮은 비용으로 생산하여 더 많은 이익을 얻으려는 경쟁입니다. 이 과정에서 소비자들은 더 나은 제품을 더 낮은 가격에 구매하여 이익을 얻습니다.

하지만 창조적인 과정에서 어떻게 파괴가 일어나는 걸까요? 이 과정에서 생산자들은 더 낮은 비용으로 계속해서 더 나은 모델을 만들어 내려고 노력합니다. 결과적으로 더 나은 모델이 등장하면서 이전의 제품들은 수요의 감소로 시장에서 사라지게 됩니다. 이 효과가 창조적 파괴입니다. 그러나 이 효과는 더 나은 모델의 출시로 이어지지만, 직업과 기업의 파괴를 초래하지는 않습니다. 예를 들어, 현대자동차는 끊임없이 새로운 모델을 개발하면서 이전 모델을 파괴하지만, 이 창조적 파괴는 자동차라는 제품 자체를 파괴하지는 않습니다. 이와 같은 것이 창조적 파괴인 것입니다.

그러나 계속해서 발전하는 아이디어 흐름이 어느 순간 포화상태가 되면 생산자들은 또 다른 아이디어의 흐름을 찾습니다. 이 흐름은 일하는 방식을 대체하는 대안을 낳습니다. 예를 들어, 디지털 카메라는 필름 기반 카메라를 대체하기 위해 성장했습니다.

보통 창업자들은 새롭게 시장에 진입하기 위해 기존의 기업과는 대조적으로 새로운 아이디어로 무장합니다. 결과적으로, 이전 아이디어나 기술의 주위에 있는 제품뿐만 아니라 기업, 일자리, 산업까지도 차세대 창조적 아이디어의 발전으로 인해 파괴됩니다. 예를 들어, 전기

자동차의 급부상은 내연 엔진 생산에 종사하는 일자리, 기업 및 산업에 대한 파괴를 가져오고 있습니다. 이때부터는 창조적 파괴를 넘어 파괴적 혁신으로 나아가게 됩니다.

파괴적 혁신의 중심 동력은 새로운 기술 핵심을 형성하는 아이디어의 등장입니다. 이 새로운 기술 핵심 주위의 혁신은 원시적인 형태로 나타납니다. 이러한 원시적인 제품은 대체 효과를 일으키기에 불충분합니다. 예를 들어, 1980년대의 디지털 카메라는 필름 카메라보다 훨씬 불완전했습니다. 마찬가지로, 1950년대의 트랜지스터 포켓 라디오도 원시적이었습니다.

가장 중요한 것은 새로운 기술 핵심이 성장할 수 있는 것이어야 합니다. 혁신자들은 개술 개발에 투자하여 연속적으로 개선되고 생산 비용이 적게 드는 아이디어의 흐름을 만들기 위해 노력합니다. 결국, 창의적인 아이디어의 흐름은 이 원시적인 제품을 더 나은 대체품으로 만들어냅니다. 처음에는 신기술이 수익을 내지 못하고 손해만 보게 만드는데, 그 때문에 기업들은 선뜻 새로운 사업에 뛰어들길 주저합니다. 크리스텐슨 교수는 이를 "혁신자의 딜레마"라고 표현했습니다. 그러나 창업자들은 진입을 위해 위험을 감수하는 것이 가치가 있다고 생각합니다. 새로운 산업 분야에 스타트업들이 많이 생기는 이유입니다.

파괴적 혁신은 창조적 파괴의 하위 개념이라고 하겠습니다. 파괴적 혁신은 새로운 기술 핵심을 중심으로 창조적 파괴가 어떻게 일어나는지에 대한 명확한 이해를 제공합니다. 그 덕분에 미래를 예측하는데 중요한 단초를 제공합니다.

디지털 카메라의 등장은 창조적 파괴의 힘으로 필름 카메라의 파괴를 가져왔습니다. 그러나 그 디지털 카메라도 스마트폰에 의해 파괴되고 있습니다. 그리고 이러한 연쇄적 파괴는 인간의 창의성이 가져오는 창조적 파괴입니다.

4차 산업혁명 시대에 창의성이 중요한 이유

과거의 산업혁명들에서는 일꾼들이 새로운 환경에 필요한 기술을 개발하는 데 수십 년이 걸렸습니다. 하지만 지금 우리에겐 그런 정도의 시간적인 여유가 없습니다. 머지않아 많은 일자리가 사라지고 새로운 형태의 일자리가 생겨나게 될 것입니다. 사라지는 일자리와 생겨나는 일자리를 가르는 데 심판 역할을 하는 것이 인공지능과 로봇입니다. 이들은 자기들보다 늦는 인간은 도태시킬 것입니다. 이들이 어떻게 인간들의 일자리를 가를지 정확히 알 수는 없지만, 운명의 시간은 바로 우리 앞으로 다가오고 있습니다. 이젠 인공지능과 로봇보다 앞서야 살아남게 되는 것입니다. 그렇다면 무엇이 로봇과 경쟁할 때, 우리를 앞서게 할까요? 힌트는 인공지능과 로봇이 잘 할 수 없는 것들입니다.

지금까지 '소프트 스킬'로 알려진 기술들은 기술적인 스킬에 비해 덜 중요한 것으로 치부돼 왔습니다. 하지만 인간에게만 독특한 이러한 기술들이 앞으로는 핵심 능력이 될 것으로 예측되고 있습니다. 공감능력, 감성 지능, 의사소통, 협업, 비판적 사고, 창의력 등입니다. 더 미래에는 어찌 될는지 모르겠지만, 적어도 지금 단계에서는 인공지능과 로봇은 이러한 기술에 익숙하지 않습니다. 창의력과 비판적 사고는 협력

문화와 혁신적 문화를 구축하는 데 필수적인 요소입니다. 세계경제포럼의 저명 작가인 알렉스 그레이는 이렇게 말합니다.

“로봇들은 우리가 원하는 목표에 빠르게 도달하는 데 도움을 줄 수 있지만, 아직은 인간만큼 창의적일 수 없습니다.”

우리가 말하는 ‘창의성’은 음악가, 시인, 예술가, 작가들만의 재능은 아닙니다. 인간 모두에게 잠재돼 있는 능력입니다. 창의적인 사고를 하는 사람은 문제를 다양한 각도에서 바라봅니다. 복잡한 문제도 보는 각도에 따라 간단하게 해결할 수 있습니다. 우리가 만약 여러 가지 이질적인 정보들을 연결하여 새로운 뭔가를 구성해 낼 수 있다면 창의적이라 할 수 있습니다. 창의성은 혁신적이고 독창적이며, 프로세스와 시스템을 더욱 효율적으로 만들기 위해 새로운 시각을 제공하는 것입니다.

앞서 살펴봤듯이 창의성은 계발할 수 있습니다. 창의성을 특별한 사람들이 지니고 있는 비밀스럽고 이해하기 어려운 재능으로 생각하는 경향이 있지만, 실제로 창의성은 타고나는 능력이 아닙니다. 창의적인 사고는 새로운 아이디어를 생성하는 과정입니다. 우리 모두가 그 능력을 가지고 있습니다. 어린 시절에 어떻게 새로운 놀이 방법을 생각해내었는지 생각해 보세요. 모든 사람은 창의성을 향상시키기 위한 기술을 배울 수 있으며, 다른 소프트 스킬과 마찬가지로 적절한 교육과 집중된 연습을 통해 숙달할 수 있습니다. 창의성과 비판적 사고는 학습될 수 있을 뿐만 아니라 궁극적으로는 숙련되어 세상이 필요로 하는 변화를 주도할 수 있는 능력을 향상시키는 데 도움이 됩니다.

'행위자-네트워크 이론'으로 보는 창의성과 인공지능

인공지능 시스템은 이제 보편적으로 사용되고 있을 뿐만 아니라 행동하는 능력도 갖추고 있습니다. 즉, 자체적으로 지능적이고 창의적인 작업을 수행할 수 있는 능력을 갖고 있다는 말입니다. 그래서 인공지능 시스템을 '창의적인 목적을 위해 인류에게 제공되는 사고 보조자'라고 말할 수도 있습니다. 따라서 4차 산업혁명의 기술이라는 측면에서 창의성을 논할 때는 마음(생각하기)과 창조(만들기) 뿐만아니라 인공지능 기술의 사용도 포함해야 합니다. 따라서 4차 산업혁명 기술 개발은 생각하기, 만들기, 그리고 인공지능을 통해 지원되는 창의적 문제해결을 중심으로 이루어져야 하는 것입니다. 이를 그림으로 대략 설명하면 아래와 같습니다.

4차 산업혁명 기술을 발전시키는 창의성 다이어그램

이 3가지 측면이 4차 산업혁명 기술개발에서 창의적인 행동에 어떻게 연관되어 있는지 살펴보겠습니다. 이 그림은 생각하기와 만들기, 그리고 인공지능에 의해 주도되는 창의성으로부터 도출되는, 4차 산업혁명의 발전을 나타내고 있습니다. 생각하기와 만들기를 같이 묶는 것은 이 둘이 인간의 행동과 개념적으로 연결돼 있기 때문입니다. 그러나 인공지능은 그렇게 할 수 없습니다. 왜냐하면 생각하기와 만들기는 인간의 행위이지만 인공지능은 사물입니다. 또 인공지능은 인간의 생각과 만들기의 결과물이므로 인간과는 동등한 관계가 아닌 상하관계로 연결됩니다. 유물론 철학에서 창안된 행위자-네트워크 이론(Actor-Network Theory)이 이 관계를 설명하는 데 도움이 됩니다.

행위자-네트워크 이론은 인간 사회를 인간과 비인간 요소(기술, 생물, 기관 등)가 서로 상호작용하며 형성되는 네트워크로 이해하려고 합니다. 도구를 사용하는 인간이라는 개념과 이미지는 역사적으로, 그리고 일상적으로 인간에게 매우 익숙한 것인데, 행위자-네트워크 이론은 그 관습에서 벗어나야 한다고 주장하고 있는 것입니다. 사회 현상을 단순히 인간 행위자의 행동에만 근거하지 않고, 인간과 비인간의 상호작용을 고려하여 사회 현상을 분석합니다. 이 이론에 따르면 인간과 비인간 요소 모두 '행위자'로서의 역할이 있으며, 네트워크에 참여하고 의미를 협상하며 연결될 때 사회 조직, 기술 등 사회 현상이 구성된다는 것입니다. 인공지능이라는, 행위성을 갖는 요소가 우리의 삶에서 중요해지는 4차 산업혁명 시대에는 행위자-네트워크 이론이 특히 빛을 발합니다. 이 이론의 입장에서 4차 산업혁명 기술은 단순한 기술이 아닌 기술의 과학, 즉 '테크노사이언스'가 됩니다.

조금 더 살펴보자면 이 이론은 사회적 현상에 대한 이해를 단순히 인간 중심적으로 한정하지 않고, 인간과 비인간 요소들이 상호작용하여 사회를 형성한다는 관점이 두드러집니다. 네트워크를 구성하는 다양한 요소들이 서로의 역할과 영향력을 공동으로 형성하며, 이를 통해 사회적인 힘과 통제가 이루어진다는 것입니다.

이 이론은 기술, 과학, 사회, 문화 등 다양한 분야에서 적용되며, 특히 기술의 개발과 도입, 사회적 변화 및 혁신 등을 이해하는 데 유용하게 활용됩니다. 이처럼 행위자-네트워크 이론은 사회적 현상을 네트워크의 상호작용으로 바라보는 독특한 시각을 제공함으로써 사회적 현상의 복잡성과 다양성을 이해하는 데 많은 도움을 줍니다.

행위자-네트워크 이론의 도움을 받는다면, 4차 산업혁명의 진행과 관련한 창의성은 모든 구성 요소들의 조합으로 이해되어야 합니다. 이렇게 되면 우리가 구성하고 있는 사회를 이해함에 있어서 인간을 다른 행위자들보다 우위에 두지 않고 다양한 인간과 비인간의 혼합으로 보게 됩니다. 이러한 네트워크는 집중이니 순수함이니 통일성이니 하는 것들로 강한 연결을 이루는 것이 아니라 이질적인 것들의 약한 연결로 이루어집니다. 그러므로 앞의 다이어그램이 나타내는 것은 생각하기, 만들기, 그리고 인공지능 간의 관계가 중요하다기보다, 그것들이 4차 산업혁명 시대가 요구하는 창의성을 일깨우는 새로운 사회적 동인으로 작용한다는 것입니다.

포스트 휴머니즘 이론들도 인간을 '사회의 중심'에서 벗어나게 하고 있으며, 존재라는 것이 인간만이 아니라 이제는 사회적 네트워크와 물질적 네트워크로 분산되고 있다고 주장합니다.[9] 앞의 그림에서처럼 생

9) 이러한 견해는 인간-컴퓨터 상호작용 분야의 전문가인 크리스토퍼 프라우엔베르거(Christopher

각하기와 만들기와 같은 인간의 행위를 인공지능과 같은 사물들과 동등한 위치에 두는 것이 지속가능성을 높여줄 수 있다는 것입니다.

이러한 이론들을 통해 우리가 얻을 수 있는 힌트는 4차 산업혁명 시대에 가장 필요로 하는 재능인 창의성은 인간의 고유한 창의성만을 의미하는 것이 아니라 인공지능과 같은 기계를 활용하여 얻을 수 있는 창의성도 포함된다는 점입니다. 그러므로 창의성을 개발할 때는 인공지능을 얼마나 창의적으로 활용할 것인지도 고려해야 합니다.

인공지능의 창의성

창의성과 컴퓨터는 어떤 관련이 있을까요? 대부분의 사람들은 서로 아무런 관련이 없다고 말할 것입니다. 왜냐하면 창의성은 인간이 가지고 있는 능력 가운데도 특히나 경이로운 것이지만 컴퓨터는 단순한 기계 덩어리로 보이기 때문입니다. 그런데 마가렛 보덴(Margaret Boden)은 이 둘은 사실은 두 가지 측면에서 관련이 있다고 주장합니다. 그 하나는 컴퓨터가 인간의 창의성이 무엇인지 이해하는 데 도움이 된다는 것이고, 다른 하나는 컴퓨터도 어느 정도는 창의적일 수 있다는 것인데, 이는 기계적 창의성라고도 말할 수 있습니다.

앞서 이야기했듯이 보덴은 '창의성' 개념을 철학적으로 정의하면서 신규성, 가치성, 놀라움이 3가지 기본 요소라고 주장합니다. 보덴의 정의에 따른다면 인공지능이 창의성을 지니기 위해서는 새롭고, 가치가 있으며, 놀라운 작품을 만들어낼 수 있어야 합니다. 그렇다면 인공지능

Frauenberger)의 글에서 발견할 수 있습니다.

도 이 3가지 요소를 충족시킬 수 있을까요? 요소별로 차례로 살펴보겠습니다.

1970년대에 해롤드 코헨(Harold Cohen)은 컴퓨팅 기술을 사용하여 새로운 그림을 제작하기 시작했습니다. 그가 만든 인공지능 화가의 이름은 아론(Aaron)이었습니다. 아론의 작품은 런던에 있는 테이트 박물관(Tate Museum)과 빅토리아 앤 알버트 박물관(Victoria and Albert Museum) 등에서 전시되었습니다.

데이비드 코프(David Cope)의 음악인공지능 실험인 'EMI'는 이름난 작곡가들의 스타일과 다양한 음악 스타일로 작곡했습니다. 완성작 가운데는 온전한 길이의 오페라도 한 편 있었습니다. 이러한 작품들 중 일부는 음반으로 취입되어 정식 앨범으로 제작되기도 했습니다. 이 인공지능 작곡가의 이름은 에밀리 하우웰(Emily Howell)이며, 구글에서 이 이름을 검색하면 음악 작품을 감상해 볼 수도 있습니다. 유튜브에 올라와 있는 하우웰의 2007년 작품인 《어둠에서 빛(From Darkness, Light)》을 들어보면 인공지능의 작품이라고는 믿기지 않을 정도로 웅장하고 세련돼 있어 유명 작곡가의 작품으로 착각하기 쉽상입니다. 댓글에도 "오프닝이 소름 돋는다, 베오토벤 음악을 듣는 것 같다"는 반응이 주를 이루고 있습니다.

더구나 최근에는 달·이(DALL·E), 미드저니(Midjourney), 스테이블 디퓨전(Stable Diffusion)과 같은 창의적인 예술 AI 시스템에서 폭발적인 발전이 있었습니다. 이들 인공지능이 만들어내는 창작물은 과거의 작품들에 비해 분명히 새롭습니다. 보덴의 분류에 따른다면 일단 심리학적 새로움(P-creativity)은 충분히 충족시키고 있다고 하겠습니다. 아론이나 하우웰의 작품은 역사적으로도 새로운 것들입니다.

《운동선수들》, 아론 작(作), 1986

가치성은 어떨까요? 창의성을 위해서 가치성이 필요하다면, 이러한 컴퓨터 작품들도 당연히 이 조건을 충족합니다. 물론 가치 평가라는 것이 주관적인 측면이 강해서 논란의 여지가 있지만, 그것은 인간의 창의성 작품들에도 마찬가지입니다. 이러한 작품들이 비평가들에게 인정받고, 명망 있는 갤러리에서 전시되며, 레코드사에 의해 정식 앨범으로 만들어졌다는 사실은 그것들의 예술적 가치를 증명하며, 관객들이 이러한 작품들을 기쁘고 흥미롭고 매력적으로 느낀다는 반증입니다. 그러므로 이러한 인공지능들은 적어도 어느 정도의 기계적 창의성은 지니고 있는 것으로 결론 지을 수 있습니다.

마지막으로 놀라움이라는 요소입니다. 앞에서도 살펴봤듯이 보덴은 놀라움을 일으키고 새로운 구조를 생성하는 창의성은 세 가지 방식으로 발현된다고 말합니다. 조합적 창의성, 탐험적 창의성, 변형적 창의성이 그것입니다. 조합적 창의성(Combinatorial Creativity)은 새로운 아이디어를 기존의 아이디어들을 결합하여 창의적인 결과물을 생성하는 과정입니다. 보덴은 이것이야말로 인공지능의 특기라고 합니다. 컴퓨터에게는 두 가지 아이디어(데이터 구조)를 선택하고 그것들을 병렬로 배치하는 것보다 간단한 작업은 없기 때문입니다. 그러나 그런 조합이 어떤 흥미로운 점을 가지고 있는지는 또 다른 문제입니다. 그런 연결을 형성하고 평가하는 능력은 매우 풍부한 지식을 필요로 합니다. 탐험적 창의성(Exploratory Creativity)은 주어진 규칙이나 제약 조건들 내에서 새로운 아이디어를 찾아내는 과정입니다. 보덴은 이미 존재하는 여러 인공지능 솔루션들이 이를 수행할 수 있다고 합니다. 아론은 특정 스타일의 선 그림을 수천 가지 생성해 낼 수 있습니다. 변형적 창의성(Transformational Creativity)은 아이디어의 근본적인 변화를 통해 완전히 새로운 것을 창출하는 과정을 의미합니다. AI 프로그램 중 일부는 자신들의 개념 공간을 변형시킴으로써 새로운 아이디어를 만들어 낼 수 있는 능력이 있습니다.

보덴은 이 세 가지 유형의 창의성이 AI에 의해 어떻게 달성될 수 있는지를 집중적으로 탐구해왔습니다. 그녀는 머신러닝, 유전 알고리즘[10)]

10) 유전 알고리즘(Genetic Algorithm)은 최적화와 검색 문제를 해결하는 데 사용되는 비교적 단순한 기계 학습 알고리즘입니다. 이 알고리즘은 자연의 진화과정을 모방하여, '선택', '교차', '변이'라는 세 가지 기본 연산을 통해 문제의 해를 찾아내려고 합니다. 선택(Selection)을 통해 현재 세대에서 가장 적합한 개체들을 선택합니다. 교차(Crossover) 또는 교배(Recombination)를 통해 선택된 개체들을 조합하여 새로운 세대의 개체를 생성합니다. 변이(Mutation)를 통해서는 새로운 세대의 일부 개체를 임의로 변형시켜 다양성을 유지합니다. 이렇게 생성된 새로운 세대의 개체들 중에서 더 적합한 개체들이 다시 선택되어 교차와 변이를 거치게 되고, 이 과정이 반복되면서 최적의 해를 찾아갑니다.

등의 컴퓨터 알고리즘을 사용하여 창의성을 모델링하는 시스템을 설계하고 실험했습니다. 컴퓨터는 다양한 규칙과 제약을 가지고 있는 상황에서 자율적으로 새로운 아이디어를 생성하고 발전시키는 능력을 보였습니다. 보덴의 연구는 컴퓨터가 창의성을 구현하는 한 방법이 될 수 있다는 가능성을 제시하고 있습니다. 인공지능은 데이터 패턴을 인식하고, 새로운 연관성을 제안하고, 기존의 생각이나 방법론에 도전하여 사람들이 창의적으로 사고하고 아이디어를 발전시키는 데 도움을 줄 수 있습니다. 그녀는 이러한 인공지능의 '창의성'이 사람의 창의성을 대체하는 것이 아니라 보완하는 것이라는 점을 강조합니다. 컴퓨터를 사용하여 창의적인 솔루션을 발견할 수 있다면, 이를 통해 새로운 문제 해결 방법이나 예술 작품, 과학적 발견 등 다양한 분야에서 혁신적인 결과물을 얻을 수 있을 것입니다. 그러나 보덴은 아직도 인간의 창의성을 모방하거나 능가하는 인공지능이 개발되기까지는 상당한 시간이 걸릴 것이라는 견해를 가지고 있습니다. 또한, 창의성에는 가치판단이 필수적으로 포함되며, 이는 인공지능에게 매우 어려운 문제라는 점도 강조하고 있습니다.

창의성의 기본 바탕이 되는 소프트 스킬

창의성과 소프트 스킬(soft skill)은 모두 개인의 핵심 역량으로서 중요한 요소입니다. 이들은 기술적 지식이나 전문지식과 달리, 개인 간의 상호작용이나 태도, 문제 해결 능력 등과 관련된 비기술적 역량을 의미합니다. 소프트 스킬은 개인의 성격, 태도, 커뮤니케이션 능력, 인간관계 등과 관련된 비기술적인 능력을 말하며, 우리가 창의적 능력을 발휘하는 데 핵심적인 역할을 합니다. 이러한 능력은 직장, 학교, 가족 등 다양한 상황에서 대인 관계를 원활하게 할 뿐 아니라, 성공적인 커리어와 삶의 질 향상에도 큰 영향을 미칩니다. 소프트 스킬에는 여러 가지 기술이 포함됩니다.

원래 '소프트 스킬'이라는 용어는 1960년대 후반에 미국 육군에서 만들어졌습니다. 이 용어는 기계를 사용하지 않는 어떤 기술을 가리킵니다. 미군은 많은 중요한 기술이 이 범주에 포함된다는 것을 알게 되었는데, 그 때부터 이 스킬들을 가르치는 훈련 체계를 만드는 데 많은 노력을 기울입니다. 그 결과 1972년에 미 육군 훈련 매뉴얼에서 '소프트 스킬'이라는 용어가 공식적으로 사용되기에 이르렀습니다. 이때 미 육군은 소프트 스킬을 "기계와는 거의 관련이 없으면서 직무에서 매우 일반적으로 적용되는 중요한 직무 관련 기술"이라고 정의했습니다.

심리학자 니콜라스 험프리(Nicholas Humphrey)는 '사회적 지능(Social Intelligence)'이라는 개념을 제안하였습니다.[11)] 사회적 지능은 사회적 상호작용과 대인관계 형성에서의 지적 능력을 의미합니다. 험프리는 사회적 지능을 "개인이 다른 사람들과 상호작용하고 대화하며, 감정을 인식하고 해석하며, 그들의 행동을 예측하고 조절하는 능력"으로 정의했습니다. 험프리의 사회적 지능은 인간의 소프트 스킬

11) 험프리의 사회적 지능은 개체 간 상호작용과 관련된 인식, 이해, 판단, 그리고 행동에 대한 지능을 의미합니다. 사회적 지능은 개체가 다른 개체의 의도, 정, 동기, 목표 등을 이해하고 예측하는 능력을 중심으로 하는 개념입니다. 사회적 지능 이론은 동물들의 사회적 행동을 연구하는 데 있어 중요한 역할을 하는데, 동물들의 사회적 행동과 의사소통 능력을 평가하는 데 도움이 되는 측정 도구로 사용됩니다.

발전에 근본적인 역할을 합니다. 예를 들어, 사회적 지능은 서로의 감정을 인식하고 이해하면서 상호작용을 더 원활하게 하고, 이 과정에서 소프트 스킬이 발전하게 되는 것입니다. 오늘날 많은 산업 분야에서는 직원들의 소프트 스킬에 중요성을 부여합니다. 일부 회사는 이제 직원들에게 소프트 스킬의 전문적인 교육을 제공합니다. 세계 최대 온라인 학습 플랫폼 가운데 하나인 유데미(Udemy)는 우리가 소프트 스킬을 개발해야 하는 이유에 대해 이렇게 설명합니다.

"소프트 스킬은 우리가 다른 사람들과 효과적으로 관계를 맺을 수 있도록 하는 개인적인 능력입니다. 이러한 기술을 적용함으로써 우리는 일과 관련해 더 탄탄한 관계를 구축하고, 더 생산적으로 일하며, 효과적으로 커리어를 쌓을 수 있습니다. 이러한 기술은 개인적인 상호작용을 향상시키고 직무 성과와 만족도를 높이게 됩니다. 우리는 보통 커리어를 개발하려고 할 때 기술 관련 스킬, 지식 및 업무 수행 능력과 같은 하드 스킬에 초점을 맞춥니다. 소프트 스킬은 하드 스킬과는 달리 대인 관계에 관련된 기술이며, 다양한 상황에서 적용될 수 있음에도 불구하고 소프트 스킬을 개발하는 것을 소홀히 하는 경향이 있음을 의미합니다. 그러나 소프트 스킬은 어떤 직장이나 조직 또는 산업에도 직접적으로 적용이 가능합니다. 소프트 스킬은 낙관주의와 같은 성격적 특성뿐만 아니라 공감과 같은 실제로 실천 가능한 능력도 포함합니다. 하드 스킬과 마찬가지로 소프트 스킬도 배울 수 있습니다. 결론적으로 말해 소프트 스킬은 투자할만한 가치가 있는 기술입니다."

최근에 산업현장이나 기업에서 인재들에게 가장 많이 요구하는 소프트 스킬은 다음과 같은 것들이 있습니다.

◆ 커뮤니케이션 능력

커뮤니케이션은 아이디어와 감정을 효과적으로 전달하거나 공유하는 능력으로, 모든 분야에서 기업이 직원들에게 요구하는 주요한 소프트 스킬 중 하나입니다. 가장 일반적인 커뮤니케이션 스킬에는 다음과 같은 것들이 있습니다; 구두 커뮤니케이션, 서면 커뮤니케이션, 프레젠테이션, 건설적인 피드백, 적극적인 청취 등.

◆ 적응력

적응력은 변화를 잘 받아들이고 새로운 기술과 환경에 적응하는 능력입니다. 회사와 업무 환경은 끊임없이 변화합니다. 새로운 팀원이 들어오거나 기존 팀원이 떠나고, 회사가 인수 또는 매각되는 등의 변화가 일어납니다. 따라서 직장에서 다양한 상황에 적응할 수 있는 능력이 필요합니다; 자기 관리, 낙관주의, 차분함, 분석력, 자기 동기부여 등.

◆ 시간 관리

시간 관리는 가능한 한 효율적으로 작업하기 위해 시간을 현명하게 활용하는 능력을 말합니다; 스트레스 관리, 조직화, 우선순위 정하기, 계획 세우기, 목표 설정하기 등.

◆ 문제 해결 능력

문제를 분석적으로, 그리고 창의적으로 해결할 수 있는 능력은 어떤 일에서건 반드시 필요합니다. 문제 없는 일은 없습니다. 그래서 창의적으로 문제를 해결할 수 있는 인재는 어디에서나 환영받습니다;

분석, 논리적 추론, 관찰, 아이디어 도출, 결정 등.

◈ 팀워크

팀워크는 언제나 필수적인 소프트 스킬입니다. 이는 여러 사람과 효과적으로 협력하여 과제를 수행하는 데 도움이 됩니다; 갈등 관리와 해결, 협업, 조정, 아이디어 교환, 중재 등.

◈ 리더십

리더십은 멘토링, 훈련 또는 그룹을 이끄는 능력을 가리킵니다. 어떤 산업이건, 또 어떤 기업(조직)이건 리더십 잠재력을 보여주는 인재를 선호합니다. 리더십 기술을 갖춘 인재는 더 많은 주도성을 보이며 회사 성장에 기여할 가능성이 높습니다. 회사는 강력한 리더 역할을 하는 인재들을 다른 사람들보다 빨리 승진시킵니다. 창업 시에는 특히 더 많은 리더십 잠재력이 요구됩니다; 경영 기술, 진정성, 멘토십, 관대함, 문화적 지능 등.

◈ 대인 관계 기술

대인 관계 기술은 다른 사람들과 얼마나 잘 상호작용하는지, 얼마나 관계를 중요시하는지, 주변 사람들에게는 얼마나 긍정적인 인상을 주는지에 대한 능력입니다. 여기에 필요한 주요 기술은 다음과 같은 것들이 있습니다; 공감 능력, 유머 감각, 네트워킹, 관용성, 사교성 등.

◈ 직업 윤리

직업 윤리는 일에 가치를 두고 결과를 얻기 위해 노력하는 것과 관련이 있습니다. 직업 윤리와 관련된 중요 소프트 스킬은 다음과 같습니다;

책임감, 규칙준수, 신뢰성, 헌신성, 전문성 등.

◆ 세심한 관찰력

업무를 할 때 철저하고 정확하게 일하는 능력입니다. 작은 사항에도 주의를 기울이는 것이 헌신적인 인재의 특징입니다. 세심한 관찰력과 관련된 다른 소프트 스킬은 다음과 같습니다; 일정 관리, 내면 탐구, 민감성, 질문하기, 비판적인 관찰 등.

소프트 스킬은 전문지식이나 기술적인 능력인 하드 스킬 만큼이나 중요하며, 취업과 진급, 리더십 역할 등에서 큰 장점을 가져다 주는 동시에 창의성의 기반이 됩니다. 이러한 소프트 스킬은 인생의 다양한 경험을 통해 발전시킬 수 있으며, 의식적인 노력과 연습을 통해 더욱 향상시킬 수 있습니다.

문제 해결과 혁신적 사고에 필요한 스킬들

문제 해결과 혁신적 사고를 위해 요구되는 스킬은 상당히 많습니다. 그중에서도 중요한 것들을 뽑아보면 다음 표와 같이 크게 4가지 범주로 나누어 볼 수 있습니다.

스킬	하위 요소
사고력 및 분석력	창의적 사고, 논리적 사고, 가설 수립 및 검증, 문제 정의 및 분석, 상황 인식
학습 및 정보 처리 능력	탐색적 학습, 자기주도 학습, 정보 수집 및 선별, 시각화 및 정보 표현

커뮤니케이션 능력	협력적 작업, 생산적인 멘토링 및 네트워킹, 부정적 피드백 수용 및 개선
실행력 및 적응력	의사결정 능력, 유연성 및 적응력, 실험 정신 및 위험 감수, 시간 관리

소프트 스킬을 습득하는 방법

배워서 익혀야 하는 하드 스킬과는 달리, 소프트 스킬은 우리가 다른 사람들을 '읽을 수 있게' 해주는 감정이나 통찰력이라고 할 수 있습니다. 이러한 소프트 스킬은 전통적인 학교 교실에서는 학습하기 훨씬 어렵습니다. 물론 측정하고 평가하는 것도 하드 스킬에 비해 훨씬 어렵습니다.

◈ 직업 훈련 프로그램

일부 직업 훈련 프로그램은 소프트 스킬을 다룹니다. 이러한 프로그램은 구직자들이 소프트 스킬이 무엇인지 알고 이를 이력서에 강조하는 것이 얼마나 중요한지를 인식할 수 있도록 도와줍니다. 또한 무료 온라인 강좌를 통해 소프트 스킬을 향상시킬 수도 있습니다.

◈ 직장에서의 훈련

일정 기간 동안 혼자서든 회사에서든 일을 해왔다면 이미 얼마간 소프트 스킬을 발전시킨 것입니다. 예를 들어, 소매업에서 일했다면 팀 환경에서 일했을 것입니다. 고객의 불만에 해결책을 제공한 경험이 있다면 갈등 해결 및 문제 해결 능력을 사용한 것입니다.

◆ 교육과 자원봉사

아직 일한 기간이 길지 않거나 새로 일을 시작하는 사람이라면, 학교나 자원봉사를 통해 수행한 다른 활동들을 생각해보세요. 아마도 의사소통, 변화에 대한 적응, 문제 해결 등을 경험한 적이 있을 것입니다.

또한 개발해야 할 소프트 스킬에 대해 고민해볼 수도 있습니다. 예를 들어, 단순히 매니저와 어떤 문제에 대해 논의하기만 할 것이 아니라 해당 문제에 대한 해결책을 제안해보세요. 동료 직원이 뭔가를 고민하고 있다면 도움이 될만한 제안을 해보세요. 직장에서 개선될 수 있는 프로세스가 있다면 제안해보세요.

창의성과 문제 해결 능력을 평가하고 향상시키기 위한 도구와 방법

많은 사람들이 오해하고 있는 것 중 하나가 창의적인 사람들은 머리가 좋다고 생각하는 것입니다. 그렇지만 여러 연구 결과를 보면 IQ가 높다고 해서 창의력도 뛰어난 것은 아닙니다. 실제로 미국의 심리학자이자 스탠퍼드대학에서 연구했던 루이스 터만(Lewis Terman)의 정신 능력에 관한 연구 결과에 따르면, IQ가 높은 이들이 성공한다는 것은 어느 정도 사실이지만, 어느 선부터는 현실적인 성공과는 관계가 없다고 합니다. 그는 그 커트라인을 120 정도로 제시했습니다. 120 이하의 IQ로는 창의적 작업을 하기 어려울 수 있지만 120 이상이면 IQ가 높은 만큼 더 창의적인 건 아니라는 말입니다. IQ가 높은 사람은 기존의 규칙을 배우고 따라 하는 것이 너무 쉽기에 기존 지식에 대해 질문하고 의심하고 개선하고자 하는 동기를 느끼지 못할 수 있기 때문일 것입니다.

과거 삼성경제연구소는 미국 스탠퍼드대학에서 내놓은 「IQ와 창조적 성과의 상관관계에 대한 연구」를 인용하면서 "창조적 성과에 필요한 IQ는 115~120"이라며 "IQ가 이보다 높다고 해도 창조적인 성과가 나아지는 것은 아니다"라고 분석했습니다. 평범한 인재들이 창조적 역량을 끌어내기 위해서는 어떻게 해야 하는지에 대해서는 "혼돈의 가장자리로 몰아야 한다"고 강조했습니다. 혼돈의 가장자리(edge of chaos)는 고체가 액체로, 액체가 기체로 변하는 시점을 말하는 것으로 혼돈에서 질서로 전환되는 지점입니다. 인재들이 이와 같은 혼돈상태에 처하게 되면 혁신을 이끌어낼 수 있다는 것입니다. 그러면서 삼성경제연구소는 "평범한 인재들이 지적인 자극을 받고 부지런해진다면 창조적 인재로 거듭날 수 있다"고 결론을 지었습니다.[12]

이처럼 창의성과 문제 해결 능력은 중요한 인지적 역량으로, 여러 가지 도구와 방법을 통해 평가하고 향상시킬 수 있습니다. 창의력 측정은 창의성의 수준을 평가하고 측정하는 과정을 말합니다. 창의성은 개인이나 그룹이 새로운 아이디어를 창안하고 문제를 해결하는 능력이 포함되는데, 이러한 창의성을 평가하여 정량적으로 점수를 매길 수 있도록 하기 위해 다양한 측정 도구와 방법이 개발되었습니다. 창의력을 측정하는 목적은 개인이나 그룹의 창의성 능력을 평가하여 부족한 부분을 계발하는 기회를 제공하고, 창의성을 촉진하는 교육과 훈련 프

12) 매일경제 기사 참조. https://www.mk.co.kr/news/economy/4537053

로그램의 효과를 평가하는 데에 있습니다. 다양한 창의력 측정 도구와 방법들이 있지만, 일반적으로 다음과 같은 세 가지 접근법이 주로 사용됩니다.

주관적 평가 방법은 참가자나 평가자의 주관적인 판단에 의해 창의성을 평가하는 방법입니다. 예를 들면, 참가자에게 창의적인 아이디어를 제시하도록 요청하고, 평가자가 주관적인 평가 척도를 사용하여 그들의 창의성을 평가하는 방식입니다. 이 방법은 상대적으로 간단하고 비용이 적게 들기는 하지만 주관성과 편향성이 문제가 될 수 있습니다. 객관적 평가 방법은 객관적인 기준에 따라 창의성을 평가하는 방법입니다. 예를 들면, 창의적인 작품이나 아이디어를 특정한 평가 지표에 따라 평가하는 방식입니다. 이 방법은 주관성과 편향성을 최소화할 수 있으나, 창의성의 다양성을 고려하기 어려울 수 있다는 단점이 있습니다. 간접적 평가 방법은 창의성을 평가하기 위해 간접적인 지표를 사용하는 방법입니다. 예를 들면, 창의적인 작품이나 아이디어의 품질, 혁신의 정도, 문제 해결 능력의 향상 등을 통해 창의성을 평가하는 방식인 것입니다. 이 방법은 창의성의 다양성과 품질을 평가할 수 있으나, 객관성에 대한 문제가 생길 수 있습니다.

창의적 사고의 두 기둥 : 발산적 사고와 수렴적 사고

창의적 사고란 새롭고 독창적인 아이디어를 만들어 내는 사고 과정입니다. 이는 기존의 틀을 벗어나 새로운 관점에서 문제를 바라보거나, 기존에 없던 독특한 해결책을 찾아내는 데 중점을 둡니다. 창의적 사고는 문제 해결, 아이디어 창출, 그리고 새로운 접근법 또는 시각을 발견하는 등 다양한 활동에서 중요한 역할을 합니다. 창의적 사고는 크게 2가지로 구성되어 있습니다. **발산적 사고**(Divergent Thinking)와 **수렴적 사고**(Convergent Thinking)가 그것입니다.

발산적 사고는 어떤 문제나 주제에 대해 여러 가지 다양한 해결책이나 아이디어를 생산하는 과정을 말합니다. 이는 가능한 한 많은 수의 아이디어를 생성하는 사고방식을 가리킵니다. 발산적 사고는 어떤 문제나 상황에 대해 다양한 해결책이나 아이디어를 창출하는 데에 초점을 맞추며, 많은 경우 '브레인스토밍'이라는 형태로 이루어집니다. 이 사고방식은 개방적이고 유연한 사고를 요구하며, 문제 해결에 대한 새로운 관점을 찾고 다양한 방향으로 아이디어를 확장합니다. 발산적 사고는 여러 방안 중에서 가능성을 발견하고 실험적인 접근을 취하는 것이 특징입니다. 발산적 사고가 활용되는 브레인스토밍 과정에서 청각, 시각, 근육 정화 등 다양한 자극을 통해 자유로운 창의력을 발할 수 있습니다. 발산적 사고는 다음과 같은 특징을 가집니다.

- **유창성(Fluency)** : 이는 단순히 생각이나 아이디어의 양을 나타내며, 많은 아이디어를 빠르게 생성할 수 있는 능력을 의미합니다.

예

- 브레인스토밍 : 팀 회의에서 참가자들이 특정 문제에 대한 모든 가능한 해결책을 빠르게 나열하는 경우, 이는 유창성의 좋은 예입니다. 이 과정에서는 아이디어의 질보다 양이 중요하며, 더 많은 아이디어를 생각해 내는 것이 목표입니다.

- 쓰기 연습 : '10분 동안 끊임없이 쓰기' 같은 연습은 유창성을 훈련하는 좋은 방법입니다. 이 연습에서는 주제에 관련된 모든 생각을 기록하며, 이 과정에서 다양한 아이디어와 생각이 나타나게 됩니다.
- 아이디어 회전 : 예를 들어, '사과를 다른 방법으로 사용하는 아이디어를 50가지 생각해보기'와 같은 연습은 유창성을 향상시키는 데 도움이 될 수 있습니다. 이러한 연습은 특정 주제에 대해 가능한 한 많은 아이디어를 생성하는 것을 목표로 합니다.

• **유연성(Flexibility)** : 유연성은 발산적 사고의 중요한 특징으로, 다양한 관점에서 생각하거나 주어진 상황에 적응하면서 새로운 아이디어를 찾아내는 능력을 의미합니다. 유연성이 높은 사람은 문제를 다양한 방향에서 바라보고, 표준적인 해결책이 아닌 새로운 접근법을 찾아내는 데 능합니다.

예

- 재활용 아이디어 : 사용하지 않는 물건을 새로운 용도로 사용하는 아이디어를 생각해내는 것은 유연성의 좋은 예입니다. 예를 들어, 오래된 티셔츠를 청소용 걸레나 장식품으로 변환하는 아이디어를 생각해내는 것입니다.
- 상황 변환 : 어떤 문제를 해결하는 데 실패했을 때, 그 실패를 새로운 기회로 바라보는 것 또한 유연성을 보여주는 예입니다. 예를 들어, 상품을 판매하는 데 실패했다면, 그 실패한 상품을 재활용하여 새로운 상품을 개발하는 아이디어를 생각해낼 수 있습니다.
- 틀을 깨는 사고 : 일반적인 생각의 틀을 벗어나 다른 식으로 생각하는 데는 유연성이 요구됩니다. 예를 들어, '새는 날 수 있다'는 일반적인 생

각의 틀에서 벗어나 '새는 왜 날 수 있을까? 모든 새가 날 수 있을까?' 등의 질문을 통해 새로운 아이디어를 찾아내는 것입니다.

- **독창성(Originality)** : 독창성은 발산적 사고의 핵심 특성 중 하나로, 유일하거나 흔치 않은 아이디어를 생각해내는 능력을 의미합니다. 독창적인 사람들은 고유하고 특별한 방식으로 문제를 해결하거나 새로운 아이디어를 제시하는 데 능숙합니다.

예

- 독특한 예술 작품 : 예를 들어 예술가가 전통적인 페인팅 기법을 버리고, 물감을 직접 손으로 바르거나 비전통적인 도구를 사용하여 독특한 그림을 그리는 것은 독창성의 좋은 예입니다. 이러한 방식은 기존의 틀을 깨고, 새롭고 독특한 예술 작품을 만들어냅니다.
- 혁신적인 비즈니스 모델 : 이미 존재하는 시장에 새로운 방식으로 접근하는 혁신적인 비즈니스 모델도 독창성의 좋은 예입니다. '공유 경제'와 같은 개념은 기존의 소유에 기반한 모델을 깨고, 사람들이 자원을 공유하는 새로운 방식을 제안했습니다.
- 새로운 과학적 이론 : 흔히 받아들여진 과학적 사실이나 이론에 의문을 제기하고, 새로운 관점이나 이론을 제안하는 것도 독창성이 요구됩니다. 아인슈타인의 상대성 이론은 그가 당시의 뉴턴 역학에 대해 독창적인 관점을 제시한 결과로 독창성의 좋은 예입니다.

- **정교성(Elaboration)** : 정교성은 생각이나 아이디어를 더욱 구체적이고 상세하게 만드는 능력으로, 아이디어가 얼마나 잘 개발되고, 자세하게 확장되었는지를 나타냅니다. 아이디어가 잘 발전하고 세부적으로 세련되어 있을수록 그것은 더 정교하다고 할 수 있습니다.

예

- 상세한 계획 : 어떤 사람이 여행을 계획한다고 가정해봅시다. 그 사람이 일정을 정하고, 교통 수단을 계획하고, 방문할 장소를 선정하고, 식사를 할 장소까지 세부적으로 계획했다면, 이는 정교성을 보여주는 좋은 예입니다. 그 계획은 세밀하고 상세하며, 따라서 정교하다고 할 수 있습니다.
- 복잡한 예술 작품 : 복잡한 디테일과 다양한 기법을 사용한 복잡한 예술 작품은 정교성의 좋은 예입니다. 가령, 미술가가 복잡한 세부 사항과 다양한 색상을 사용하여 그림을 그리면 그 작품은 매우 정교하다고 볼 수 있습니다.
- 과학적 연구 : 과학자가 실험 설계를 정교하게 수행하는 것도 정교성의 좋은 예입니다. 실험을 수행하기 위해 필요한 모든 변수를 고려하고, 이들 각각을 세밀하게 조절하여 실험의 정확성과 재현성을 높이는 것입니다.

수렴적 사고는 발산적 사고로 생성된 다양한 해결책 중에서 최적의 해결책을 찾아내는 과정입니다. 이 사고방식은 분석이고 논리적인 접근을 요구하며, 정확한 답을 찾기 위해 확인 및 평가 과정을 거칩니다. 정확성, 효율성 및 실용성에 중점을 두어 목표에 부합하는 가장 합리적인 결과를 도출합니다. 예를 들어, 수학 문제나 퍼즐 해결 과정에서 수렴적 사고가 활용되며, 구체적이고 조직적인 방식으로 문제 해결에 접근할 수 있습니다. 수렴적 사고는 다음과 같은 특징을 지니고 있습니다.

- **정합성(Consistency)**: 정합성은 아이디어나 결정이 데이터, 사실, 논

리, 규칙 등과 일치하는지, 즉 얼마나 일관성이 있고 논리적인지를 나타냅니다. 수렴적 사고는 논리적이고 구조화된 방식입니다. 이미 확립된 사실, 패턴, 또는 사고 방식과 일치하는 아이디어나 해결책, 반응의 중요성을 인식합니다. 이는 일반적으로 규칙이나 원칙을 따르며, 대체로 정답과 오답이 명확하게 구분됩니다. 정합성은 모호성을 줄이고 사고 과정에서의 명료성을 증진하는 데 도움이 됩니다.

예

- 과학적 방법 : 과학자들은 연구 결과를 얻기 위해 실험을 설계하고 실행합니다. 이 과정에서 얻은 결과는 기존의 이론과 정합성이 있어야 합니다. 이를테면, 물리학자가 실험을 통해 얻은 데이터가 뉴턴의 운동 법칙과 일치한다면, 그 데이터는 정합성이 있는 것입니다.
- 수학적 증명 : 수학자들은 주어진 문제를 해결하기 위해 논리적인 과정을 따릅니다. 이 과정은 항상 정합성이 있어야 하며, 모든 단계는 이전 단계에서 이어져 나와야 합니다. 실례로, 삼각형의 세 각의 합이 180도라는 것을 증명하는 과정은 각 단계가 서로 일관되어야 합니다.
- 법적 결정 : 판사는 사건을 결정할 때 증거와 법률을 기반으로 결정을 내려야 합니다. 이 결정은 모든 증거와 법률에 비추어 일관되어야 하며, 이를 위해 판사는 사건의 모든 측면을 고려해야 합니다. 판사가 특정 사건에서 범죄자를 유죄로 판결한다면, 그 결정은 증거와 법률에 대한 정합성이 있어야 합니다.

• **통합성(Integration)** : 통합성은 여러 가지 아이디어나 정보를 하나로 결합하거나 조화롭게 만드는 능력을 의미합니다. 이는 서로 다른 정보, 통찰, 아이디어 사이의 연결을 찾아내고, 이를 하나의 통합된 해결책으로

만들어 내는 것을 말합니다. 이 과정에는 정보를 비교하고, 분석하고, 합성하는 것이 포함됩니다. 통합성은 문제나 상황에 대한 종합적인 이해를 형성하고, 모든 관련 요소를 고려한 해결책을 만드는 데 도움이 됩니다.

예

- 과학적 연구 보고서 작성 : 연구자는 실험에서 얻은 다양한 데이터와 결과를 통합하여 연구 보고서를 작성해야 합니다. 이것은 실험의 목적, 방법, 결과, 그리고 결론을 모두 포함하며, 이 모든 정보는 서로 연결되어 있어야 합니다.
- 팀 프로젝트 관리 : 팀 리더는 다양한 팀원의 역할과 책임, 프로젝트의 다양한 측면들을 통합해야 합니다. 이것은 각 팀원이 무엇을 해야 하는지, 어떻게 상호작용해야 하는지 등을 이해하는 데 필요한 정보를 제공하며, 이것을 통해 팀의 작업은 조화롭게 진행될 수 있습니다.
- 비즈니스 전략 계획 : 기업의 경영진은 회사의 다양한 부서와 자원을 통합하여 효과적인 비즈니스 전략을 만들어야 합니다. 이것은 기업의 목표, 강점과 약점, 시장의 기회와 위협 등을 고려한 것이어야 합니다.

- **단순성(Simplicity)** : 단순성은 문제를 해결하거나 아이디어를 실행할 때 불필요한 복잡성을 줄이고 가장 간결하고 효율적인 방법을 찾는 능력을 의미합니다. 수렴적 사고는 문제를 단순화하려는 경향이 있으며, 여러 선택지를 좁히고 복잡성을 헤쳐나가 단일하고 명확한 해결책에 도달하려는 목표를 가지고 있습니다. 이는 대개 큰 문제를 작고 관리 가능한 부분으로 나누고, 각 부분을 체계적으로 처리하는 방식으로 이루어집니다. 단순성은 효율성을 향상시키고 혼란을 줄이며, 해결책의 실행 가능성을 높이는 데 도움이 됩니다.

예

- 제품 디자인 : 훌륭한 제품 디자이너는 사용자의 경험을 단순화하려고 노력합니다. 예를 들어, 애플은 사용자 인터페이스를 최대한 단순하고 직관적으로 만드는 것으로 잘 알려져 있습니다. 이렇게 함으로써 사용자는 제품을 쉽게 이해하고 사용할 수 있습니다.
- 프로그래밍 : 좋은 프로그래머는 불필요한 복잡성을 최소화하려고 노력합니다. 복잡한 코드보다는 단순하고 깔끔한 코드를 작성함으로써 프로그램의 유지보수가 용이하게 되고 버그 발생 가능성도 줄일 수 있습니다.
- 의사 결정 : 효과적인 의사 결정은 종종 복잡한 문제를 가장 단순한 형태로 축소하는 것을 포함합니다. 예를 들어, 경영진은 복잡한 비즈니스 결정을 내리기 위해 다양한 옵션을 비교하고 분석하여 가장 효과적이고 단순한 해결책을 찾아야 할 것입니다.

창의적 사고는 발산적 사고와 수렴적 사고의 조화로운 결합을 필요로 합니다. 이 두 가지 유형의 사고는 상호 보완적이며, 효과적인 창의적 사고를 위해서는 두 가지 모두가 필요합니다. 발산적 사고는 주로 아이디어 생성 단계에서 중요합니다. 이 단계에서는 가능한 많은 선택지를 만들어내고, 다양한 방향으로 생각을 확장하며, 새로운 아이디어를 생성하려는 노력이 중요합니다. 이는 문제에 대한 새로운 접근법을 탐색하고, 여러 가지 해결책을 고려하는 데 도움이 됩니다. 그러나, 그런 다음에는 수렴적 사고가 중요해집니다. 수렴적 사고는 이러한 아이디어를 평가하고, 가장 효과적인 해결책을 선택하는 데 필요합니다. 이는 창의적인 아이디어를 실용적인 문제 해결에 적용하고, 실행 가능한 방향을 선택하는 데 도움이 됩니다. 따라서, 발산적 사고와 수렴적 사고는 창의적 사고 과정에서 서로 다른 역할을 하지만, 둘 다 중요하며, 둘 사이의 적절한 균형이 창의적인 문제 해결을 가능하게 합니다. 다시 말해, 발산적 사고는 '박스 밖으로' 생각하는 데 도움이 되며, 수렴적 사고는 그러한 창의적 아이디어를 실제로 '실행 가능한 해결책으로 정제'하는 데 중요합니다. 이 두 가지 사고방식의 상호작용이 창의적 사고를 가능하게 합니다.

창의성 평가에서는 발산적 사고의 4가지 특징인 유창성, 유연성, 독창성, 정교성이 평가의 핵심 지표로 사용됩니다. 유창성은 제시된 문제에 대해 많은 아이디어와 여러 가지 가능한 해결책을 강구하는 능력을 평가합니다. 유창성에서 중요한 것은 아이디어의 수입니다. 많은 수의 아이디어를 낼수록 문제에 대한 최적 해결책에 도달할 확률이 높아지기 때문입니다. 유연성은 전통, 습관, 그리고 상투적인 것들을 넘어서서 생각하는 능력을 측정합니다. 유창성이 가지 수를 따지는 양적인 측정이라면 유연성은 아이디어의 내용을 측정합니다. 여기에는 다양한 시각, 상상력, 다양한 분야의 지식 등에 대한 평가가 포함됩니다. 독창성은 보편적이고 정형화된 아이디어를 벗어나서 독특하고 비범한 방식으로 해결책을 찾는 능력을 평가합니다. 독창성이 중요한 이유는 평소에 익숙한 사고 패턴에서 벗어나 다양한 방법으로 생각하는 것이야말로 창의성의 핵심과 잘 맞기 때문입니다. 정교성은 자신이 창안해내는 아이디어나 해결책에 대해 세세한 부분까지 구체화해내는 능력을 평가합니다. 땅을 파는 두더지 로봇을 생각해 내면서 두더지 모양에 땅을 파는 주둥이와 발톱만 떠올린다면 창의성이 높다고 할 수 없을 것입니다. 전체적인 모양에 더하여 주둥이, 앞발, 뒷발이 땅을 파는데 어떤 역할을 하고, 각 부분이 고유의 역할을 잘 수행할 수 있도록 어떻게 작동하게 할 것인지, 그리고 파낸 땅굴이 굴 형태를 유지할 수 있도록 파낸 흙은 어떻게 처리할 것인지 하는 자세한 사항까지 고안해내야 창의성이 두드러지게 될 것입니다. 이처럼 정교성은 세부 내용을 발전시켜 상세화하는 과정을 통해 아이디어를 발전시켜 가치를 높이는 능력을 말합니다.

창의적 사고 능력을 측정하는 도구

먼저 종이와 필기도구를 준비합니다. 그런 다음 아래 그림을 봅니다. 빈 깡통입니다. 깡통 그림을 바라보면서 1분 동안 이 깡통으로 무엇을 할 수 있을지 생각나는 대로 번호를 매기며 차례로 적어서 리스트로 만드세요. 많이 적을수록 좋습니다. 각 용도마다 어떤 방식으로 해서 그 용도로 쓸 것인지 설명을 조금 덧붙이면 더 좋습니다.

◆ 창의력 측정 테스트 결과 평가

이제부터 자신의 창의력이 어느 정도인지 평가해 봅시다. 아래 글을 읽고 그에 따라 자신이 적은 내용을 대입하여 평가하면 됩니다.

▶ 창의력의 측정

빈 깡통을 어디에 사용할지 다양한 용도를 떠올려 목록으로 작성했으니, 이제부터는 목록에 적힌 아이디어를 세어서 그룹화합니다. 이 테스트에서는 발산적 사고의 4가지 특징을 측정 지표를 사용합니다.

유창성

자신이 생각해낸 아이디어 개수를 세는 간단한 측정입니다. 총 16개의 아이디어를 적었다면 유창성 점수는 16점입니다.

유연성

유연성은 한가지 범주만이 아니라 얼마나 다양한 범주에 해당하는 아이디어들을 떠올렸는지 평가하는 기준입니다. 자신이 나열한 깡통 용도가 몇 가지 범주로 나눠질 수 있는지 분류하고 그 범주의 개수를 세는 것입니다. 예를 들어, 깡통을 무엇을 담는 용기로 사용하거나, 깡통에 실을 연결하여 전화기로 사용하는 등 자신이 떠올린 여러 가지 용도를 분류해 볼 때 분야가 다른 범주가 몇 가지나 되는지 분석하는 것입니다.

독창성

이 테스트에서 독창성은 깡통에 대해 다른 사람들이 생각하지 못하는 용도를 생각해낸 경우입니다. 이것이 가장 중요하고 의미 있는 부분입니다. 독창적인 아이디어의 좋은 예는 '작은 사람을 위한 모자' 같은 것입니다. 왜냐하면 깡통은 보통 뭔가를 담는 용기로 사용되므로 모자와는 전혀 관련이 없는 물건이기 때문입니다.

정교성

정교성은 아이디어와 관련된 세부 사항을 개발하는 능력을 나타냅니다. 깡통을 장난감 바퀴로 사용하겠다고 했다면 바퀴 축은 어떻게 만들 것인지, 바퀴가 미끄러지지 않고 잘 굴러가도록 마찰 계수가 높은 테이프를 추가하여 접착력을 높일 것인지 등의 생각이 뒤따랐을 것입니다.

측정 결과 해석하기

테스트 결과를 해석해 보면 좀 놀랄 수도 있습니다. 대부분의 사람들이 그렇듯이, 리스트에 적힌 아이디어 중 많은 부분이 빈 깡통을 뭔가를 담는 용기로 사용하는 데 초점을 맞추고 있을 것입니다. 커피잔, 동전 보관 통, 작은 쓰레기 통, 재떨이 등과 같은 것들입니다. 이러한 아이디어는 독창성과 무관하기 때문에 독창성 점수는 0점으로 매겨야 합니다. 그런 용도는 깡통의 고유한 쓰임새에 대한 약간의 변형에 불과한 것입니다. 조금 확장된 개념의 사용법이라고 볼 수는 있지만 독창적인 개념은 아닙니다. 우리가 적은 리스트를 보면 완전히 독창적인 아이디어가 아예 없거나 있어도 한 두 개 정도일 것입니다. 독창성 평가 기준을 들이대면 실로 참담한 마음이 듭니다.

우리가 가장 관심을 가져야 하는 부분은 바로 독창성 점수입니다. 특히, 독창성 범주에 속하는 아이디어의 비율을 전체 아이디어 개수와 비교해 보는 것입니다. 성인들의 독창성 범주 점수는 매우 매우 낮습니다. 이는 우리가 특정한 방식으로 사고하도록 조건화 되어 있기 때문입니다. 그렇다고 해서 낙담할 필요는 없습니다. 대부분의 성인들이 이러한 결과를 얻게 되니까요. 혹시 자녀가 있다면 그들에게도 이 테스트를 해 보세요. 아마도 독창성 점수가 우리 성인들보다는 높을 것입니다.

이 테스트는 이 분야의 최고 권위를 자랑하는 토렌스 창의력 테스트의 한 예입니다. 토렌스 창의력 테스트 (TTCT)는 다양한 시각 및 언어 작업을 통해 창의적 사고 능력을 측정하는 도구입니다. 주로 어린이와 청소년들을 대상으로 실시하지만, 성인 대상으로도 측정이 가능합니다.

◆ 성인용 축약 토렌스 테스트 ATTA [13)]

ATTA는 성인들을 위한 창의력 측정 도구입니다. 토렌스 창의력 테스트(TTCT)를 기반으로 개발되었으며, 간결한 형식으로 창의력을 평가하는 데 초점을 맞추고 있습니다. 이 테스트는 짧은 시간 안에 창의력 수준을 객관적으로 알아보기 위해 설계되었으며, 주로 비즈니스, 연구, 교육 등의 분야에서 활용됩니다.

ATTA 테스트는 대략 15분 정도의 시간이 소요되며, 총 3개 분야의 과제로 이루어져 있어서 창의력의 다양한 측면을 측정할 수 있습니다. 과제는 언어 및 시각적 요소를 기반으로 하여, 수험자로 하여금 창의적인 해결책과 아이디어를 도출하도록 유도합니다.

창의력 요소

ATTA는 토렌스 창의력 테스트와 유사하게 창의력의 여러 요소를

13) Abbreviated Torrance Test for Adults

평가합니다. 이러한 요소에는 유창성(생산), 유연성(사고의 다양성), 독창성(참신함), 및 정교성(세부 사항) 등이 포함됩니다. 앞에서 우리가 직접 해 본 테스트가 이 분야에 포함됩니다.

▸ 객관적 평가

창의적 작업을 객관적으로 평가하기 위한 측정 기준을 사용합니다. 이를 통해 수험자의 창의력 수준을 정량적으로 파악할 수 있습니다.

▸ 비즈니스 환경 적용

ATTA는 기업이 직원들의 창의력을 평가하는 데 도움을 주는 도구로 활용되며, 채용, 인재 개발, 팀 구성 등의 목적으로 사용될 수 있습니다.

ATTA 테스트는 창의력을 간편하게 측정하고자 하는 기업이나 조직에게 좋은 선택이 될 수 있습니다. 물론 개인이 자신의 창의력 수준을 파악하기 위해 응시할 수도 있습니다.

토렌스 창의력 테스트 TTCT

TTCT 검사는 발산적 사고 능력을 측정하는 대표적인 검사입니다. TTCT에서는 창의력을 '발산적 사고'로 정의하는데, 창의적인 과업을 수행할 때 작용한다고 생각되는 '일반화된 정신 능력들의 집합'입니다. 이것을 흔히 확산적 사고, 생산적 사고, 발명적 사고, 또는 상상력이라 부릅니다. 창의력과 관련하여 이 검사를 창안한 폴 토렌스(Paul Torrance)는 TTCT와 같은 검사에서 높은 점수를 받는 사람은 창의적으로 행동할 가능성이 높다고 주장합니다. 그렇다고 이러한 능력을 가졌다고 하여 그 개인이 반드시 창의적으로 행동한다는 보장은 없지만 고등학교 때 받은 TTCT 점수와 성인이 되어 창의적 성취를 이룩하는 것 사이에는 51%의 상관관계가 있다고 합니다.

1966년에 개발된 TTCT는 J.P. 길포드의 발산적 사고능력과 창의적 문제해결 기술을 기반으로 하고 있우며, 창의력 연구에서 매우 유명한 도구입니다. TTCT는 다양한 언어와 그림 작업을 통해 개인의 창의력을 측정합니다. 과제들은 일상적인 물건에 대한 독특한 용도 찾기, 가상의 상황에서 결과 나열하기, 불완전 도형을 그림으로 완성하기 등 다양한 주제를 포함하고 있습니다.

원래 1966년 버전의 TTCT는 4가지 하위 지표로 창의력을 평가했습니다.

- 유창성 : 다양한 생각과 아이디어를 빠르게 생성하는 능력
- 유연성 : 여러 가지 다른 아디어 제시
- 독창성 : 독특한 아이디어 생성
- 정교성 : 아이디어를 세부 사항으로 보완하는 능력

1984년 버전에서는 유연성이 유창성과 높은 상관관계를 보였기 때문에 이 유연성 지표를 제거하고 제목을 정할 때 일반적이지 않고 추상적인 표현을 사용하는 능력을 측정하는 '제목의 추상성'과 성급한 결론에 도달하는 것을 거부하고 여러 가지 가능성을 탐구하여 더 많은 정보를 수집하는 능력인 '성급한 결론 저항성'이라는 창의력 요소를 추가했습니다. 또한, 창의력의 폭을 더 잘 나타내기 위해, 감정 표현, 내적 시각화, 이미지의 풍부함 등 13가지 창의력 강점을 기준으로 창의적 아이디어를 평가함으로써 보다 신뢰성 있고 균형 있는 평가 가능해졌습니다.

TTCT는 창의력을 평하는데 탁월한 성과를 보여주었으며 실생활의 창의적 성과와 높은 예측 정확성을 가지고 있는 것으로 알려져 있습니다. 하지만, 75분이나 걸리는 TTCT 시험시간과 20분 이상 소요되는 평가 시간 때문에 비즈니스 분야에서 사용하기에는 비효율적이라는 한계가 있었습니다. 이를 보완한 것이 바로 ATTA와 같은 축약된 형태의 테스트입니다.

◆ 창의적 문제 해결 모형(CPS)

▸ 창의적 문제 해결 모형 개념 정리

창의적 문제 해결 모형(CPS, creative problem-solving)은 문제에 대한 독창적이고 이전에 알려지지 않은 해결책을 탐색하는 지능적인 과정입니다. 이 해결책은 새로운 것이며 독립적으로 도출되어야 합니다. 이 모형은 창의성 이론의 대가인 알렉스 오스본(Alex Osborn)과 그의 동료 시드니 판즈(Sid Parnes)에 의해 개발되었습니다.[14] 창의적 문제 해결은 창의성을 활용하여 새로운 아이디어와 문제 해결책을 개발하는 방법입니다. 이 과정은 발산적인 사고와 수렴적인 사고 스타일을 구분하며, 첫 번째 단계에서 창조적인 사고에 집중하고 두 번째 단계에서는 평가가 이루어지도록 구성됩니다. 창의적 문제 해결 과정은 일반적으로 문제의 정의로 시작합니다. 그러자면 우선 관련된 내용

---

14) 오스본은 『함께 생각하는 법(How To Think Up)』과 같은 창의적 사고에 관한 책을 많이 썼습니다. 1954년에 '창의적 교육 재단(Creative Education Foundation)'을 설립했으며, 싸이드니 파르스와 함께 '오스본-파르스 창의적 문제 해결 프로세스'(일반적으로 CPS로 알려짐)를 개발했습니다. 그후 지금까지 수십 년 동안 세계의 수많은 사람들이 CPS를 학습해 오고 있습니다.

을 연구해 봐야 합니다. 이는 단순한 비창의적인 해결책, 교과서적인 해결책 또는 다른 개인이 개발한 이전 해결책을 발견하는 것으로 이어질 수 있습니다. 발견된 해결책이 충분하다면, 과정은 중단될 수 있습니다. 하지만 충분한 시간이 없거나 원인에 대해 여러 가지 의견이 있는 경우에는 문제의 구체적인 원인을 찾기 어려울 수도 있습니다. 이러한 경우에 창의적 문제 해결 모형을 사용할 수 있으며, 문제를 명확하게 정의하지 못했더라도 잠재적인 해결책을 탐색할 수 있게 해줍니다. 지금 한 이야기만으로도 이미 감을 잡을 수 있겠지만, 창의적 문제 해결은 다른 혁신 프로세스보다 구조화되지 않아 정해진 틀이 없다는 특징이 있습니다. 그러므로 개방적인 해결책을 탐색하는 데에 초점을 두게 됩니다. 또한 새로운 시각을 개발하고 직장에서 창의성을 유발하는 데에도 주안점을 두고 있습니다. 이에 따른 장점은 다음과 같은 것들이 있습니다.

- 복잡한 문제에 대한 창의적인 해결책을 발견할 수 있습니다. 이 모형을 활용하는 사람은 상황의 복잡성을 충분히 파악하지 못할 수도 있습니다. 다른 혁신 프로세스에서는 충분한 정보에 의존하지만, 창의적 문제 해결은 이를 필요로 하지 않고 해결책을 도출할 수 있습니다.

- 변화에 적응하는 데 도움을 줍니다. 비즈니스는 지속적으로 변화하며, 비즈니스 리더들은 변화에 적응해야 합니다. 창의적 문제 해결은 예상치 못한 문제에 대처하고, 전통적인 문제와는 다른 새로운 유형의 문제들에 대한 찾는 데 도움을 줍니다.

- 혁신과 성장을 촉진합니다. 창의적 문제 해결은 해결책뿐만 아니라 기업

의 성장을 촉진하는 혁신적인 아이디어를 도출할 수 있습니다. 이러한 아이디어는 새로운 제품 라인, 서비스 또는 효율성을 향상시키는 운영 구조의 혁신으로 이어질 수 있습니다.

창의적 문제 해결 모형에 내재된 일반적인 원칙으로는 다음과 같은 것들이 있습니다.

- **발산적 사고와 수렴적 사고의 균형 유지**

  창의적 문제 해결은 해결책을 찾기 위해 발산과 수렴이라는 두 가지 주요 도구를 사용합니다. 발산은 문제에 대한 다양한 아이디어를 생성하고, 수렴은 이를 좁혀 가장 효과적인 해결책으로 압축해 갑니다. 이런 방식으로 두 가지 접근법을 균형 있게 조화시키고 아이디어를 구체적인 해결책으로 변화시킵니다.

- **문제를 질문으로 재구성하기**

  문제를 질문으로 재구성함으로써, 장애물에 초점을 맞추는 대신 해결책에 집중할 수 있습니다. 그렇게 하면 다양한 아이디어들을 산출하도록 하는 브레인스토밍이 가능해집니다.

- **아이디어에 대한 판단 미루기**

  아이디어를 브레인스토밍할 때, 제시되는 아이디어를 즉각적으로 판단하는 것은 아이디어 도출에 방해가 됩니다. 더 탐구하고 발전시킴으로써 처음에 불가능해 보이던 아이디어조차도 탁월한 혁신으로 이어질 수 있기 때문입니다.

- **'아니오, 그러나' 대신 '예, 그리고'에 초점을 맞추기**

  부정적인 단어인 '아니오'는 창의적 사고를 막습니다. 그러므로 긍정적인 언어를 사용하여 창의적이고 혁신적인 아이디어의 개발을 촉진하는 환경을 구축하고 유지합니다.

창의적 문제 해결 기법들

- **생각의 초점 이동시키기**

문제 해결에 집중하는 것에서 벗어나 창의적인 해결책 집합에 초점을 맞추는 것으로 생각을 전환하는 것입니다.

- **다양한 아이디어 유도**

가치 있는 아이디어가 하나라도 나올 확률을 높이기 위해 신선한 아이디어의 개수를 늘리는 것입니다. 이는 목록에서 단어를 선택하는 것과 같이 아이디어를 무작위로 선택하고 문제 상황과의 유사성에 관해 집중적으로 생각합니다. 이 과정에서 관련 아이디어가 떠오를 수 있으며, 이는 해결책을 도출하는 데로 이어질 수 있습니다.

- **새로운 관점으로의 전환**

새로운 관점으로 전환하는 것은 문제 해결 과정에서 새로운 시각을 끌어내 문제를 해결하는 기법입니다. 이는 대개 매우 어려운 문제를 해결하기 위해 주로 사용됩니다. 문제 해결 방식을 찾을 때 흔히 이미 알고 있는 정보나 이전의 경험에서 온 정보를 사용하여 생각하고, 거기에 따라 적절하게 대처하려고 합니다. 하지만 때에 따라 그런 방식은 문제를 해결하는 것이 어려울 수도 있습니다. 관점을 변화시키는 기법은 기존의 사고방식과는 다른 새로운 관점을 찾거나, 문제나 상황을 다른 각도에서 바라보는 것을 의미합니다. 이렇게 함으로써, 사람들은 일종의 '직관적 통찰(intuitive insight)'이라고도 부르는 새로운 해결책을 발견할 수 있으며, 이를 통해 이전에는 놓쳤던 해결책을 찾을 수도 있습니다. 여기서 사용되는 기법 중 하나는 밀접하게 관련된 개념들을 식별하는 것입니다. 이를 위해서는 두 가지 개념 간의 차이점을 파악해야 합니다. 모든 개념들의 차이점을 명확히 인식하면 문제를 해결하고자 할 때 더 나은 기반이 됩니다.

▶ 아이디어 도출 기법

• 브레인스토밍

'브레인스토밍(Brainstorming)'은 알렉스 오스본(Alex Osborn)이 고안한 아이디어 도출 방법입니다. 브레인스토밍이라는 용어는 '문제 해결을 위해 머리를 쓴다'는 인도의 '프라이 바르샤나(Prai-Barshana)' 기법[15)]에서 따온 것이라고 합니다. 브레인스토밍의 목적은 그룹 속에서 새로운 아이디어를 도출하고, 일반적이지 않은 아이디어를 생각해내도록 유도하는 것입니다.

브레인스토밍을 실행하기 위해 일반적으로 다음과 같은 절차를 따릅니다.

i. 문제 정의 : 브레인스토밍을 실행하기 전에 문제나 목적을 명확하게 정의해야 합니다.
ii. 많은 아이디어 도출 : 그룹의 구성원들은 목표와 관련된 여러 개의 아이디어를 적극적으로 탐구하고 논의합니다. 아이디어는 가능한 적극적으로 도출해야 하며, 정해진 규칙이나 제한 같은 것은 없어야 합니다.

15) 'Prai-Barshana'는 인도에서 유래한 기법으로, 단어 그대로 해석하면 '비를 내리게 하다'라는 뜻입니다. 이 기법은 어려운 문제를 해결할 때 필요한 '창의적인 인사이트'를 발현시키는 방법 중 하나입니다. 그룹 구성원들은 목적과 관련된 아이디어를 적극적으로 충돌시키고, 자신들에게 떠오르는 생각을 말하면서 문제를 해결하게 됩니다. 이러한 방법을 통해 참가자는 문제를 다양한 각도에서 바라보게 되고, 목표에 대한 새로운 해결책을 발견할 수 있습니다.

iii. 아이디어 축적 : 아이디어 수정, 개선, 조합 등 여러 작업을 할 수 있습니다.

iv. 아이디어 선택 : 그룹은 모든 아이디어를 살펴보고 선택할 수 있습니다.

브레인스토밍에서 중요한 것은 그룹구성원들이 서로 주장과 비판이 자유롭게 함으로써 아이디어를 제시하고, 다른 구성원들의 의견을 비판 없이 수용하면서 새로운 아이디어를 도출하는 것입니다. 그리고 가장 먼저 생각해내는 아이디어를 선별하는 것이 아니라 가능한 한 많은 아이디어를 생각해내는 것입니다. 그런 다음 크게 발전시켜 보거나 여러 아이디어를 결합해서 새로운 아이디어를 만들어낼 수 있습니다. 뒤에서 더 자세히 살펴보기로 합니다.

• 창의적 사고

3장에서도 살펴보았듯이 창의성 프로세스는 일반적으로 사람, 작품, 과정, 그리고 장소를 통해 적용됩니다. 따라서 창의성이란 창의적인 사람이 창의적 환경에서 창의적 과정을 거쳐 훌륭한 아이디어와 새로운 작품을 만드는 것을 의미합니다. 창의적 사고는 독창적이고 혁신적인 아이디어를 만들어 내는 능력으로, 창의적인 환경에서 창의적인 사람들이 참여하는 과정 거쳐 이루어집니다. 이 과정은 아이디어를 찾고, 문제를 해결하고, 아이디어를 평가하고 선택하는 데 필요한 다양한 요소를 이용하여 수행됩니다. 이 프로세스는 워크샵과 같은 활동에서 창의적 아이디어 생성 기법을 사용하여 전개되며, 각기 다양한 차례와 단계가 따릅니다.

• 디자인 씽킹(design thinking) - 설계자 입장에서 사고하기

디자인 씽킹은 문제 해결과 아이디어 도출을 위한 접근 방식입니다. 이 접근 방식은 대체로 네 가지 단계로 구성됩니다.

i. 사용자 중심적 사고 : 디자인 씽킹에서는 문제 해결의 시작점으로 사용자를 놓습니다. 사용자를 중심으로 생각하고 사용자의 요구사항과 필요성을 이해하는 것이 디자인 씽킹의 중요한 특징 중 하나입니다.
ii. 다영역팀(교차학제팀, interdisciplinary team) : 디자인 씽킹은 단일 분야 전문가가 아닌 서로 다른 분야의 전문가들이 모여 문제를 해결하는 팀으로 구성됩니다. 이를 통해 다양한 시각과 전문 지식을 바탕으로 문제 해결에 도달할 수 있습니다.
iii. 반복적 과정 : 반복적인 과정을 통해 많은 아이디어와 구상을 생각하고 확장합니다. 이러한 과정은 생각의 확장과 발전을 유도하며, 보다 창조적인 해결책들을 발굴하고 구현합니다.
iv. 창조적 환경 : 의견 충돌과 아이디어 발상을 수행하는 창조적인 환경은 디자인 씽킹에서 매우 중요합니다. 창의적인 아이디어와 개방적인 태도를 구현하는 방법 중 하나는 '브인스토밍'입니다.

통합적인 디자인 씽킹 과정에서는 첫 번째 단계로 사용자의 요구사항과 문제 혹은 목적을 바탕으로 명확하게 문제에 대해 정의하고, 다양한 아이디어를 도출하기 위한 브레인스토밍, 과제에 대한 구상과 해결책 시각화 등을 통해 프로토타입을 발전시키며, 사용자 피드백을 반영하면서 다시 돌아가는 반복적인 과정을 거칩니다. 이렇게 함으로써 부분적인 접근 방식을 취하거나 솔루션을 간과한 채 분리된 결정을 내리는 것이 아니라, 사용자 중심적인 접근 방식으로 사고하는 것을 목표로 합니다.

▸ 창의적 문제 해결 모형과 디자인 씽킹

창의적 문제 해결은 비구조적인 작업 흐름을 통해 혁신적인 아이디어를 개발하는 데 도움을 주는 반면, 디자인 씽킹은 훨씬 체계적인 접근 방식을 취합니다. 디자인 씽킹은 인간 중심의 문제 해결 프로세스로, 솔루션 개발과 아이디어 도출을 촉진합니다. 하버드 경영대학장인 스리칸트 다타르(Srikant Datar) 교수는 온라인 강좌 <디자인 씽킹과 혁신>에서 디자인 씽킹을 설명하기 위해 명확화, 아이디어 도출, 개발, 실행이라는 4단계 프레임워크를 활용합니다.

- **명확화 :** 명확화 단계에서는 사용자와 소통하면서 문제를 찾아냅니다. 그리고 그 문제를 철저히 관찰하고 연구해 통찰력을 얻습니다. 그런 후에 발견한 내용을 문제 명세나 질문으로 재구성합니다.
- **아이디어 도출 :** 아이디어 도출은 혁신적인 아이디어를 도출하는 과정입니다. 창의적 문제 해결과 관련된 다양한 아이디어의 발산에 주력합니다.
- **개발 :** 개발 단계에서는 아이디어가 실험과 테스트로 진화합니다. 아이디어는 프로토타이핑과 개방적인 평가를 통해 발전됩니다.
- **실행 :** 실행은 솔루션을 더욱 완성시켜 채택할 수 있도록 계속해서 테스트와 실험을 진행하는 것을 의미합니다.

창의적 문제 해결은 주로 디자인 씽킹의 아이디어 도출 단계에서 작동하지만 다른 단계에도 적용될 수 있습니다. 이는 디자인 씽킹이 아이디어를 도출하고 발전시키는 과정에서 몇 가지 단계를 거치는 반복적인 프로세스이기 때문입니다. 혁신을 위해서는 여러 아이디어를 탐색하는 것이 필요하기 때문에 여러단계에 걸쳐 창의적 문제해결 방법을 적용하는 것은 매우 정상적이고 장려할만한 일입니다.

▶ 창의적 문제 해결 모형에 따른 창의력 테스트

평가 문항 예시[16)]

1. 실수에 대한 두려움이 내가 하는 결정에 많은 영향을 미친다.
2. 문제에 직면했을 때, 최선의 해결책을 찾기 위해 다양한 관점에서 바라본다.
3. 내 능력에 대해 완전한 자신감을 가지고 있다.
4. 어려운 결정은 가능하면 다른 사람들이 대신 내리도록 한다.
5. 변화는 일반적으로 나를 불안하게 만든다.
6. 즉각적으로 결정을 내리는 것은 나를 불편하게 한다.
7. 다른 사람들이 막혔을 때, 나는 새로운 문제 해결 방법을 생각해 낼 수 있다.
8. 과거에 사용한 해결책이 성공적이었다면 새로운 해결책을 도출할 필요는 없다고 생각한다.
9. 어떤 어려움이 내게 닥쳐도 나는 해결할 수 있다고 믿는다.
10. 문제 해결을 위해 다른 사람들의 의견을 구하는 것은 내 실력이 부족하다는 것을 드러내는 것이라고 믿는다.
11. 한 번 성공적인 해결책을 찾았다면 더 이상 다른 해결책을 생각하는 것은 의미가 없다고 생각한다.

---

16) 이 테스트는 다음 사이트에서 직접 응시해 볼 수 있습니다. 영문으로 돼 있어서 언어에 제한이 있습니다. (https://www.psychologytoday.com/intl/tests/career/creative-problem-solving-test) 직접 테스트에 응하지 않고 평가 기준이 무엇인지 살펴보는 것만으로도 창의성 계발을 어떻게 해야 할지 힌트를 얻을 수 있습니다.

12. 나는 새로운 것을 배우는 것을 좋아한다.
13. 중요한 결정을 내려야 할 때 정말로 신경이 많이 쓰인다.
14. 나는 상상력이 풍부한 사람이다.
15. 어려운 문제에 직면하면 쉽게 낙담한다.
16. 다른 사람이 지적해주지 않으면 내가 잘한 일인지 확신할 수 없다.
17. 결정을 내린 후에는 다른 선택을 했으면 좋았겠다는 생각이 든다.
18. 새로운 것을 시도하는 것을 즐긴다.
19. 회사에서 신제품을 판매하기 위한 새로운 광고 캠페인 기획에 당신이 프로젝트 매니저가 됐다. 브레인스토밍 회의 중에 대학을 졸업하고 막 입사한 신입 팀원이 매우 이상한 아이디어를 제안한다. 이 아이디어는 매우 독특하며 성공할 수도 있는데, 경력이 오래된 마케팅 분야의 베테랑 팀원들은 그다지 탐탁지 않게 생각하는 것 같다. 당신 자신도 완전히 확신이 서지 않을 뿐만 아니라 실은 아예 다른 아이디어를 생각하고 있다. 그러나 이 새로운 광고 캠페인은 그 신입 팀원과 동일한 연령대인 더 젊은 시청자를 대상으로 한다. 그리고 그 신입 팀원은 요즘 핫한 트렌드에 대해 잘 알고 있는 것 같다. 당신은 어떻게 하겠는가?
    가) 그 팀원에게 아이디어에 대해 칭찬하며 거절한다. 과거에 잘 먹혔던 성공적인 계획을 따르는 것이 나을 것 같다.
    나) 공정하게 그 팀원에게 아이디어를 설명할 기회를 주긴 하지만, 아마도 거절할 것이다.
    다) 팀의 나머지 구성원들에게 이 아이디어를 제시하고, 장단점을 판단해 보려고 한다. 그러나 팀 대다수의 지지가 없다면 사용하지 않을 것이다.
    라) 팀의 다른 구성원들이 조금 불안해 하더라도 그 팀원의 아이디어

를 시도해 보기로 결정한다. 항상 새로운 시도에 마음이 열려있다.

20. 최근에 당신의 업무팀은 당신이 과거 다른 회사에서 경험했던 것과 유사한 문제에 직면했다. 당신이 이전 직장에서 생각해낸 해결책은 아주 잘 먹혔었다. 그러나 지금 업무팀과 브레인스토밍을 하자, 그들은 완전히 다른 해결책을 제시한다. 이 해결책은 당신이 이전에 생각해 본 적이 없고, 잘 먹힐지 확신이 서지 않는다. 이에 대해 어떻게 대응하겠는가?
    가) 업무팀에게 이전에 내가 성공했던 해결책을 사용하도록 강요한다.
    나) 팀 구성원들에게 과거에 내가 했던 방식으로 문제를 해결할 것을 진지하게 고려해 달라고 요청한다.
    다) 그들의 새로운 해결책이 실패할 가능성은 있지만, 문제를 해결하는 방법은 여러 가지일 수 있다는 것을 받아들인다.
    라) 이 새로운 아이디어에 대해 긍정적인 마음을 갖고, 어떻게 될지 지켜보기로 한다.

평가 기준

위에 예를 든 테스트 문항들은 다음과 같은 기준에 따라 평가됩니다.

- 의사결정에 대한 자신감 : 의사결정 과정에 대한 전반적인 능력과 자신감을 평가합니다.
- 유연성 : 문제 해결에 대한 자세가 개방적이고 유연한지, 또는 과정에 제한을 두는 경향이 있는지를 평가합니다.
- 창의성에 대한 개방성 : 변화, 혁신적인 해결책, 틀에 얽매이지 않는 사고에 대한 태도와 창의적으로 생각하는 능력을 평가합니다.
- 자기 능력에 대한 확신 : 자신에게 문제를 효과적으로 해결할 수 있는 능력이 있다고 믿고 있는지를 평가합니다.

평가 기준 설명

브레인스토밍은 그룹뿐 아니라 혼자서도 진행할 수 있습니다. 효과적인 브레인스토밍은 충분한 아이디어가 생성될 때까지 성급한 판단을 내리지 않는 것입니다.

창의성이란 주어진 문제에 대해 정해진 틀이 아닌 새롭고 다른 시각으로 바라보며 다양하게 상상할 수 있는 능력을 의미합니다. 여기에는 문제에 대한 우리의 지식을 분해하고 재구성하여 그 본질에 대한 새로운 통찰력을 얻는 것도 포함됩니다. 그러나 창의성과 같은 추상적인 개념에 대한 실용적인 정의를 개발하는 것은 매우 복잡합니다. 이는 다양한 차원을 가지고 있기 때문입니다.

창의적 문제 해결의 필요성은 논리적 사고의 한계로 인해 대두됩니다. 논리적 사고는 여러 단계로 진행되는데, 각 단계는 바로 전 단계의 결과에 의존합니다. 이 과정에서 얻는 지식은 우리가 이미 알고 있는 것의 확장일 뿐이며, 새로운 것은 아닙니다. 그러므로 논리적 사고라는 것은 과거에 경험한 유사한 문제를 기반으로 그때의 해결책을 다시 써먹는 재생산적 사고라고 할 수 있습니다.

많은 연구 결과들이 재생산적 사고가 아닌 생산적인 사고가 매우 효과적인 창의적 사고를 촉진한다는 것을 보여줍니다. 이러한 방식으로 사고하는 사람들은 문제를 다양한 관점에서 바라볼 수 있으며, 그 결과 문제를 해결하기 위한 다양한 방법을 생각해 낼 수 있습니다. 창의적 문제 해결 기법은 유사성, 연상, 그 외 여러 메커니즘과 같은 인지 기술 외에도 특히 상상력을 사용합니다. 이 기법은 문제에 대한 통찰력을 제공하며, 특히 전통적인 방법으로는 얻을 수 없는 새로운 통찰력을 제공합니다. 문제에 대한 새로운 통찰력을 얻는 것은 문제의 재구성과 혁신적인 해결책의 개발로 이어질 수 있습니다.

창의적인 사고를 하기 위해서는 새로운 방식이나 다른 관점에서 사물을 바라볼 수 있는 능력이 필요합니다. 이는 새로운 가능성이나 대안을 생각해 낼 수 있게 해 줍니다. 창의성 측정 테스트는 사람이 생각해 낼 수 있는 해결 방법의 개수뿐만 아니라 그 독창성도 측정합니다. 창의성은 모호성에 대한 인정[17], 유연성 등 사고의 근본적인 특징과 관련이 있습니다. 이 테스트의 목적은 우리의 태도와, 문제에 대한 접근 방식이 창의적인지를 판단하는 것입니다.

◆ 발산적 연상 과제 (Divergent Association Task, DAT)

이번에는 좀 더 간단한 창의력 측정 테스트를 소개해 보겠습니다. 캐나다 맥길대, 미국 하버드대, 호주의 멜버른대 연구진으로 구성된 국제 연구팀이 2021년에 4분 만에 간편하게 창의성을 측정할 수 있도록 개발한 창의력 테스트인 발산적 연상 과제(DAT) 테스트입니다. 발산적 연상 과제(Divergent Association Task)는 언어적 창의성과 발산적 사고, 즉 개방형 문제에 대한 다양한 해결책을 생각하는 능력을 빠르게 측정하는 방법입니다. 이 테스트에서는 가능한 한 서로 다른 10개의 단어를 생각해내는 것이 중요 과제입니다. 예를 들어, 고양이(cat)와 개(dog)는 비슷하지만, 고양이(cat)와 책(book)은 그렇지 않

17) 모호성에 대한 인정은 문제나 상황, 아이디어 등이 여러 가지 다른 방식으로 해석될 수 있음을 받아들이는 것을 의미합니다.

습니다. 창의성이 높은 사람들은 둘 사이의 거리가 더 먼 단어들을 생각하는 경향이 있습니다. 이 단어 사이의 거리는 두 단어가 비슷한 맥락에서 얼마나 자주 함께 사용되는지를 통해 계산됩니다.

이 과제는 전 세계 98개 국가의 약 9,000명의 참가자를 대상으로 유효성을 검증했습니다. 이 과제에서 높은 점수를 받은 사람들은 일반적인 물건에 대해 독창적이고 다양한 용도를 생각할 수 있으며(대체 용도 과제), 관련된 단어들 간에 연관성을 찾을 수 있습니다.(예: 기린과 스카프; 두 단어 사이의 연관성 간격을 메우는 과제) 그리고 통찰력과 분석적인 문제를 더 잘 해결할 수 있습니다. 발산적 연상 과제는 창의력 평가와 아이디어 생성 과정에서 널리 사용되는 다양한 연상 과제입니다. 이 테스트는 수험자에게 주어진 단어나 개념에 대해 가능한 한 다양한 관련 아이디어나 개념을 연상하고 생각하도록 함으로써 창의성과 직관적 사고 능력을 증진시킬 수 있습니다. DAT를 수행하면 개인이나 그룹이 주어진 주제에 대해 다양한 관점에서 생각하고, 흔하지 않은 연결과 이해를 도출해내며, 새로운 해결책이나 아이디를 생성하는 데 도움이 됩니다. 따라서 창의력과 발상의 전환을 강조하는 다양한 연상 과제에서 DAT는 아이디어 개발 및 해결책 탐색을 위한 중요한 도구입니다.

테스트 방법

지침

서로 다른 의미와 사용법을 가진 가능한 한 의미의 거리가 서로 먼 10개의 단어를 적으세요. (제한시간 2~4분)

규칙

1. 낱말만 사용하세요.
2. 명사만 사용하세요.(예: 사물, 물체, 개념)
3. 고유 명사는 사용하지 마세요.(예: 특정한 사람이나 장소는 사용하지 않습니다)
4. 전문 용어는 사용하지 마세요.(예: 기술 용어는 사용하지 않습니다)
5. 머리로만 생각하세요.(예: 주변의 사물을 보지 마세요)

이렇게 적은 10개의 낱말을 영어로 번역합니다. 그런 다음 온라인으로 제공되는 테스트 사이트로 접속하여 영어 단어를 차례로 입력하고 제출(submit) 버튼을 누릅니다. 그러면 다음과 같은 형태의 측정 결과를 확인할 수 있습니다. (테스트 사이트 : datcreativity.com/task)

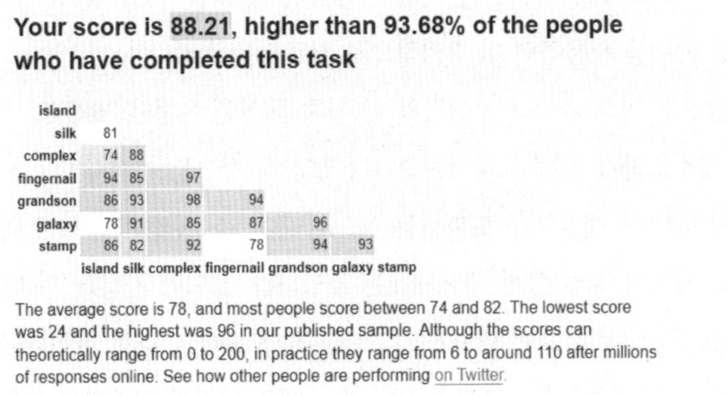

Your score is 88.21, higher than 93.68% of the people who have completed this task

	island	silk	complex	fingernail	grandson	galaxy	stamp
island							
silk	81						
complex	74	88					
fingernail	94	85	97				
grandson	86	93	98	94			
galaxy	78	91	85	87	96		
stamp	86	82	92	78	94	93	

The average score is 78, and most people score between 74 and 82. The lowest score was 24 and the highest was 96 in our published sample. Although the scores can theoretically range from 0 to 200, in practice they range from 6 to around 110 after millions of responses online. See how other people are performing on Twitter.

이 성적표는 필자가 채점기준을 확인하기 위해 실제 테스트에 응해서 얻은 결과입니다. 점수는 100점 만점에 88.21점이고 석차는 상위 6.32%입니다.

측정 기준 : 단어 사이의 연관성 거리

단어 간의 관련성을 객관적으로 측정하는 것은 어렵기 때문에 단어들이 비슷한 맥락에서 얼마나 자주 함께 사용되는지 살펴봅니다. 수십억 개의 웹 페이지에 걸쳐 수천 개의 다양한 단어들이 포함돼 있는 데이터인 커먼 크롤 코퍼스(Common Crawl corpus)[18]를 사용합니다. 알고리즘을 사용하여 단어 간 관련성을 계산합니다. '고양이'와 '개'는 종종 함께 사용되는 단어로 서로 간의 거리가 더 가까운 반면, '고양이'와 '책'은 둘 사이의 거리가 더 멀어집니다. 전체 점수는 이러한 단어 간 거리의 평균으로 계산됩니다. 거리가 더 긴 경우 더 높은 점수를 얻게 됩니다. 연구팀에 따르면 의미상 거리가 먼 단어를 떠올릴 수 있는 사람들은 객관적으로 더 창의적일 수 있다고 합니다. 따라서 '초록색', '파란색', '보라색'과 같은 단어를 사용하는 것보다 '산책', '용기', '잎'과 같은 단어를 사용하면 더 창의적으로 간주되는 것입니다.

발산적 연상 과제는 창의력의 한 가지 특정한 유형인 '발산적 사고'를 테스트하기 위에 만들어졌습니다. 발산적 사고는 개방적인 문제에 대해 다양한 해결책을 도출하는 능력입니다. 즉, 동일한 문제에 대해 여러 가능한 해결 방법 생각해내는 것입니다. 창의력 가운데 또 다른 유형인 '수렴적 사고'는 발산적 사고를 통해 도출한 다양한 아이디어와 여러 요인을 종합하여 고려한 후 문제에 대한 최적의 해결책을 도출하

18) '커먼 크롤 코퍼스'는 인터넷의 대규모 웹 페이지 데이터를 수집, 저장 및 제공하는 무료 공개 웹 크롤링 프로젝트입니다. 이 프로젝트는 웹 페이지의 HTML, 메타데이터, 텍스트 및 링크를 포함한 대량의 웹 콘텐츠를 수집합니다. 수십억 개의 웹 페이지를 크롤링 한 결과, 커먼 크롤 코퍼스는 다양한 언어로 작성된 웹 문서들을 포함하며, 풍부한 정보와 인사이트를 제공합니다. 이 코퍼스를 활용하면 인터넷에서 사용되는 어휘들의 다양한 통계, 언어 모델, 자연어 처리 연구 등을 수행할 수 있습니다.

는 것입니다. 즉, 가장 명확하고 효율적인 하나의 답을 찾기 위한 사고 과정입니다. DAT 창안자 가운데 한 명인 제이 올슨(Jay Olson) 박사는 이 테스트가 단지 창의력의 한 부분인 발산적 사고만을 대상으로 하고 있긴 하지만, 창의력을 보다 광범위하게 이해하는 첫걸음이라고 말합니다. 그러면서 이를 통해 다음 세대가 창의력을 어떤 방식으로 발전시키게 될지 엿보는 계기가 될 수 있을 것으로 기대하고 있습니다.

"창의력은 인간의 삶에 있어서 바탕이 되는 것입니다. 우리가 창의력의 복잡성에 대한 이해를 높일수록 더 다양한 형태로 창의력을 함양할 수 있습니다."

그렇다면 인공지능의 발산적 사고 능력은 어느정도일까요? 그래서, 가장 핫한 인공지능 모델인 챗GPT의 모델인 GPT-4에게 이 테스트를 시켜봤습니다. 물론 자세한 지침과 평가 기준에 대해 정확히 알려줬습니다. 제한 시간을 2~4분으로 알려줬지만 불과 10여초 만에 10개의 단어를 뽑았습니다.

Elephant (코끼리)
Microscope (현미경)
Dream (꿈)
Economy (경제)
Volcano (화산)
Apple (사과)
Ocean (대양)
Guitar (기타)
Pizza (피자)
Philosophy (철학)

인공지능 GPT-4의 창의력은 몇 점일까요? 결과는 아래 그림에서 보는 바와 같이 82.62점이었습니다. 등수로는 상위 29.39%였습니다. 필자 보다는 성적이 제법 떨어집니다. 이 테스트에 응시한 사람들의 평균 점수가 78점이고, 대부분이 74~82점대에 분포돼 있으므로 인공지능의 창의성은 평균적인 인간의 수준 정도라고 하겠습니다.

Your score is 81.62, higher than 70.61% of the people who have completed this task

	elephant	apple	microscope	ocean	dream	guitar	economy
elephant							
apple	74						
microscope	88	87					
ocean	70	81	87				
dream	76	77	91	60			
guitar	88	80	94	83	67		
economy	85	90	97	76	73	91	

The average score is 78, and most people score between 74 and 82. The lowest score was 24 and the highest was 96 in our published sample. Although the scores can theoretically range from 0 to 200, in practice they range from 6 to around 110 after millions of responses online. See how other people are performing on Twitter.

직접 테스트를 해 본 후 점수가 생각보다 낮아서 실망할 수도 있을 겁니다. 이에 관해서는 하버드대 심리학과 교수가 정답을 말해 줍니다. 엘렌 랑거(Ellen Langer) 교수는 『예술가 되기: 주의력을 통해 잠재된 창의성 일깨우기(On Becoming an Artist: Reinventing Yourself Through Mindful Creativity)』라는 책의 저자이기도 한데, 창의성이 몇몇 특별하고 재능 있는 사람들의 전유물이 아니라고 단호하게 말합니다. 그녀에 따르면 우리가 어떤 직업을 가지고 있든 모두 창의성을 갖출 수 있다고 합니다. 랑거 교수는 창의성이 주의력과 관련이 있다고 보고 있습니다. 즉, 일상적인 활동 속에서 새로운 것을 주의 깊게 인지함으로써 우리의 뉴런을 활성화시키는 것이라고 말합니다. 또 불확실성과 항상 옳은 답만 있는 것은 아니라는 생각을 받아들이는 것이 필요하다고 합니다. 학교에서 우리는 1+1=2라고 배우지만 이 답은 빨래더미나 껌 두 조각에는 적용되지 않는다는 것입니다. 랑거 교수는 이렇게 설명합니다.

"사람들은 잘못된 일을 하거나 무언가를 모르는 것을 매우 두려워합니다. 하지만 진실은 상황에 따라 달라집니다. 모든 것이 항상 변화하고 있다는 것을 인식하는 것이 중요합니다. 우리가 과거에 습득한 지식에 갇혀있는 한 창의적 능력을 발휘하기 어렵습니다. 그러므로 오히려 우리가 모른다는 것, 즉 불확실성의 힘을 이용하는 것이 필요합니다."

우리는 보통 창의성을 책, 음악 작품, 미술 작품과 같은 결과물로만 생각합니다. 그러나 창의성을 기르는 가장 좋은 방법은 과정에 주의를 기울이고, 정답이 뭔지 모른다는 것을 두려워하지 않는 것입니다. 랑거 교수는 이렇게 결론 짓습니다.

"창의성은 새로운 것을 창조하는 것입니다. 마음을 일깨워 주의력을 높이면 우리도 얼마든지 새로운 것을 창조할 수 있습니다."

창의력 함양 방법

창의적 사고를 향상시킬 수 있는 좋은 도구로는 브레인스토밍, 마인드맵, 4분면 분석법을 들 수 있습니다. 브레인스토밍은 창의적 사고와 아이디어를 자유롭게 표현하고 교환하는 방법으로, 개인 또는 집단으로 진행할 수 있습니다. 마인드맵은 주제 또는 문제에 대한 관련 개념을 도식화하여 시각화하는 프로세스로, 창의성을 향상시키고 문제 해결 능력을 개발하는데 도움이 됩니다. 4분면분석법은 문제를 해결하거나 의사결정을 할 때 사용되며 중요도, 우선순위, 시급성 등의 기준에 따라 문제를 4개의 사분면으로 나누 분석하는 기법입니다. 이를 통해 각 문제에 대한 중요성을 명확히 이해하고 효율적으로 관리할 수 있습니다.

이외에도 모델화 되어 있지는 않지만 창의력 향상을 위해서는 꼭 필요한 방법론으로 유연성 연습, 전략적 질문, 실험과 실패, 다양한 경험과 학습 등을 들 수 있습니다. 유연성 연습은 다양한 접근 방법을 사용하여 문제에 대한 새로운 해결책을 찾는 연습으로, 창의적 문제 해결 기술을 개발하는 데 도움이 됩니다. 전략적 질문은 문제를 해결하기 위해 질문을 통해 상황을 분석하고 다양한 가능성을 고려하는 전략적 사고 프로세스를 사용합니다. 그리고 실험을 통해 새로운 접근법과 방법들을 시도하고, 실패를 통해 배워 스스로 발전하며 문제 해결 능력을 향상시킵니다. 다양한 경험과 여러 유형의 학습을 지속함으로써 창의적 사고와 문제 해결 능력을 향상시키는 원천을 계속 확장할 수 있습니다.

이러한 도구와 방법들은 창의성과 문제 해결 능력을 평가하고 향상시키는 데 도움이 됩니다. 그러나 개개인의 창의성과 문제 해결 능력은 개인 차이와 선호도에 따라 크게 다를 수 있으므로, 자신에게 가장 적합한 도구와 방법을 찾아 적용하는 것이 중요합니다.

◆ 브레인스토밍(Brainstorming)

브레인스토밍은 창의적 사고와 아이디어를 자유롭게 표현하고 교환하는 방법으로, 생각의 흐름을 최대한 자유롭게 활용하여 가능한 많은 아이디어와 해결책을 도출하는 과정입니다. 혼자서도 할 수 있지만 가능하면 함께 일하는 사람들과 정기적으로 브레인스토밍 시간을 갖는 것이 더 효과적입니다. 우리가 브레인스토밍을 통해 창의성을 향상시키기 위해서는 다음과 같은 몇 가지 원칙과 방법을 따르는 것이 좋습니다.

- **시간 정하기** : 브레인스토밍 시간을 정하여 특정 문제나 주제에 집중합니다. 무작위로 아이디어를 발생시키는 것이 목표이기 때문에 가능한 범위 내에서 제한된 시간을 설정하는 것이 좋습니다. 시간을 정해두고 정기적으로 브레인스토밍을 반복하는 과정에서 창의적 사고와 아이디어 도출 능력을 강화할 수 있습니다.

- **평가하지 않는 자세** : 브레인스토밍 과정에서는 모든 아이디어를 최대한 수용하고, 비판이나 판단 없이 아이디어를 나열하는 것이 중요합니다. 하나하나의 아이디어에 대해 평가하지 않음으로써 아이디어 발전과 효율적인 문제 해결을 위해 참여자들의 집중력과 창의력을 높일 수 있습니다. 평가하지 않는 자세는 브레인스토밍 과정에서 최대한 많은 아이디어를 끌어내는 데 중요한 역할을 합니다. 이를 통해 다양한 방안이나 해결책을 도출하고 창의력을 높일 수 있습니다. 브레인스토밍 도중에는 모든 아이디어를 평가·판단·비판 함이 없이 적어둡니다. 이 시점에서는 아무리 이상한 생각일지라도, 발산적 사고를 유도하는 창의적 아이디어일 수 있기 때문입니다.

- **연관성 있는 아이디어 적어보기 :** 주제와 관련된 모든 관점, 연관 단어나 개념 등을 이용해 도출할 수 있는 아이디어를 최대한 종이에 써냅니다. 이를 통해 다양한 시각과 해결 방안을 발견할 수 있습니다.
- **시각화 도구 활용 :** 브레인스토밍뿐만 아니라 다양한 시각화 도구, 예를 들면 마인드맵이나 플로우차트 등을 사용하여 아이디어를 도식화하고 추상적인 개념을 구체적으로 표현하는 것이 도움이 됩니다.
- **아이디어 조합 및 확장 :** 도출된 아이디어들을 조합하거나 확장하여 새로운 아이디어를 더 찾아볼 수 있습니다. 단순한 아이디어에서도 깊은 창의력을 발견할 수 있는 원동력이 됩니다.
- **결과 분석 및 평가 :** 브레인스토밍이 끝난 후에는 도출된 아이디어들을 분석하여 가장 적합한 해결을 도출하고, 필요한 경우 수정 및 개선을 통해 완성시킵니다.

그룹 브레인스토밍

그룹 브레인스토밍을 통해 팀원들의 전체 경험과 창의력을 활용할 수 있습니다. 한 팀원이 아이디어에서 막힐 때, 다른 팀원의 창의력과 경험으로 아이디어를 다음 단계로 발전시킬 수 있습니다. 이런 점 덕분에 그룹 브레인스토밍이 개인 브레인스토밍보다 아이디어를 더 깊이 발전시킬 수 있는 장점이 있습니다. 또 다른 장점은 모든 사람이 해결책에 기여한 것으로 느끼게 하며, 다른 사람들도 창의적인 아이디어를 가지고 있다는 것을 상기시킵니다. 그리고 이는 팀의 결속력을 강화시켜 팀워크를 향상시키는 데도 기여할 수 있습니다. 그룹 브레인스토밍은 단점도 있습니다. 일반적으로는 가치가 없어 보이는 독특한 제안이 있을 수 있는데, 이때 그룹이 이러한 아이디어를 짓누르고 창의성을 억누르지 않도록 주의할 필요가 있습니다. 그리고 브레인스토밍 팀을 구성할 때 참가자는 가능한 한 다양한 분야에서 올 수 있도록 해야 합니다. 이러한 다양한 경험의 교차는 아이디어 회의를 더 창의적으로 만들 수 있습니다. 그러나 그룹을 너무 크게 만드는 것은 좋지 않습니다. 다른 협업 방식과 마찬가지로, 5~7명의 그룹이 일반적으로 가장 효과적입니다.

개인 브레인스토밍

그룹 브레인스토밍이 일반적인 문제 해결 그룹보다 아이디어를 더 잘 뽑아내는 경우가 많지만, 몇몇 연구에 따르면 개인 브레인스토밍이 때로는 그룹 브레인스토밍보다 더 많은 아이디어나 더 좋은 아이디어를 도출하기도 합니다. 아마도 그룹 브레인스토밍의 경우 브레인스토밍 규칙을 엄격하게 준수하지 않거나 나쁜 행동이 스며들기 때문일 수도 있습니다. 하지만 대부분은 사람들이 다른 사람에게 너무 집중하여 자신의 아이디어를 생각하지 않거나, 말할 차례를 기다리는 동안 아이디어를 잊어버리는 등의 이유로 발생합니다. 이를 '차단(blocking)'이라고 합니다. 혼자서 브레인스토밍할 때는 다른 사람들의 아이디어와 비교된다거나 자기 아이디어가 비판 당할까 걱정할 필요가 없으므로 더 자유롭고 창의적일 수 있습니다. 그룹에서는 꺼내놓기가 좀 그런 아이디어를 개인적으로 탐구하다 보면 특별한 것으로 발전시킬 수도 있습니다. 하지만 개인 브레인스토밍의 한계는 명확합니다. 다른 사람들의 다양한 경험을 활용할 수 없기 때문에 아이디어를 충분히 개발하지 못할 수도 있기 때문입니다. 그러므로 개인 브레인스토밍은 간단한 문제를 해결하거나, 아이디어 목록을 생성하거나 할 때 가장 효과적입니다. 복잡한 문제를 해결하는 데에는 일반적으로 그룹 브레인스토밍이 더 효과적입니다.

> **TIP**
> 개인 브레인스토밍 세션에서 최대한의 효과를 얻으려면 편안한 곳을 선택하여 앉아서 생각하세요. 주의를 분산시키는 요소를 최소화하여 주어진 문제에 집중할 수 있도록 하고, 아이디어를 정리하고 발전시키기 위해 마인드맵을 사용하는 것도 고려해볼 만합니다.

아무튼 혼자서 진행하는 브레인스토밍도 위에서 정리한 원칙을 따른다면 창의적 사고와 아이디어 발전에 도움을 얻을 수 있습니다. 더구나 이 과정을 틈나는 대로 반복한다면 창의성은 더욱 높아질 것입니다. 챗GPT와 같은 생성형 인공지능을 활용하는 것도 좋은 방법입니다.

◆ 마인드맵

▶ 마인드맵이란?

마인드맵은 중심 개념에서 시작하여 나뭇가지 형태로 이어진 자유로운 생각의 묘사로, 아이디어와 정보를 시각화하고 구조화하는 도구입니다. 이 다이어그램은 창의적 사고를 촉진하고, 아이디어와 정보를 조직화하기 위한 시각적 구조로, 간단한 것에서 복잡한 것까지 다양한 형태로 표현할 수 있습니다. 손으로 그릴 수도 있고, 컴퓨터로 그릴 수도 있으며, 목적에 따라 다양한 접근이 가능합니다. 마인드맵은 창의적 사고, 학습, 기억, 의사 결정, 팀워크 및 문제 해결 과정에서 높은 효율성을 보여줍니다. 또한 브레인스토밍, 효과적인 노트 작성, 강한 기억력, 인상적인 발표를 돕습니다. 구성요소에 따라 그림, 드로잉, 두께가 다른 곡선 및 다양한 색상 등 예술적이고 목적에 맞는 요소를 포함하고 있습니다. 마인드맵을 사용하면 아이디어와 정보를 체계적으로 정리하고 이해하기 쉬운 구조로 나누는 데 도움이 됩니다. 새로운 아이디어 개발이나 기존의 분석 및 이해를 위해 사용됩니다. 마인드맵은 생각을 지원하는 확장적이고 유연한 구조를 제공하여 정보가 어떻게 연결되는지 쉽게 파악할 수 있게 해 줍니다. 일반적인 구조는 다음 그림과 같습니다.

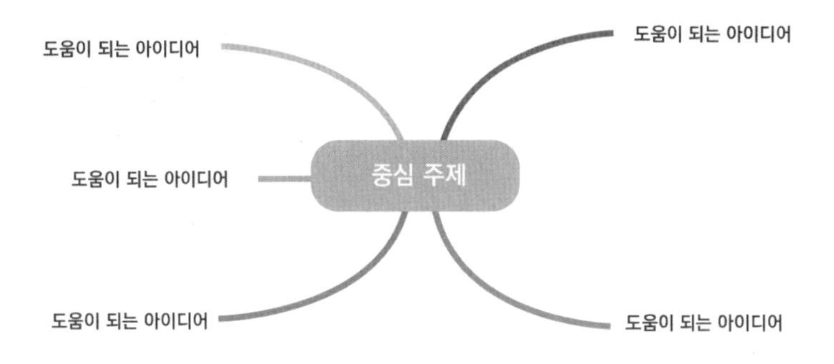

이처럼 주제 또는 문제에 대한 관련 개념을 도식화하여 시각화하는 프로세스로, 창의성을 향상시키고 문제 해결 능력을 개발하는 데 도움이 됩니다.

마인드맵은 상당히 오랜 역사를 가지고 있습니다. 영국 작가이자 TV 방송인인 토니 부잔(Tony Buzan)이 1970년대 BBC TV 시리

즈 <머리를 써!(Use Your Head)>와 그의 책 『스마트 싱킹에 도움이 되는 현대식 마인드맵(Modern Mind Mapping for Smarter Thinking)』를 통해 이 개념을 널리 알렸습니다. 그러나 아이디어를 시각적으로 구조화하는 개념은 훨씬 이전부터 존재했습니다. 3세기에 활동했던 그리스·로마의 철학자 티로스의 포르피리오스(Porphyry of Tyre)는 아리스토텔레스의 『범주론(Categories)』을 시각적으로 정리한 것으로 알려져 있습니다. 그의 발명인 '포르피리안 트리'는 그림이 없지만, 이후 다른 사람들이 추가하게 되었습니다. 13세기 철학자 라몬 율(Ramon Llull) 역시 이러한 다이어그램을 사용하였고, 그림이 포함된 포르피리안 트리를 사용해서 더 발전시켰습니다. 역사를 거치면서, 레나르도 다 빈치, 미켈란젤로, 알버트 아인슈타인, 마리 퀴리, 토마스 에디슨, 마크 트웨인 등 유명한 사고가들이 도형과 낙서를 포함한 곡선형 노트를 사용하였습니다. 1950년대에는 의미론적 네트워크, 즉 사람들이 어떻게 개념 간의 의미론적 관계를 배우는지에 관한 이론이 도입되었습니다. 1960년대에는 이러한 이론이 앨런 M. 콜린스와 M. 로스 퀼리언에 의해 발전되었습니다. 1970년대에는 학습 전문가들이 마인드맵과 비슷한 방사형 구조의 개념 지도를 개발하였지만, 마인드맵과 달리 중심 개념을 중심으로 구성되지 않았습니다.

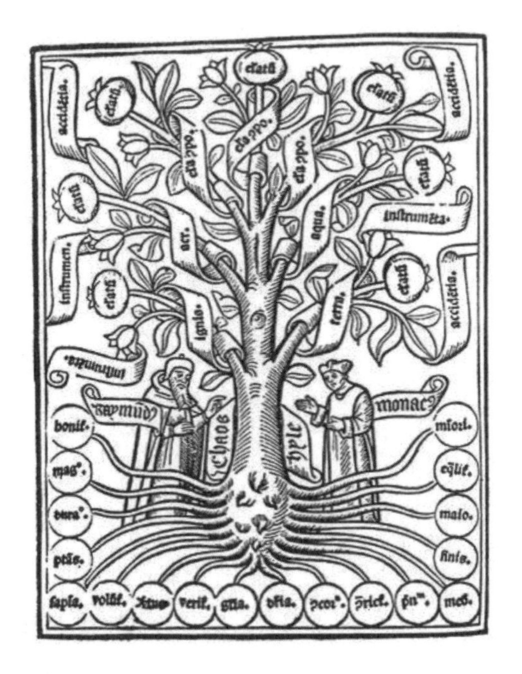

포르피리안 트리

한편, 토니 부잔은 그의 마인드맵 접근법이 알프레드 코르지브스키의 일반 의미론에 영향을 받았다고 밝혔으며, 이는 로버트 A. 하인라인(Robert A. Heinlein)과 A.E. 반 보그트(A.E. van Vogt)와 같은 과학소설 작가들에 의해 널리 알려졌습니다. 부잔은 사람들이 정보를 선형적이지 않은 방식으로 이해하며, 마인드맵은 이러한 특성을 활용하도록 설계되었다고 말했습니다.

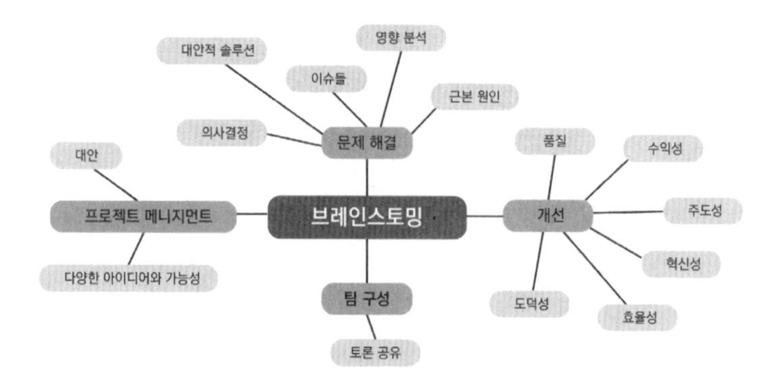

마인드맵의 주요 특징

- **하나의 중심 주제 :** 마인드 맵은 다른 시각적 다이어그램과는 달리 위 그림처럼 하나의 중심 주제를 중심으로 구성됩니다. 맵 상의 모든 정보는 동일한 시작점에서 출발합니다. 주요 아이디어를 중심에 배치함으로써, 다른 사람들이 마인드 맵의 초점이 무엇인지 쉽게 이해할 수 있습니다.
- **확장 가능한 트리 구조 :** 마인드 맵은 나무 모양의 가지들로 이루어져 있습니다. 아이디어를 발전시킬 때마다 가지들이 확장하고 성장할 수 있습니다. 각 가지는 맵 작성자가 식별한 범주화와 연결에 기반한 주제와 하위 주제로 구성된 정보를 보여줍니다. 그 결과, 마인드 맵의 모든 수준에서 정보의 구조적인 계층이 형성됩니다.
- **키워드 중심 :** 마인드 맵은 긴 문장이나 텍스트 블록 대신에 키워드로 이루어집니다. 맵 가지의 주제는 보통 아이디어나 정보를 가장 잘 대표하는 한 두 단어로 구성됩니다. 이를 통해 독자들은 많은 양의 텍스트를 읽지 않고도 제시된 정보를 파악하기 쉬워집니다.

➠ 누가 주로 마인드맵을 사용할까요?

마인드 맵은 비즈니스, 교육, 정부, 비영리 부문 할 것 없이 모든 분야에서 사용됩니다. 이 주제를 마인드맵으로 이렇게 표현할 수도 있습니다.

비즈니스 분야에서는 사람들이 프로젝트 계획, 전략적 사고, 회의 관리에 마인드맵을 사용합니다. 마인드맵을 쉽게 그릴 수 있도록 해주는 소프트웨어도 다양하게 있어서, 팀이 아이디어를 보다 협력적으로 발전시키는 데 도움을 줍니다. 온라인 매핑을 통해 사람들은 서로의 아이디어로 함께 이해를 발전시키고 상황에 대한 이해를 공유할 수 있습니다. 또한 복잡한 프로젝트를 관리 가능한 부분들로 분해할 수도 있습니다. 교육 분야에서는 모든 연령대의 학생들이 노트 작성, 주제 정보 요약, 서술 과제 작성 시에 마인드맵을 사용합니다. 교육자들은 수업 계획, 혁신적인 과제, 교실에서의 그룹 연습에 마인드맵을 활용하고 있습니다. 이외의 많은 분야에서도 사람들이 마인드맵을 사용하여 조직 및 미래 계획에 도움을 받습니다. 사람들은 자신의 업무 계획이나 목표, 직업에 대한 계획을 세울 때도 마인드맵을 많이 사용합니다.

➠ 마인드맵 소프트웨어

컴퓨터 소프트웨어나 모바일 기기의 앱을 사용하여 맵을 그릴 수 있도록 해 주는 응용 프로그램은 마인드맵 작성 시 강력한 이점을 제공하므로 펜과 종이의 물리적 제약을 극복할 수 있습니다. 또한 마인드맵을 문서나 웹사이트에 연결할 수 있도록 해 주는 온라인 마인드맵 사이트도 있습니다.

사람들이 마인드맵 소프트웨어를 사용하는 이유를 마인드맵으로 만들면 이렇게 될 것입니다.

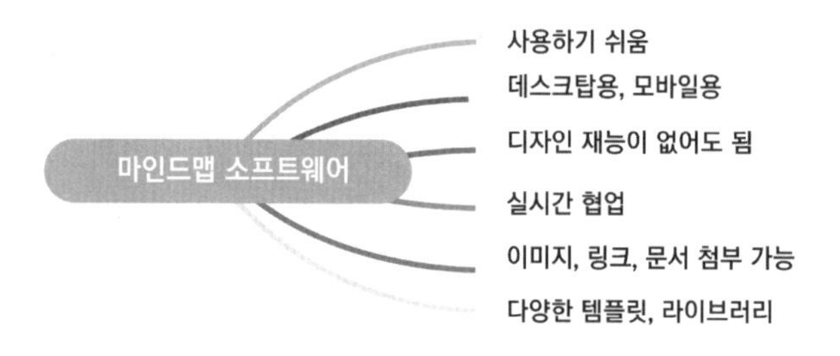

물론 컴퓨터에 설치해서 인터넷 연결 없이 사용할 수 있는 마인드맵 소프트웨어도 있습니다. 어떤 온라인 마인드맵 도구는 동일한 마인드맵에서 실시간 협업도 가능한 추가 혜택을 제공합니다.

마인드맵을 그릴 수 있는 웹 사이트와 응용 프로그램 종류도 매우 많습니다. 그래서 어떤 것이 좋을지 선택하는 것도 고민거리인데중요한 것은 자신이 하고자 하는 목적에 맞게 툴을 선택하는 것입니다.

- 이드로우마인드(EdrawMind): 이드로우마인드는 사용자 친화적인 인터페이스와 다양한 마인드맵, 협업 기능을 제공하는 마인드맵 도구입니다. 초보자부터 전문가까지 쉽게 사용할 수 있으며, 클라우드와의 연동을 통해 어디나 작업을 할 수 있습니다. 또한, 다양한 플랫폼에서 작동

하며, 많은 템플릿과 아이콘 라이브러리 제공합니다. 이드로우마인드는 PDF, MS 오피스, 이미지와 같은 다양한 형식으로 파일을 내보내거나 공유할 수 있습니다. 글로벌 기업에서 사용하는 가장 스마트한 프로그램으로 2,500만 이상의 사용자가 이용 중에 있습니다. 유료 프로그램이지만 체험판으로도 다양한 기능을 직접 경험할 수 있기 때문에 충분히 사용해 보시길 권합니다.

- 코글(Coggle): 코글은 클라우드 기반의 마드맵 도구로, 사용하기 쉬우며, 실시간 협업 기능을 제공합니다. 사용자는 문서, 이미지, 비디오, 링크 등 다양한 콘텐츠를 쉽게 마인드맵에 추가할 수 있으며, 무료 버전에서도 공동 및 개인 작업에 사용할 수 있는 충분한 기능을 제공합니다. 외부자와 공유도 쉽게 가능합니다.
- 미로(Miro): Miro는 마인드맵을 포함한 다양한 다이어그램(간트 차트, 와이어프레임, 스토리 보드 등)과 협업 기능을 제공하는 온라인 플랫폼입니다. 사용자들은 팀 프로젝트에 대한 아이디어를 수집, 공유 및 조직할 수 있으며, 다양한 통합을 통해 다른 도구와의 상호작용이 가능합니다. 또한, 비디오 콜 기능을 포함해 팀원 간 실시간 소통이 가능합니다.
- 드로아이오(Draw.io): 드로 아이오는 무료로 제공되는 웹 기반의 다이어그램 도구로, 마인드맵을 포함한 각종 다이어그램(플로우차트, ERD, UML 등을 제공합니다. 클라우드 서비스와 연동되어 작업물을 저장하고 공유할 수 있으며, 간단한 디자인 기능으로 독특한 아름다움을 더합니다. 브라우저 이용 시 오프라인으로 다운로드 가능합니다.

이외에도 마인드마이스터(MindMeister), 엑스마인드(XMind),

프리마인드(FreeMind),심플마인드(SimpleMind), 마인드매니저(MindManager), 아요아(Ayoa), 스마트드로우(SmartDraw), 루시드차트(Lucidchart) 등이 있습니다.

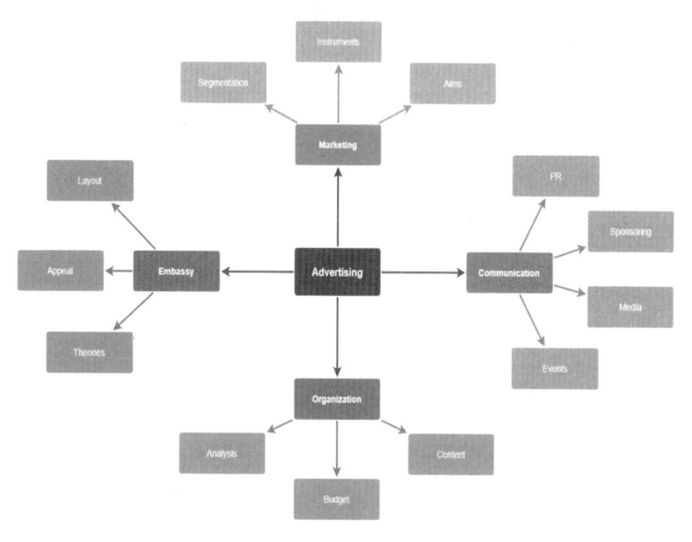

드로아이오로 그린 마인드맵

◆ 4분면 분석법(Quadrant Analysis)

"우편물을 보내야 하고, 회의에 참석해야 하고, 다가오는 이벤트를 감독하고, 생산 라인 직원들을 관리하고, 건강에도 신경을 써야 합니다. 미팅도 줄줄이 잡혀있습니다. 너무 정신이 없습니다. 해야 할 일들이 산더미 같은데 다 해내기 힘듭니다. 24시간도 모자랄 지경입니다."

이런 것이 바로 '경영자의 한탄'이라고 하는 것입니다. 급하게 처리해야 할 일과 사소한 일을 구별해 결정을 내려야 하는 리더들 사이에서 흔히 발생합니다. 할 일과 선택할 것이 많기 때문에, 리더들은 어떤 것이 중요하고, 어떤 것이 별로 중요하지 않은지를 결정하는 것이 특히 어렵습니다. 어떤 결정을 하느냐에 따라 결과가 달라지기 때문입니다. 조직의 관리자가 이러한 혼란스러운 의사결정 상태에 있는 경우, 4분면 분석 도구가 유용하게 사용될 수 있습니다.

4분면 분석법(Quadrant Analysis)은 보통 '2×2 매트릭스'라고 불리는데, 아이디어, 프로젝트, 또는 개별 과제에 대한 다양한 측면을 동시에 고려하여 우선 순위를 정하고, 효과적인 의사결정을 돕는 도구입니다. 특히 창의적인 해결책 도출과 전략적 결정을 이끌어낼 때 큰 도움이 됩니다. 이 방법은 2×2 행렬(matrix)로 구성되며, 복잡한 상황을 효율적으로 평가하여 더 나은 결정을 내릴 수 있습니다.

'시급성과 중요도'에 따른 업무 우선순위 결정을 예로 들어보겠습니다. 이 방법은 시간 관리와 효율적인 의사결정이 특히 중요한 업무 환경에 매우 유용한 도구입니다.

먼저 X축과 Y축을 그리고, 4개의 분면을 표시합니다. 그리고 시급성과 중요도라는 두 요소를 각 축에 배정합니다. X축에 시급성(긴급한 작업), Y축에 중요성(작업의 중요도)을 놓았다고 해 보겠습니다. 분석 대상이 되는 업무들을 시급성과 중요도에 따라 4분면에 배치합니다.

- 1사분면 (긴급하고 중요함) : 이러한 업무들은 즉시 처리해야 하는 중요한 업무들입니다. 기한이 내일인 중요한 보고서 작성 같은 일들이 여기에 해당됩니다
- 2사분면 (중요하지만 긴급하지 않음) : 이 영역의 업무들은 장기적인 목

표 달성이나 미래 경쟁을 높이는 것에 영향을 미칩니다. 차세대 제품의 연구 및 개발, 인적 자원 계획 등이 여기에 해당됩니다.

- 3사분면 (긴급하지만 중요하지 않음) : 이 영역의 업무들은 긴급하지만, 실제로 회사의 핵심 목표에 크게 영향을 주지 않는 작업입니다. 일반적인 회의 참석, 일정 확인 등을 들 수 있겠습니다.
- 4사분면 (긴급하지 않고 중요하지도 않음) : 이 영역의 업무들은 긴급하지도 않고 중요하지도 않으므로 가급적 피하거나 최소화 필요가 있는 작업입니다. 잦은 웹 서핑, 미루어둔 이메일 확인 등이 있습니다.

4개의 분면에 업무들을 모두 배치했다면 이들 업무에 대한 우선순위를 정해야 합니다. 4분면에 위치한 업무들을 분석하여, 우선순위를 결정합니다. 일반적으로 제1분면 업무가 가장 높은 우선순위를 가지며, 제4분면 업무는 가장 낮은 우선순위를 가집니다.

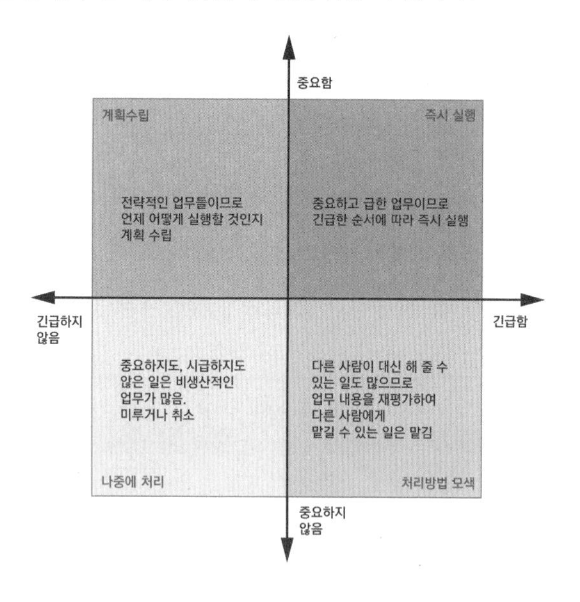

이렇게 4분면 분석을 통해 얻은 정보를 활용하여, 업무의 우선순위대로 일을 처리하고, 중요한 업무에 집중함으로써 효율성을 개선할 수 있습니다.

◈ 유연성 연습

유연성 연습은 창의력 향상에 도움을 주는 활동으로, 사고의 유연성과 두뇌의 적응력을 높이는 것을 목표로 합니다. 창의력은 새로운 아이디어와 해결책을 발견하고 틀에 박힌 기존의 문제 해결 방식에서 벗어나 새로운 관점에서 문제에 접근하는 능력을 갖추는 것이므로, 이러한 능력을 계발하기 위해 다양한 방법으로 유연성 연습을 하는 것이 좋습니다.

- 유연한 사고 능력 기르기 : 다양한 관점에서 문제에 접근하고, 기존의 아이디어나 해결 방법에서 벗어나 새로운 가능성을 모색합니다. 이를 위해 도전적인 상황에 처했을 때 갖가지 대안을 고려하고 시행착오를 겪으면서 진지한 노력을 기울여야 합니다.
- 유연한 커뮤니케이션 능력 갖추기 : 다양한 의견을 경청하고, 타인의 생각과 관점에서 이해하려 노력해야 합니다. 소양 있는 의사소통은 관계를 개선할 뿐만 아니라 다양한 사고방식을 수용하고 이를 창의력 향상에 활용할 수 있게 해 줍니다.
- 다른 견해와 문화 접하기 : 자신과는 다른 연령대, 문화, 전문 분야 등의 사람들과 대화를 나누며 다양한 견해를 듣고 경험해 보세요. 이를 통해 신선한 아이디어와 다양한 사고방식을 접할 수 있으며, 이러한 정보를 창의적 사고에 도움이 되는 방식으로 활용할 수 있습니다.

- 역할 바꾸기 연습 : 역할 바꾸기 연습은 자신이 상상하지 못했던 관점에서 문제나 상황을 바라볼 수 있게 도와줍니다. 자신이 서 있는 현재의 위치에서 벗어나 다른 역할로 문제 해결에 참여하면 그동안 보지 못했던 새로운 모습이 보일 수 있습니다. 또 자신이 바꿔서 하는 역할의 캐릭터가 가지는 특성과 감성을 이해하려고 노력하는 것도 매우 긍정적인 결과를 가져옵니다.
- 창의력 향상에 도움이 되는 습관 유지하기 : 창의력을 개발하고 유지하기 위해서는 일상생활에서 창의력을 길러주는 습관을 지키는 것이 중요합니다. 창의력을 키우기 위해 매일 일정 시간 동안 창의적인 활동에 몰입해 봅니다. 이를 통해 창의력을 꾸준히 발전시킬 수 있습니다. 창의력을 높이는 데 도움이 되는 환경으로 작업 공간을 개선하는 것도 중요합니다. 여유롭고 편안한 공간에서 작업을 하면 창의력을 더 잘 발휘할 수 있습니다. 창의력을 높이기 위해서는 반복적인 훈련이 필요합니다. 일정한 시간 동안 창의력을 발휘하는 각종 활동을 반복적으로 수행하여 창의력 발휘 능력을 향상시킬 수 있습니다.

◆ 전략적 질문

'전략적 질문'이라는 창의력 향상 모델은 따로 존재하지 않습니다. 하지만 전략적 질문은 창의력 향상에 큰 도움이 됩니다. 각종 창의력 향상 모델과 전략적 질문을 결합하여 효과적인 결과를 얻을 수 있습니다. 특히 앞서 이야기한 브레인스토밍과 사분면 분석법 같은 모델에서 전략적 질문을 사용하면, 문제 해결 과정에서 더 깊이 있는 고찰과 다양한 가능성을 탐색할 수 있습니다.

전략적 질문에는 다음과 같은 것들이 포함됩니다.

- 문제의 원인은 무엇인가?
- 이 문제에는 어떤 변수들 영향을 미치고 있는가?
- 문제를 해결하기 위한 기존의 접근 방법 외에는 어떤 방법이 있을까?
- 이 문제와 유사한 다른 문제에서는 어떤 해결책이 제시되었나?

비록 몇 가지 예시일 뿐이지만 이와 같은 질문을 통해 문제에 대한 이해를 깊게 하고 주변 상황을 분석하여 다양한 가능성을 고려할 수 있습니다. 전략적 질문을 사용함으로써 문제 해결에 필요한 창의적 사고 프로세스를 개발할 수 있습니다. 첫째, 상황에 대한 인식을 향상시킬 수 있습니다. 전략적 질문을 통해 문제 상황에 대한 이해를 높일 수 있으며, 이를 바탕으로 적절한 해결책을 도출해낼 수 있습니다. 둘째, 다양한 가능성을 탐색해 볼 수 있습니다. 전략적 질문을 통해 문제의 다양한 측면을 고려할 수 있게 되며, 이를 통해 보다 독창적이고 효과적인 해결 방안을 찾아낼 수 있습니다. 셋째, 통찰력를 심화시킬 수 있습니다. 깊이 있는 질문을 통해 문제의 본질을 이해하게 되면 관련된 다른 문제나 상황에도 적용할 수 있는 근본적인 해결 전략을 도출해낼 수 있습니다.

전략적 질문을 활용하면 창의력 향상에 기여함으로써 문제 해결 능력과 전반적인 사고력이 높아집니다. 좋은 질문으로 문제에 대한 새로운 관점을 발견하고 창의적인 해결책을 모색해 보세요.

4 생성형 인공지능 100% 활용하기

"시간이 흐를수록 가장 성공적인 아이디어는 명석한 두뇌를 가진 사람에게서 나오는 것이 아니라 인공지능과 같은 지능형 기계를 잘 다루는 사람들에게서 나오게 될 것입니다."

- 고트리브 두트바일러(Gottlieb Duttweiler) 연구소
고위 연구원 얀 비저(Jan Bieser)

어떤 사람들은 생성형 인공지능이 작가와 예술가를 불필요하게 만들 수도 있어서 창의성이 더 이상 인간만의 영역이 아니게 될 것이라고 우려하는 반면, 또 다른 사람들은 인공지능이 작가와 예술가들에게 필수적인 도구가 될 것이라고 예측합니다. 이러한 주장들은 인공지능이 단지 창조적인 작업을 대체하는 도구로만 사용되는 것이 아니라, 작가와 예술가들의 일부분으로 통합되어 창작 과정에 보다 적극적으로 참여하게 될 것이라는 점을 보여줍니다. 이렇게 되면, 인공지능과 인간은 협력하여 더 발전된 아이디어와 표현 방법을 창출할 수 있는 가능성이 열립니다.

인공지능을 사용한 창작은 예술 장르에 경계를 없애고 더 많은 사람들이 자신만의 표현 방식을 찾고 자아를 실현할 수 있는 방안을 제공합니다. 이를 통해 창작자들은 하고자 하는 바를 더 빠르게 이룰 수 있게 되고, 더 큰 성과를 낼 수 있게 됩니다. 인공지능의 발전으로 인류는 창의력을 더욱 효율적으로 활용할 수 있는 위치에 서게 됩니다.

다시 창의성 함양이라는 과제로 돌아와, 챗GPT와 같은 인공지능

을 활용한 챗봇과 대화를 나누면 다양한 주제와 관련된 정보나 아이디어를 얻을 수 있을 뿐만 아니라 창의력 향상에도 큰 도움이 됩니다. 챗GPT와 다양한 주제에 대해서 대화를 나누며 새로운 아이디어를 얻거나 기존 아이디어를 확장할 수도 있습니다. 또, 챗GPT에게 특정 문제나 주제에 관한 전략적 질문을 던져보면 서로 다른 관점에서 접근한 답변을 얻을 수 있는데, 이런 과정이 창의력을 발전시키는 데 도움이 됩니다. 인공지능 챗봇은 다양한 관점에서 문제를 분석하고 현실적인 해결책을 제시해 주는 일에도 능하므로 어려운 문제나 과제에 대한 도움을 요청할 수도 있습니다. 작업을 마치기 전에 자신의 창작물이나 아이디어에 대해 챗GPT의 의견을 들어 수정 보완할 수도 있습니다. 자신이 간과했던 부분을 발견하고 아이디어를 개선할 수 있기 때문입니다.

우리의 창의성 개발에 인공지능을 활용하기 전에 먼저 인공지능이 잘하는 것과 잘하지 못하는 부분에 대해 알아볼 필요가 있습니다. 그래야 창의성 개발에 활용할 때 창의성에 도움이 되는 부분은 활용하고 방해가 되는 부분에 대해서는 다른 방식으로 접근할 수 있습니다.

인공지능이 인간의 창의성에 미치는 긍정적 영향

◆ 패턴 인식

인공지능은 대규모 데이터 세트에서 패턴을 찾아내어 인간이 미처 생각해 내지 못할 수도 있는 새로운 가설을 개발할 수 있도록 도와줍니다. 예를 들어, 연구자들은 머신러닝을 사용하여 자동차 배터리를 생산할 때 도움이 될 수 있는 화학물질 조합을 예측하였고, 실제 환경에서 테스트할 수 있는 네 가지 유망한 옵션을 찾아냈습니다. 인공지능은 우리가 단순 데이터나 숫자보다 이해하기 더 쉬운 콘텐츠를 생성할 수 있습니다. 자기 학습 알고리즘은 완벽한 글을 작성하거나, 컴퓨터가 생성한 목소리로 대화하거나, 심지어 감동적인 음악 작품을 만들 수도 있습니다.

◆ 큰 그림 제공

인공지능은 다양한 정보원에서 많은 양의 정보를 자동으로 분석하고, 필터링하며, 그룹핑 하고, 우선 순위화하여 처리할 수 있습니다. 얼핏 보면 전혀 연관성이 없어 보이는 데이터들에게서도 연관관계를 찾아낼 수 있도록 우리에게 지식 그래프를 만들어 줄 수 있습니다. 지식 그래프(knowledge graph)는 다양한 정보원에서 추출한 구조화된 정보를 연결하여 관계를 표현하는 그래프 기반의 데이터 저장 방식입니다. 이런 그래프는 신약 개발 연구에서 다른 물질 간 상호작용을 파악하거나 새로운 치료법을 개발하고 부작용을 완화하는 데 사용될 수 있습니다. 미래에는 아마도 우리가 더 이상 웹사이트 이곳저곳을 뒤지며 정보를 찾아 헤매지 않아도 될 것입니다. GPT와 같은 인공지능 도구들이 각 사이트에서 추출하는 정보들 사이의 복잡한 관계를 이해할 수 있도록 잘 설명해줄 것이기 때문입니다.

◆ 실험 수행 지원

인공지능은 기존 데이터를 사용하여 실험 결과를 예측하고 별로 효과가 없다고 판단되는 실험은 폐기하는 등 여러 분야의 다양한 실험에 도움을 줍니다. 예를 들어, 롤스로이스는 신경망기술을 이용하여 밀도, 안정성, 산화저항성(내산화성), 피로수명 등에서 뛰어나면서도 비용 측면에서 매우 효율적인 새로운 초합금[19]을 개발하였습니다.

생성형 인공지능은 완전히 새로운 콘텐츠를 생성하는 알고리즘입니다. 이를테면 OpenAI가 개발한 DALL-E와 챗GPT 같은 인공지능은 이미지를 생성하거나 텍스트를 생성하는 기능을 지니고 있습니다. 건축 설계나 기계 설계에 사용되는 캐드(CAD) 프로그램으로 유명한 오토데스크(Autodesk)사는 자동 생성 개념의 설계 도구를 개발하고 있습니다. 이 도구는 우주 탐험 프로젝트에 사용될 행성탐사 착륙선 설계에서 인간이 설계한 것보다 훨씬 가벼운 착륙선을 기계 스스로 만들어냈습니다. 이러한 도구들을 보며 사람들은 "인간은 창조자에서 큐레이터로 바뀔 것"이라는 예측을 하게 됐습니다. 이것은 곧 인공지능과 고급 기술의 발전에 따라 인간의 역할에 큰 변화가 있을 것이라는 의미입니다. 인간의 역할이 큐레이터로 바뀌게 된다는 말은, 인공지능이 만든 콘텐츠와 아이디어 중에서 가치 있고 의미 있는 것들 선택하고, 그것들을 관리 또는 편집하게 되는 역할을 주로 하게 될 것이라는 말입니다.

---

19) 초합금(super alloy, 혹은 고온 합금 high-temperature alloy)은 열적 피로와 산화, 부식에 대한 내성이 뛰어난 금속 합금입니다. 이러한 합금은 항공기 엔진, 가스터빈, 핵추진선, 케미컬 프로세싱 장치, 우주 발사체 등 다양한 고온 환경에서 요구되는 고유한 요구사항들을 충족시키도록 설계됩니다.

창조자(creator)로서의 인간은 전통적으로 독창적인 아이디어와 새로운 컨셉을 개발하며, 모든 것을 처음부터 만들어 왔습니다. 그러나 인공지능이 발전하면서 창조적인 능력을 대체할 수 있는 도구가 등장하였고, 인공지능이 새로운 콘텐츠와 아이디어를 생성할 수 있는 경우가 늘어나게 되었습니다. 이러한 변화로 인해 인간은 더 이상 모든 것을 처음부터 만들어야 할 필요가 없으며, 인공지능이 생성한 결과를 바탕으로 가치와 품질을 판단하여 전달하는 중심 역할을 수행하게 됩니다. 이런 변화를 통해 인간은 다양한 인공지능 도구를 활용하여 창작 과정에서 보다 효율적이고 창의적인 방향으로 발전할 수 있을 것으로 전망됩니다. 그러므로 인공지능을 활용하는 창의력이 앞으로는 매우 중요해지게 됩니다.

인공지능의 한계

그렇다고 해서 인공지능이 인간의 창의성을 모조리 대체할 것이라는 말은 아닙니다. 즉 인공지능이 아이디어 개발에 필수적인 모든 기술을 지원할 수 있는 것은 아니라는 말입니다. 여러 연구들에 따르면, 사람들이 모여서 연구하고 토론하는 학회 같은 활동을 통해 연구자들은 동료에게 영감을 주거나 새로운 기술을 배우고, 또 간단히 휴식을 취하고 사고하며 망상하는 가운데 아이디어를 도출하는 경우가 많습니다.

인공지능은 이러한 실생활 경험이나 개인 간의 상호작용을 복제할 수 없습니다. 명확한 결과물을 지향하지 않고 탐색하기, 지식의 새로운 영역 추가하기, 즉흥적으로 대처하기 같은 것도 인공지능이 행하기에는 너무 인간적인 일입니다. 가령 이산화탄소 배출에 대한 비행 경로를 최적화하는 인공지능 도구에게 경로를 찾아달라고 하면 아마도 비행기 대신 기차를 안내하거나 화상회의를 제안하지는 못할 것입니다. 궁극적으로 인공지능은 우리가 제공하는 데이터와 설정하는 목표에 한정해 지시된 대로 작동합니다.

인공지능이 인간의 창의성에 미치는 부정적 영향

이러한 한계로 인해 사실 인공지능은 단조롭고 반복적인 작업을 주로 맡아 처리하게 될 테고, 그러면 우리에게 자유 시간을 더 많은 제공하는 결과를 가져와 우리가 인간적이고 창의적인 활동을 더 할 수 있도록 해 줄 것으로 예상됩니다. 영국의 한 연구에 따르면 2030년까지 인공지능 어시스턴트(보조자)는 영국 근로자들에게 년간 14일을 절약해 줄 것이라고 합니다. 그러나 이런 긍정적인 측면만 있는 것은 아닙니다. 인공지능을 자주 사용하게 됨에 따라 인공지능을 사용하지 않는 시간, 즉 창의적인 과정에 도움이 되는 시간이 점점 줄어들게 됩니다. 다른 사람들과 아이디어를 교환한다거나 토론하기, 휴식을 취하며 지난 시간을 회고하기 등 창의적 결과에 중요한 영향을 주는 시간들이 점점 없어진다는 것입니다.

과거에는 우리가 타인과 보내는 시간과 혼자서 보내는 시간 등 주로 2가지 상태로 시간을 보냈습니다. 그러나 이제는 인공지능이 결합된 디지털 기술들과 함께 지내는 세 번째 상태가 더 많은 시간을 차지하고 있습니다. 인공지능이 접목되면서 우리의 일상생활은 점점 더 디지털 기술에 둘러싸이고 있습니다. 스마트 스피커는 요리나 운전 중에도 우리와 대화할 수 있습니다. 지능적인 알고리즘들은 행동을 예측하는 데 점점 더 능숙해지며, 자연어로 우리와 소통하고 주의를 끌기 위한 방법도 점점 발전해 나갑니다. 이미 인공지능은 웹사이트에 접목돼 사용자의 눈동자 추적 데이터를 분석하여 사람들의 관심을 최대로 끌고, 개인의 취향에 맞는 제품이나 영화를 추천하는 등의 작업을 수행하고 있습니다. 이처럼 인공지능은 우리의 주의를 더 성공적으로 끌어서 다른 곳으로 분산시킬수록 우리는 창의적 활동에서 벗어나게 됩니다. 결과적으로, 인공지능은 인공지능이 결합된 디지털 도구들 사용하지 않는 창의적 시간을 줄이고, 우리의 시간 분배에 변화를 가져오며, 주의력 분산을 통해 창의적 활동에서 벗어나게 하며, 인간들 사이의 상호작용을 줄어들게 함으로써 우리의 창의성을 저해합니다.

인공지능을 사용하는 것은 의심의 여지없이 새로운 아이디어를 개발하는 데 도움이 됩니다. 만약 인공지능을 무시한다거나 간과한다면 개인이나 기업은 장기적으로 경쟁력을 잃을 위험에 처하게 될 것입니다. 그러므로 우리가 인공지능을 어떻게 활용할 것인가 하는 문제에서 목표로 삼아야 하는 것은 인공지능을 우리의 창의성에 도움이 되는 방향으로 사용하는 것입니다. 부정적인 측면에서 보면 인공지능은 우리의 주의를 빼앗기 위해 유혹합니다. 우리의 삶에 있어서 인공지능의 유혹에 빠지지 않는 것이 중요합니다. 부모는 자녀가 균형 있게 디지털 기계를 사용하도록 지도하고, 관리자는 인공지능이 아이디어 도출과 같은 창의적 활동에 사용되도록 하되 직원들의 주의를 분산시키지 않도록 관리할 필요가 있습니다. 우리가 주어진 삶에 안주하는 순간 우리의 시간은 인공지능의 지배를 받게 될 것입니다. 시간이 흐를수록 가장 성공적인 아이디어는 천재적 두뇌가 아닌 지능형 기계를 능숙하고 주의 깊게 다루는 사람들에게서 나오게 될 것입니다.

생성형 인공지능을 창의적으로 활용하는 방법

생성형 인공지능이 우리의 창의적 작업에 도움이 될는지 여부는 우리가 그 기계를 어떻게 사용하느냐에 달려 있습니다. 대화형 인공지능인 챗GPT의 경우 첫 화면은 우리가 텍스트를 입력할 수 있는 채팅창입니다. 이 창에 우리가 어떤 내용을 입력하는가가 가장 중요한 열쇠입니다. 생성형 인공지능을 창의적으로 활용하는 방법에는 한계가 없습니다. 가장 많이 활용하는 방법 몇 가지만 예로 들어보겠습니다.

아이디어 도출 챗GPT와 소재, 주제, 기술 등에 대해 대화를 나누거나 아이디어를 제안하세요. 챗GPT의 다양한 아이디어와 독특한 시각은 우리의 창의력을 자극할 수 있습니다.

인공지능과 브레인스토밍 브레인스토밍을 이야기하며 잠깐 언급하기도 했지만, 특정 문제를 해결하거나 아이디어를 발전시키기 위해 생성형 인공지능과 브레인스토밍을 할 수도 있습니다. 챗GPT에게서 쏟아져나오는 다양한 제안과 아이디어로 실제 인간들과 브레인스토밍을 하는 것보다 더 풍부하고 효과적인 결과를 얻을 수도 있습니다. 특히 그룹 브레인스토밍이 어려운 경우에는 혼자 브레인스토밍을 하는 것보다 챗GPT와 하는 것이 훨씬 도움이 됩니다.

스토리텔링 **영화, 소설, 광고 등 스토리텔링이 필요한 다양한 작업에서 챗GPT**

와 함께 소재, 구성, 등장인물 등을 구상할 수 있습니다. 이를 통해 독특한 스토리를 만들어 낼 수 있습니다.

콘텐츠 제작 창의적인 글쓰기, 마케팅 전략, 블로그 글 등 콘텐츠 제작에도 챗GPT의 도움을 받을 수 있습니다. 챗GPT가 제공하는 아이디어와 관점은 콘텐츠 제작에 큰 도움이 될 수 있습니다.

설계 및 제작 제품 디자인, 건축 디자인 등 창의력이 요구되는 분야의 제안서, 시안, 프로토타입 등을 만드는 과정에서 챗GPT와 협력할 수도 있습니다. 이를 통해 독특한 제안을 활용해 차별화를 이룰 수 있습니다.

의사 결정 챗GPT를 활용해 다양한 시나리오를 모델링하고 결과를 예측해봄으로써 창의적인 의사 결정에 도움을 받을 수 있습니다.

협업 학습 인공지능과 함께 새로운 주제나 기술을 배우며, 서로 질문하고 답변하면서 창의적인 학습 방법을 발견할 수 있습니다.

관계 구축 챗GPT와의 대화를 사람들과의 관계 구축을 위한 대화나 서신 작성에 활용할 수도 있습니다. 이를 통해 이웃 사랑이나 새로운 업무 제안 등 더 나은 관계를 구축하는 데 도움이 될 수 있습니다.

이 외에도 우리의 상상력과 창의력에 따라 챗GPT와의 협업 범위는 무한합니다. 그러나 인공지능이 갖는 한계도 있는 만큼, 그 한계를 파악하고 활용 시 그 한계를 넘어서는 것도 창의력을 발휘하는 한 가지 방법입니다.

챗GPT를 잘 사용하는 방법

챗GPT에게서 좋은 답변을 끌어내기 위해서는 다음과 같은 사전 정보를 준비해야합니다.

질문의 목적 질문의 목적이 명확히 전달되어야 합니다. 예를 들어, 정보를 얻기 위한 질문인지, 문제 해결을 위한 질문인지 구분되어야 합니다.

요구사항 및 목표 제품이나 서비스 디자인, 마케팅, 광고 등에 관해서는 목표와 요구사항을 알 수 없으면 좋은 답변을 얻기 어렵습니다. 챗GPT는 요구사항 및 목표에 대한 충분한 정보를 제공 받아야 합니다.

질문의 범위 질문에서 다루고자 하는 범위가 명확히 전달되어야 합니다. 범위가 명확하지 않으면, 챗GPT는 자기 마음대로 명확한 지향성이 없는 답변을 제공할 가능성이 농후합니다.

세부 정보 정보 수집이 필요한 경우, 세부 정보 제공이 필수적입니다. 세부 정보를 알면 챗GPT는 보다 정확한 답변을 제공할 수 있게 됩니다.

주제나 영역에 대한 이해 질문자가 주제나 영역에 대한 이해도가 높을수록, 챗GPT는 더 정확한 답변을 제공합니다. 따라서 질문 시 해당 주제에 대한 지식이 필요합니다.

질문자의 추가 정보 및 의견 추가 정보나 의견을 제시하면 챗GPT가 더 많은 지식을 축적하고, 계속해서 성능을 개선하는 데 도움을 될 수 있습니다.

문맥 파악 챗GPT에게는 문맥 파악이 중요합니다. 질문의 문맥과 주변 문장을 이해하고 분석해야 좀 더 정확한 답변을 제공할 수 있습니다.

내용의 정확성 확인 질문의 내용이 명확하지 않거나 너무 간단하게 전달되었을 경우 챗GPT가 주어진 작업에 대해 제대로 이해하지 못할 수 있습니다. 따라서 내용을 정확하게 정리하는 것이 중요합니다.

이러한 정보 및 요소를 고려하여 챗GPT와 대화를 나누면 더욱 정확하고 유익한 답변을 받을 수 있을 것입니다. 그러나 간혹 일부 정보가 누락된 질문의 경우, 챗GPT은 필요한 정보를 묻는 질문을 하기도 하니 참고하시면 됩니다.

챗GPT와 효과적으로 대화하기 위해서는 몇 가지 팁과 전략이 필요합니다. 먼저, 챗GPT는 사용자의 입력에 따라 대화를 이어 나가는 인공지능 챗봇입니다. 따라서 사용자는 좀 전에 살펴본 것처럼 챗GPT와 대화할 때 질문이나 요청에 대한 명확하고 구체적인 내용을 미리 준비해야 합니다. 또한, 챗GPT는 입력 정보를 바탕으로 대화를 이어 나가기 때문에, 사용자는 가능한 한 자세하게 입력해야 합니다. 둘째, 챗GPT와 대화를 할 때는 간단한 명령어 뿐만 아니라 세밀하고 정교한 대화 방식을 적용해야 합니다. 이를테면, "오늘 날씨가 어때요?"와 같은 간단한 질문보다는 "오늘 서울의 기온과 습도는 몇 도이며, 비가 올 가능성이 있나요?"와 같은 더 자세하고 구체적인 질문이 더 효과적입니다. 셋째, 이전에 대화한 내용을 참고하는 것이 좋습니다. 챗GPT는 이전 대화에서 사용자의 입력과 답변을 기억하고 있으므로 이전 대화에서 언급한 내용을 다시 가져와서 대화를 이어 나갈 수 있습니다. 마지막으로, 챗GPT와 대화하기 전에는 미리 준비된 팁과 전략을 참고하는 것이 좋습니다. 트위터(Twitter) 등의 소셜 미디어 플랫폼에서는 챗GPT와 효과적인 대화를 위한 다양한 팁과 전략이 공유되고 있으니, 이를 참고하여 챗GPT와 더욱 원활하게 대화할 수 있습니다.

좋은 답변을 얻기 위해서는 위에서 말한 팁들을 종합하여 질문 자체를 잘 구성해야 합니다. 다음과 같은 체계적인 요령을 참고하면 도움이 됩니다.

구체적으로 질문하기 질문의 목적과 관련된 핵심 정보를 제공해야 합니다. 그러면 챗GPT가 그 정보를 바탕으로 더 정확하고 효과적인 답변을 제공할 수 있습니다.

명확한 질문하기 불분명한 표현이나 용어를 최대한 없애고, 원하는 답변의 범위 및 주제를 명확하게 표현해야 합니다.

질문 범위 설정 너무 광범위한 주제를 다루는 질문보다는 좀 더 제한된 범위의 질문을 던져 챗GPT가 보다 구체적인 답변을 할 수 있도록 유도합니다.

단계별 질문 한꺼번에 모든 답을 다 얻으려고 종합적인 질문을 던지면 답변 내용에 실속이 없게 됩니다. 복잡한 질문이나 주제의 경우, 작은 주제나 구성 요소로 분리하여 단계별로 질문하는 것이 좋습니다. 이렇게 하면 각 요소에 대한 보다 정확한 답변을 얻을 수 있습니다. 그리고 나서 필요하다면 챗GPT에게 결론을 정리해 달라고 요청할 수도 있습니다.

예시로 설명 내용이 복잡하거나 설명하기 어려운 경우 예시나 관련 경험 등을 들어서 질문을 더 이해하기 쉽게 만들어 주는 것이 좋습니다.

솔루션 지향적 질문하기 문제 해결을 위한 질문을 하거나 이미 있는 솔루션에 대한 의견을 구하는 것도 좋은 방법입니다.

질문 표현 다양화 원하는 답변을 얻지 못한 경우, 질문의 표현을 약간 변경하거나 다른 관점에서 질문을 다시 던져보는 것이 좋습니다. 이렇게 하면 챗GPT가 보다 정확한 답변을 제공할 가능성이 높아집니다.

다음은 챗GPT 프롬프트를 효과적으로 활용하여 필요한 정보를 얻는 몇 가지 사례입니다.

<어려운 개념을 쉽게 이해하기>

질문하기

ChatGPT 안녕하세요? 블록체인에 대해 배우고 싶어요. 블록체인을 간단하게 설명해주세요. 11살에게 하는 것처럼 설명해주세요.

ChatGPT 답변

안녕하세요! 블록체인은 컴퓨터 기술의 한 종류인데요, 이해하기 쉽게 설명해드릴게요.

블록체인은 마치 디지털한 거대한 공개 공책이라고 생각해봅시다. 여러 사람들이 이 공책에 기록을 하고, 이 기록은 모두가 확인할 수 있습니다. 이 공책은 '블록'이라고 불리는 작은 조각들로 이루어져 있어요. 각각의 블록은 서로 연결되어 있고, 한 블록에는 여러 가지 정보가 들어가 있어요. 예를 들어, 돈을 보낸 사람의 이름, 돈을 받는 사람의 이름, 그리고 돈의 양 등이 기록되어 있어요. 그리고 블록들은 모두 함께 연결되어 있어서 한 블록에 기록된 내용을 수정하려면 이전 블록들의 내용도 함께 수정해야 해요. 그래서 한 번 기록된 정보를 바꾸는 것은 아주 어렵다고 해요. 이는 블록체인의 중요한 특징 중 하나입니다. 이렇게 블록들이 연결되고 수정이 어렵다는 특성 때문에 블록체인은 매우 안전하고 신뢰할 수 있는 시스템으로 여겨지고 있어요. 블록체인은 주로 암호화폐(예: 비트코인)의 거래를 기록하는 데 사용되지만, 다른 분야에서도 사용될 수 있어요. 예를 들면, 중앙은행 없이도 돈을 보낼 수 있거나, 디지털 계약을 체결할 수도 있어요. 그래서 블록체인은 많은 사람들 사이에서 정보를 안전하게 공유하고 거래를 할 수 있는 좋은 방법이라고 할 수 있어요.

<챗GPT를 이용해 마케팅 플랜 짜기>

질문하기

지금부터 마케팅 플랜을 짜려고 합니다. ChatGPT 당신이 광고주 역할을 맡아주면 좋겠습니다. 원하는 제품이나 서비스를 홍보하기 위한 캠페인을 만들어보세요. 대상 시장을 선택하고, 주요 메시지와 슬로건을 개발하고, 홍보를 위한 미디어 채널을 선택하며 목표 달성을 위해 필요한 추가적인 활동을 결정해보세요. 홍보할 상품은 『디지털 정글에서 살아남는 법: 4차 산업혁명과 준비된 미래』라는 책입니다.

ChatGPT 답변

제품: 『디지털 정글에서 살아남는 법: 4차 산업혁명과 준비된 미래』 책

1. 대상 시장 선택:
   - 대학생 및 대학 졸업 예정자
   - 직장인 및 전문가
   - 기업 경영자 및 창업가

2. 주요 메시지와 슬로건 개발:
   - "4차 산업혁명의 도래로 변화하는 디지털 세계에서 성공하기 위한 필수 가이드"
   - "개인의 디지털 능력을 향상시켜 혁신적인 미래에 대비하세요"
   - "안전하고 지속 가능한 디지털 세상을 만들기 위한 행동 계획 수립"

3. 홍보를 위한 미디어 채널 선택:
   - 온라인 광고: Google AdWords, Facebook Ads, Instagram Ads
   - 소셜 미디어: 페이스북, 인스타그램, 링크드인
   - 블로그 및 웹사이트: 개인 블로그, 관련 산업 웹사이트
   - 이메일 마케팅: 대상 시장의 이메일 리스트 활용

4. 목표 달성을 위한 추가적인 활동 결정:
   - 웹 세미나 및 온라인 이벤트 개최: 4차 산업혁명과 디지털 미래에 관련된 주제로 강연 및 토론 진행
   - 온라인 커뮤니티 및 포럼 참여: 관련된 토론 및 정보 공유를 위해 온라인 커뮤니

티에 참여하여 전문성을 확립
- 오프라인 이벤트 참가: 산업 박람회, 컨퍼런스 등의 이벤트에 참가하여 책을 홍보하고 네트워킹 기회 확보

이러한 마케팅 플랜을 통해 『4차 산업혁명과 준비된 미래: 디지털 정글에서 살아남는 법』이라는 책을 타겟 대상에게 알리고, 디지털 세상에서 개인의 역량을 향상시키고 안전하게 성공할 수 있는 가이드로 홍보할 수 있을 것입니다.

<취업 면접 시뮬레이션>

질문

기술벤처기업의 경리업무에 대한 취업 면접을 시뮬레이션해보고 싶습니다. 제가 경리업무에 지원하고 있고, 당신은 면접관입니다. 면접을 진행하는 것처럼 적절한 질문을 제시해 주세요. 그러면 제가 대답하겠습니다. 제가 대답을 마치면 다음 질문을 하면 됩니다.

면접관 안녕하세요, 기술벤처기업의 경리업무에 지원하신 것을 환영합니다. 자기소개를 부탁드릴게요.

지원자 안녕하세요, 제 이름은 임정혁입니다. 경리 업무에 관심이 많아서 이 회사에 지원하게 되었습니다. 저는 재무 관련 전공을 하였고, 경리 업무 경험이 있습니다. 회사의 성장을 도모하는 데 기여하고 싶고, 능동적이고 정확한 업무 처리를 통해 팀의 성과에 기여하고 싶습니다.

면접관 좋습니다. 경리 업무에 대한 이해와 경험을 확인해보기 위해 몇 가지 질문을 드리겠습니다. 가장 최근에 수행한 경리 업무에 대해 설명해 주세요.

지원자 저는 최근에 A회사의 재무팀에서 월말 결산 작업을 수행했습니다. 이 과

정에서 월간 재무 보고서를 작성하고 재무 데이터의 정확성을 검토했습니다. 또한, 회사의 지출과 수입을 기록하고 계정과목을 분석하여 재무 상태 보고서를 작성했습니다. 이를 위해 회계 시스템을 사용하여 거래 내역을 기록하고 재무 데이터를 추출하였습니다.

면접관 잘하셨습니다. 경리 업무에서 정확성과 세심한 주의가 중요한데, 어떻게 실수를 방지하고 업무 효율성을 높이기 위해 노력하셨나요?

지원자 저는 업무 처리 과정에서 철저한 이중 확인과 검산을 실시하고, 회계 원칙과 세무 규정과 같은 법규를 준수하기 위해 노력했습니다. 또한, 업무 프로세스를 개선하고 자동화를 통해 반복적인 작업을 최소화하였습니다. 예를 들어, 회계 시스템의 자동화된 기능을 활용하여 장부 기록과 재무 보고서 작성을 자동화하여 업무 효율성을 높였습니다.

면접관 감사합니다. 이번에는 회사의 성장을 고려하여 새로운 경리 시스템을 도입하려고 합니다. 이에 대한 경험이 있으신가요?

지원자 네, 저는 B 회사에서 경리 시스템 도입 프로젝트에 참여...

PART 4

미래 일자리의 변화와 대응 전략

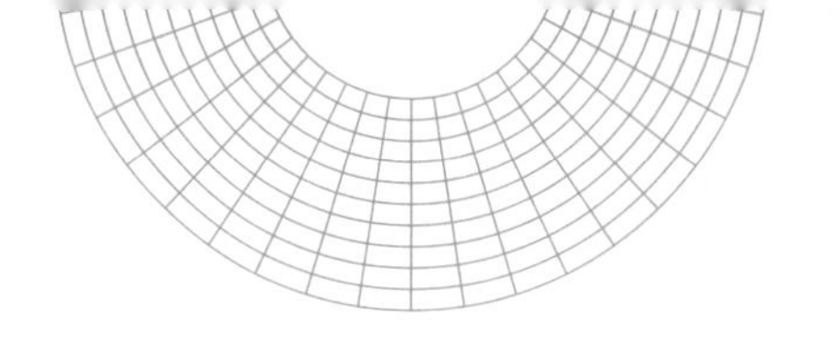

PART 4

미래 일자리의 변화와 **대응 전략**

"우리는 자녀들에게 어떻게 말해야 할까요? 뒤처지지 않고 앞서가려면 변화에 적응하고, 다른 사람들과 협력하며, 특히 자신의 아이덴티티와 가치를 유지하는 것이 필요하다고 말해야 합니다. 학생들에게는 지식을 습득하는 것뿐만 아니라 어떻게 배울 것인지도 중요하다고 말해야 합니다. 그리고 우리는 지금의 지식 수준에 안주해서는 안 됩니다. 새로운 것을 배우는 것뿐만 아니라 생각하는 방식도 배워야 합니다. 배움은 평생에 걸친 노력이 돼야 합니다."

- PwC 블레어 세퍼드(Blair Sheppard)

세계적인 회계 및 컨설팅 회사인 PwC가 미국, 중국, 독일, 인도, 영국에서 현직에 있는 사람들에게 이렇게 물어봤습니다. "기술 발전으로 미래에 일자리가 위태로운데 어떻게 생각합니까?" 이 질문에 응답자들 중 37%가 "무한한 가능성이 열릴 것이므로 기대된다."고 답했습니다. 그 다음으로 36%는 "나는 성공할 자신이 있다."고 답했습니다. 나머지 26%는 "미래가 걱정된다."거나 "먼 미래는 생각하고 싶지 않다."

라고 답했습니다.[1)]

한 인도 대학생은 "기술이 아무리 발전한다 해도 직장에서는 어차피 인간의 재능을 필요로 할 것이기 때문에 걱정이 되지 않는다."고 말했습니다.

1 4차 산업혁명과 미래 일자리 변화

미래의 변화를 이끄는 힘

미래의 일자리와 관련해서는 주로 이런 큰 질문이 제기됩니다. "기술, 자동화, 인공지능이 계속 발전하면 우리 직장과 일자리는 어떤 영향을 받게 될까요?" "기계가 일을 다 하지 않을까요?" "자동화된 세계에서 인간이 설 자리는 어디일까요?" 이와 관련한 많은 담론들이 미디어를 채우지만, 진짜 미래는 이런 질문과 답변들로 쉽사리 파악되지는 않습니다. 오히려 기술의 혁신과 발전보다는 우리 인간들이 그 기술을 어떻게 사용하느냐가 더 중요한 문제인 것입니다.

미래의 노동력은 여러가지 힘들의 역학관계에서 형성될 것입니다. 이 가운데 어떤 것은 우리 눈에 확실히 보이기도 하지만, 얼마나 빠르게 진행될지 그 속도를 예측하기란 어려운 일입니다. 정부·제도·규제뿐만 아니라 소비자·시민·근로자들과 관련된 광범위한 트렌드 등 모든

1) PwC, 「미래의 일자리(Workforce of the future: The competing forces shaping 2030)」

요소들이 우리의 일터가 자동화되는 데에 경쟁적으로 영향을 미칠 것입니다. 그리고 그 결과가 바로 미래의 일자리를 결정하게 될 것입니다.

여러 가지 복잡한 힘이 작용할 때 단선적으로 예측하는 것은 큰 의미가 없습니다. 기업, 정부, 개인은 모두 여러 가지 가능한 시나리오에 대비해야 합니다. 심지어는 불가능해 보이는 시나리오에 대해서도 준비할 필요가 있습니다.

◆ 메가트렌드

메가트렌드는 미래의 우리사회와 노동시장을 변화시킬 엄청난 힘을 나타냅니다. 여기에는 3가지 중요한 힘이 있습니다. 첫째는 경제적 이동의 힘으로, 전세계적으로 권력, 부, 경쟁, 기회를 재분배하는 경제적 변화의 힘입니다. 둘째는 파괴적 혁신의 힘으로, 모든 산업에 영향을 미치는 혁신적인 사고, 새로운 비즈니스 모델, 자원의 고갈과 부족 등으로 인해 발생합니다. 마지막으로 기회와 도전에 대한 인간의 반응 역시 하나의 거대한 힘으로 작용합니다. 여타 메가트렌드로 인해 발생하는 기회와 도전에 대한 사람들의 대처 방식 역시 노동의 미래가 어떻게 전개될지에 결정적인 영향을 줄 것이기 때문입니다.

기술의 폭발적 발전 : 기술 혁신의 급속한 진보

자동화, 로봇 및 인공지능은 빠르게 진보하며, 일자리 특성과 일자리 수를 극적으로 변화시킵니다. 기술은 우리의 삶을 진보시킬 수 있는 힘을 갖고 있어서 생산성과 생활 수준을 높이고, 평균 수명을 늘리며, 사람들이 개인적인 성취에 집중할 수 있도록 해 줍니다. 그러나 이는 또한 경제적 이익이 공정하게 분배되지 않는다면 사회적 불안과 정치적 격변의 위험을 가져올 수 있습니다.

인구 구조의 변화 : 세계 총인구 수, 인구 분포, 연령의 변화

지금 세계 인구는 몇몇 지역을 제외하고는 급속히 고령화되어 가고 있어서 기업, 사회, 정부, 경제에 큰 압력과 부담으로 작용합니다. 평균 수명이 늘어나면서 비즈니스 모델, 연금 지출, 직업 사이클 등에 영향을 미칩니다. 노인 근로자들은 새로운 기술을 배워서 더 오래 일해야 합니다. 그래서 '재교육'이 일상화될 것입니다. 고령화가 빠른 속도로 진행되는 일부 경제에서는 거꾸로 인력 부족으로 인해 자동화 및 생산성 향상의 필요성이 커지게 될 것입니다.

급속한 도시화 : 도시 인구의 폭증

유엔에 따르면 2030년까지 49억 명이 도시에 거주하게 될 것으로 예상되고, 2050년까지는 세계 도시 인구가 약 72% 증가할 것으로 예측됩니다. 이미 많은 대도시들은 중형 국가보다 더 큰 GDP를 가지고 있습니다. 이런 미증유의 세계에서 도시들이 일자리 창출을 위한 중요한 주체가 될 것입니다.

글로벌 경제 파워의 변동 : 선진국과 개발도상국 간의 권력 이동

경제 파워의 변동은 기존의 선진국에서 압도적인 인구로 인한 대규모 경제활동인구를 보유하고 있는 개발도상국으로 이동하게 될 것입니다. 이런 신흥 개발도상국들은 비즈니스 정신을 받아들이며 투자를 유치하고 교육 체계를 개선하는 등 빠르게 성장하고 있습니다. 그러나 신흥 개발도상국들이 직면하게 되는 문제도 있습니다. 바로 기술의 발전으로 인해 선진국과의 격차가 커지는 문제입니다. 지속적인 투자 없이는 이들 국가들은 심각한 실업에 허덕이고 노동력 손실을 초래하는 해외 이주가 늘어나게 될 것입니다. 선진국들에서는 대규모 자동화로 인한 중산층 붕괴, 부의 불균형, 실업률 증가로 사회 불안이 증가하게 될 것입니다.

자원 부족과 기후 변화 : 화석연료의 고갈, 극심한 기후변화, 해수면 상승, 물 부족

연구결과들에 따르면 2030년까지 에너지 수요는 50%, 물에 대한 수요는 40% 증가할 것으로 예상됩니다. 이러한 문제에 대처하기 위해 대체 에너지, 신 엔지니어링 기술, 새로운 방식의 제품 설계, 폐기물 관리 및 재활용의 효율화 등에 관련된 새로운 유형의 직업이 생겨나게 될 것입니다. 기존의 에너지 산업과 그 산업에서 일하는 수백만 명의 인력은 신속하게 재구조화될 것입니다.

◆ 디지털 기술과 인공지능의 힘

디지털 플랫폼과 인공지능이 세계의 노동력을 뒷받침하고 성장시키는 잠재력은 무한합니다. 이미 인공지능 기반 디지털 플랫폼은 기술 인재를 기업에 매칭하고, 자본을 투자자와 엮어주며, 소비자를 공급자와 연결하는 등 노동의 세계에서 핵심적인 역할을 수행하고 있습니다. 이 플랫폼은 디지털 가치 사슬과 기업 내부 업무의 자동화를 가져오지만, 위험성도 뒤따릅니다. 번창하는 새로운 시장을 만들어낼 수 있긴 하지만 동시에 전체 경제 시스템을 장악할 수 있는 위험이 있는 것입니다. 또, 플랫폼의 보급으로 인해 사이버 공격이나 대규모 조작에 노출될 수 있습니다. 디지털과 밀접하게 연결되어 있는 것은 데이터입니다. 정부, 기업, 개인이 데이터를 공유하고 활용하는 방식은 모든 세계에서 핵심적인 문제입니다.

인공지능으로 말하자면, 디지털 어시스턴트, 챗봇, 머신러닝은 모두 정보, 즉 데이터를 이해하고 학습한 후, 학습한 내용을 기반으로 행동하는 기술입니다. 인공지능은 세 가지 발전 단계로 나눠서 생각해 볼 수 있습니다. 각 발전 단계 마다 일자리에 미치는 영향과 강도가 달라지게 될 것입니다.

'보조자형 인공지능'은 현재 널리 사용되고 있으며, 사람들과 기업이 하는 일들을 변화시키고 있습니다. 가장 흔한 예로는 차량에서 많이 볼 수 있는 GPS 내비게이션이 있습니다. 이 프로그램은 운전자에게 길을 안내하고 도로에 대한 다양한 정보도 알려줍니다.

'증강형 인공지능'은 현재 등장하고 있는 기술로, 사람들과 기업이 그동안 할 수 없었던 일을 도와줍니다. 자동차 공유 같은 비즈니스는 공유 서비스를 가능하게 하는 프로그램들을 조합하지 않고는 이루어질 수 없는 비즈니스입니다.

'자율형 인공지능'은 미래에 등장할 기술로, 기계가 스스로 행동하는 것을 의미합니다. 앞으로 보편화될 자율주행차가 이에 해당합니다.

일부 낙관주의자들은 인공지능이 발전할수록 인간의 능력이 확장되는 세계를 창조할 수 있다고 보기도 합니다. 우리가 오늘날의 세계를 형성하는 대규모 데이터를 처리·분석·평가하는 데 기계들이 도움을 주면서 우리 인간들은 고수준의 사고, 창의성, 의사 결정 등 인간 고유의 일에 더 많은 시간을 할애할 수 있다는 것입니다. 이런 낙관주의자들의 생각은 틀리지 않습니다. 인공지능과 로봇이 인간의 거의 모든 허드렛일을 도맡아 처리해줌으로써 인간에게 훨씬 더 많은 자유 시간을 허락할 것이기 때문입니다. 특히 인공지능이 발전할수록 더욱 그렇게 될 것입니다.

그러나 문제는 우리 모두에게 동일한 기회가 주어질 것이냐 하는 것입니다. 준비되지 않은 상태로 미래를 맞게 된다면 남들과 똑같은 번영과 확장된 능력을 누리지 못할 수 있다는 점을 잊어서는 안될 것입니다. PwC가 중국, 독일, 인도, 영국, 미국 등 근로자 10,029명을 대상으로 진행한 연구조사에서도 응답자의 60%가 미래에는 장기적으로 안정된 직장을 갖는 사람들은 '거의 없을 것'이라고 답했습니다. 이들의 생각처럼 인공지능과 로봇이 만드는 미래에는 불안정한 일자리 환경이 우리 모두를 위협하게 될 것입니다.

미래의 일자리는 어떤 모습으로 변하게 될까요? 기술은 일자리를 없애고 불평등을 악화시킬까요? 아니면 더 나은 일자리와 더 건강한 사회를 가져올까요? 이런 질문을 하게 되는 이유는, 기술의 발전이 기존의 일자리를 대체하는 것을 우리 모두가 목격해 왔기 때문입니다. 시계탑 관리인, 영사 기사, 전화 교환원 등의 업무는 기술이 발전하면서 더는 필요치 않게 되었습니다. 이제 가장 중요한 질문은 미래의 일자리가 어떻게 될 것인가입니다.

디지털 카메라와 휴대폰은 사진을 찍는 방식과 사진 촬영 방법을 바꿔놓았습니다. 사진작가들도 살아남으려면 새로운 기술을 받아들이는 것 외에 달리 선택의 여지가 없었습니다. 한때는 잘 나가던 일자리들이 미래에는 없어질 수도 있다는 생각을 하기란 쉽지는 않습니다. 그러나 그 후로 우리는 많은 것을 경험하고 배웠습니다. 인력개발팀의 역할이 사라지거나 자동화, 아웃소싱, 자기조직화 팀(self-organizing team)[2]으로 대체되는 미래의 세계가 가능하다는 것을 알게 됐습니다. 가장 숙련된 노동자들이 자신들의 경력을 관리하기 위해 개인 에이전트를 고용하는 정도로 최고의 인재가 치열하게 경쟁하는 세계를 이제는 상상하기 어렵지 않습니다. 지금이야말로 그런 미래에 대비하기 위한 준비를 해야 할 때입니다.

미래 일자리 파괴를 초래하는 핵심 요인

인공지능이 기술 발전의 맨 앞자리를 차지하게 되면서 사람들의 관심은 미래의 일자리에 쏠리게 되고, 그래서 현재와 미래의 일자리에 대한 예측이 우후죽순처럼 쏟아져 나오고 있습니다. 우리 삶의 가장 중요한 부분인 일과 관련하여 일의 유형, 일하는 방식, 일자리 환경, 심지어는 인간과 일의 관계에 관한 근본적인 변화에 대해 이런저런 추측들이 난무합니다. 그 모든 예측은 과거 몇 차례 산업혁명을 거치면서

2) 몇 년 전부터 주목받는, 소프트웨어 기업 경영 트렌트 중 하나가 '애자일(agile)'인데, 이는 '민첩한' 조직문화를 말합니다. 급변하는 시장환경과 소비자들의 기호에 맞춰 신속하고 유연한 조직을 만든다는 개념으로 그 대표적인 형태가 바로 자기조직화 팀입니다. 애자일은 외부로부터 강제되는 질서보다는 팀원 스스로가 만들어 나가는 자기조직화(self-organizing)를 통해, 스스로의 참여를 기반으로 함께 만들어 가는 것을 중요한 가치로 여깁니다.

경험해 온 일자리 변화를 바탕으로 하고, 현재 진행 중인 기술 발전의 양상을 방향타로 하여 이루어지는 것들이므로 대부분 귀담아들을 만한 이야기입니다.

그러나 이런 예측에 접근할 때는 두 가지 중요한 요소를 반드시 고려해야 합니다. 하나는 일자리 파괴를 가져오는 핵심적인 요소들이 서로 어떤 관계가 있고, 상호 의존성은 어떠하며, 또 상호작용함으로써 어떤 이차적인 파괴적 영향을 초래할지 파악할 수 있어야 한다는 것입니다. 다른 하나는 그런 파괴적 결과가 우리의 삶에 미치는 영향을 최소화할 수 있도록 각각의 변화요인들에 대해 미리 대비하고, 나아가 그 변화를 기회로 삼는 법을 찾아낼 수 있어야 합니다. 그래야 미래의 일자리 예측이 우리에게 의미가 있게 되는 것입니다.

우리의 관심은 미래에 일자리가 어떻게 변하는지 예측하는 데 있다기보다 우리 모두를 위해 미래의 일자리를 예비하는 데 있습니다. 미래학자로 『제3의 물결』이라는 책을 통해 필명을 드높인 앨빈 토플러는 그의 또 다른 명저 『미래 쇼크』[3]에서 미래를 예견하는 일에 대해

3) 앨빈 토플러(Alvin Toffler)의 "『미래 쇼크(Future Shock)』는 요즘 시각에서 볼 때 충격적 변화를 논하기에는 좀 이른 시기라고 할 수 있는 1970년에 출간된 책입니다. 그럼에도 불구하고 '인간'과 '변화'의 관계에 대한 통찰은 심대합니다. 이 책은 급격한 변화와 진보에 대한 사람들의 반응과 그로 인해 발생하는 심리적 충격에 대해 다루고 있습니다. 토플러는 이 책에서 '미래 충격'이라는 개념을 제시합니다. 이는 인간이 변화에 적응하기 어려워하는 현상으로, 기술의 발전과 사회적 변화가 너무 빠르게 일어나면서 발생하는 문제를 지적합니다. 토플러는 현대인들이 빠르게 변하는 세상에 적응하기 위해 새로운 생활 양식, 커뮤니케이션 방식, 직업 및 사회 구조 등을 적극적으로 재구성해야 한다고 강조합니다. '미래 충격'은 예측 불가능한 미래에 직면한 현대 사회에 대한 경고와 대비책을 제시합니다. 토플러는 사람들이 변화에 대비한 준비를 하고, 자기 발견과 새로운 습득에 주의를 기울여야 한다고 이야기합니다. 그는 변화하는 세계에서 요구되는 높은 유연성과 적응력을 갖춘 사람들이 성공할 수 있다고 주장하며, 긍정적이고 창의적인 태도로 미래에 대응해야 한다고 언급합니다. 『미래의 쇼크』는 혁신과 변화에 대한 이해를 넓히고, 미래에 대한 생각과 대비를 강조하는 책입니다. 이 책은 출간된 지 50여 년이 흘렀지만 '그때의 현대 사회'에서 그랬듯이 여

이렇게 말했습니다.

"됨직한 미래학자는 미래를 '예측'하지 않습니다. 미래를 예측한다는 것이 얼마나 복잡하고 어려운 일인지 조금이라도 아는 사람이라면 절대로 미래를 아노라 자부하지 않습니다. 왜 그럴까요? 미래를 이야기하자면 어쩔 수 없이 '만약 ~라면'과 같은 조건문을 쓰거나, '하지만', '한편으로는'과 같은 대조문을 사용할 수밖에 없기 때문입니다."

토플러가 생전에 부인과 함께 설립해 운영해 온 컨설팅 단체인 '토플러협회(Toffler Associates)'는 미래의 일자리를 파괴시키고 재구성할 핵심 요소로 9가지 변혁 요인을 들고 있습니다. 이 협회의 설명에 따르면 지금까지 나온 다양한 연구를 종합해 본 결과 일의 개념에 변화를 가져올 요인들이 일관성 있게 드러난다고 합니다. 그 가운데 일부는 코로나 팬데믹으로 인해 가속화되었지만, 다른 일부는 기술의 발전과 사회적인 규범의 변화와 같은 독립적인 요소들로 인해 발생하였습니다. 이들 요인은 향후 10년간 미래의 일자리에 집중적인 영향을 미치게 될 것입니다.

◈ 변해가는 근로자의 개념

근로자의 개념은 새로운 일의 방식들이 등장하면서 변화하고 있습니다. 전통적으로는 기업에 정규직으로 고용된 '직원'이라는 용어로 이해되었던 근로자 개념은 이제 다양한 형태의 일하는 사람들을 포괄하

전히 '지금의 현대 사회'에서도 우리가 직면하고 있는 도전과 역경에 남다른 통찰력을 제공하고 있습니다.

는 의미로 확장되고 있습니다. 기존의 정규직 근로자뿐만 아니라, 파트타임 근로자, 계약 근로자, 프리랜서, 기간제 근로자 등 다양한 형태의 일자리 모델이 등장하고 있으며, 이를 통해 근로자들은 보다 유연한 근로 방식과 조건을 선택할 수 있게 되었습니다. 또한, 이러한 다양한 근로 모델들은 일자리를 제공하는 조직들에게도 유연성을 제공합니다. 조직은 자신들의 특정한 요구사항에 맞춰 근로 모델을 조합하여 사용하고, 일을 수행하는 개별 근로자들의 요구와 상황에 맞게 고용 방식을 맞춤화할 수 있습니다. 이러한 변화로 인해 근로자의 개념은 단순히 고정적인 직원에 국한되지 않고, 다양성과 유연성을 포함하는 넓은 의미로 이해되고 있습니다.

◆ 증가하고 있는 원격 근무

원격 근무는 근로와 일터 간에 맺어져 있던 과거의 연결을 깨는 것이 핵심입니다. 이 연결이 끊어지면 조직과 사회 전반에 장기적인 파급효과가 발생합니다. 일부 직원들이 사무실에 출근하지 않으므로, 사무공간의 크기와 구성을 재조정할 필요가 생깁니다. 또한, 멀리 떨어져 있으면서도 원활한 협업을 유지하기 위해서는 적절한 도구와 소통 방법을 도입해야 합니다. 근로자의 위치에 제한이 없으므로 세계 어디에서나 인재를 채용할 수 있습니다. 이는 기업이 다양한 인재들을 찾고 유능한 인력을 확보하는 데 도움이 됩니다. 하지만 원격근무의 영향을 평가하기 위해서는 더 많은 시간이 필요합니다. 일부 연구에서는 원격 근무가 근로자의 생산성을 높일 수 있다는 결과가 나왔지만, 아직은 속단하기 이릅니다. 또한, 원격 근무가 주거, 거주지 선택, 출퇴근 역학 등과 같이 일과 일터 사이에 연결된 요소들에도 영향을 미칠 수 있습니다. 어떻게 원격 근무가 이러한 요소들에 영향을 미치는지에 대해서는 아직 확실히 알려진 바가 없으며, 미래의 변화와 동향을 지켜봐야 합니다.

◈ 수준 높은 근로자 경험

근로자 경험은 근로자들이 조직에서 근무하는 동안 느끼는 전반적인 경험을 말합니다. 이는 근로자들이 일하는 환경, 조직 문화, 근무 조건, 업무 경험 등 다양한 측면을 포함합니다. 기술 발전과 데이터의 증가는 근로자 경험에도 영향을 미치고 있습니다. 원격 근무 인프라가 점차 발전하고 스마트 기기가 보편화되면서, 근로 경험의 다양한 요소들을 더욱 세분화하고 맞춤화할 수 있게 되었습니다. 과거에는 근로자들은 일반적으로 정규직이나 전체 근무 시간에 종속되어 있었습니다. 하지만 이제는 고용주와 근로자 간의 관계와 일의 형태가 다양해지고, 맞춤화될 수 있게 되었습니다. 이는 고용주들이 다양한 근로자 관계를 수용할 수 있도록 변화해야 함을 의미합니다. 근로자 관계의 맞춤화를 위해서는 보상 및 내부 운영 구조를 조정해야 합니다. 근로자들은 정규직인지 아니면 계약직이나 자유직인지 선택할 수 있게 되었고, 풀타임을 선택하거나 파트타임으로 근무할 수도 있게 되었습니다. 또한, 근로 형태도 원격 근무와 대면 근무를 유연하게 선택할 수 있습니다.

◈ 근로자의 웰빙과 정신 건강

근로자들의 웰빙과 정신 건강은 일의 생산성에 직접적인 영향을 미칩니다. 데이터와 인공지능 기술의 발전 덕분에 기업들은 근로자들의 웰빙과 정신 건강이 생산성의 결정 요인 가운데 중요한 부분을 차지한다는 것을 더 잘 이해하게 될 것입니다. 기업들은 데이터를 통해 근로자들의 업무 수행과 관련된 다양한 요인을 분석할 수 있게 됩니다. 여기에는 근로자들의 업무 습관, 생산성, 업무 강도, 스트레스 수준 등이 포함됩니다. 이러한 정보를 바탕으로 고용주들은 근로자 경험을 개선하기 위한 조치를 취할 수 있습니다. 또한, 원격 근무와 관련된 기술의 발전으로 근로자들은 더욱 유연하고 자유로운 업무 환경을 경험하게 됩니다. 이는 근로자들이 원하는 웰빙과 균형 잡힌 삶에 더욱 집중할 수 있는 기회를 제공할 것입니다. 원격 근무는 근로자들에게 유연한 작업 시간과 장소를 제공하며, 스트레스를 감소시키고 일과 개인 생활의 통합을 돕는다는 이점을 가지고 있습니다. 이러한 추세는 근로자들이 웰빙과 정신 건강을 더욱 중요시하도록 만들 수 있습니다. 근로자들은 자신의 생활과 일에 필요한 관리와 균형을 찾기 위해 이러한 기회를 적극적으로 활용할 수 있습니다.

◆ 점점 짧아지는 기술의 반감기

1장에서도 살펴봤듯이 기술의 변화가 빠른 속도로 진행되고 있어 근로자들이 보유하고 있는 기술과 지식의 반감기가 계속해서 짧아지게 될 것입니다. 기술 반감기의 단축은 기존의 기술과 업무 방식이 빠르게 구닥다리로 전락한다는 것을 의미합니다. 이에 따라 기업은 역량 개발과 재교육 프로그램을 마련하여 직원들에게 업무 수행에 필요한 새로운 기술을 습득할 수 있는 기회와 자원을 제공해야 합니다. 이는 근로자들이 학습과 개발을 통해 적응하고 변화에 더 잘 대처할 수 있게 돕는 것을 의미합니다. 이를 통해 근로자들은 새로운 기술을 습득하고 적용할 수 있으며, 변화에 능동적으로 대응할 수 있는 능력을 키울 수 있습니다. 근로자들은 학습과 개인 발전에 대한 책임감을 가지고 자기 주도적으로 학습하고 역량을 강화해야 합니다.

◆ 의미가 퇴색되어 가는 근속 기간

근로자들이 한 직장에서 머무르는 근속 기간은 시간이 흐를수록 점점 짧아지게 될 것입니다. 이는 직업 경력에 있어서 근속 기간이 더 이상 중요하거나 가치 있는 것이 아니라는 의미입니다. 변화하는 직업 환경에서 사람들은 자신의 역량과 관심사를 새롭게 조정하고, 새로운 직업을 추구하며 변화해 나갈 것입니다. 과거의 방식대로 본인의 직업 경력을 단순히 따라가는 것이 아니라, 다양한 요인에 따라 자신을 업그레이드하고 재창조할 것입니다. 자신을 재창조하는 것은 역량을 향상시키고, 새로운 기술과 지식을 습득하며, 관심을 가진 분야에 도전함으로써 이루어집니다. 사람들은 자신의 직업 경력을 더욱 유연하게 조정하며, 다양한 경험과 역할을 통해 새로운 일자리를 찾아 나아갈 수 있습니다. 이는 과거의 정형화된 직업 경력에 구속되지 않고, 자신의 성장과 발전을 위해 계속해서 변화하고 발전하는 것을 의미합니다. 과거에는 '학업 중'이나 '은퇴'라는 개념이 직업 경력의 시작과 끝을 나타내는 경계였습니다. 하지만 이제는 노동시장에서 역량의 적합성, 인생의 요구사항 및 개인의 선호도에 따라 '학업 중'이나 '은퇴'라는 개념이 유동적인 상태로 변화하고, 사람들은 이에 맞춰 직업을 선택하고 전환합니다.

◆ 인공지능의 발달

인공지능이 발달하고 진화한다고 해도 인간의 일을 대체하는 부분은 단순 반복적인 업무에 한정될 것입니다. 인공지능이 완전히 보편화되기 전까지는 오히려 근로자의 능력을 보완하는 쪽으로 발전할 것이기 때문입니다. 즉, 특정한 작업에 특화된 인공지능은 인간과 함께 협력하여 생산성을 극대화할 수 있습니다. 그러므로 우리는 인공지능과 효과적으로 협력하기 위해 인공지능이 잘하는 부분과 인공지능의 한계에 대해 이해할 수 있어야 합니다.

◆ 급속한 노동 환경의 변화

기술의 반감기가 짧아질수록 노동시장의 환경도 급격하게 변화하게 될 것입니다. 이러한 환경에서 기업은 시장 속도에 맞춰 변화할 필요성이 있습니다. 따라서, 기회를 놓치지 않기 위해 기업은 구조, 프로세스, 인력을 빠르게 적응시킬 수 있는 유연함이 필요합니다. 이를 위해 더욱 수평적인 조직 구조와 분산된 의사 결정, 모듈화된 작업 단위들이 필요합니다. 이렇게 구축된 적응 가능한 기업은 새로운 전략에 빠르고 유연하게 대응할 수 있습니다. 근로자들 역시 급속한 노동시장의 변화에 대응하기 위해서는 지속적인 학습과 개발, 유연성과 적응력 강화, 창의성과 혁신, 네트워킹과 연결, 적극적인 진로 탐색이 요구됩니다. 이러한 노력을 통해 노동 환경의 변화에 대응하고 새로운 기회를 찾아내며 성장할 수 있습니다.

◆ 안전, 보안, 회복탄력성[4)]에 대한 높아진 기대 수준

팬데믹을 지나면서 사회적 불안정과 사이버 침해 등 안전과 보안에 대한 인식이 높아지게 되었습니다. 재택 근무와 디지털 연결이 점차 보편화되면서, 근로자들은 자신의 신체적·정신적 안녕과 안전을 보장받기 위해 기업에 대한 기대 수준을 높이고 있습니다. 그들은 자연적·인위적 위협과 사이버 위협으로부터의 안전과 보안의 필요성을 절감하고 있습니다. 팬데믹을 통해 안전, 보안, 회복 탄력성에 대한 중요성을 명확히 인식했기 때문입니다. 근로자들은 직장과 가정에서의 안전과 회복탄력성을 기대하고 있습니다.

미래의 일과 관련된 이러한 변화 요인들을 대상으로 하여, 불확실성에 대비하는 계획을 세우는 것은 어렵습니다. 많은 사람들이 이를 위해 더욱 정확한 예측을 추구하려고 합니다. 하지만 역사를 통해 보면 미래가 우리의 예측과 동일하게 이루어질 확률은 상당히 낮으며, 정확한 예측에는 너무 많은 변수가 있습니다. 가장 안전한 방법은 단순히 변화의 직접적인 영향에만 촉각을 곤두세울 것이 아니라 시야를 확대하여 예측 가능한 다양한 미래에 대비하는 것이고, 이를 통해 오늘 취해야 할 행동을 가장 명확하게 인식하는 것이라고 하겠습니다.

---

4) 회복탄력성(resilience)은 어려운 상황이나 역경을 겪은 후에 빠르게 회복하고 원래 상태로 돌아갈 수 있는 능력을 말합니다. 이는 개인이나 조직이 변화와 도전에 대처하고 복구할 수 있는 능력을 의미합니다. 회복탄력성을 갖춘 개인은 어려움을 극복하고 배움과 성장을 이루는 데에 능하며, 조직은 문제를 대응하고 일상적인 운영을 되찾을 수 있습니다. 회복탄력성은 삶의 다양한 영역에서 필요한 능력이며, 적응력, 유연성, 문제 해결 능력과도 관련이 있습니다.

미래 일자리 키워드는 '파괴'와 '재정의'

미래의 일자리 변화를 한마디로 요약하면, "일자리는 파괴되지만, 사라지지 않고 재정의된다."고 할 수 있습니다. 초자동화와 로봇공학의 발달 등 기술 발전이 견인하는 4차 산업혁명의 영향으로 일자리 체계가 파괴될 것은 틀림없습니다. 그렇다고 해도 일자리가 완전히 사라지지는 않을 것입니다. 많은 일자리가 단순히 재정의될 것입니다. 하지만 사람들은 새로운 역할에 필요한 새로운 기술을 갖추지 못하고 일자리를 잃을 가능성이 높은 것은 사실입니다.

일자리 체계에 붕괴를 초래하고 새로운 미래 일자리 구성하게 될 주요 동인은 토플러협회가 말하는 핵심적인 9가지 변혁 요인들 외에도 높은 인플레이션, 경기 둔화 및 공급 부족과 같은 거시경제적 위기와 신기술 채택 및 디지털화의 증가가 있습니다. 반면에 녹색 전환, ESG 기준, 공급망의 지역화와 같은 거시적 동향은 일자리 성장의 주요 동력으로 작용할 것입니다. 선진 기술과 디지털화의 경우 노동시장의 상당한 변동을 야기하는 주된 요인이 되면서, 일자리를 앗아가기도 하고 새롭게 창출하기도 할 것입니다.

앨빈 토플러의 언급대로 미래에 일자리가 구체적으로 어떻게 변할지 예측하는 것은 불가능합니다. 4차 산업혁명이 본격화되고 있는 지금의 상황은 한마디로 일자리 전망을 혼란스럽게 만들고 미래에 대한 광범위한 불확실성을 만들어내고 있습니다. 불확실성이 이렇게 높을 때, 우리가 탐색하고자 하는 미래에 대한 전망은 미래를 정확하게 예측하는 것이 아니라, 변화의 방향성을 파악하여 우리에게 도전으로 다가올 문제들을 해결할 수 있는 사고방식을 제공하는 것입니다.

지난 몇 년간 팬데믹과 우크라이나 전쟁이 불러온 경제적 위기로 인해 세계 각지의 근로자들이 얼마나 불안정한 위치에서 일했는지 다 말하기는 어려울 정도입니다. 코로나 팬데믹으로 인해 필수적인 직종에 종사하는 사람들을 제외한 대부분의 사람들은 경제·사회적 봉쇄를 겪었습니다. 이후에는 부분적인 직장 복귀나 산업에서의 일자리 상실로 인해 완전히 회복되지 못한 경우도 많습니다. 거기에 더해, 우크라이나에서의 전쟁과 에너지 및 식품 가격 급등으로 실직률이 증가했고, 실질 임금이 하락하는 상황이 벌어졌습니다. 그 사이 산업 전반에 걸쳐 이미 팬데믹 전과 팬데믹 기간 동안 가속화되었던 기술 채택, 특히 생성형 인공지능의 등장은 화이트칼라 직업마저 파괴하고 재정의하도록 만들 소지가 다분합니다.

시간을 알리러 동네를 도는 인간알람 일자리에 대해서는 어떤 생각이 듭니까? 이 일자리는 18세기 산업혁명 이전에 존재했던 인간의 일이었습니다. 그들은 춥고 어두운 거리를 돌아다니며 긴 지팡이로 창문을 두드려 사람들을 깨웠습니다. 우리나라에서는 시간을 알기기 위해 경을 치던 일[5]과 같은 업종이라고 할 수 있습니다. 그런데 기계로 된 알람 시계가 발명되면서 이 일자리는 사라졌습니다. 그 대신 시계를

5) 경은 하룻밤을 초경, 이경, 삼경, 사경, 오경의 다섯으로 나누었습니다. 삼경은 지금으로 치면 밤 12시 전후이고, 이때에는 북을 28번 치는데 이것을 인정(人定)이라 하며, 인정이 되면 도성의 사대문을 걸어 잠그고 일반인의 통행을 금지시켰습니다. 수상한 사람이 인정 이후에 돌아다니다 순라군에게 잡히면 순포막으로 끌려가서 여러 가지 심문을 받은 후 죄가 없으면 오경(五更) 파루(罷漏)친 뒤에 풀려 났습니다. 이런 사실에서 인정 이후 순포막에 끌려갔다가 파루 친 뒤까지 순포막에서 경을 치르고 나왔다는 데서 '경을 치다'라는 말이 생기게 되었습니다. [출처: 나무위키]

만드는 새로운 직종이 생겨났습니다. 이와 마찬가지로 많은 사람들이 인공지능과 제4차 산업혁명이 어떤 일자리들을 역사의 책장에 넣고, 또 어떤 일자리들을 새로 역사에 기록하게 될지 궁금해 하고 있습니다. 전에는 주로 육체 노동을 필요로 했던 일자리들이 사라졌지만, 이제는 인간에게 고유한 일이라고 생각되던 사무직 일자리까지 사라지게 될 상황이 오고 있습니다.

액센처(Accenture)의 보고서에 따르면, 챗GPT-4와 같은 인공지능 대형 언어 모델(LLM)로 지금 존재하는 일자리 중 약 40%가 영향을 받을 수 있다고 합니다. 세계경제포럼(WEF)의 2023년 직업의 미래 보고서에 따르면, 많은 사무 직종이 인공지능 때문에 빠르게 감소할 것으로 예상됩니다. 하지만 인공지능 및 머신러닝 전문가, 데이터 분석가 및 과학자, 그리고 디지털 전환 전문가와 같은 역할은 급속히 성장할 것으로 예상됩니다.

일자리 변화와 관련하여 한 가지 더 주의 깊게 살펴봐야 할 부분은 탄소중립과 녹색전환입니다. 2장 초두에서 살펴봤듯이 세계는 지금 탄소중립을 가장 시급한 아젠다로 설정해 놓고 있습니다. 이와 함께 각국이 녹색 전환을 강력하게 추진함에 따라 일자리에 많은 변화를 초래하게 될 것입니다. 다만 이 경우에는 일자리가 사라지는 것보다 새로운 기술의 성장과 그로 인한 신흥 녹색 일자리가 창출될 것으로 기대를 모으고 있습니다.

일자리 변화 예측

지금으로부터 20년 후에도 존재할 철밥통 같은 일자리는 어떤 것이 있을까요? 많은 보고서들은 자동화의 대재앙이 가까웠다고 경고합니다. 맥킨지[6]의 연구에 따르면 60%의 직업에서 약 30%의 업무가 자동화될 수 있다고 합니다. 잉글랜드 은행의 수석 경제학자는 미국에서만 8천만 개, 영국에서 1,500만 개의 일자리가 사라질 수 있다고 말했습니다.

물론, 모든 일자리의 운명이 같지는 않습니다. 2013년 옥스퍼드대 교수들이 702개의 일반적인 직업들이 디지털화에 얼마나 영향을 받는지 연구해 「미래 고용에 관한 보고서: 컴퓨터화에 영향을 받는 일자리들」[7]이라는 보고서를 냈습니다. 이 보고서는 다른 많은 글과 연구에 인용되기도 했는데, 연구자들은 텔레마케터, 세무사, 스포츠 심판과 같은 일부 직업이 다른 직업들보다 특히 디지털화에 영향을 더 많이 받게 된다는 점을 발견했습니다. 반면, 심리학자, 의사, 치과의사와 같은 일부 직업들은 상대적으로 위협을 덜 받는 것으로 나타났습니다.

과거에 기술의 발전에 따른 일자리 종말을 점치는 과장된 보고서들이 많았습니다. 우리가 경험해 오고 있듯이 기술 발전은 일자리를 없애는 것보다 훨씬 더 많은 일자리를 창출해 왔습니다. 이러한 잘못된

---

6) 맥킨지(McKinsey & Company)는 세계적인 경영 컨설팅 회사로서, 다양한 산업 분야와 기능별 전문 지식을 바탕으로 기업, 정부기관, 비영리기관 등에 전략적 조언 및 솔루션을 제공합니다. 1926년 창립됐으며, 지금까지 글로벌 영향력을 확대해오면서 전 세계적으로 수많은 기업 및 기관들이 부딪히는 어렵고 복잡한 문제들을 해결하는 데 도움을 주고 있습니다.

7) 칼 베니딕트(Carl Benedikt Frey)·마이클 오스본 공저, 「고용의 미래(The Future of Employment: How Susceptible Are Jobs to Computerisation?)」, 2013

예측을 우리는 '러다이트 오류(Luddite Fallacy)'라고 부릅니다. 러다이트는 19세기에 자신들의 노동력과 기술을 불필요하게 만든 새로운 직물 기계를 부순 직조공들을 가리키는 말입니다.

보스톤대 로스쿨의 제임스 베센(James Bessen) 교수 연구 논문[8)]에 따르면, 1950년 미국 인구조사에서 상세히 나열된 270개의 직업 가운데 자동화로 인해 사라진 직업은 하나뿐인 것으로 밝혀졌습니다. 바로 엘리베이터 운행원입니다. 미국 정부의 통계에 따르면 다른 직업들은 수요 부족(하숙집 주인)이나 기술의 구식화(전보 조작원)와 같은 요인으로 사라져 인구조사에서 제외했지만, 엘리베이터 운행원이라는 단 하나의 직업만이 자동화로 인해 사라졌다고 말할 수 있었습니다. 이러한 지난 60년의 패턴은 앞으로도 계속될 것입니다. 오늘날의 대부분의 직업은 현재 기술로 자동화할 수 있는 측면이 있지만, 완전히 자동화되어 사라지는 직업은 몇 가지 되지 않을 것입니다. 이와 관련해 베센 교수는 자신의 논문과 같은 제목의 칼럼을 통해 이렇게 말했습니다.

"이러한 특징은 경제적으로 매우 다른 결과를 가져오게 됩니다. 어떤 직업이 완전히 자동화된다면, 고용은 틀림없이 줄게 됩니다. 하지만 그 직업이 부분적으로만 자동화된다면 고용은 실제로 증가할 수도 있습니다."

---

8) 제임스 베센, 「컴퓨터 자동화가 직업에 미치는 영향(How Computer Automation Affects Occupations: Technology, Jobs, and Skills)」, 법학과 경제학 연구 논문집, 보스톤대 로스쿨, 2016

이는 산업혁명 중에 진보한 방직 기술이 그랬던 것과 같습니다. 기계로 직물을 대량 생산함에 따라 직물 가격이 하락하자 더 많은 사람들이 직물을 구매하면서 수요가 폭증했습니다. 그러자 공장들은 수요를 따라잡기 위해 더 많은 인력을 고용했으며, 노동자들은 기계의 도움을 받게 되어 생산성은 훨씬 높아졌던 것입니다. 일자리 변화와 관련해서는 바로 이런 순환과정이 긍정적인 시나리오입니다. 그렇지만 만약 어떤 제품과 서비스의 가격이 하락하더라도 수요가 증가하지 않으면 더 많은 일자리를 창출하지 못할 수 있습니다. 그리고 항상 현대 기술이 너무나 빠르게 발전하기 때문에 과거에 경제가 새로운 기술에 적응했던 방식이 이제는 통하지 않는다는 주장도 있습니다. 어쨌든 이 경우 앞으로 일자리의 변화가 어떻게 진행될 것인지는 예전의 엘리베이터 운행원과 같은 운명에 놓일 일자리들이 얼마나 있는지에 달려 있다고 하겠습니다.

한편으로 새로운 기술은 우리의 삶을 번창하게 하고 고된 일은 줄이게 될 것이라는 낙관적인 예측이 있었습니다. 1930년에 경제학자 케인즈(Keynes)는 「우리 손주 세대의 경제적 가능성」이라는 에세이를 통해 100년 후의 세상을 이렇게 예언했었습니다.

"향후 100년 동안 기술은 생산성을 극적으로 증가시킬 것이며, 이는 노동시간의 급격한 감소로 이어지게 될 것입니다. 그 덕분에 우리 손주들은 주당 노동시간이 '15시간'으로 줄어들게 될 것이고, 경제적 문제가 해결되어 일상 시간의 대부분을 여가와 문화 활동으로 보내게 될 것입니다. 화폐를 소유물로 사랑하는 정신병은 사라지고 '선한 것'에 주목하는 세상이 올 것입니다."

그의 예언이 얼마나 맞아가고 있는지는 각자의 판단에 맡기기로 하겠습니다. 아무튼 그로부터 100년 가까운 세월이 흘렀지만, 아직도 주당 15시간만 일해도 되는 사람은 소수에 불과한 것 같습니다. 사실 우리들 중 대부분은 하루에 15시간 일한다고 해도 틀리지 않을 것 같습니다.

오늘날의 기술혁명은 산업혁명과는 전혀 다른 속성을 지닙니다. 변화의 속도는 기하급수적으로 빠른데다 영향을 미치는 범위도 훨씬 넓습니다. 스탠포드대 제리 카플란 교수는 『인간은 필요 없다』[9] 라는 저서를 통해 오늘날 자동화는 "블루칼라든 화이트칼라든 당신이 무슨 색의 옷을 입고 있는지 상관하지 않는다."고 말했습니다. 말하자면, 공장 노동자든 은행원이든 피아노 프로 연주자든 가리지 않고 초자동화가 모든 일자리를 노릴 것이라는 말입니다.

가장 위기에 처한 일자리들

이처럼 미래의 일자리 예측에는 선순환 예측과 악순환 예측이라는 두 가지 견해가 동시에 존재합니다. 다소 상반된 견해이지만, 이 두 관점을 모두 관통하는 분명한 사실은 자동화가 곧 일자리 파괴는 아니라는 점입니다. 다만 많은 일자리들이 자동화에 노출돼 있는 것은 피할 수 없는 사실입니다.

9) 제리 카플란(Jerry Kaplan), 『Humans Need Not Apply: A Guide to Wealth and Work in the Age of Artificial Intelligence』, 2015

오랜 기간 자동화와 노동의 관계를 연구해온 미국 MIT공대 데이비드 오터(David H. Autor) 교수는 다양한 실증 연구를 통해 자동화가 일자리를 빼앗는 게 아니라 오히려 늘린다는 주장을 펴오고 있습니다. 2015년에 발표한 「왜 아직도 그렇게 많은 일자리가 있는가?」라는 논문에서도 "자동화와 노동이 상호 보완 작용을 하면서 생산성을 높이고 수입을 증가시키고, 이로 인해 전체 일자리도 늘어날 것"이라고 주장했습니다. 그런 그도 자동화와 인공지능이 가져올 양극화에 대해서는 상당한 우려를 갖고 있습니다. 이와 관련해 오터 교수는 이렇게 권고합니다.

"현재 소매점 같은 단순 서비스 업종이 구인난에 시달리고 있지만, 장기적으로 이런 일자리는 살아남기 어렵습니다. 전문 지식이 필요 없는 단순 일자리를 줄이고, 법률이나 의료 분야 등 전문 지식을 요구하는 분야에서 일하는 사람을 늘리는 방향으로 가야 합니다."

여기서 도출할 수 있는 가장 현실적인 예측은 무엇일까요? 직업 자체가 완전히 사라지는 것이 아니라 재정의된다는 것입니다. 물론, 근로자의 관점에서는 일자리가 사라지는 것과 재정의되는 것 사이에는 별 차이가 없을 수 있습니다. 새로운 역할에 필요한 새로운 기술 능력을 갖추지 못한다면 어쨌든 일자리를 잃게 될 가능성이 높기 때문입니다.

영국에서 <컴퓨터와법학회>를 이끌고 있는 리처드 서스킨드(Richard Susskind) 교수는 자신의 저서 『직업의 미래: 기술이 인간 전문가들의 일을 변화시키는 방법』에서 "앞으로 많은 직업에서 우리가 보게 될 것은 다양한 일들이 뒤섞인 모습"이라고 말했습니다. 이 말은 우리가 미래의 직업을 예측하려면 다양한 직업들이 수행하는 일들을 따로따로 볼 것이 아니라 그 일들을 뒤섞어 놓은 다음 어떻게 조합될 것인지 봐야 한다는 뜻입니다. 왜 그런지는 그의 말을 들어보면 알 수 있습니다.

"지금의 변호사들은 법률을 조언하는 컴퓨터 시스템을 개발하지 않지만, 2025년이 되면 변호사들은 그렇게 하게 될 것입니다. 물론 그들은 여전히 변호사라고 불리겠지만, 하는 일은 지금과는 사뭇 달라지게 될 것입니다."

자동화로 인해 일자리들이 뒤섞여 재정의돼야 한다면, 지금의 직업들 가운데 어떤 것들이 가장 큰 위험에 처해 있을까요? 미래학자이자 『로봇의 부상: 일자리 없는 미래의 위협과 기술』의 저자 마틴 포드(Martin Ford)의 설명에 따르면 일상적이고 반복적이며 예측 가능한 작업들로 이루어진 일자리가 가장 위험하다고 합니다.

예를 들어, 앞서 언급한 옥스퍼드대의 「미래의 고용에 관한 보고서」에 따르면 반복성이 강한 텔레마케팅은 자동화될 확률이 99%입니다. 이미 우리도 느끼고 있듯이 인공지능 콜센터인 로보콜이 상당히 증가했습니다. 예측 가능한 다량의 데이터를 체계적으로 처리하는 업무인 세무사 관련 일자리들도 99%가 자동화의 대상이 될 것입니다. 실제로도 세금 업무 처리를 기계가 하기 시작했습니다. 미국, 캐나다,

호주에서 세무 업무 서비스를 하고 있는 H&R 블록은 현재 IBM의 인공지능 플랫폼인 왓슨을 사용하고 있습니다.

로봇들은 변호사와 같은 직업에서도 반복적인 작업을 대체할 것이며, 시간제 변호사와 법률 보조원은 일자리가 컴퓨터화될 확률이 94%입니다. 딜로이트(Deloitte)의 최근 보고서에 따르면, 향후 20년 동안 법률 분야에서만도 10만 개 이상의 일자리가 자동화될 가능성이 매우 높다고 합니다.

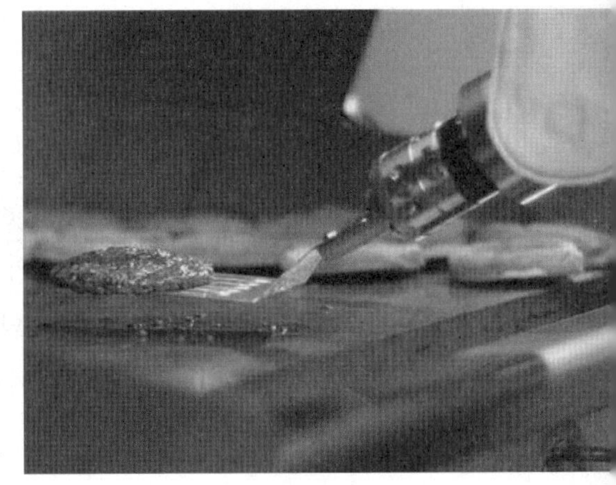

패스트 푸드 요리사들 역시 로봇에게 일자리를 빼앗길 확률이 81%나 됩니다. 이 분야의 가장 앞선 로봇인 플리피(Flippy)는 이미 미국 햄버거 전문 프랜차이즈인 칼리버거(CaliBurger) 점포들에서 햄버거 패티를 뒤집는 AI 기반 주방 보조 로봇으로 활동하고 있습니다.

상대적으로 안전한 일자리들

마틴 포드는 강한 일자리를 세 가지로 분류합니다.

첫 번째는 '창의성이 필요한 직업'입니다. 예술가, 과학자, 새로운 비즈니스 전략을 개발하는 직업 같은 것들입니다. 그렇지만 이와 관련해 포드는 이렇게 단서를 붙입니다.

"현재로서는 인간들이 창의성에 있어서 여전히 최고지만, 그렇다고 영원히 그렇게 되지는 않는다는 사실에 주의할 필요가 있습니다. 20년 후에는 컴퓨터가 이 세상에서 가장 창의적인 존재가 될 수도 있기 때문입니다. 현실적으로 이미 스스로 미술 작품을 그려내는 컴퓨터가 있습니다. 그러니 20년 후에는 어떻게 될지 누가 알 수 있을까요?"

두 번째 분야는 사람들과의 복잡한 관계 구축을 필요로 하는 직업입니다. 간호사와 같이 고객과 밀접한 관계를 구축해야 하는 직업들이 여기에 해당합니다. 세 번째 분야는 언제 일이 터질지 모르는, 예측 불가능한 분야를 담당하는 직업들입니다. 예를 들어 갑자기 수도 배관이 터져 긴급하게 불러야 하는 배관공 같은 직업입니다. 「미래 고용에 관한 보고서」가 뽑은 자동화 위험이 가장 적은 직업들 가운데 이러한 특징을 지니고 있는 것들이 많습니다. 그중에는 레크리에이션 기계를 직접 다루는 관리자, 기계 설치사, 기계 수리사, 작업치료사[10], 건강 분야 사회복지사 등이 포함됩니다.

창의성이나 사람 중심의 산업에 종사하면 앞으로 약 10년 동안은 일자리를 보전할 수 있을지 모르지만, 20년 후가 되면 어떻게 될지 아무도 보장할 수 없습니다. 이 부분에 있어 서스킨드 교수는 이렇게 말합니다.

10) 작업치료사(occupational therapist) : 신체적·정신적 장애가 있는 사람이 독립적으로 활동할 수 있도록 교육, 훈련 등의 작업 치료를 행하는 직업

"어느 누구라도 장기적인 일자리 보전에 대해서는 장담할 수 없습니다. 우리는 세상이 어떻게 변해도 인간은 필요할 것이라고 가정하지만, 이미 기계들은 우리 인간이 생각을 통해 독창적으로 하던 일을 수행하고 있습니다. 실례로, 이미 컴퓨터가 저 혼자서 음악을 작곡하거나 고도의 창의성을 바탕으로 경우의 수를 계산해야 하는 복잡한 바둑에서 프로기사들을 훨씬 능가하고 있습니다. 심지어 기계는 우리와 하나님과의 관계에서조차 우리를 도와주고 있습니다. 직업 전망 데이터에 따르면 목사라는 직업의 자동화 가능성은 0.81%입니다만, 언젠가는 신앙생활 상담과 설교 알고리즘이 목사를 대체할 수도 있을 것입니다. 이미 지은 죄를 추적하기 위한 드롭다운 메뉴를 제공하는 '고해성사(Confession)'[11]와 같은 앱이 있으니까요."

앞으로 일자리 시장에 영향을 미치게 될 현상의 주범이 인공지능과 로봇이긴 하지만, 그것만이 전부는 아니라는 점도 생각해야 합니다. 2016년의 세계경제포럼 보고서는 기후변화, 많은 신흥 시장에서의 중산층 부상, 유럽과 동아시아 일부 지역에서의 인구 고령화, 그리고 여성들의 변화하는 야망 등을 일자리에 큰 영향을 미칠 주요 요인으로 지적했습니다. 이러한 다양한 변화 요인들이 결합하여 노동시장의 붕괴와 변화를 일으키게 됩니다.

자동화는 성별 불평등 문제를 심화시킬 수도 있습니다. 여성들은 일

11) 미국 주교의 승인을 받은 카톨릭 고해성사 앱입니다. 광고에 따르면, 이 앱의 장점은 신부와 대면 고해를 할 때 느끼는 어색함을 줄여주기 때문에 좋은 고해 과정을 통해 주님의 풍부한 자비와 은총을 느끼는 경험을 제공하는 것입니다.

자리 증가가 예상되는 STEM 분야(과학, 기술, 공학, 수학) 및 정보 기술(IT) 분야로 진출하는 비율이 높지 않기 때문입니다. 반면에 의료 및 교육과 같은 케어 관련 직업에서는 여성들이 더 많이 종사하는 경향이 있는데, 이러한 직업들은 자동화 위험이 낮습니다. 장기적으로 보면 여성들이 기술 발전으로 이득을 볼 수도 있습니다. PwC의 최근 보고서에 따르면, 자동화 위험이 더 많은 직업 중 남성의 비율이 여성보다 높으며, 특히 교육 수준이 낮은 남성의 직업들이 그렇다고 합니다.

2 초자동화로 인한 산업의 변화와 일자리

인공지능과 일자리 변화에 관한 OECD의 전망

"어떤 영역에서는 이제 인공지능이 만들어 내는 일의 결과물이 인간의 것과 구별하기 힘들 정도가 됐습니다. 이러한 인공지능의 급속한 발전은 새로운 기술들과 결합하면서 모든 산업에서 생산비를 낮추고 있습니다. 이는 OECD 회원국들의 경제에서 고용시장이 뿌리째 흔들리는 격변의 문턱에 도달했음을 의미합니다."

OECD는 「고용시장 전망 2023: 인공지능과 일자리」라는 보고서를 통해 인공지능이 고용시장에 미칠 영향을 이렇게 요약했습니다. OECD는 2019년에도 같은 보고서를 발표한 적이 있는데, 이 때는 세계의 메가트렌드 지표들이 대량 기술 실업은 커녕 오히려 노동시장을 개선하고 새로운 기회를 가져다 줄 것으로 예상했었습니다. 실제로 2019년 말에는 대부분의 OECD 국가에서 광범위하게 자동화 기술을 채택했음에도 불구하고 고용률이 사상 최고치를 기록했습니다. 물론 이때에도 일자리의 질과 포용성에 관해서는 몇 가지 위험 요인이 확인됐지만, 저숙련 및 중간 숙련 근로자의 경우 올바른 정책과 제도를 마련하면 위험을 완화하고 기회를 높일 수 있을 것이라고 주장했습니다. 그로부터 4년이 흐른 지금, 일자리 전망은 이 보고서 요약처럼 180도 달라졌습니다. OECD는 인공지능을 이렇게 정의합니다.

"인공지능은 어떤 목표에 대해 예측, 추천, 의사결정과 같은 결과물을 생성해 냄으로써 인간의 환경에 영향을 미치는 능력을 가지고 있는 기계 시스템입니다. 이 시스템은 기계나 인간이 만들어 내는 데이터를 입력자료로 활용하여, (i) 실제 환경과 가상 환경을 인식하고; (ii) 이러한 인식을 머신러닝 알고리즘을 통해 자동(또는 수동)으로 분석하여 모델로 추상화하며; (iii) 모델 추론[12] 을 사용하여 결과값을 도출합니다. 인공지능 시스템은 자율적으로 작동하도록 설계되어 있으며, 자율성의 수준은 모델마다 다릅니다."

불과 4년 만에서 일자리의 미래에 대한 전망이 판이하게 달라진 것

12) 머신러닝은 입력된 데이터를 학습해 추론해내는 기술입니다. 주어진 입력값에 대해서 결과값을 도출하는 규칙 기반 학습이 아닌, 딥러닝을 기반으로 합니다. 머신러닝의 추론 과정은 인간이 알 수 없기 때문에 '블랙박스'로 불리기도 합니다.

은 전적으로 인공지능이 창출해내는 일의 결과물이 인간의 것과 비슷해졌기 때문입니다. 사람과 인공지능이 만들어 내는 일의 결과물을 잠시 비교해 보겠습니다.

Ⅰ. AI는 최근 수십 년 동안 컴퓨터와 인터넷이 가져온 혁신과 마찬가지로 우리 사회와 일의 방식을 변화시킬 수 있는 큰 잠재력을 지니고 있습니다. 인공지능은 빅데이터를 분석하고, 주변 세계를 인식하며, 텍스트를 생성하는 능력을 갖추고 있어서, 많은 작업자들에게 유용한 도구가 되기도 하지만, 어떤 경우에는 인간 작업자를 대체할 수도 있을 것입니다. 경제학자들은 일반적으로 AI가 노동의 종말로 이어질 것이라고 믿지는 않지만, AI가 임금과 고용에 미치는 영향, 불평등을 심화시킬 가능성, AI가 윤리적인 기준에 맞게 개발되어 산업에 배치되고 있는지 등에 관해 우려를 제기합니다.

Ⅱ. AI가 근로자에게 미치는 영향은 긍정적일 수도 있고 부정적일 수도 있습니다. 긍정적인 측면에서 AI는 반복적인 작업을 자동화하여 효율성과 생산성을 높이고, 작업자가 보다 창의적이고 높은 수준의 작업에 집중할 수 있도록 합니다. 이것은 새로운 기술을 활용하는 데 필요한 기술을 갖춘 근로자에게 새로운 일자리 기회와 더 높은 임금으로 이어질 수 있습니다. 부정적인 측면에서 AI는 기계와 알고리즘이 이전에 인간이 수행했던 작업을 대체함에 따라 일자리 대체로 이어질 수도 있습니다. 이로 인해 특정 유형의 근로자에 대한 임금 및 고용 기회가 감소할 수 있습니다.

이 두 글은 인공지능이 일자리에 미치는 영향이라는 주제에 대해 인간과 인공지능이 각각 쓴 글입니다. II가 챗GPT가 작성한 글인데, 두 글의 내용을 비교해 보면, 인간이 쓴 글에는 윤리, 불평등과 같은 인격적 표현이 들어있다는 것 외에는 차이점을 발견하기 어렵습니다. 심지어 인공지능은 법학 시험과 경영대학원 시험을 통과하기도 했습니다. CNN은 2023년 1월, 인공지능 챗봇이 미네소타 대학교의 로스쿨 시험에서 4가지 학과목을 통과했고, 펜실베니아 와튼 경영대학원의 시험에서도 높은 점수를 받았다고 보도했습니다. 인공지능이 법학 과목에서 받은 학점은 C+이었고, 경영 과목에는 B ~ B- 등급을 받았습니다. 이제는 과학 논문 작성, 의사들의 진단, 법원 판사들의 판결에 핵심 조수의 역할을 하고 있습니다.

이처럼 생성형 인공지능의 최근 발전은 상상을 초월하지만, 이미지 분류와 라벨링, 추론, 문제 해결, 게임, 독해 및 학습 등 다른 분야에서의 발전도 놀라운 수준입니다. OECD에 따르면 인공지능은 성인 역량 국제 평가 프로그램(PIAAC)에서 제시되는 문해력 영역 중 80%를 풀 수 있고, 수리 영역의 66%를 풀 수 있다고 합니다. 2016년에 열렸던 이세돌 대 알파고 바둑 대결에서 인공지능이 승리해서 큰 파란을 일으켰지만, 바둑은 알고리즘 측면에서 보면 명확한 규칙을 따르는 것이어서 비교적 간단한 게임이라고 할 수 있습니다. 그러나 이제는 설득, 협력, 협상과 같은 고도의 지능과 기법이 필요한 전략보드게임인 디플로

머시(Diplomacy)[13]에서도 인간을 이길 수 있습니다.[14]

그러나 인공지능의 능력에는 여전히 한계가 있습니다. 복잡한 문제의 해결, 높은 수준의 관리, 사회적 상호작용과 같은 '소프트 스킬'에서는 인간을 쫓아오지 못하고 있습니다. 앞으로 차차 나아지긴 하겠지만 현재까지는 자율주행차 충돌 사고, 생성형 인공지능의 편견과 환각, 저작권 침해 등 많은 문제를 노정 시키고 있습니다. 이런 문제는 인간의 감독이 없이 인공지능을 사용할 때 발생할 수 있는 위험입니다.

그렇지만 이런 위험이 있다고 해서 인공지능의 채택이 중단되는 것은 아닙니다. 하루가 다르게 거의 모든 산업 부문에서 인공지능을 받아들이고 있습니다. 고객이 업로드한 사진에서 자동차 부품을 식별하는 이미지 인식 기술, 컴퓨터 비전 시스템을 사용하여 도구를 찾아 적시에 공장의 필요한 곳으로 가져오는 생산 추적 및 모니터링 시스템, 과거 서비스 문제 및 해결 방법에 대한 데이터베이스를 검색하여 기계 고장의 근본 원인을 해결하는 유지보수 관리 지원 자연어 처리 도구 등 다양한 산업 분야에서 각자의 방식으로 인공지능을 채택하고 있습니다. 인공지능 채택률은 아직 상대적으로 낮지만, 한마디로 인공지능의 급속한 발전, 도입 비용 하락, 인공지능 운용 기술을

---

13) 디플로머시(Diplomacy)는 1954년에 처음 출시된 전략 보드 게임으로, 7명의 플레이어가 19세기 유럽의 7개 대국을 조종하고, 세력을 확장하기 위해 협상, 교섭, 그리고 배신 등을 사용하는 게임입니다. 플레이어들은 영국, 프랑스, 이탈리아, 독일, 오스트리아-헝가리, 러시아, 그리고 터키 중 하나를 선택하여, 가장 많은 수의 중요 도시를 점령하여 게임을 이기게 됩니다. 디플로머시는 주사위나 카드 없이 순전히 플레이어들 간의 협상에 의존하는 게임으로, 전략적인 생각, 통찰력, 그리고 다른 플레이어들과의 인간관계를 관리하는 능력이 중요합니다.

14) 2022년 메타(Meta)가 만든 인공지능이 디플로머시 토너먼트에서 최고 수준의 인간 게이머들을 이겼습니다.

갖춘 근로자의 가용성 증가는 한마디로 OECD 경제가 AI 혁명 직전에 있음을 나타냅니다.

고용주가 인공지능을 채택하는 주요 동기는 생산성을 높이는 것입니다. 자동화 기술인 인공지능은 비용 절감 및 생산성 향상을 약속하여 기업이 경쟁 우위를 확보하도록 돕습니다. 인공지능은 또한 기업이 제품 또는 서비스 품질을 개선하는 데 도움을 줍니다. 동시에 근로자는 일자리의 질, 근로자 복지 및 직업 만족도의 향상을 통해 혜택을 볼 수 있습니다. 실제로 인공지능은 위험하거나 지루한 작업을 대체하고, 대신 인간이 더 복잡하고 흥미로운 일을 하도록 해 줍니다. 직원 참여를 높이고 직원에게 더 큰 자율성을 부여하며 정신 건강을 개선할 수도 있습니다. 일부 근로자는 임금 인상의 혜택을 받을 수도 있습니다.

반면 고용 감축을 포함하여 상당한 위험도 있습니다. 기업이 인공지능에 투자하는 주요 동기 중 하나가 인건비를 줄이는 것입니다. 따라서 OECD 조사에 따르면 조사 대상인 7개의 OECD 국가에서 금융 및 제조 분야 근로자의 약 20%가 향후 10년 내에 실직에 대해 매우 또는 극도로 걱정한다고 응답한 것은 새삼스러운 일도 아닙니다. 인공지능과 이전 기술의 가장 큰 차이점은 인공지능이 루틴하지 않은(nonroutine) 작업도 자동화할 수 있다는 것입니다. 인공지능은 정보 정렬[15], 기억[16], 지각 속도[17] 및 연역적 추론[18]과 같은 영역에서 가장 많은 발전을 이루었습니다. 이 모든 영역은 루틴하지 않은 인지 작업과 관련이 있습니다. 그 결과 관리자, 과학 및 공학 전문가, 법률가, 사회 및 문화 전문가 같은 고숙련 직업이 최근 인공지능 발전에 가장 많이 노출되었습니다. 이런 현상은 인공지능에 의한 자동화가 이전의 자동화에 비해 훨씬 광범위하게 진행될 것임을 짐작하게 해 줍니다. 아직까지는 인공지능으로 인한 부정적인 고용 효과에 대한 증거가 크게 드러나지는 않고 있지만, 이는 인공지능 기술 채택률이 낮은 데서 오는 일종의 유예기간 정도로 봐야 할 것입니다. 인공지능의 부정적인 고용 효과가 구체화되는 데 시간이 걸릴 수 있습니다. 더욱이 자동화의 위험은 광범위한 분야에 영향을 주는 포괄성에 대한 위험과 함께 사회 인구학적 그룹에 균등하게 분산되지 않을 전망입니다. 그러므로 AI에 가장 많이 노출되는 직업군의 종사자들은 리스킬링(re-skilling)이나 업스킬링(up-skilling)을 통해 업무 역량을 향상시킬 필요가 있습니다.

생성형 인공지능에 노출되는 일자리들

생성형 인공지능이 활용되는 주요 산업 분야는 고객 운영, 마케팅 및 영업, 소프트웨어 엔지니어링, R&D의 등 네 가지 영역에 걸쳐 있습니다. 고객과의 상호작용을 지원하고, 마케팅 및 영업을 위한 창의적인

15) '정보 정렬'은 여러 정보를 논리적이거나 의미 있는 순서로 배열하는 것을 의미합니다.
16) '기억'은 정보를 장기 기억에 보관하고 필요할 때 끄집어내는 능력을 가리킵니다.
17) '지각 속도'는 빠르게 정보를 인지하고 이해하는 능력을 의미합니다.
18) '연역적 추론'은 주어진 정보를 기반으로 논리적인 결론을 도출하는 과정을 의미합니다.

콘텐츠를 생성하며, 자연어 프롬프트를 기반으로 컴퓨터 코드 초안을 작성하는 등의 기능을 통해 산업의 생산성 향상에 기여합니다. 은행, 첨단 기술 및 생명과학, 소비재 제조 등은 생성형 AI의 영향을 가장 크게 받는 분야들입니다.

생성형 인공지능은 각각의 일자리를 조각조각 해부해 조각별로 자동화 가능성 여부를 판단하고, 가능한 부분에 대해 자동화하는 미증유의 능력을 지니고 있습니다. 이 능력으로 각 일자리들을 부분적으로 자동화함으로써 근로자들의 업무역량을 증강시킵니다. 맥킨지는 2023년 발표한 「생성형 인공지능의 잠재적 경제성」이라는 보고서를 통해 이러한 생성형 인공지능이 오늘날의 근로자들이 행하는 업무 중 60%~70%를 자동화할 수 있을 것으로 내다봤습니다. 이러한 수치는 맥킨지가 과거에 보고한 50%에서 훨씬 높아진 수준입니다. 세부적으로 보면 현재의 업무 중 자연어 이해 능력이 차지하는 비중이 25%인데, 이 업무들이 집중적으로 자동화의 영향을 받아 인공지능의 몫으로 넘어가면서 일자리 내 자동화를 가속화시킬 것으로 전망됐습니다. 이 업무를 수행하는 근로자들은 일반적으로 임금과 교육 수준이 다른 일자리들에 비해 상대적으로 높은 지식 직업군에 속합니다. 따라서 생성형 인공지능의 파괴적 영향은 단순 반복 작업을 대체함으로써 주로 저임금 일자리를 대체한 과거의 자동화와는 달리 상대적으로 높은 수준의 임금 계층을 파괴하고 재구성하게 될 것으로 보입니다.

생성형 인공지능의 급속한 발전은 예상되는 일자리 전환의 속도도 가속화하게 될 것입니다. 맥킨지가 기술 발전, 잠재적 경제성, 기술의 확산 일정에 대해 연구한 결과에 비추어본다면, 현재의 일자리 가운데 절반은 2030년에서 2060년 사이에 자동화될 것으로 예측됩니다. 그 중간값인 2045년은 기존의 맥킨지 예측 모델에 비해 거의 10년이나 앞당겨진 속도입니다.

산업의 발전에서 기계와 자동화의 역사가 말해 주듯이 자동화는 인간의 일자리를 파괴하지만 노동 생산성을 높임으로써 전체적으로 경제성을 크게 향상시킵니다. 생성형 인공지능을 통한 업무 자동화로 노동생산성이 매년 0.1~0.6% 성장할 것으로 예상됩니다. 여기에 다른 모든 기술과 결합되거나 융합될 경우 노동생산성 향상 효과가 크게 증가해, 연간 0.2%에서 최대 3.3%의 추가 상승효과가 나타날 것입니다. 이 상황에서 근로자들은 어떻게 될까요? 일자리가 대체됨으로써 밀려날 위기에 처한 근로자들은 새로운 기술을 습득해 업무 역량을 높여 자리를 지키거나, 다른 일자리를 찾아 떠나게 될 것입니다.

맥킨지의 이러한 예측은 앞선 다른 기관과 비슷한 수준입니다. 미국 투자은행 골드만삭스는 이보다 조금 앞서 생성형 인공지능이 전 세계에서 3억 개의 정규직 일자리에 영향을 줄 수 있으며, 화이트칼라 일자리가 가장 큰 영향을 받을 것으로 예상했습니다. 카피라이터나 문서 번역·작성, 법률 보조 등의 업무가 생성형 인공지능으로 대체될 위험이 크다는 것입니다.

한편 OpenAI의 연구진은 다양한 직업이 인공지능에 노출될 수 있는 잠재적 위험을 분석해 봤는데, 그 영향이 매우 광범위 한 것으로 나타났습니다. 챗GPT를 개발한 OpenAI는 최신 머신러닝 언어 모델인

GPT-4와 인간의 전문 지식을 활용하여 미국의 노동시장이 생성형 인공지능의 영향을 얼마나 받게 될 것인지 조사했습니다. 비록 연구진은 이 논문이 정확한 예측은 아니라고 강조했지만, 약 80%의 미국 근로자가 적어도 10%의 업무에 생성형 인공지능의 영향을 받을 수 있다고 밝히고 있습니다. 또 약 19%의 근로자는 적어도 업무의 50%가 영향을 받을 수 있다고 예상했습니다. 이 논문은 OpenAI, 오픈리서치(OpenResearch), 펜실베니아 대학교의 연구진들이 공동 저술한 것입니다. 연구진은 '노출'을 정의할 때, 생성형 인공지능을 활용할 경우, 인간이 특정 업무 과제를 수행하는 시간을 최소 50% 이상 줄일 수 있는지 여부를 기준으로 하였습니다.

그러면 어떤 일자리들이 가장 크게 노출될까요? 이 연구에 참여한 인간 전문가들과 인공지능은 여러 일자리들이 생성형 인공지능에 노출되는 정도를 계산했습니다. 그 결과 86가지 직업이 '완전 노출'로 분류됐습니다. 물론 완전 노출이 인공지능에 의해 완전히 자동화될 수 있다는 것을 의미하지는 않습니다. 그러나 이는 생성형 인공지능을 활용함으로써 근로자들이 업무를 완료하는 데 상당한 시간을 절약할 수 있다는 것을 의미합니다.

인간 연구자들은 15개의 직업을 완전 노출로 분류한 반면, 인공지능은 86개의 직업을 완전 노출로 분류했습니다. 인간들이 완전 노출로 판단한 직업은 다음과 같습니다.

수학자 l 세무 전문가 l 금융 계량 분석가 l 작가와 저자 l
웹 및 디지털 인터페이스 디자이너 l 조사 연구원 l 통역사와 번역가 l
홍보 전문가 l 동물 과학자

한편, 언어 모델은 다음 직업들을 완전 노출로 분류했습니다.

수학자 l 회계사 및 감사원 l 뉴스 분석가, 기자, 저널리스트 l
법률 보조원 및 행정 보조원 l 임상 데이터 관리자 l
기후 변화 정책 분석가 l 서신 사무원 l 블록체인 엔지니어 l
법정 기록사 및 속기사 l 문서 교정편집 전문가

논문에 따르면 대부분의 직업이 생성형 인공지능에 어느 정도 노출되는 것으로 관찰됐으며, 고임금 직업일수록 높은 노출도를 가진 업무가 일반적으로 더 많다는 결론입니다. 그러나 유의할 점은 노동 강화 또는 노동 대체 효과를 구분하지 않고 업무 과제가 인공지능에 얼마나 '노출'되는지를 조사한 것이므로, 노출이 크다고 해서 그 직업이 반드시 자동화된다거나 인공지능으로 대체된다는 것을 의미하지는 않는다는 것입니다. 물론 인간 근로자를 대체하는 경우도 있겠지만, 인간의 업무를 돕는 협업을 통해 생산성을 향상시키는 경우도 많다는 것입니다.

생성형 AI가 새롭게 창출한 핫한 직업 'AI 프롬프트 엔지니어'

인공지능 프롬프트 엔지니어(AI prompt engineer)는 챗봇이 보편화되면서 새롭게 생겨난 고소득 일자리입니다. 비록 인공지능의 붐

이 수백만 명의 근로자들을 일자리에서 쫓아낼 수도 있는 새로운 산업혁명을 일으키고 있지만, 한편으로는 아무런 기술적 배경을 가지고 있지 않는 사람도 연간 4억원 이상을 벌 수 있는 직업을 만들어냈습니다. 바로 인공지능 프롬프트 엔지니어라는 직업인데, 챗GPT-4와 같은 챗봇의 등장으로 인해 기술 시장에서 뜨거운 관심을 받는 새로운 직업입니다.

이 직업은 인공지능 알고리즘과 효과적으로 소통하면서 인공지능에게, 어떻게 응답하고 가이드라인을 어떻게 따라야 하는지를 가르쳐 인공지능의 활용 능력을 높이는 직업입니다. 이 직업은 업계에서 상종가를 치고 있습니다. 샌프란시스코에 있는 AI 스타트업인 안스로픽(Anthropic)은 '프롬프트 엔지니어 및 라이브러리언(Prompt Engineer & Librarian)' 직군에 연봉 범위가 2억3천만 원에서 4억3천만 원인 채용공고를 냈습니다. 프롬프트 엔지니어링은 우리가 서로 의사소통하기 위해 단어를 사용하는 것과 같이 로봇에게 말을 가르치는 일이라고 보면 됩니다. 로봇에게 우리가 원하는 바를 이해시키기 위해 적절한 단어를 제공해야 합니다. 이를 위해서 사용하는 단어를 신중하게 생각하고 골라야 합니다.

프롬프트 엔지니어링은 여러 기술적 스킬을 조합하여 AI 알고리즘과 예술적인 방식으로 소통하는 것입니다. 프로그래밍과 같은 코딩 언어는 필요하지 않으며, 언어와 문법 능력, 데이터 분석 및 비판적 사고력만 있으면 됩니다. 이러한 일자리를 빗대 테슬라의 전 AI 책임자였던 안드레이 카르파시(Andrej Karpathy)는 "가장 핫한 새로운 프로그래밍 언어는 영어"라고 말했습니다. 성공적인 프롬프트 엔지니어링은 문맥과 사용자의 의도에 달려있습니다. 프롬프트에서 사용하는 언어는 직접적이고 관련성이 있으며 모호하지 않아야 합니다. 우리가 깊이 고려하지 않고 말할 때는 그 말에 해석의 여지가 있는 경우가 많습니다. 그러나 프롬프트 엔지니어링은 그렇게 하면 안 됩니다. 가능한 한 대화가 간단하고 명료해야 하며, 해석해야 할 여지를 남겨서는 안 되는 것입니다. 그러므로 정확한 의도를 담아 단어를 사용해야 합니다.

이처럼 프롬프트 엔지니어링은 다른 어떤 일보다 예술적입니다. 올바른 방향이 무엇인지 안내해 주는 지침은 있지만, 세부적인 공식 같은 것은 없습니다. 프롬프트 엔지니어가 되는 데 별다른 기술이 필요하지 않다고는 하지만, 이 일자리 수요가 증가함에 따라 일자리를 얻으려면 언어 능력, 기술 활용 능력 같은 스킬을 향상시켜야 할 수도 있습니다. 비교적 새로운 직업임에도 프롬프트 엔지니어링은 인기를 얻고 있으며, 앞으로 많은 회사에서 프롬프트 엔지니어를 고용하게 될 것입니다.

많은 사람들은 인공지능이 자신의 직업을 앗아갈 수도 있다고 두려워하지만, AI 프롬프트 엔지니어링은 인공지능이 결국 새로운 직업을 창출할 것임을 보여주는 대표적인 사례입니다. 인공지능은 사람들이 일하는 방식을 재구성하고 생산성을 높이게 될 것이 분명합니다. 영국에 있는 오토젠 AI(AutogenAI)의 프롬프트 엔지니어인 마이리 브루스(Mairi Bruce)는 대학에서 정치학을 전공했기 때문에 별다른 기술적 배경을 가지고 있지 않습니다. 프롬프트 엔지니어가 되고 싶다면 그 직업에 관심을 갖는 것 외에는 달리 요구되는 것이 없다고 말하는 브루스는 이 직업의 의미를 이렇게 해석합니다.

"프롬프트 엔지니어링은 말하자면 새로운 기술이 사람들의 일자리를 빼앗는 것은 아니라는 것을 말해 주는 것 같습니다. 인공지능은 이전에는 상상도 할 수 없던 새로운 일자리들을 만들어 내게 될 것입니다."

인공지능으로 인해 사라질 대표적인 직업들

생성형 인공지능이 수백만 개의 일자리를 대체할 것이라는 이야기는 많습니다. 실제로 기업들이 이미 인공지능 기술을 사용하여 인간을 지원하고, 때에 따라서는 인간 근로자들을 대체하기 시작했다는 점에 유의해야 합니다. 예를 들어 다국적 주택 수리 서비스 회사인 홈서브(HomeServe)는 최근 콜센터에 '찰리(Charlie)'라는 업무 보조용 인공지능 봇을 도입했습니다. 찰리는 하루에 11,400통의 전화를 받을 수 있는데, 이는 어떤 인간도 해낼 수 없는 일입니다. 찰리는 또한 인간 직원들의 일상 업무를 지원하며, 수리 예약을 스케줄링하고 요청 처리 등 다양한 업무를 수행합니다. 콜센터는 인공지능의 성능을 보여주는 하나의 예에 불과합니다. 2023년 골드만삭스(Goldman Sachs)가 내놓은 보고서는 매우 충격적입니다. 이 보고서는 초자동화가 전 세계적으로 약 3억 개의 정규직 일자리에 영향을 미칠 수 있다고 밝혔습니다. 온라인 통계 포털인 스태티스타(Statista)는 2022년 세계 고용인구를 약 33억 명으로 추정했는데, 이 수치와 비교하면 근 10%의 일자리가 영향을 받게 된다는 결론입니다. 아마존닷컴, 알파벳, 마이크로소프트, 구글과 같은 기업들이 인공지능 응용 프로그램을 적극적으로 출시하기 시작하면서부터 인공지능이 인간의 일자리를 대체할 위협이 급격하게 증가하고 있는 것입니다.

인공지능이 일자리를 빼앗을 것이라는 불안감이 전혀 근거가 없는 것은 아니지만, 역사를 제대로 살펴보지 않고 주장하는 것들이어서 지나치게 과장되고 있다는 견해도 있습니다. 앞에서 소개한 데이비드 오터 교수의 「왜 아직도 많은 직업이 존재하는가?」라는 논문은 인류 역사상 일자리가 어떻게 생겨나고 변화돼 왔는지에 대한 흥미로운 통찰력을 제공해 줍니다. 인간은 역사를 통해 새로운 환경에 대한 적응력과 진화 능력을 계속해서 발전시키는 것을 보여줬습니다. 예컨대 1900년에는 미국 근로자 41%가 농업 부문에서 일하고 있었지만, 2000년에는 이 비율이 2%로 감소했습니다. 이러한 대규모 변화는 농업 부문에서 진행된 자동화로 인해 이루어졌습니다. 그러면 이 수백만 명의 노동자들은 어떻게 되었을까요? 그들은 굶어 죽지 않았습니다. 오히려 연이어 진행된 기술 혁명들의 영향으로 새로운 종류의 일자리가 생겨나면서 진화하고 번영했습니다.

오터 교수의 논문에서는 자동화가 새로운 일자리를 창출하고, 실제로 인간의 노동 생산성을 높이며, 모든 사람들에게 이익을 제공한다는 것을 보여주고 있습니다. 논문에 따르면, ATM 기계는 1970년대에 처음 출시되었으며, 그 수는 1995년부터 2010년까지 미국에서만 약 10만 대에서 40만 대로 4배 증가했습니다. 그러면 인간 은행원들은 어떻게 되었을까요? 1980년부터 2010년까지 30년 동안 50만 명에서 55만 명으로 오히려 증가했습니다. 물론 인구 증가도 이러한 결과에 한몫하기는 했지만, 여기서 더 중요한 것은 현금 처리 자동화 이후 은행들은 고객 관리와 같은 더 중요한 은행 업무를 위해 은행원들을 채용하기 시작했다는 점입니다. 오터 교수는 이러한 일자리 증가 효과에 대해 이렇게 설명합니다.

"자동화로 인해 사라진 일자리는 역사적으로 새로운 일자리로 대체되었으며, 장기적인 고용 증가는 대부분 기술 혁신으로 인한 새로운 직업의 등장 덕분에 이루어졌습니다. 정보 기술 혁신의 경우에는 웹 디자이너, 소프트웨어 개발자 및 디지털 마케팅 전문가와 같은 새로운 직업을 만들어 냈습니다. 또한, 이러한 일자리 창출의 후속 효과로 인해, 총소득의 증가가 간접적으로 의료, 교육 및 식음료 서비스와 같은 서비스 부문의 노동자들에 대한 수요 증가를 가져왔습니다."

미국 볼주립대 크레이그 웹스터(Craig Webster) 교수가 자동화 경제 분야의 학술지인 《로보노믹스(Robonomics)》에 게재한 「인구통계학적 변화가 로보노믹스 분야에 미치는 영향(Demography as a Driver of Robonomics)」이라는 논문은 이러한 역사적인 현상에 대해 소름이 돋을 만큼 정확하게 지적하고 있습니다.

"인구통계학적 변화는 정부, 산업, 시민들이 더 로봇화된 경제로 전환하도록 만드는 동인입니다. 인력 부족은 기술로 대체해야 함을 의미하며, 연구 결과 미국에서는 이미 중년 근로자들이 로봇에 의해 대체되고 있습니다. 이러한 전환에는 승자와 패자가 있겠지만, 한 국가 내에서는 '외부성'[19]이 발생하고, 국제관계가 변화를 겪게 됩니다.[20] 로봇 경제 사회로의 전환은 우리 사회를 뒤흔들 것이 틀림없습니다. 그러므로 우리가 진입하고 있는 새로운 세계에 적응하기 위해 우리 인간은 용감해져야 하고, 로봇들은 용감해지도록 프로그래밍 되어야 할 것입니다."

야후 파이낸스(Yahoo Finance)는 이미 나와 있는 다양한 연구자료들을 분석하여 인공지능으로 인해 미래에 사라지게 될 직업들 가운데 대표적인 것 16가지를 뽑았습니다.

① **텔레마케팅직** : 챗봇이 고객과 대화를 나누고, 질문에 답하며, 문제를 해결할 수 있게 되어 텔레마케팅이 인공지능으로 인해 사라지는 직업 목록의 제일 꼭대기에 있습니다.

② **보험 청구 및 보험 가입 처리 사무직** : 5~10년 후에는 인공지능이 보험 청구의 배경 검사와 유효성을 확인할 수 있게 될 것은 자명해 보입니다.

19) 어떤 경제활동이 당사자가 아닌 제3자에게 끼치는 영향을 말합니다. 경제활동 중에는 경제 주체가 시장의 가격 메커니즘을 통하지 않고 대가의 교환 없이 무상으로 다른 경제 주체에 이득(예: 사회간접자본인 도로 건설 등)이나 손해(예: 수질오염 등의 공해 발생 등)를 가져다 주는 것들이 있습니다. 이러한 것은 시장의 가격기구 밖에서 이루어지는 영향이라 하여 외부효과(externalities) 또는 외부성(外部性)이라 부릅니다. 여기서는 자동화 및 로봇 기술의 발전으로 인해 일부 직종이 사라지거나 대체될 수 있으므로, 이러한 직종에서 일하던 사람들은 일자리를 잃을 수 있다는 것을 의미합니다. 이러한 결과로 인해 국내에서는 일자리 부족, 소득 격차 증가 등의 외부성이 발생할 수 있습니다.

20) 자동화 및 로봇 기술의 발전으로 인해 국내 생산성이 증가하면 다른 국가와 경쟁에서 이길 수 있어서 국제 경제 및 국제관계에서도 변화를 가져올 수 있습니다.

③ **수학적 기술직 :** 수학 기술자와 기초 수학 전문가는 인공지능에 의해 대체될 수밖에 없습니다. 왜냐하면 인공지능은 몇 초면 모든 기본적인 수학 문제를 풀어낼 수 있기 때문입니다.

④ **초급 인사 담당직 :** 초급 인사 담당자는 수백 개의 취업 지원서를 훑어보고, 후보자의 자격 요건 및 직무 요구사항을 비교하여 인재 선발, 경력증명서 발급, 회사 직원들의 기본적인 질문에 답변하고, 근태 및 급여 데이터를 처리하는 등의 업무를 수행합니다. 인공지능은 이 모든 업무를 쉽게 처리할 수 있습니다.

⑤ **포장 작업직 :** 미래에는 상품을 포장하는 일은 자동화될 가능성이 100%입니다. 실제로 아마존을 비롯한 몇몇 대형 소매업체는 이미 창고에서 로봇 및 인공지능 기술을 도입하여 소포를 포장하고 분류하여 정리까지 하고 있습니다.

⑥ **법조 관련 직업 :** 법률 산업에서는 소송을 수행하는 변호사 이외에도 법률 보조 등 많은 일자리가 있습니다. 이런 일자리들은 인공지능으로 인해 사라질 가능성이 높습니다. 법률 보조 업무는 손으로 많은 법률 문서를 검색하고, 약속을 잡고, 고객 조정 및 일반적인 관리 작업을 수행합니다. 이런 업무 역시 쉽게 자동화될 수 있기 때문입니다.

⑦ **행정지원직 :** 행정지원직은 회의 일정 조정, 문서 작성, 문서 검색, 기본 엑셀 수식을 적용하여 데이터 검색, 항공권 및 호텔 예약, 중요한 질문과 팔로업 전화 및 메시지 등을 수행하는 일자리입니다. 이러한 직무 중 대부분은 인공지능이 쉽게 수행할 수 있습니다. 실제로 많은 기업들이 이미 챗GPT를 사용하여 일정 조정, 회의록 작성, 약속 예약 등을 처리하고 있습니다.

⑧ **은행원 :** 은행원은 거래 처리 전에 고객의 신분증과 금융 정보를 확

인하고, 수표를 현금으로 바꾸며, 대출 상환금을 독촉하고 처리하는 등 기본적이고 중요한 작업을 수행합니다. 이러한 은행원의 업무 역시 인공지능으로 인해 100% 사라지게 될 것입니다.

⑨ **데이터 입력직** : 기업들은 이미 인공지능 기반 시스템을 활용하여 데이터를 수집·처리·입력·포맷·통신하는 일을 하고 있습니다. 고급 웹 스크래핑 기술과 파이썬 기반 데이터 처리 스크립트[21] 덕분에 전 세계적으로 데이터 입력직은 더 이상 필요하지 않습니다.

⑩ **우체국 서비스 사무직** : 우체국 사무원들은 정확한 주소로 시스템에 소포를 입력하고, 고객이 양식을 작성하게 도와주며, 우편물을 분류하는 등 여러 가지 작업을 수행합니다. 그러나 이러한 작업 역시 자동화가 어렵지 않습니다.

⑪ **경리직** : 사용자 입력을 기반으로 하는 기본 회계, 기장 및 급여 처리 등의 업무입니다. 인공지능이 가장 잘하는 분야이기도 합니다.

⑫ **패스트푸드 주문관리직** : 전 세계 수많은 패스트푸드점에서 이미 자동화된 기계를 사용하여 고객 주문을 받고 있습니다. 그러나 대화를 나누며 주문을 설명하고 변경하는 고객과의 인간적 상호작용이 필요한 드라이브스루에서는 인간적 상호작용의 필요성이 큽니다. 그러나 기업들은 드라이브스루에도 인공지능을 도입하기 시작하고 있습니다.

⑬ **초급 수준의 그래픽 디자인직** : DALL.E 와 미드저니 같은 툴들은 이미 기본적인 그래픽 및 로고를 만드는 데 아주 효율적입니다. 그 때문에 그래픽 디자인 산업에서 많은 일자리가 사라지게 될 것입니다.

---

21) 파이썬 기반 데이터 처리 스크립트란 파이썬 프로그래밍 언어를 사용하여 데이터를 처리하도록 작성된 코드입니다. 이러한 스크립트는 데이터를 수집·정제·변환·분석·시각화하는 작업을 자동화하며, 이는 대용량 데이터를 효율적으로 처리하는 데 꼭 필요합니다. 파이썬은 이러한 작업을 수행하기 위해 사용되는 가장 인기 있는 언어 가운데 하나입니다.

⑭ **초급 수준 번역가 :** 챗GPT는 구글 번역보다 훨씬 뛰어납니다. 기업들이 언어 모델의 성능을 개선하고 외국어를 학습시키기 위해 경쟁함에 따라, 초급 수준의 번역가는 더 이상 필요하지 않을 전망입니다.

⑮ **초급 수준 작가, 편집·교정 전문가 :** 챗GPT를 사용해 본 사람이라면 기본적인 글쓰기 작업과 교정에 도움이 되는 도구라는 것을 알 수 있습니다. 더 깊은 연구나 인간적 관점 또는 깊은 분석을 필요로 하지 않는 글쓰기 직업은 앞으로 인공지능에게 일자리를 빼앗기게 될 것입니다.

⑯ **초급 수준의 프로그래머, 데이터 분석가, 웹 개발자 :** 챗GPT는 이미 사용자 요구 사항 및 입력을 기반으로 플러그인 및 마이크로 서비스[22]를 만드는 데 사용되고 있습니다. 미래에는 사용자가 자신의 비즈니스를 위해 만들고자 하는 웹 사이트에 대해 인공지능 비서에게 말하기만 하면 짧은 시간 내에 만들어 줄 수 있을 것입니다. 인공지능 기반 소프트웨어는 또한 데이터 분석 작업을 수행할 수 있으므로 데이터 분석가의 역할이 줄어들 것입니다.

자동화는 옛말, 이제는 초자동화 시대

산업혁명의 역사는 곧 자동화의 역사입니다. 산업혁명은 사회와 경제 전반에 걸쳐 새로운 생산 기술과 생산 방식의 도입으로 큰 변화를 가져오는 것을 의미합니다. 이러한 변화는 기존의 수작업이나 수동적인 생산 방식을 대체하고 효율성과 생산성을 향상시키는 목적을 가지

22) 마이크로 서비스는 대형 소프트웨어 프로젝트의 기능들을 작고 독립적이며 느슨하게 결합된 모듈로 분해하여 서비스를 제공하는 아키텍처입니다. 모듈형 아키텍처 스타일은 클라우드 기반 환경에 적합하며 인기가 높아지고 있습니다.

며, 이를 위해 자동화 기술이 활용됩니다. 자동화는 인간의 노동을 대신하여 기계 또는 컴퓨터 시스템이 작업을 자동으로 수행하는 것을 말합니다. 즉, 인간의 개입이 최소화되고, 기계 또는 소프트웨어가 업무를 처리하는 것입니다. 이러한 자동화 기술은 산업혁명을 이끌며 생산성과 효율성을 향상시키고 경제적 성과를 창출하는 데 중요한 역할을 합니다.

1장에서도 개략적으로 살펴보았듯이 역사적으로 보면, 산업혁명은 자동화를 통해 큰 발전을 이루었습니다. 18세기 1차 산업혁명기에는 기계력을 활용한 자동화가 시작됐습니다. 증기 기관, 방적기(spinning machine, 실 뽑는 기계) , 직조기(power loom, 천을 짜는 기계) 등의 발명으로 인해 수작업에 의존하던 생산과정이 기계에 의한 자동화로 대체되었습니다. 이러한 변화는 농업과 제조업 분야에서 큰 변화를 가져왔습니다. 19세기 후반에서 20세기 초반에 있었던 2차 산업혁명기에는 전기와 대량 생산 기술의 도입으로 인해 자동화가 확대되었습니다. 생산설비의 자동화와 조립 라인의 등장은 대량 생산과 효율성을 향상시켰으며, 자동차 산업 등에서 혁신적인 발전을 이루었습니다. 20세기 후반에서 21세기 초반까지 이루어진 3차 산업혁명은 컴퓨터와 정보 기술의 등장을 등장시키며 자동화를 한 차원 끌어올렸습니다. 컴퓨터 제어 시스템과 자동화 소프트웨어를 통해 공장 생산, 데이터 처리, 업무 자동화 등이 이루어지게 되었습니다. 이러한 자동화는 생산성 향상과 업무 효율화를 끌어냈으며, 광범위한 산업 분야에 적용되었습니다.

현재 진행 중인 4차 산업혁명은 기존의 자동화를 훌쩍 뛰어넘어 훨씬 고도화된 형태의 자동화를 만들어내고 있습니다. 인공지능, 빅데이터, 사물인터넷 등의 기술이 발전함에 따라 자동화는 더욱 정밀하게 발전하면서 다양한 영역으로 확장되고 있는 것입니다. 이와 같은 자동화를 우리는 고도성과 융합성에 초점을 맞춰 '초자동화(hyper-automation)'라고 부릅니다. 역으로 말하면 초자동화는 4차 산업혁명을 이끌어가는 가장 큰 동력 가운데 하나입니다. IT 분야의 글로벌 시장조사 기관인 가트너(Gartner)는 초자동화를 이렇게 정의합니다.

"초자동화는 기업이 인공지능, 머신러닝, 로봇 공학, 자동화 도구, 프로세스 자동화 및 자동 운영 기술 등을 활용하여 비즈니스 프로세스 및 업무를 자동화하고 최적화하는 종합적인 접근 방식입니다. 초자동화는 기업이 자동화 기술과 도구를 활용하여 비즈니스 프로세스의 효율성과 생산성을 향상시키고, 인간 작업자의 업무 부담을 경감시키도록 지원합니다."

초자동화는 기업이 모든 업무 공정을 세밀하게 파악하여 제조 공정은 물론이고 가능한 한 많은 비즈니스 및 IT 프로세스를 자동화하는 비즈니스 중심의 자동화입니다. 초자동화에 사용되는 대표적인 기술적 도구로는 다음과 같은 것들이 있습니다.

- 데이터 분석 및 자동화가 가능한 영역을 식별하기 위한 인공지능과 머신러닝

- 비전문가들도 비즈니스 프로세스를 자동화하는 애플리케이션과 솔루션을 개발할 수 있는 저코드 애플리케이션 플랫폼(LCAP, low-code application platform)
- 업무를 수행하는 소프트웨어 프로그램이나 봇을 구축·배치·관리하는 로봇 공정 자동화(RPA, robotic process automation)[23]

그 외, 이벤트 기반 소프트웨어 아키텍처, 비즈니스 프로세스 관리(BPM, business process management), 지능형 비즈니스 프로세스 관리 소프트웨어(iBPMS, intelligent business process management Software), 통합 플랫폼 서비스(iPaaS, integration Platform as a Service) 등 다양한 유형의 의사 결정 도구, 프로세스 및 업무 자동화 도구들이 조화롭게 융합되어 자동화를 이뤄냅니다.

초자동화는 인간과 기계의 상호작용을 강화시키며, 더욱 지능적이고 유연한 형태의 자동화로 발전해 가고 있습니다. 로봇 공학, 자율주행차, 인공지능 기반의 자동화 소프트웨어 등이 발전하면서 공상과학 영화에서나 보던 미래의 사회상이 현실이 되어 가고 있습니다. 그 범위도 특정한 산업에 한정되는 것이 아니라 생산, 제조, 서비스, 물류, 건강 관리, 교육, 심지어 가사일 등 거의 모든 분야에서 자동화 혁신을 이끌어내고 있습니다. 초자동화라는 개념은 아주 최근에 만들어졌음에도 불구하고 이미 비즈니스 세계에 큰 영향을 미치고 있습니다. 비즈

---

23) RPA는 소프트웨어 로봇을 사용하여 업무를 자동화하는 기술입니다. 이러한 로봇은 사람이 수행하는 반복적이고 규칙적인 작업을 자동으로 수행할 수 있습니다. RPA는 사용자 인터페이스를 통해 애플리케이션에 접근하고 데이터를 입력하고 추출하며, 작업을 완료하기 위해 다양한 애플리케이션 및 시스템과 상호작용할 수 있습니다. 이를 통해 업무 프로세스의 효율성을 향상시키고 인건비를 절감할 수 있습니다.

니스 내의 모든 것을 자동화하여 더 적은 인력으로 효율성과 생산성을 높이는 수단으로서의 위력을 뽐내며 모든 산업을 변화시키고 있는 것입니다. 특히 현재의 경제 상황에서는 더욱 그렇습니다. 2022년 가트너(Gartner)의 보고서에 따르면, 가트너 고객사들 중 85%가 초자동화 투자를 늘리거나 최소한 유지하고 있다는 결과가 나왔습니다.

그렇다면 초자동화가 과거의 자동화와 구별되도록 하는 본질은 무엇일까요? 첫 번째는 엄청나게 빠른 채택 속도입니다. 초자동화는 단순한 '화면 스크래핑'[24]이나 RPA 구현을 넘어 기업이 매우 공격적으로 자동화를 도입하도록 만듭니다. 그러자면 다양한 기술을 사용해 업무 흐름(워크플로우) 상의 모든 단계를 연구하고 깊이 있게 이해해야 합니다. 예를 들어 은행 계좌 개설을 생각해보겠습니다. 얼핏 보면 간단한 일처럼 생각되지만, 실제로는 여러 부서가 참여하는 수십 단계의 과정을 거칩니다. 그 가운데서 특히 과거에는 인간이 해야 했던 고객의 신원 확인을 인공지능 기술을 이용해 처리함으로써 자동화할 수 있는 것입니다.

초자동화를 위한 최적의 방법론은 비즈니스 자동화가 필요한 부분을 이해하기 위해 먼저 비즈니스 프로세스를 분석하고 문서화하는 것입니다. 그런 다음 올바른 기술을 도입하여 시스템 간 데이터의 자동 흐름을 구축하여 더 지능적인 운영을 가능하게 만듭니다. 그리고 원활한 초자동화 프로세스를 운영할 수 있도록 인간 작업자들을 교육시켜

24) 화면 스크래핑(screen scraping)이란 웹 페이지나 애플리케이션에서 데이터를 추출하는 기술입니다. 이 기술을 사용하면 웹 사이트나 애플리케이션의 HTML, XML, 텍스트 등과 같은 구조화되지 않은 데이터를 읽고, 이를 분석하거나 가공할 수 있습니다.

야 합니다.

초자동화의 두 번째 본질은 기존의 자동화보다 대상 범위가 훨씬 광범위하다는 것입니다. 초자동화는 기업이나 조직 내에서 자동화할 수 있는 영역을 식별하고 가능한 한 많은 부분을 자동화하는 것을 목표로 합니다. 그 결과 초자동화의 범위는 과거의 자동화보다 "훨씬 더 넓다"고 말할 수 있습니다. 전통적인 자동화는 개별적이거나 부분적인 솔루션에 초점을 맞추는 반면, 초자동화는 모든 것을 종합적으로 자동화하려는 경향이 있습니다. 그렇다고 해서 초자동화 구현 과정이 전통적인 자동화를 구현하던 것보다 반드시 더 빠르다는 것은 아닙니다. 초자동화에 사용되는 기술도 일부 최신 기술을 제외하면 일반 자동화와 동일한 기술들을 사용합니다. 다만 여러 프로세스를 자동화함으로써 규모의 효과를 얻을 수 있기 때문에 빠르고 효율적인 자동화를 실현할 수 있는 것입니다.

자동화는 효율성과 생산성 향상이 주된 목표이지만, 제대로 구현되기만 한다면 그 외에도 다양한 이점을 얻을 수 있습니다. 일례로, 과거에 자동화가 고객 경험을 변화시켰던 것처럼 초자동화는 직장 내에서 마찰을 제거하여 근로자(직원) 경험을 향상시킬 수 있습니다. 근로자 경험은 직원이 회사에서 경험하는 모든 상호작용 및 접점을 포함하는데, 기업의 입장에서 보면 소속 직원의 업무 활동 및 사생활적 측면과 전반적 생산성의 향상을 위해 회사 차원에서 관리하는 모든 경험 및 고려사항을 의미합니다. 근로자 경험은 직원들의 생산성 향상에 큰 영향을 미치는 요소입니다. 근로자 경험이 향상되면 직원들은 인간의 역량인 창의성, 고객 서비스 기능, 문제 해결 능력 등을 발휘하는 데 더 많은 시간을 쏟을 수 있습니다. 업무 자동화 플랫폼인 워크마켓(WorkMarket)의 조사 결과에서도, 회사원들 중 53%가 업무 자동화를 통해 하루에 최대 두 시간을 절약할 수 있다고 생각하는 것으로 나타났습니다.

셋째는 초자동화는 대기업의 전유물이 아니다라는 것입니다. 초자동화는 대기업 뿐만이 아니라 중소기업도 구현할 수 있습니다. 실제로 초자동화는 중소기업과 중간 규모 기업에게도 글로벌 기업과 마찬가지로 중요합니다. 그 이유는 가능한 한 많은 부분을 자동화한다는 목표는 기업의 규모와 관계없이 이제는 보편적으로 적용되는 원칙이기 때문입니다. 심지어 중소기업이 초자동화로부터 더 큰 이익을 얻을 수도 있습니다. 자피아 보고서(Zapier report)에 따르면, 중소기업 중 88%는 "자동화를 통해 더 빠르게 움직이고 고객에 더 빨리 접근하며 시급한 업무 처리에 시간을 더 소비함으로써 더 큰 기업과 경쟁할 수 있게 된다."고 응답했습니다. 초자동화를 통해 이러한 이점을 보다 신속하게 실현할 수 있는 것입니다. 전통적인 자동화가 실패하거나 불가능했던 소규모 기업 부문에서 초자동화가 성공하는 이유는 클라우드 기반의 도구와 그로 인한 저렴한 가격 덕분입니다. 도구 사용에 따르는 초기 비용은 거의 없다시피 한데다 사용료도 사용량에 따라 책정되므로 소규모 기업도 세계적 수준의 도구를 활용할 수 있는 것입니다.

최근의 눈부신 인공지능 발전에도 불구하고, 현재 인간의 의사 결정을 자동화하고 대체할 수 있는 기계는 존재하지 않습니다. 그러므로 기업들은 인간 근로자의 시간을 창의적인 작업과 의사 결정에 집중시키기 위해 기계가 할 수 있는 일이라면 최대한 많은 부분을 자동화해 나가게 될 것입니다.

초자동화의 구체적 사례와 산업에 미치는 영향

우리 모두가 익숙하거나 접해본 적이 있는 보험 청구 업무를 예로 들어보겠습니다. 보험 회사에 우편으로 손해 통보서를 보내는 것과는 달리, 보험 계약자는 보험회사의 손해 청구 포털 사이트에 접속해 세부 정보를 입력합니다. 그러면 자동화를 통해 인간 관리자의 개입 없이 보상 청구서 생성, 할당, 심지어 간단한 청구에 대한 결제까지 이루어집니다. 자동화 시스템은 청구 시스템의 일부인 청구 세부 정보를 추출하고 입력합니다. 세부 정보가 누락된 경우 보험 계약자에게 요청하고 후속 조치를 취합니다. 그런 다음 청구 담당자에게 어떻게 다음 조치를 하는 것이 좋은지 알려주고, 담당자의 결정이 표준을 벗어난 것 같으면 상위 감독자의 승인을 요청할 것입니다. 이렇게 초자동화 된 업무 프로세스는 처리시간과 비용을 현저히 줄이며, 의사 결정의 속도, 정확성, 품질 및 고객 만족도를 증가시킵니다.

초자동화는 대부분의 산업에서 비즈니스를 변화시킬 수 있습니다. 온라인 거래가 주가 되는 도소매 산업에서는 초자동화가 주문, 결제, 출고 등을 자동화하게 될 것입니다. 재고 및 창고 관리, 상품의 배송도 당연히 포함됩니다. 인공지능은 구매자 행동을 분석하여 제품의 수요를 예측하고 빠른 대응을 통해 고객에게 상품을 전달하기까지의 과정이 점점 줄어들게 됩니다. 의료 분야에서는 간호 로봇이 환자와 대화를 시작하고, 입·퇴원 절차가 자동화되어 정확성과 처리 속도가 빨라지며 보험 제출과 청구에 효과적으로 대응합니다. 은행, 금융 서비스, 보험(BFSI) 분야에서는 고객 문서 작성, 고객 서비스, 대출 및 결제 업무, 내부 사무 업무, 규정 보고 등을 초자동화할 수 있습니다. 판매, 마케팅 및 유통 업무도 마찬가지입니다. 또한 고급 분석은 사기 탐지에도 도움을 줍니다.

초자동화로 인한 일자리 변화

많은 사람들이 초자동화가 인간의 일자리를 빼앗아갈 것이라고 두려워합니다. 그러나 반대로 새로운 일자리를 더 많이 만들어어 낼 것이라고 주장하는 사람들도 있습니다. 사실 미래의 초자동화가 일자리에 미치는 영향을 정확히 예측하기란 어려운 일입니다. 기술의 발전, 정부 정책, 경제의 전반적인 상황 등 다양한 요인에 따라 결과가 달라질 것이기 때문입니다. 그러나 한 가지 분명한 사실은 초자동화가 미래의 일자리에 상당한 영향을 미칠 것이라는 점입니다. 그리고 일률적으로 일자리가 줄어든다거나 늘어난다고 보는 것도 무리한 판단입니다. 그러므로 이 주제와 관련해서는 관점을 좀 바꿔야 할 필요가 있습니다. 즉, 미래의 일자리는 늘어날 수도 있고 줄어들 수도 있겠지만 세대와 산업 분야에 따라 그 강도와 양상이 판이하게 달라질 것입니다.

전문가들은 대체로 기계와 소프트웨어가 사람보다 효율적이고 정확하게 많은 작업을 수행할 수 있기 때문에 제조업과 운송업과 같은 일부 산업에서는 상당한 일자리 감소가 발생할 것으로 예측합니다. 반대로 기술, 프로그래밍, 로봇 공학과 같은 분야에서는 오히려 새로운 직업 기회가 생길 것으로 예상합니다. 전반적으로 반복적인 작업으로 이루어져 있거나 기계에 의해 쉽게 대체될 수 있는 일자리들은 초자동화의 거센 풍랑을 이겨내지 못하고 사라지게 될 것입니다. 반면, 창의력, 문제 해결 능력, 사회적 상호작용과 같은 인간적인 기술이 요구되는 직업은 각광을 받으며 더 늘어나게 될 것입니다.

또한, 변동하는 시장 조건에 대응하기 위해 기업들이 유연한 인력에 더 의존하게 되면서 일자리는 일시적인, 프리랜서 혹은 계약직으로 이동하는 추세를 보일 것으로 예상됩니다. 긱(gig) 경제의 생태계가 커져 갈 것이라는 의미입니다.[25] 자동화의 영향은 모든 직업이나 지역에 동일하게 미치지는 않을 것이며, 직업의 성격, 산업, 지역, 노동력의 기술에 따라 달라질 것입니다. 일부 낮은 기술 직업이 집중된 지역은 다른 지역보다 영향을 받을 가능성이 높습니다. 또한, 일부 기업과 정부는 노동력에 대한 부정적인 영향을 완화하기 위해 교육 및 재교육 프로그램에 투자하는 등 적극적인 조치를 취할 수 있습니다.

앞으로 5년 이내에 지금의 근로자들이 보유하고 있는 기술 중 44%가 쓸모없는 기술로 전락하게 될 것입니다. 그리고 근로자의 60%는 그 기간 내에 새로운 기술 훈련을 받아야 계속 일자리를 지킬 수 있을 것으로 예상됩니다. 그렇지만 적절한 기술 훈련을 받는 근로자는 그 반밖에 되지 않을 것으로 보입니다. 기업들이 가장 필요하다고 생각하는

25) 긱 경제에 관해서는 5장에서 자세히 다룹니다.

기술 훈련은 분석적 사고, 창의적 사고, 인공지능 및 빅데이터 활용 기술, 리더십 및 사회적 영향력 향상, 탄력성·유연성·민첩성 함양 순이었습니다. 기업이 전략적으로 강조하는 다른 기술로는 디자인 및 사용자 경험, 환경적 책임, 마케팅 및 미디어, 네트워크 및 사이버 보안 등이 높은 우선순위를 차지했습니다. 코로나 팬데믹을 거치면서 노동력 측면에서 기업은 자신이 현재 가지고 있는 인재, 앞으로 필요한 인재, 인재들의 기업에 대한 기대라는 세 가지 요소를 달리 평가하기 시작했습니다.

◆ 기업이 보유하고 있는 인재

인재 관리와 기업의 성과 사이에는 밀접한 관계가 있습니다. 연구결과에 따르면 매우 효과적으로 인재를 관리하는 기업은 그렇지 못한 기업에 비해 총주주수익률(TRS, total shareholder return)[26]이 6배나 더 높은 것으로 나타났습니다. 그러므로 기업들은 현재의 인력자원에 대해 변화된 기준에 맞춰 재평가를 하게 될 것입니다. 이 평가에서는 현재의 노동력이 기업의 전략적 우선순위를 실행하고 높은 성과를 낼 수 있는 기술을 갖추고 있는지 평가하게 됩니다.

◆ 기업이 필요로 하는 인재

기업은 전략적 우선순위와 인재 수요 사이를 명확하게 연결 짓게 될 것입니다. 다시 말해, 기업은 단기 및 장기적으로 어떤 일을 수행해야 하는지, 그리고 그 일을 수행하기 위해 어떤 인재가 필요한지를 파악할 것입니다. 그리고 그 결과에 따라 기존 노동력의 기술 향상과 적

26) 특정 기간 동안 주주가 얻는 수익을 측정하는 금융 지표입니다. 주식의 가치 상승과 함께 주식의 배당까지 포함하여 측정되며, 이는 주식 투자의 전반적인 수익성을 나타냅니다.

합한 신규 인재의 채용을 위해 적절한 투자를 하게 될 것입니다.

기업은 인재 부족과 외부 고용에 드는 비용이 높기 때문에 기존 인재의 개발에 많은 비중을 두게 됩니다. 고용주는 변화하는 기업환경에 적응하기 위해 적극적으로 직원들의 역량 향상에 투자해야 합니다. 그리고 재교육이나 업스킬링이 바람직하지 않은 부분에 대해서는 현재와 미래의 공백을 채우기 위해 인재를 채용하게 됩니다.

◈ 인재들이 기업에 바라는 기대

포스트 팬데믹 시대의 직장인들은 현재 및 잠재적인 고용주에게 명확한 요구사항을 가지고 있습니다. DE&I(다양성, 형평성, 포용성), 목적, 근로자 경험은 이제 직원들이 기대하는 전략적 우선 사항이 되었습니다. 기업은 이러한 영역에 대해 소홀히 여기다가 인재를 잃는 등 심각한 결과를 초래할 수 있습니다. 그러므로 기업은 이러한 투자를 경쟁 우위 확보라는 시각으로 접근하게 될 것입니다.

초자동화가 일자리를 없앨 것이냐 창출시킬 것이냐 하는 질문에는 보는 관점에 따라 답이 극과 극으로 나뉠 수도 있습니다. 기존의 생산직이나 관리직 일자리 중심으로 다가올 변화를 바라본다면 파괴적인 결과가 예상될 수밖에 없습니다. 그러나 창의적, 기술적, 사회적, 웰니스적 측면에서 바라본다면 과거와는 비할 수 없이 발전한 일자리 환경이 도래할 것이라고 기대하게 됩니다. 초자동화는 단순하고 반복적인 업무를 자동화함으로써 직원들이 더 창의적인 업무에 집중할 수 있는 환경을 조성하게 됩니다. 그리고 인공지능이나 로봇, 다양한 플랫폼과 소프트웨어 같은 도구와 기술은 직원들의 역량 강화와 직원 경험

개선에 도움을 줄 것이 틀림없습니다. 초자동화에 대한 불안감은 기존에 우리가 겪었던 자동화에 대한 불안과 유사합니다. 그럼에도 세계경제포럼은 전 세계적으로 자동화가 실제로는 5,800만 개의 새로운 일자리를 창출할 것으로 예측합니다. 과연 가능한 일일까요? 지금으로는 알 수 없습니다. 그렇지만 초자동화가 새로운 기회의 문을 열어젖히게 될 것임은 분명해 보입니다.

생성형 인공지능을 활용한 면접

인공지능 챗봇을 이용하여 신입사원을 인터뷰하고 선발하는 기업들이 급속도로 늘어나고 있습니다. 인공지능 면접, 즉 인공지능 기반 면접 시스템의 역사는 그리 오래되지 않았습니다. 2010년대에 들어서면서 기술의 발전과 함께 이러한 시스템이 점차 도입되기 시작한 것입니다. 그러다가 코로나19가 사회적 거리두기 및 재택근무를 일상화시키자 기업들은 원격으로 지원자들을 평가하고 면접하는 새로운 방법을 찾게 되었습니다. 그 결과 인공지능 기반의 면접 시스템이 빠르게 성장하고 확산되는 계기가 되었습니다. 팬데믹으로 인해 대부분의 면접이 비대면으로 진행되게 되면서 비디오 채팅이나 전화 인터뷰가 늘었습니다. 이러한 상황에서 인공지능 면접 시스템이 중요한 역할을 하게 되었습니다. 인공지능은 비디오 면접을 통해 지원자의 언어 패턴, 표정, 몸짓 등을 분석하고 평가할 수 있게 되었습니다.

팬데믹을 거치며 선택의 여지도 없이 인공지능 면접 시스템은 즉각적으로 실전에 투입되어 잠재력을 평가받게 된 것입니다. 그리고 실제로 활용해 본 결과 상당한 이점을 발견할 수 있었습니다. 먼저 상시 채용과 대규모 지원자 처리가 가능하다는 것을 발견했습니다. 인공지능 면접 시스템을 활용하면 지원자들을 회사로 불러 모으지 않아도 되므로 인재가 필요할 때면 언제든지 채용을 할 수 있게 돼 상시 채용의 길을 열어주었습니다. 게다가 인공지능의 막강한 처리 능력은 기업들로 하여금 더 많은 지원자를 빠르고 효율적으로 처리할 수 있게 해 주었습니다. 또 인공지능 면접 시스템은 면접에 대한 접근성을 향상시켰습니다. 지원자들은 어디서든 면접을 치를 수 있게 되었으며, 이로 인해 더 많은 사람이 채용 과정에 참여할 수 있게 되었습니다.

또 하나 중요한 이점은 원격 면접의 확산 덕분에 지원자와 채용 담당자 간의 '정보의 비대칭성' 문제가 일정부분 해결된다는 것입니다. 정보의 비대칭성 문제란 한 측이 다른 측보다 더 많은 정보를 갖고 있어 상호 간 거래에 부정적인 영향을 미치는 상황을 말합니다. 인재 채용 과정에서도 몇 가지 측면에서 이 비대칭 정보 문제가 발생하며, 그 결과 공정한 채용을 방해하거나 기업이 적합한 인재를 찾아내는 데 실패하게 만드는 요인으로 작용합니다. 일반적으로 지원자는 자신의 능력과 경험에 대해 가장 잘 알고 있지만, 인재를 채용하고자 하는 회사는 이러한 정보를 직접적으로 알기 어렵습니다. 반대로, 회사는 기업 내부 문화, 팀의 역동성, 그리고 업무의 실제 요구 사항 등에 대해 가장 잘 알고 있지만 지원자는 이런 정보를 제한적으로만 알 수 있습니다. 이로 인해 지원자는 자신이 회사의 요구사항과 잘 맞는지 판단하는 데 어려움을 겪을 수 있습니다. 이뿐만 아니라 비대칭 정보 문제는 채용 담당자가 특정 성별, 인종, 종교, 연령 등을 선호하거나 편견을 가지고 있을 경우 채용 과정에서 차별적 평가를 초래할 수 있습니다. 이런 비대칭 정보 문제는 채용 과정의 효율성과 공정성을 떨어뜨려 결국에는 지원자들과 회사 모두에게 불이익을 가져다주게 됩니다.

인공지능 면접 시스템은 채용 과정에서 발생하는 비대칭 정보 문제를 일정 부분 해소하는 데 도움이 됩니다. 인공지능 면접 시스템은 모든 지원자에게 동일한 질문을 제시하고 동일한 기준으로 그들의 응답을 평가할 수 있습니다. 이로 인해, 지원자의 응답을 공정하게 비교하고 평가하는 것이 가능해집니다. 또 인공지능 면접 시스템은 사람과 같은 선입견을 가지고 있지 않기 때문에 지원자의 역량을 보다 공정하게 평가할 수 있어서, 다양성을 증진시키고 차별을 감소시키는 데 기여할 수 있습니다.

도입 초기만 해도 인공지능 면접 시스템은 전체 채용 과정에서 기본적인 사전 스크리닝 역할을 하는 정도에 그쳤습니다. 예를 들어, 지원자들이 짧은 동영상을 통해 자기소개를 하거나, 기본적인 질문에 답하는 과정을 거쳤습니다. 인재개발팀은 인공지능을 활용해 이러한 동영상을 분석하여 지원자의 언어 사용, 음성 톤, 표정, 그리고 몸짓 등을 평가했습니다. 그러다가 인공지능 기술이 급속히 발전하면서 시스템이 점차 정교해지자 인공지능 면접 시스템은 그저 스크리닝 도구에 그치지 않고 그 역할을 확대해 갔습니다. 지원자의 성향, 역량, 그리고 잠재력을 평가하는 데 보다 복잡하고 정교한 방법을 도입하기 시작한 것입니다. 특히 BEI(behavioral event interview)라고 불리는 행동 기반

인터뷰 방식이 정립되면서 인공지능 면접 시스템은 한 차원 도약할 수 있게 됐습니다. BEI 역량 평가 방식은 지원자가 과거 특정 상황에서 어떻게 행동했는지에 대한 깊이 있는 정보를 수집하고 분석함으로써 그들의 잠재력과 역량을 평가할 수 있도록 해 줍니다.

BEI는 지원자의 과거 경험과 행동을 바탕으로 그의 역량을 평가하는 방법입니다. 이 방식은 행동과학의 "과거의 행동이 미래의 행동을 예측한다"는 이론에 기반합니다. 주로 지원자가 특정 역량을 보여주는 구체적인 상황을 묘사하는 것에 초점을 맞춥니다. 이를테면, 디지털 사고 능력[27], 리더십, 문제 해결 능력, 팀워크, 의사 결정 능력, 마인드셋 등과 같은 역량을 평가할 수 있습니다. 리더십에는 특히 기업가형 리더십[28], 애자일 리더십[29]이 중요하게 평가되며, 마인드셋에서는 파괴적 마인드셋[30], 디자인 마인드셋[31], 인간 중심 마인드셋[32] 등이 중요하게 다뤄집니다.

---

27) 디지털 사고 능력(digital thinking)은 기술과 디지털 도구를 사용하여 문제를 해결하고 목표를 달성하는 능력을 의미합니다. 디지털 사고 능력이 있는 사람들은 새로운 기술을 빠르게 배우고 적용할 수 있으며, 디지털 기술을 활용하여 효율성을 향상시키고 혁신적인 해결책을 찾는 데 능숙합니다.

28) 기업가형 리더십(entrepreneurial leadership)은 기회를 탐지하고, 혁신적인 아이디어를 추진하며, 위험을 감수하는 능력 등을 갖춘 리더십 스타일입니다. 기업가형 리더는 유연하고 창의적이며, 변화에 빠르게 적응할 수 있습니다.

29) 애자일 리더십(agile leadership)은 빠르게 변하는 환경에서 효과적으로 리더십을 행사하는 능력을 의미합니다. 애자일 리더는 변화를 받아들이고, 팀을 유연하게 관리하며, 학습과 개선을 위한 피드백을 주고받는 데 능숙합니다.

30) 파괴적 마인드셋(disruptive mindset)은 기존의 방식을 깨뜨리고 새로운 방식을 도입하여 변화와 혁신을 이끌어내는 능력을 의미합니다. 파괴적 마인드셋을 가진 사람들은 변화를 두려워하지 않으며, 도전적인 상황에서도 새로운 기회를 발견할 수 있습니다.

31) 디자인 마인드셋(design mindset)은 문제를 해결하고 사용자 경험을 향상시키는 창의적인 해결책을 만드는 능력을 의미합니다. 디자인 마인드셋을 가진 사람들은 사용자 중심의 접근 방식을 사용하여 문제를 이해하고, 혁신적인 아이디어를 제시하고, 그 아이디어를 실제로 구현하는 데 능숙합니다.

32) 인간 중심 마인드셋(human-centered mindset)은 사람들의 요구와 경험을 중심으로 생각하고 행동하는 방식을 의미합니다. 인간 중심의 마인드셋을 가진 사람들은 다른 사람들의 관점을 이해하고, 그들의

BEI에서의 질문은 지원자가 자신의 역량을 어떻게 활용했는지, 그 결과가 어떠 했는지에 대해 설명하도록 유도합니다.

"특정 프로젝트에서 가장 어려웠던 문제를 어떻게 해결했는지 설명해 주세요."
"팀에서의 역할 충돌이 발생했을 때, 어떻게 해결하였는지 상세히 말씀해 주세요."
"기한을 맞추기 위해 추가적인 노력을 기울였던 경험에 대해 말씀해 주세요."
"자신의 의견이 대다수의 의견과 다르다고 판명 났을 때, 어떻게 대처하였는지 설명해 주세요."
"고객의 불만을 처리했던 경험에 대해 말씀해 주세요. 그리고 그 경험을 통해 어떤 것을 배웠는지도 함께 설명해 주세요."

이처럼 BEI는 사전에 정의된 역량 세트에 기반하여 진행되며, 이는 주로 직무 분석을 통해 도출됩니다. 이 역량은 각 직무의 성공적 수행에 필요한 핵심 능력을 반영해야 합니다. BEI를 평가하는데는 STAR 방법이 자주 사용됩니다. STAR는 발생한 상황(Situation), 주어진 임무(Task), 임무 수행을 위한 행동(Action), 그리고 결과(Result)를 의미합니다. 지원자는 상황을 설명하고, 그 상황에서의 임무나 목표를 명확히 하며, 어떤 행동을 취했는지, 그리고 그 행동의 결과가 어땠는지를 설명하게 됩니다. 그러므로 BEI는 지원자가 과거에 어떤 상황에서 어떤 행동을 취했는지를 통해 그의 역량을 평가하는 방법론인 것입니다. STAR 분석을 통해 지원자의 역량을 직접적으로 확인하고, 미래

요구와 기대를 충족시키는 해결책을 찾는 데 집중합니다.

의 행동을 예측하는 데 도움을 줍니다.

인공지능 면접에는 의사소통과 태도 역량을 고려하는 '소프트 스킬 평가'도 중요한 요소입니다. 3장에서 충분히 살펴봤듯이 소프트 스킬 평가는 지원자의 사람 대 사람 간의 상호작용, 창의성과 같은 비기술적 능력을 측정하는 것을 목표로 합니다. 이런 소프트 스킬은 직무 수행에 있어서 큰 역할을 합니다. 특히 협업, 의사소통, 리더십 등의 역량이 요구되는 직무에서는 더욱 그러합니다. 인공지능 면접에서의 소프트 스킬 평가는 다양한 방법으로 진행될 수 있습니다. 인공지능은 지원자의 응답을 분석하여 특정 행동, 감정, 또는 언어 패턴을 파악하고 이를 바탕으로 그의 소프트 스킬을 평가합니다. 예를 들어, 인공지능은 음성 톤, 말의 속도, 강세 등을 분석하여 지원자의 의사소통 능력이나 신뢰성을 평가할 수 있습니다. 또한 인공지능은 언어 분석을 통해 지원자의 문제 해결 능력이나 창의성을 평가할 수도 있습니다. 어떤 문제를 해결하기 위해 지원자가 제시한 방법이 얼마나 효과적이고 창의적인가와 같은 것들을 평가하는 것입니다. 하지만 인공지능을 사용한 소프트 스킬 평가는 완벽하지 않습니다. 인공지능은 사람의 복잡한 감정이나 미묘한 언어적 뉘앙스를 완전히 이해하거나 분석하는 데 한계가 있기 때문입니다. 따라서, 인공지능을 사용한 소프트 스킬 평가는 반드시 사람의 평가와 함께 이루어져야 하며, 최종 결정에는 항상 사람의 판단을 필요로 합니다.

인공지능 면접 시스템은 이미 인재 채용 분야에서 보편화되어가고 있는 추세입니다. 스타트업인 제네시스랩이 개발한 인공지능 면접 솔루션 '뷰인터HR'만해도 LG그룹, 현대자동차, 현대백화점 서울시, 기업은행, 병무청, 육군, 해군, 공군, 서울대학교병원, 한국자산관리공사 등 100곳 이상의 기업과 기관에서 활용 중에 있습니다. 다른 선진 국가들에서도 마찬가지입니다. 미국에서는 건강관리, 소매, 레스토랑 같은 산업에서 인공지능 면접 시스템인 HR 챗봇이 점점 더 많이 사용되고 있습니다. 맥도날드, 웬디스, CVS 헬스, 로우스 등의 기업들은 파라독스(Paradox)라는 스타트업이 개발한 HR 챗봇 올리비아(Olivia)를 도입했습니다. 로레알(L'Oreal) 같은 다른 회사들은 마이아(Mya)라는 스타트업이 개발한 동명의 인공지능 챗봇 마이아를 사용하고 있습니다. 영국에서도 상황은 다를 바 없어서, 마이아나 올리비아와 같은 미국산 솔루션뿐만 아니라 헤드스타트(Headstart), 코그니시스(Cognisess) 같은 영국산 인공지능 면접 시스템들의 활용이 활발해지고 있습니다. 호주에서도 이 분야에서 이미 자리를 굳힌 사피아(Sapia) 인공지능이 수많은 기업의 인재 채용에 활용되고 있습니다.

인공지능 면접 시스템이 확산됨에 따라 사람들이 몇 가지 점에서 우려를 나타내고 있습니다. 먼저 비대면 인터뷰가 갖는 한계입니다. 인공지능 인터뷰는 주로 비디오 채팅이나 챗봇을 통해 이루어지는데, 이는 사람과 사람 간의 직접적인 대화가 아니기 때문에 상호작용의 깊이나 복잡성이 제한적일 수 있습니다. 이로 인해 지원자의 개성이나 미묘한 반응들이 충분히 파악되지 못할 수 있습니다. 그렇게 되면 고용주들이 구직자들에게서 독특한 능력을 찾아내는 기회를 놓치게 되는 것입니다. 둘째는 인간의 편향을 강화하거나 확장할 수 있다는 점입니다. 인공지능 시스템은 미리 학습된 데이터를 기반으로 판단을 내리는데, 이 데이터가 편향되어 있을 경우, 결과도 편향될 수 있기 때문입니다. 즉, 인공지능 시스템의 판단 기준이 투명하지 않거나, 다양한 배경을 가진 사람들에 대한 데이터를 고르게 반영하지 못하면, 공정한 평가가 이루어지지 않을 수 있습니다. 특히 취약 계층이라고 할 수 있는 장애를 가진 사람들, 여성, 이민자, 노인 구직자들이 공정한 기회를 얻지 못하게 될 수도 있는 것입니다. 이런 편향성의 문제는 규제 당국이 나서서 인공지능 채용 도구들이 공정하고 편향되지 않게 작동하도록 보장할 필요가 있습니다. 마지막으로 개인정보 보호 문제입니다. 인공지능 면접 시스템은 지원자의 얼굴, 목소리, 신체 언어 등을 분석하며, 이러한 정보가 제3자에게 누출될 경우 개인정보 보호 문제가 발생할 수 있습니다. 따라서 인공지능 면접 시스템의 개인정보 보호 규정과 보안성에 대한 효과적인 규제가 필요해 보입니다.

사라지는 일자리와 생겨나는 일자리

세계경제포럼이 발간한 「미래 일자리 보고서 2023(The Future of Jobs Report 2023)」은 전 세계의 27개 산업 분야와 45개 국가에 걸쳐 803개 기업(총근로자 1,130만 명)을 대상으로 미래의 일자리에 대한 전망을 조사한 결과입니다. 이 설문 조사는 향후 5년(2023~2027) 동안 발생하게 될 거시경제적 동향, 기술 트렌드, 일자리에 미치는 영향, 기술에 미치는 영향, 기업의 인력 혁신 전략에 대한 질문으로 이뤄졌습니다. 이 보고서에 따르면, 향후 5년 동안 노동시장의 변동성은 23%로 추정됩니다. 이는 새로 생겨나는 일자리와 사라지는 일자리 등으로 인한 직업 변동이 현재 노동 인력의 23%에 달하게 될 것이라는 의미입니다. 즉, 2023년을 기점으로 향후 5년 동안 조사 대상 근로자들 가운데 8,300만 개의 직업이 사라지게 되고, 대신 6,900만 개의 새로운 일자리가 생겨나게 될 것으로 예상하고 있습니다. 이는 총 1억 5,200만 개의 직업에 변동이 생긴다는 것이며, 연구 대상인 6억 7,300만 명의 근로자 중 23%가 그 영향을 받게 된다는 뜻입니다. 그리고 순수하게 감소되는 일자리는 2%인 1,400만 개입니다.

숙박·음식·레저, 제조업, 소비재 도소매, 공급망·운송, 미디어·엔터테인먼트·스포츠 등과 같은 분야는 이미 구조변화가 진행 중인 산업입니다. 공급망·운송과 미디어·엔터테인먼트·스포츠 산업에서 향후 5년간 평균보다 높은 변동이 예상되며, 숙박·음식·레저, 제조업, 소매업, 소비재 도매에서는 상대적으로 낮은 변동이 예상됩니다. 또한, 통신, 금융 서비스 및 자본 시장, 정보 및 기술 서비스 업계에서 상대적으로 높은 변동이 예상되며, 이는 기술 중심의 일자리 변화를 반영한 결과라고 하겠습니다.

향후 가장 빠르게 성장하는 직업군은 기술 관련 분야입니다. 인공지능 및 기계 학습 전문가가 빠르게 성장하는 일자리 1위를 차지했고, 지속가능성 전문가, 비즈니스 인텔리전스 분석가 및 정보 보안 분석가가 그 뒤를 이었습니다. 2027년까지 AI 및 머신러닝 전문가의 수는 40%, 데이터 분석 전문가 또는 빅데이터 전문가와 같은 역할에 대한 수요는 30~35%, 정보 보안 분석가에 대한 수요는 31% 증가할 것으로 예측됐습니다. 이로 인해 총 260만 개의 일자리가 추가될 것이라고 합니다. 재생에너지 엔지니어, 태양열 설치 및 시스템 엔지니어는 경제가 재생에너지로 전환됨에 따라 상대적으로 빠르게 성장하는 직업군으로 나타났습니다. 기술과 디지털화에 의해 가장 빠르게 쇠퇴하는 직업군은 사무직과 비서 관련 일자리입니다. 이와 함께 은행원, 우편 서비스 직원, 계산원, 매표원, 데이터 입력 직원이 가장 빠르게 쇠퇴할 것으로 예상됐습니다. 다음은 포럼이 향후 5년 동안 가장 빠르게 성장하거나 쇠퇴할 것으로 예상하는 상위 10개 직업입니다.

순위	가장 빠르게 성장할 직업	가장 빠르게 쇠퇴할 직업
1	AI 및 머신러닝 전문가	은행원 및 관련 사무직
2	지속가능성 전문가	우편 사무직
3	비즈니스 인텔리전스 분석가	캐셔 및 매표 사무원
4	정보 보안 분석가	데이터 입력 사무직
5	핀테크 엔지니어	행정·사무직 비서
6	데이터 분석 전문가	재고 기록 및 창고 관리직
7	로봇공학 엔지니어	경리 및 급여 관리 사무직
8	전기공학 엔지니어	입법 및 행정 공무원
9	농기계 오퍼레이터	통계, 재무관리, 보험관리 사무직
10	디지털 전환 전문가	방문판매직

한편 교육, 농업, 디지털 상거래 및 무역 분야에서는 대규모 일자리 증가가 예상됩니다. 교육 산업의 일자리는 직업 교육 교사, 대학 및 고

등 교육 교사 등 약 10% 증가할 것으로 보입니다. 농업 전문인력 일자리, 특히 농기계 관련 일자리가 30% 안팎 증가할 것으로 예상됩니다. 온라인 유통 전문가, 디지털 전환 전문가, 디지털 마케팅 및 전략 전문가와 같은 일자리도 대폭 늘어날 것으로 예측됩니다. 반면, 디지털화와 자동화가 심화됨에 따라 일자리가 가장 많이 사라지게 될 분야는 관리 업무와 전통적인 보안, 공장 및 상업 업무입니다. 이와 함께 기록 보관 및 관리, 금전출납 및 티켓 판매, 데이터 입력, 회계, 장부 및 급여 관리, 행정 및 경영 비서직에서 대규모의 일자리 감소가 예상됩니다.

사라지는 일자리와 성장하는 일자리에 대한 예측은 기술 도입과 자동화로 인한 노동시장의 구조적 재구성과 일치합니다. 세계경제포럼은 이전에도 2016년, 2018년, 2020년 세 차례에 걸쳐 미래 일자리 보고서를 발표했으며, 이 보고서들에서 일관되게 나타나는 추세가 2023 보고서에도 그대로 나타나고 있다는 것입니다.

뒤에 나오는 그림은 『미래 일자리 보고서 2023』이 종합한 향후 5년간 예상되는 일자리 창출(하늘색) 과 일자리 소멸(회색)에 대한 예측입니다. 다이아몬드로 표시된 것은 5년간 순증가에서 순감소를 뺀 값입니다. 이 기간에 각 직업에 대해 예상되는 구조적인 노동시장 변동은 이 두 비율의 합으로, 막대의 전체 너비로 표시됩니다. 다이아몬드가 하늘색 방향으로 갈수록 더 성장하는 일자리를 나타내고, 회색 방향으로 갈수록 더 쇠퇴하게 될 일자리를 나타냅니다.

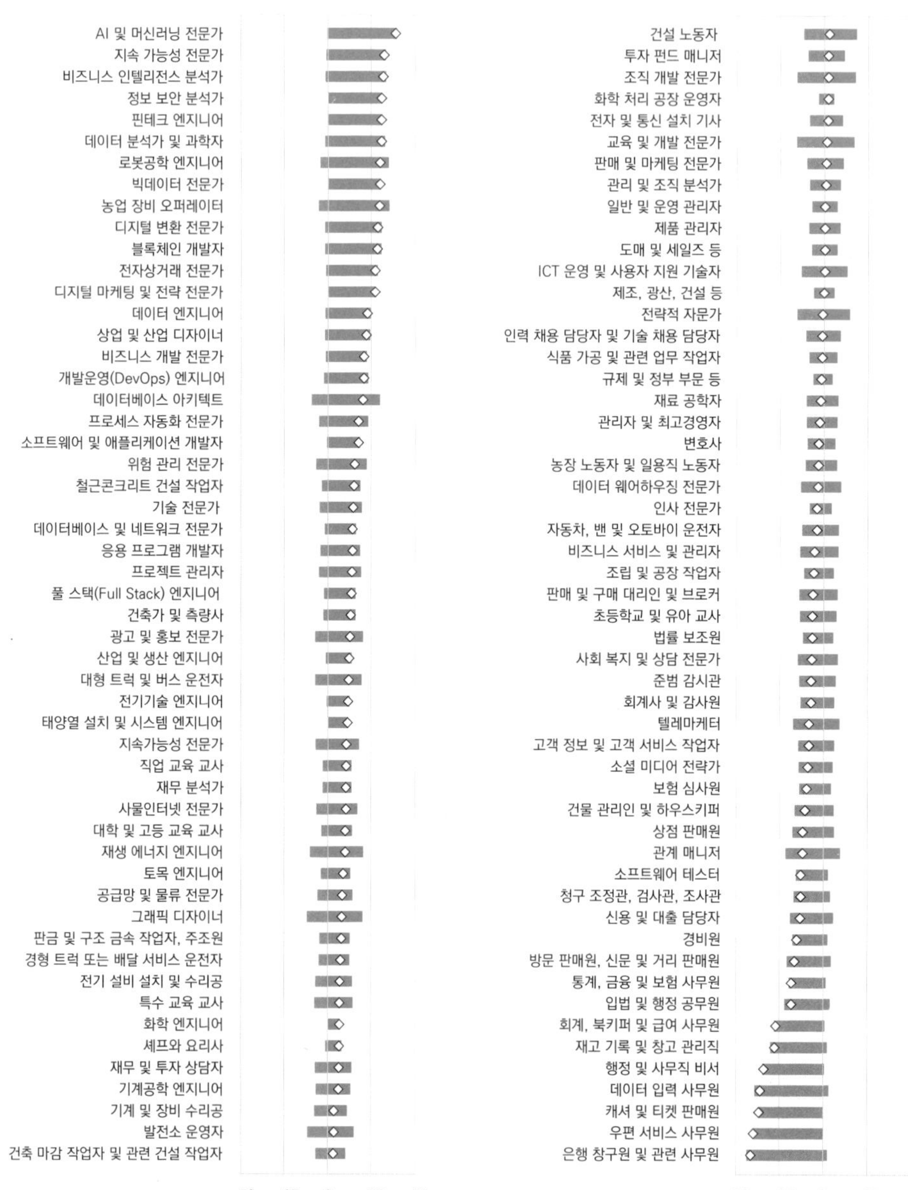

생겨나는 직업
사라지는 직업
순증가 또는 순감소
AI 및 머신러닝 전문가
지속 가능성 전문가
비즈니스 인텔리전스 분석가
정보 보안 분석가
핀테크 엔지니어
데이터 분석가 및 과학자
로봇공학 엔지니어
빅데이터 전문가
농업 장비 오퍼레이터
디지털 변환 전문가
블록체인 개발자
전자상거래 전문가
디지털 마케팅 및 전략 전문가
데이터 엔지니어
상업 및 산업 디자이너
비즈니스 개발 전문가
개발운영(DevOps) 엔지니어
데이터베이스 아키텍트
프로세스 자동화 전문가
소프트웨어 및 애플리케이션 개발자
위험 관리 전문가
철근콘크리트 건설 작업자
기술 전문가
데이터베이스 및 네트워크 전문가
응용 프로그램 개발자
프로젝트 관리자
풀 스택(Full Stack) 엔지니어
건축가 및 측량사
광고 및 홍보 전문가
산업 및 생산 엔지니어
대형 트럭 및 버스 운전자
전기기술 엔지니어
태양열 설치 및 시스템 엔지니어
지속가능성 전문가
직업 교육 교사
재무 분석가
사물인터넷 전문가
대학 및 고등 교육 교사
재생 에너지 엔지니어
토목 엔지니어
공급망 및 물류 전문가
그래픽 디자이너
판금 및 구조 금속 작업자, 주조원
경형 트럭 또는 배달 서비스 운전자
전기 설비 설치 및 수리공
특수 교육 교사
화학 엔지니어
셰프와 요리사
재무 및 투자 상담자
기계공학 엔지니어
기계 및 장비 수리공
발전소 운영자
건축 마감 작업자 및 관련 건설 작업자
-50
-25
0
+25
+50
직업의 변동률 (%)
건설 노동자
투자 펀드 매니저
조직 개발 전문가
화학 처리 공장 운영자
전자 및 통신 설치 기사
교육 및 개발 전문가
판매 및 마케팅 전문가
관리 및 조직 분석가
일반 및 운영 관리자
제품 관리자
도매 및 세일즈 등
ICT 운영 및 사용자 지원 기술자
제조, 광산, 건설 등
전략적 자문가
인력 채용 담당자 및 기술 채용 담당자
식품 가공 및 관련 업무 작업자
규제 및 정부 부문 등
재료 공학자
관리자 및 최고경영자
변호사
농장 노동자 및 일용직 노동자
데이터 웨어하우징 전문가
인사 전문가
자동차, 밴 및 오토바이 운전자
비즈니스 서비스 및 관리자
조립 및 공장 작업자
판매 및 구매 대리인 및 브로커
초등학교 및 유아 교사
법률 보조원
사회 복지 및 상담 전문가
준법 감시관
회계사 및 감사원
텔레마케터
고객 정보 및 고객 서비스 작업자
소셜 미디어 전략가
보험 심사원
건물 관리인 및 하우스키퍼
상점 판매원
관계 매니저
소프트웨어 테스터
청구 조정관, 검사관, 조사관
신용 및 대출 담당자
경비원
방문 판매원, 신문 및 거리 판매원
통계, 금융 및 보험 사무원
입법 및 행정 공무원
회계, 북키퍼 및 급여 사무원
재고 기록 및 창고 관리직
행정 및 사무직 비서
데이터 입력 사무원
캐셔 및 티켓 판매원
우편 서비스 사무원
은행 창구원 및 관련 사무원
-50
-25
0
+25
+50
직업의 변동률 (%)

분야별로 2027년까지 일자리의 증감이 어떻게 될지 세계경제포럼의 일자리 보고서를 기초로 살펴보겠습니다.

디지털 접근성 및 디지털 상거래가 가능한 일자리들

디지털 거래와 관련된 직업들은 대부분은 증가할 것으로 기대됩니다. 반면 일부 대면 서비스와 데이터 입력 및 관리 일자리는 줄어들게 될 것입니다. 예를 들어, 전자상거래 전문가, 디지털 전환 전문가, 디지털 마케팅 및 전략 전문가는 25~35% 증가할 것으로 예상되며, 그 덕분에 200만 개의 일자리가 증가할 것입니다. 대면 서비스와 데이터 입력 및 관리 일자리의 감소는 산업 전체에서 일관되게 나타납니다. 계산대 점원(캐셔) 및 티켓 판매원, 데이터 입력원, 회계·경리·비서들의 수요는 25~35% 감소할 것으로 예상하고 있습니다. 데이터 입력원의 감소 동향은 전 세계적으로 일관되게 나타나고 있습니다. 이들 일자리는 현재 상당한 규모이기 때문에 전 세계적으로 약 2,600만 개의 일자리 감소로 이어질 수 있습니다. 이는 놀랄만한 일이 아닙니다. 조사 대상 기업의 약 75%에서 생성형 인공지능이 도입될 것으로 예상되며, 이는 휴머노이드 로봇 및 산업용 로봇에 이어 두 번째로 일자리 감소에 큰 영향을 미칠 것으로 예상됩니다. 주로 은행원, 캐셔, 사무원, 비서 및 경리직에 영향을 줄 가능성이 큽니다. 그러나 일자리에 대한 가장 큰 위협은 여전히 기술이 아닌 경제 성장의 둔화, 생산비 상승 및 소비자의 구매력 약화로 보입니다.

또한 거의 모든 직업에서 평균적으로 개인이 보유하고 있는 기술의 절반(44%) 가까이 재개발돼야 합니다. 기업에서 수요가 급증하는 스킬은 분석적 사고와 창의적 사고가 가장 큰 비중을 차지하고 있습니다. 그 다음으로는 기술적 이해력, 호기심과 평생학습, 회복탄력성과 유연성, 시스템 사고, 인공지능과 빅데이터가 이어집니다.

<가장 유망한 10대 스킬>

순위	스킬	순위	스킬
1	창의적 사고	6	시스템 사고
2	분석적 사고	7	인공지능 및 빅데이터
3	기술적 이해력	8	동기부여 및 자기 인식
4	호기심과 평생학습	9	재능 관리
5	회복탄력성, 유연성, 민첩성	10	서비스 지향성 및 고객 중심 서비스

개인의 입장에서는 광범위한 경제 환경의 변화, 직장에서의 새로운 기술 통합, 미래에 대한 불확실성으로 인해 좌절감을 느낄 수 있습니다. 현재의 취업 전망에 대한 좌절감에 더하여 미래 전망에 대한 불안과 미래에 증가할 경제 격차에 대한 절망감이 중첩되기 때문입니다. 기업들 입장에서는 새로운 세계에서 성공하는 데 필요한 기술과 인재 확보에 불안을 느낍니다. 기술 격차에 대해 우려하는 기업은 60%이며, 인재 유치에 대해 걱정하는 기업은 54%입니다. 정부의 입장에서는 교육과 평생학습 시스템에 충분한 투자를 하지 않은 경우, 인적 자본 개발에 어려움이 따르기 때문에 경제 성장에 큰 장애물이 될 것입니다.

▶ 기후변화 완화와 녹색 전환 일자리

현재 상대적으로 적은 인력이 고용돼 있는 신재생에너지 및 기후변화 완화와 관련된 분야의 일자리가 빠르게 성장할 것으로 기대됩니다. 지속 가능성 전문가, 환경 보호 전문가는 각각 33%와 34% 성장할 것으로 예상되면서, 약 100만 개의 일자리 증가로 이어질 것입니다. 녹색 일자리 및 관련 기술을 가진 노동 인력은 기후변화 목표를 달성하는 데 필수적입니다. 기업들은 녹색 일자리 채용률을 증가시켜왔으며, 2019년 이후 매년 전체 채용 성장률을 초과하는 녹색 일자리 성장률을 보여주고 있습니다. 그 덕분에 지속 가능 분석가, 지속 가능성 전문가, 지속 가능성 매니저를 포함한 지속 가능 일자리가 지난 4년간 링크드인(LinkedIn) 플랫폼에서 가장 빠르게 성장하는 일자리 상위 10개 중 3개를 차지했습니다.

기후 위기에 대응하기 위한 세계적인 탄소 배출 저감 노력으로 인해 예상되는 일자리 손실을 보상하기 위해, 각 부문과 산업에서 많은 녹색 일자리가 생겨나고 있습니다. 녹색 기술을 보유한 노동 인력 비율은 수요 증가에 부응하기 위해 2015년 이후 약 40% 증가했습니다. 국제 에너지 기구의 데이터에 따르면, 녹색 회복 시나리오는 매년 전 세계적으로 세계 GDP에서 추가로 3.5%의 증가를 가져와 900만 개의 신규 일자리를 창출할 것으로 보입니다. 녹색 전환은 2030년까지 세계적으로 청정 에너지, 효율성 및 저탄소 기술 분야에서 3,000만 개의 일자리를 창출할 수 있습니다. 그러나 지난 4년간 녹색 일자리는 계속해서 성장하고 있지만, 녹색 기술에 대한 재교육과 기술 업그레이드는 이를 따라잡지 못하고 있습니다.

첨단 기술 관련 일자리

산업 전반에 걸쳐 첨단 기술이 도입되면서 현재 고용인원이 적은 데이터 및 네트워크 직업군, 인공지능 및 머신러닝 직업군, 사이버 보안 직업군 등 세 직군에서의 일자리를 크게 증가시키고 있습니다. 데이터 분석가, 데이터 과학자, 빅데이터 전문가, 비즈니스 인텔리전스 분석가, 데이터베이스 전문가, 네트워크 전문가, 데이터 엔지니어와 같은 일자리 수요가 30~35% 증가하여 140만 개의 일자리가 새로 생겨나게 될 전망입니다. 이는 빅데이터에 의존하는 첨단 기술의 발전과 산업에서의 기술 도입 확대로 가능해집니다. 이러한 일자리 성장 전망은 전세계에서 공통적으로 나타나고 있습니다.

인공지능 및 머신러닝 전문가에 대한 수요는 인공지능과 머신러닝의 사용이 계속해서 산업 변화를 주도함에 따라 40% 성장하면서 100만개의 일자리를 새로 창출할 것으로 예상됩니다. 여러 연구를 종합해 보면, 생성형 인공지능은 모든 근로자들의 업무에 상당 부분에 영향을 미칠 수 있습니다. 이는 일자리를 대체할 수도 있지만 인간을 도와 기존 업무를 보강할 수도 있습니다. 이러한 변화는 주로 임금 수준과 진입 장벽이 더 높은 일자리에 영향을 미칠 가능성이 큰 것으로 나타나고 있습니다. 즉, 고임금 일자리나 진입 장벽이 높은 직업들이 특히 노출이 크다는 의미입니다. 이 직업들은 더 전문적인 지식과 기술을 요구하며, 따라서 이러한 직업들에 영향을 미치는 기술적 변화의 영향도 더욱 크게 받을 수 있습니다. 정보 보안 분석가에 대한 수요는 31% 증가하여 20만 개의 추가적인 일자리가 예상됩니다. 이는 암호화와 사이버 보안의 증가로 인해 발생합니다. 광범위한 사이버 범죄와 사이버 보안 부족은 장단기적으로 글로벌 10대 리스크 가운데 하나로 인식되고 있으며, 현재 전 세계적으로 300만 명의 사이버 보안 전문가가 부족한 상황입니다.

교육, 보건의료 관련 사회적 일자리

교육 산업의 일자리는 2023년부터 2027년까지 약 10% 증가할 것으로 예상됩니다. 이 분야의 일자리는 각급 학교 교사와 대학교수, 직업 교육 교사 등입니다. 이미 많은 인력이 고용되어 있기 때문에 증가율은 낮아도 실제로 새로 생겨나는 일자리 수는 300만개에 이르게 될 것입니다. 이러한 직업들의 성장을 견인하는 잠재적 동력은 교육 및 직업 개발 기술의 높은 채택률과 인력 역량 간극을 해소하기 위한 기업들의 노력입니다.

한편, 사회적 일자리인 보건, 교육 및 의료 분야 일자리들은 사회적 평온과 사회 이동성 향상, 인적 자본(노동력)의 유지, 사회적 회복 탄력성 강화에 중요한 역할을 합니다. 전 세계 인구가 증가하고 노령화가 급격하게 진행됨에 따라 사회적 직업의 중요성은 높아질 수밖에 없습니다. 세계적인 인재 채용 플랫폼 인디드(Indeed)의 연구에 따르면, 팬데믹 이후로 사회적 일자리와 관련 인재들의 채용이 상당히 증가했습니다. 다만, 우리나라와 상황이 유사한 일본의 경우 보건 및 의료 분야 일자리는 증가하지만, 교육 분야는 감소하는 것으로 나타나고 있습니다.

농업 관련 일자리

농업 전문가, 특히 농기계 오퍼레이터 일자리는 30% 증가할 것으로 예상됩니다. 현재의 고용 수준을 고려하면, 이 부문에서 약 300만 개의 추가적인 일자리가 생길 수 있습니다. 이러한 수요의 증가는 공급망 중단 및 원가 상승과 같은 다양한 추세의 결합 효과, 농업 기술의 증가 및 기후변화 적응에 대한 투자의 증가와 같은 요인들로 인해 발생할 것으로 보입니다. 특히 농업 관련 종사자들은 생성형 인공지능의 영향도 상대적으로 적게 받을 것으로 예상됩니다.

수리 기사, 공장 노동자, 일용직 노동자

드론 및 산업 자동화와 같은 비 휴머노이드 로봇과 첨단 기술의 발달이 어떤 영향을 미칠지 정확히 알 수 없는 관계로 기계 장비 수리 기사, 건설 노동자, 조립 및 공장 노동자에 대한 전망은 불투명합니다. 기계 장비 수리 기사의 경우, 성장 전망과 감소 전망이 거의 동일한 비율로 나타납니다. 그러나 이 분야의 총고용 규모가 크기 때문에, 약 190만 개의 추가 일자리가 생길 것으로 예상됩니다.

건설 노동자에 대해서는, 전반적으로 수요 하락이 예상되긴 하지만, 이 분야의 고용 규모와 역할로 미루어 볼 때 약 100만 명의 추가 인력 수요가 예상됩니다. 또한 기업과 근로자들에게 있어서 상당한 변동과 이직률이 예상됩니다.

조립 및 공장 노동자의 경우, 수요가 5% 정도 감소할 것으로 예상되며, 이로 인해 약 200만 개의 직업이 사라지게 될 것입니다. 이러한 감소는 첨단 제조 및 전자산업에서의 수요 감소로 인해 주로 제조업이 발달한 국가들에게 나타납니다. 그 가운데 일본이 대표적이며, 이와 상황이 유사한 한국도 마찬가지일 것으로 예상할 수 있습니다. 그러나 이 부문의 근로자들은 생성형 인공지능으로 인한 자동화 가능성이 상대적으로 낮아 영향을 덜 받을 것으로 보입니다.

공급망과 물류 관련 일자리

물류와 관련된 일자리들은 성장과 쇠퇴에 대한 전망이 모두 존재하는 또 하나의 직군입니다. 공급망의 지역화는 일자리 증가에 큰 영향을 미칠 것으로 예상되지만, 동시에 중요한 일자리 소멸 요인이 될 것입니다. 한편, 공급 부족과 원자재 가격 상승은 글로벌 경기 둔화에 이어 가장 큰 일자리 파괴 요인으로 예상됩니다. 이에 따라 일부 기업들은 대형 트럭 및 버스 운전사를 추가 고용할 것으로 기대되지만, 또 다른 일부 기업들은 오히려 인력을 감축할 것으로 예상됩니다. 전체적으로는 이 직종에서 200만 개의 일자리 순증가가 예상됩니다. 그렇지만 전 세계적으로 대형 트럭 운전사가 부족한 상황이어서 이러한 수요 증가는 운전사 부족 상황을 더욱 악화시킬 수 있습니다. 이에 비해, 승용차, 밴 운전사와 오토바이 라이더 일자리는 전체적으로 60만 개의 순감소를 예상할 수 있습니다. 물류 전문가들과 경형 트럭 운전사들은 작은 수준이긴 하지만 순증가가 예상됩니다.

미래의 유망 직업

미국 MIT 공대 데이비드 오터 교수는 미래세대에게 유망한 직종이나 직업에 대해 이렇게 말했습니다.

"기계를 잘 활용할 수 있는 사람이 돼야 합니다. 예를 들어, 의사는 전문 지식을 가지고 있지만, 동시에 환자와 꾸준히 소통하는 사람입니다. 사람들이 요구하는 것을 지식을 활용해 일종의 '번역'을 해야 하는 직업입니다. 나는 이를 '가치 있는 일'이라고 표현하고 싶습니다. 이런 일은 기계가 해내지 못합니다. 이처럼 앞으로는 전문적인 지식과 사람의 요구를 함께 받아들이고, 자신만의 가치를 만들어 낼 수 있는 사람에게 많은 기회가 돌아갈 것이라고 봅니다. 어떤 전공이 유망할 것이라고 말하기는 어렵습니다. 사람들이 각자 다른 적성을 갖고 있기 때문입니다. 다만 근본적인 것은 바뀌지 않습니다. 미래에도 읽기·쓰기·말하기·분석하기는 매우 중요한 재능이 될 것입니다. 학교에서 분석적 사고방식을 길러야 하고, 더 나은 추론을 하고 의사 결정을 내릴 수 있도록 정보를 분석하는 능력을 키워야 합니다."

미국 노동 통계국은 다양한 직업군이 다음 10년 동안 어떻게 성장하거나 감소할지에 대한 연간 고용 전망을 발표합니다. 노동통계국은 미국 국내 고용이 2021년의 1억 5,810만 명에서 2031년의 1억 6,650만 명으로 830만 명 증가할 것으로 예상하고 있습니다. 미국의 디지털 뉴스 플랫폼인 인사이더(Insider)는 이러한 통계를 활용하여 소득 수준이 높고 일자리도 늘어날 가능성이 높은 30대 직업을 뽑았습니다. 밝은 미래가 예상되는 직업군을 선정하기 위해 각 직업군의 연봉 중간값과 2031년까지 예상되는 고용 증가율을 기준으로 직업군의 순위를 정했습니다. 연봉 기준은 모든 직업의 중간값인 6천만 원 이상의 직업만을 대상으로 했습니다. 온갖 종류의 일자리가 다 포함되는 '컴퓨터 직업 및 기타'는 제외했습니다. 분석 결과 의료, 기술, 관리 직종이 최상위 순위에 올라 있습니다. (순위 / 직업 / 미국 2022년 연봉 중간값)

1. 소프트웨어 개발자 / 1억 7천만 원
2. 재무 관리사 / 1억 8천만 원
3. 의료 및 건강 서비스 관리자 / 1억 4천만 원
4. 지배인 및 운영 관리자 / 1억 3천만 원
5. 전담 간호사[33] / 1억 6천만 원
6. 간호사 / 1억 1천만 원
7. 컴퓨터 및 정보 시스템 관리자 / 2억 1천만 원
8. 경영 분석가 / 1억 2천만 원
9. 변호사 / 1억 8천만 원
10. 시장 조사 분석가 및 마케팅 전문가 / 9천만 원
11. 데이터 과학자 / 1억 3천만 원
12. 정보 보안 분석가 / 1억 5천만 원
13. 회계사 및 감사 / 1억 원
14. 컴퓨터 시스템 분석가 / 1억 3천만 원
15. 프로젝트 관리 전문가 / 1억 2천만 원
16. 건강 관련 전문 교수(또는 강사) / 1억 3천만 원
17. PA간호사[34] / 1억 6천만 원

---

33) 전담 간호사(NP, nurse practitioners)는 병을 진단하고 치료하는 방법에 대해 추가 교육과 훈련을 받은 등록 간호사입니다. 미국에서는 주정부 수준에서 허가하고 전국 간호 조직이 인증하는 전담 간호사는, 암 치료에서 의사의 동의에 따라 환자와 그 가족의 일차 진료를 관리할 수도 있습니다.

34) 진료 보조인력(physician assistants)를 의미하며, 의사의 감독 아래 환자에 대한 처방권과 시술 권한이 부여된 의료 직종입니다. 의사가 부족하여 생긴 직종으로, 특히 1차 진료에서 중요한 역할을 담당하고 있

18. 대형트럭, 트렉터, 트레일러, 트럭 운전사 / 6천만 원
19. 소프트웨어 품질 보증 분석가 및 테스터 / 1억 3천만 원
20. 개인 재무 자문가 / 1억 2천만 원
21. 산업공학자 / 1억 3천만 원
22. 물리 치료사 / 1억 3천만 원
23. 산업 기계 정비사 / 8천 만 원
24. 약물 남용, 행동 장애 및 정신 건강 상담사 / 6천만 원
25. 마케팅 매니저 / 1억 8천만 원
26. 인력개발 전문가 / 8천만 원
27. 물류전문가 / 1억 원
28. 전기기술자 / 8천만 원
29. 영업 관리자 / 1억 7천만 원
30. 서비스 판매 전문가(광고, 보험, 금융서비스, 여행 제외) / 8천만 원

미래를 엿볼 수 있는 100가지 직업

호주의 그리핏 대학과 디킨 대학은 2019년 자동차 회사인 포드 오스트레일리아와 함께 「100대 미래직업」이라는 보고서를 발표했습니다. 이 보고서의 특징은 4차 산업혁명 기술이 발달함에 따라 전망이 유망하거나 현재는 없지만 미래에 새로 생겨날 직업에 대해 연구하고

습니다. 미국의 경우 PA는 대학에서 전문 교육을 받은 후, 국가에서 시행하는 시험을 통해 자격증을 취득해야 합니다. 우리나라에는 PA 제도가 없습니다. 다만 병원에 PA 간호사라고 불리는 사람들이 있습니다. 일반병동 간호사들과는 호칭도 유니폼도 다르고, 간호부서가 아닌 의사 부서인 의국에 소속된 이들은 수간호사나 간호팀장이 아닌 전문의의 지시를 따릅니다. 그러면서 PA들은 간단하게는 처방 대행부터 수술 보조, 진단서 작성, 시술까지 사실상 의사의 기능을 일부 수행합니다. 그러나 이러한 의료 행위는 현재의 의료법 체계 아래서는 합법이라고 하기 어려워 논란이 많습니다.

100가지 주요 직업을 선정한 것입니다. 이러한 직업에는 로봇 윤리학자, 멸종된 동물을 되살리는 유전자학자, 데이터 폐기물 재활용 업체, 우주 관광 사업자, 가상 비서 인격 디자이너 및 자율주행차 프로필 디자이너 등이 있습니다.

연구자들은 건강, 농업, 공학 및 재료 과학, 교통·모빌리티, 컴퓨팅, 인공 지능, 상업 및 교육 등 미래 일자리에 중요한 산업 전문가들과 기존의 일자리 미래 문학을 분석하여 미래 일자리의 모습을 예측했습니다. 기술적인 발전, 데이터 민주화, 기후 변화, 글로벌화, 인구 압력 및 인구 통계의 변화가 모든 분야의 일자리에 영향을 미친다는 것을 발견했습니다. 창의력과 사회적 지능, 수작업 민첩성, 문제 해결 능력, 창의성 및 기업가 정신과 대인 관계 기술이 미래 일자리에서 필수적인 요소가 될 것으로 예상됩니다. 또한 적응력, 높은 학습 능력 및 학습 전략에 대한 전략적인 능력이 직장에서 성공하는 데 중요하다고 합니다.

디킨대 러셀 타이틀러(Russel Tytler) 교수는 "사람들은 일자리를 두고 기계와 경쟁하는 것이 아니라 기계와 함께 새로운 방식으로 일하게 될 것입니다. 이것이 바로 변해가는 세상과 경제에 맞춰 살아가는 방법입니다."라고 말했습니다.

미래의 직업 전선에서 살아남기 위해 필요한 기술을 이야기할 때 가장 중요하게 다뤄지는 주제는 교차학제적[35](cross-disciplinarity) 지식입니다. 여기에 해당하는 인재는 몇 가지 부류가 있습니다.

---

35) 교차학제(cross-disciplinarity)란 어떤 하나의 일에 대해서 두 가지 이상의 학문 분야가 결합되는 것을 말합니다.

- 한 분야에 대한 깊은 지식을 가졌으면서도 교차학제팀에서 일할 수 있을 만큼 다른 분야에 대해서도 넓은 지식을 갖춘 사람
- 기술 지식과 학문적 지식을 결합하여 데이터의 의미와 데이터 요구 사항을 이해하는 사람
- STEM[36]과 같은 분야에서의 학문적 아이디어와 기술을 가지고 있으면서 창의적 경향을 보이는 사람

또 다른 주제는 인간적인 기술의 중요성입니다. 이는 기술과 인간이 상호작용하는 환경에서 일할 수 있도록 사람들과 이해하고 소통할 수 있는 능력을 말합니다. 프리랜서로 다양한 프로젝트를 병행하여 일할 때, 각 팀에서 효과적으로 일하는 능력이 매우 중요해집니다. 기술 응용 프로그램을 사용할 때 커뮤니티 기술도 중요하게 작용할 것입니다.

세 번째 주제는 변화에 대한 유연성과 적응력의 중요성입니다. 미래의 근로자들은 일생에 많은 직업을 가질 것입니다. 그러므로 직장의 요구 사항에 맞춰 적응하고 앞서가는 사람들이 그런 업무 환경에서 성공할 수 있을 것입니다. 그러자면 끊임없이 학습해야 하는데, 학습 능력과 학습에 대한 전략적 접근 방식을 가지고 있는 사람들이 곧 성공의 열쇠를 가지고 있는 것이나 마찬가지입니다. 미래에는 어떤 일자리에 대한 자격은 매우 짧은 기간만 유효할 것이며, 일생에 걸쳐 지속적으로 업데이트해야 할 것입니다. 이런 환경에서는 평생학습이 사회에서 필요한 기술을 유지하기 위한 유일하고도 강력한 통로로 인식될 것입니다.

36) STEM은 과학(Science), 기술(Technology), 공학(Engineering), 수학(Mathematics)의 약자로, 이 네 가지 분야를 통합적으로 학습하는 교육 분야입니다

100대 미래직업 리스트는 우리에게 앞으로 다가올 미래 생활에 대한 새로운 시각을 제공합니다. 가령, '노스탤지스트(Nostalgist)'라는 직업은 노인들을 위해 생산적인 기억을 보존하고 강조하는 업무를 맡습니다. 우리는 우리의 외모를 도와주는 '에스테티션(Aestheticians)'을 두게 될 것입니다. 3D 프린트 건축 디자인 같은 직업군에서 일하는 '퓨전리스트(Fusionists)' 같은 혁신적인 디자인과 관련된 많은 직업이 있습니다. '귀뚜라미 사육 농부(Cricket Farmer)'나 '날씨 제어 엔지니어(Weather Control Engineer)'와 같이 환경 문제의 결과인 직업도 있습니다. 이러한 직업들 중 많은 것들이 오늘날 어떤 형태로 존재하긴 하지만, 미래의 직업은 새로운 기술이나 사회 운동으로 인해 생기는 다른 역할도 포함합니다.

물론 이러한 직업들은 많고 다양하지만, 미래의 일자리를 대표하지는 않습니다. 기계가 복제할 수 없는 숙련된 수동 작업이 포함돼 있는 일부 직업은 특히 많이 변하지 않을 것입니다. 이 보고서가 묘사하는 100가지 직업을 통해 우리는 미래의 사회와 직업에 대한 통찰력 있는 시야를 얻을 수 있습니다. 특히 미래를 준비하는 개인들에게는 다가올 미래가 무엇을 의미하는지, 그리고 그러한 미래에 생산적으로 참여하려면 어떤 이익·가치·성향·기술을 준비해야 하는지 이해하는 데 유용합니다. 이 보고서가 제시하는 미래의 100가지 특징적인 직업은 인터넷 페이지에서 확인해 볼 수 있습니다. (imioim.com/54)

3 성장성과 안정성을 고려한 전략적 직업 선택

팬데믹이 일자리에 미친 영향에 관한 맥킨지 보고서

코로나19로 인해 기업과 소비자들은 빠르게 새로운 행동양식을 채택하게 되었고, 이는 지속될 가능성이 있으므로 미래의 일자리에 중대한 변화를 초래할 것입니다. 따라서 코로나19를 기점으로 노동시장은 완전히 새로운 형태로 전환되고 있는 것입니다. 그중에서 가장 특징적인 트렌드가 3가지 있습니다. 첫째는, 원격 근무 가능성이 높은 직업군의 비중이 증가하고, 단순히 사무실에서만 일하던 이전과는 달리 일하는 장소와 시간이 다양해지는 추세입니다. 둘째는, 전자상거래와 자동화가 증가하면서 일부 직업군의 수요가 감소하고, 새로운 직업군의 수요가 증가하는 추세입니다. 이로 인해 근로자들은 새로운 기술과 역량을 습득하고 직업을 전환해야 할 필요성이 커집니다. 셋째는, 물리적 근접성이 높은 직업군의 변화가 가속화되고, 일하는 방식과 비즈니스 모델이 재조정되는 추세입니다. 이는 의료, 개인 서비스, 현장 고객 서비스, 여가 및 여행 등의 분야에 특히 영향을 미칠 것입니다.

코로나19가 노동시장에 미친 가장 큰 영향은 원격 근무를 하는 직원들의 급증입니다. 맥킨지는 팬데믹 기간 늘어난 원격 근무가 팬데믹이 끝난 이후에도 얼마나 지속될 수 있는지 파악하기 위해, 8개 국가에서 2,000개 이상의 업무와 800개의 직업들을 분석했습니다. 생산성 손실 없이 원격 근무가 가능한 업무들만 고려했을 때, 선진 경제국에서는 근로 인구의 약 20~25%가 주당 3~5일을 집에서 원격으로 근무

할 수 있는 것으로 파악됐습니다. 이는 팬데믹 이전보다 원격 근무가 4~5배 이상 늘어난 것이며, 개인과 기업이 대도시에서 교외나 소도시로 이동함에 따라 노동의 지리적 구조에 큰 변화를 일으킬 수 있습니다. 일부 기업들은 팬데믹 동안 원격 근무의 긍정적 경험을 바탕으로 회사를 유연한 작업 공간으로 전환하려고 계획하고 있으며, 이로 인해 필요한 전체 공간이 감소하고 매일 사무실에 출근하는 근로자 수도 줄어들게 될 것입니다. 맥킨지가 진행한 설문 조사에 따르면, 평균적으로 사무 공간은 30% 정도 줄어들게 될 것으로 보입니다. 이로 인해 도심 지역의 식당과 소매업의 수요, 대중교통의 수요가 감소할 수 있습니다. 원격 근무는 팬데믹 기간 동안 활발히 사용된 비디오 회의를 통해 가상 회의 및 업무의 다른 측면에 대한 새로운 수요를 가져왔으며, 이는 비즈니스 여행에도 영향을 미칠 수 있습니다. 레저 여행과 관광은 팬데믹 이후 회복되고 있지만, 항공사에 가장 수익성이 높은 세그먼트인 비즈니스 여행의 약 20%는 영영 회복되지 않을 수도 있습니다. 이는 상업 항공 우주, 공항, 호텔 및 음식 서비스 분야의 고용에 중대한 영향을 미칠 것입니다. 전자 상거래 및 기타 가상 거래는 번창하고 있습니다.

많은 소비자들은 팬데믹 동안 전자 상거래 및 기타 온라인 활동이 얼마나 편리한지 알게 됐습니다. 전 세계에서 실시된 맥킨지 소비자 동향 조사에 따르면, 팬데믹 기간에 처음으로 온라인 서비스를 이용하기 시작한 사람들의 약 75%가 '일상이 회복된 상황'으로 돌아가도 계속해서 온라인 서비스를 사용할 것이라고 응답했습니다. 원격 진료, 온라인 뱅킹 및 스트리밍 엔터테인먼트와 같은 가상 거래도 성장하고 있습니다. 이러한 온라인 활동은 경제가 재개되면서 감소해가고 있지만 팬데믹 이전 수준보다는 훨씬 높은 수준으로 지속될 것으로 예상됩니다. 이러한 디지털 거래 증가로 배송, 운송 및 창고 관련 일자리들이 크게 성장했습니다.

경제 침체 기간 동안 비용을 절감하고 불확실성을 완화하기 위해 많은 기업이 자동화와 작업 프로세스 재설계를 채택했습니다. 기업들은 창고, 식료품 판매점, 콜센터, 제조 공장에서 자동화와 인공지능을 도입하여 인력도 줄이고 수요의 증가에도 대응했습니다. 이러한 자동화 사례들의 공통점은 높은 신체적 접촉과 관련이 있으며, 인간 상호작용이 많은 작업 분야에서 자동화와 인공지능의 도입이 가장 빠르게 가속화될 것으로 예상됩니다.

코로나19로 인해 세계 경제와 일자리 구성에 더 큰 변화가 발생했으며, 그 강도는 우리가 이전에 예상했던 것보다 훨씬 더 셌습니다. 팬데믹으로 인해 부정적인 영향을 가장 크게 받은 부문은 음식 서비스, 고객 판매 및 서비스, 기술 수준이 낮은 사무 지원 등의 일자리들입니다. 전자 상거래와 배송 경제의 성장으로 인해 창고 및 운송 분야의 일자리는 증가할 수 있지만, 이러한 증가는 많은 저임금 일자리의 붕괴를 상쇄시키기에는 충분하지 않을 것입니다. 예를 들어, 미국에서는 고객 서비스 및 음식 서비스 일자리가 430만 개 감소할 것으로 예상되는 반면, 운송 일자리는 80만 개 정도 증가할 것으로 보입니다. 보건 의료 및 STEM 분야에서 근로자들에 대한 수요는 팬데믹 이전보다 더욱 증가할 것으로 예상되며, 이는 인구의 노화와 소득의 증가로 건강에 대한 관심이 증가함에 따라 신기술을 개발·활용·유지보수할 수 있는 기술 인력의 필요성이 커지고 있음을 의미합니다.

팬데믹 이전에는 자동화가 주로 제조업 및 일부 사무직군 가운데 중간 임금 수준의 직급에서 순 감소하도록 만든 반면 저임금과 고임금 직군은 계속해서 성장했습니다. 저임금 직군의 경우 자동화되더라도 다른 저임금 직업으로 전환이 가능했습니다. 일례로 데이터 입력 일자리는 소매업이나 가정 건강 관리 일자리로 이동이 가능했습니다. 앞으로 노동의 수요 가운데 가장 큰 폭으로 증가할 것으로 예상되는 부분은 고임금 직업군입니다. 그러므로 수요감소가 클 것으로 예상되는 저임금 직군의 절반 이상은 고임금 범주의 직업으로 전환하고 다른 기술을 요구하는 직업으로 이동해야 할 것입니다. 물론 그러자면 새로운 기술 습득이 필요합니다.

저임금 직업의 감소와 고임금 직업의 증가가 예상되므로, 앞으로 몇 년간의 직업 이동의 규모와 성격은 매우 도전적이고 거세질 것입니다. 맥킨지의 분석에 따르면 분석 대상인 8개 주요 국가 즉, 미국, 영국, 프랑스, 독일, 스페인, 일본, 중국, 인도에서는 2030년까지 1억 명 이상의 근로자들이 다른 직업을 찾아야 하는 것으로 나타났습니다. 이 수치는 전체 근로자의 6.25%이며, 선진 경제일수록 더 높아진다는 것이 특징입니다.

또 코로나19 이전에 분석했던 것보다 코로나19 이후에 그 수치가 더 증가했다는 점도 주목할만 합니다. 팬데믹 이전에는 일자리 전환을 위해 더 높은 임금 직업으로 이동해야 할 근로자는 전체 근로자의 6%

에 불과하다고 예상했습니다. 그러나 코로나19 이후 연구에서는 최하위 두 개의 임금 구간 노동자들 중 훨씬 더 많은 수가 이직해야 할 뿐만 아니라, 그 가운데 절반 이상은 한 두 구간 더 높은 일자리로 옮겨야 하는데 그러자면 더 고급 기술을 습득해야 할 필요가 있다는 점입니다.

직업을 전환해야 하는 근로자들에게 요구되는 재능과 기술의 조합도 변하고 있습니다. 독일 근로자들의 경우 기본 인지능력을 사용하는 시간은 3.4%포인트 줄어들고, 사회적·감성적 능력을 사용하는 시간은 3.2%포인트 증가하게 될 것입니다. 인도에서는 신체적·수동적 능력을 사용하는 노동 시간의 비율은 2.2%포인트 감소하고, 기술 능력을 사용하는 시간은 3.3%포인트 증가할 것입니다. 최저 임금 계층의 일자리에서 일하는 근로자들이 기본 인지능력과 신체적·수동적 능력을 사용하는 비율은 근무 시간의 68%인데 반해, 중간 임금 계층에서는 이러한 기술을 사용하는 시간이 전체 시간의 48%, 최고 임금 계층에서는 20% 미만을 차지합니다. 코로나19로 가장 크게 피해를 입은 직업군의 근로자들이 직업을 전환하거나 적응해야 하는 어려움이 두드러질 것으로 예상됩니다. 대학 학위가 없거나 특별한 기술이 없는 근로자들과 여성 근로자들이 가장 큰 어려움에 직면하게 될 것입니다. 미국의 경우에는 대학을 졸업하지 않은 근로자들이 대학 이상의 전문 교육을 받은 사람들보다 직업 전환을 해야 하는 비율은 1.3배나 더 높습니다. 프랑스, 독일, 스페인에서는 코로나19의 영향으로 인해 직업 전환이 필요한 비율이 남성보다 여성에게서 3.9배 더 높을 것으로 예상됩니다. 또한, 직업 전환이 필요한 대상은 나이 든 근로자들보다는 젊은 근로자들일수록 비율이 더 높아질 것입니다.

팬데믹이 초래한 노동시장의 변화와 트렌드

코로나19가 여전히 기승을 부리던 2021년 5월, 블룸버그 통신은 텍사스 A&M 대학교 경영학과 앤소니 클롯츠(Anthony Klotz) 교수의 워딩을 인용하며 '대(大)사직(great resignation)'이라는 새로운 개념을 세상에 소개했습니다.

"근로자들이 폭발적으로 사직하는 대사직 시기가 다가오고 있습니다. 불확실한 상황에서는 사람들은 보통 자리를 지키려고 합니다. 그래서 사직하려고 마음 먹고 있던 사람들이 지난 1년 동안 사직 의사를 억눌러왔습니다."

사람들의 사직을 집중적으로 연구해온 사직 전문가 클롯츠 교수의 이러한 예언은 적중했습니다. 근로자들은 팬데믹 기간 동안 사회적 거리두기로 인한 원격근무와 같은 새로운 일의 방식을 경험하며 자신들이 현재의 직장에 만족하지 않고 있다는 것을 깨달았습니다. 어느 정도 숙고의 시간이 흐르자 근로자들의 대규모 직장 탈주 행렬이 시작된 것입니다. 미국 노동통계국에 따르면, 2021년 4월부터 2022년 4월까지 1년 1개월 동안 총 7,160만명의 사람들이 직장을 떠났습니다. 직장을 떠났다는 것은 직장에서 쫓겨난 것이 아니고 자발적으로 그만둔 것을 말합니다. 이러한 현상은 비단 미국의 일만은 아니며, 전 세계적으로 발생했습니다. 대사직과 관련한 몇 가지 중요한 통계를 살펴보겠습니다.

- 퓨 리서치(Pew Research) 조사에 따르면, 2021년에 비은퇴 성인 중 5명에 1명 꼴로 자발적으로 직장을 그만두었습니다.
- 2021년 3월에 발표된 마이크로소프트의 보고서에 따르면, 전 세계 총 근로 인구의 41%가 내년(2022년)에 현재 직장을 그만둘 예정이라고 했습니다.
- 링크드인(LinkedIn) 설문조사에 따르면 응답자 가운데 74%는 팬데믹 기간 동안 집에 갇혀있으면서 현재의 직장에 대해 깊이 생각할 수 있는 기회가 됐다고 응답했습니다.
- 페이저듀티(PagerDuty) 보고서에 따르면 응답자 39%는 지난 12개월 동안 기술 팀에서의 직원 이직률이 증가했다고 지적했습니다.
- 2021년 갤럽(Gallup)의 「글로벌 직장 상태 보고서 2021」에 따르면, 전 세계 근로자들의 직원 몰입도[37]는 20%였습니다. 몰입도가 낮을수록 직원들이 직장 만족도와 몰입도가 높아지는 다른 일자리를 찾아 떠날 가능성이 높다는 것을 의미합니다.

---

37) 직원 몰입도(imployee engagement)는 갤럽이 1990년대부터 개발하여 조사해오고 있는 지표로, 직원이 자신의 일과 조직에 얼마나 열정적인지를 나타냅니다. 일반적으로 높은 몰입도를 가진 직원들은 자신의 직업을 가치 있고 의미있게 느끼며, 그들의 능력과 잠재력을 최대한 활용하는 데 중점을 둡니다. 갤럽은 직원 몰입도가 기업의 성과에 어떤 영향을 미치는지 이해하기 위해 수천 개의 팀에서 수백만 명의 직원에 대한 데이터를 분석하였습니다. 이 과정에서 그들은 12개의 핵심 요소를 확인하였는데, 이 요소들이 직원의 성공과 높은 성과를 뒷받침하는 것으로 밝혀졌습니다. 이렇게 개발된 12개의 질문이 바로 갤럽의 Q12 조사입니다. 갤럽은 이후로 전 세계적으로 이 Q12를 활용하여 직원 몰입도를 측정하고 있으며, 그 결과를 바탕으로 조직의 성과 개선을 위한 전략을 도출하고 있습니다. 참고로, 2022년 전 세계 근로자들의 직장 몰입도는 23%로 높아졌습니다. 같은 시기 우리나라 근로자의 직장 몰입도는 11.79%에 불과합니다.

코로나19 팬데믹을 거치며 전 세계적으로 대사직 현상이 발생한 가장 큰 이유는 팬데믹이 가져다 준 자성의 시간을 통해 직장과 일상생활에 대한 사람들의 인식이 크게 바뀌었기 때문입니다. 우선, 팬데믹은 많은 근로자들에게 그들의 직장 생활에 대한 새로운 시각을 제공했습니다. 강제적인 재택근무 상황 속에서 사람들은 자신의 직업에 대한 만족도, 업무와 개인 생활의 균형(워라밸), 그리고 일에 대한 열정 등을 재평가하는 기회를 가졌습니다. 일부는 새로운 취미나 관심사를 발견하면서 현 직장에 대한 열정을 잃었고, 다른 일을 찾아보기 시작했습니다. 둘째로, 재택근무의 일상화가 진행되면서 원격 근무를 통한 더 유연한 근무 조건을 찾는 근로자들이 늘었습니다. 사무실에 출근하지 않고도 일할 수 있음을 깨닫게 된 많은 근로자들이, 그러한 유연성을 제공하는 새로운 직장을 찾기 시작했습니다. 셋째로, 팬데믹 기간 동안 많은 기업들이 인력 감축이나 폐업을 진행하면서, 근로자들은 자신의 직장이 언제든지 사라질 수 있음을 몸소 느꼈습니다. 이러한 불안정성은 많은 근로자들에게 새로운 일자리를 찾는 계기를 제공했습니다. 넷째로, 건강과 안전에 대한 우려도 큰 역할을 했습니다. 코로나19는 현장에서 일하는 것이 건강과 안전에 위협이 될 수 있음을 보여주었고, 이로 인해 많은 사람들이 안전한 환경에서 일할 수 있는 다른 직장을 찾기 시작했습니다. 마지막으로, 이런 변화의 시기를 활용하여 많은 사람들이 자신의 경력을 재평가하고, 새로운 기회를 탐색하거나 다른 분야로의 전환을 고려했습니다. 이러한 이유들이 복합적으로 작용하여 전 세계적으로 대사직 현상을 촉발하게 된 것입니다.

이렇게 직장을 떠난 사람들은 실직 상태로 세월을 보내고 있을까요? 물론 그렇지 않습니다. 이들은 자신의 조건에 맞는 직장을 찾아 열심히 구직활동을 합니다. 그리고 새로운 직장을 잡고 안착하게 됩니다. 이 과정에서 얼마나 많은 자발적 실업자들이 다시 일자리를 얻는가에 따라 노동시장이 변동합니다. 이 변동을 한 눈으로 파악할 수 있도록 해 주는 것이 '베버리지 곡선(beveridge curve)'입니다. 실직 상태가 된 근로자들이 새로운 직장을 잡지 못하면 빈 일자리들이 늘어나게 됩니다. 기업의 입장에서 보면 직원이 필요한데도 적합한 인재를 구하지 못해 일자리를 빈 채로 남겨두게 되는 상황이 생기는 것입니다. 경제학에서는 이런 빈일자리 수를 전체 노동인구의 수와 비교해 비율을 산출하는데, 이것을 '빈일자리율(vacancy rate)'이라고 합니다. 빈일자리율이 높다면 기업이 인재를 구하는 데 어려움을 겪는다는 뜻이 됩니다. 이에 반해 실업률은 전체 노동인구에서 일자리를 얻지 못한 실업자의 비율을 나타냅니다. 실업자 비율이 높다는 것은 근로자들이 일자리를 구하는 데 애를 먹고 있다는 뜻이 됩니다. 베버리지 곡선은 이러한 실업률과 빈일자리률의 관계를 그래프로 나타낸 것입니다. 일반적으로 X축에 실업률, Y축에 빈일자리율을 두고 그래프를 그립니다. 이 곡선은 보통 오른쪽 하향하는 형태를 보이는데, 이는 빈일자리율이 높을수록 실업률이 낮아지는 반비례 관계가 형성된다는 것을 보여줍니다. 그래프에서 A과 B을 비교해 보면 빈일자리율과 실업률 사이의 관계를 쉽게 이해할 수 있습니다. 노동시장의 상태가 A점에서 B점으로 변동한다면, 이는 빈일자리율이 낮아지는 대신 실업률이 점차 높아진다는 것을 의미합니다. 빈 일자리가 있음에도 실업이 해소되지 않고 간극이 생기는 것은 기업의 구인과 근로자의 구직 사이에 매칭 실패가 일어나고 있다는 의미입니다. 이런 매칭 실패는 두 가지 형태로 일어납니다. 하나는 빈 일자리가 요구하는 기술과 역량을 갖추고 있는 구직자가 없는 경우이고, 다른 하나는 그와 반대로 특정한 기술과 역량을 갖추고 있는 구직자는 있지만 빈 일자리 가운데 그에게 맞는 적합한 일자리가 없는 경우입니다. 이런 두 가지 매칭 실패가 베버리지 곡선으로 나타나는 것입니다.

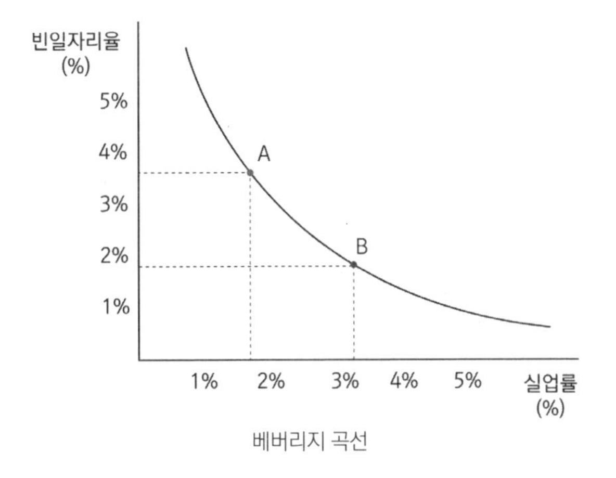

베버리지 곡선

그러나 베버리지 곡선은 이 그래프처럼 고정돼 있는 것이 아니라 노동시장의 불균형이나 경제 상황에 따라 뒤에 나오는 그래프처럼 왼쪽이나 오른쪽으로 움직일 수 있습니다. 만약 곡선이 오른쪽으로 이동한다면, 동일한 빈일자리율에도 불구하고 실업률이 더 높아졌다는 것을 의미하며, 이는 일반적으로 노동시장의 효율성이 떨어졌음을 나타냅니다. 곡선이 왼쪽으로 이동한다면 그 반대로 같은 빈일자리율에 대해 실업률이 낮아지는 것이므로 노동시장의 효율성이 그만큼 높아졌다는 것을 의미합니다. 이러한 이동은 기술 변화, 규제 변경, 노동자와 일자리의 불일치 등 다양한 요인에 의해 발생할 수 있습니다. 베버리지 곡선은 이처럼 노동시장의 건전성과 효율성을 판단하는 중요한 지표로 사용되며, 정책 결정자들이 노동시장 효율성을 평가하고 노동 정책을 수립하는 데 도움을 줍니다.

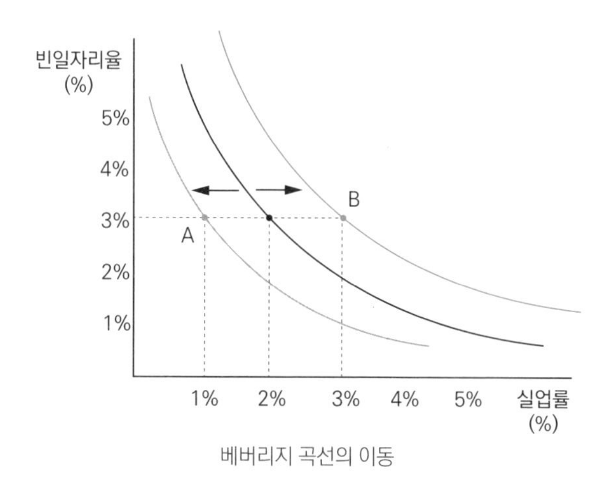

베버리지 곡선의 이동

대사직으로 일자리를 떠난 근로자들은 자신의 조건에 맞는 일자리를 찾아 구직활동을 하게 됩니다. 그러면서 점차 자리를 잡아갑니다. 바로 '대(大)개편(great reshuffle)'이 일어나는 것입니다. 사실 대개편이라는 용어는 팬데믹 이전에는 존재하지 않았습니다. 그도 그럴 것이 그동안 우리의 경제사에 대개편이라는 용어를 사용할 만큼 일시적인 대규모 이직 현상이 발생한 적이 없었기 때문입니다. 그런데 팬데믹 기간을 거치면서 이 현상이 일어났습니다. 대개편은 코로나19 펜대믹 이후 노동시장이 겪고 있는 중대한 변화를 설명하기 위해 생겨난 용어입니다. 이 용어는 많은 사람들이 재택 근무와 같은 새로운 근무 조건에 적응하면서 발생한 일자리 분야의 변화를 설명하는 데 사용되고 있습니다. 또한 이 용어는 노동시장의 이전 패턴들이 근본적으로 바뀌었다는 것을 나타내는 것이기도 합니다. 대개편이란 이러한 변화가 일시적인 것이 아니라, 새로운 기술, 원격 근무의 증가, 노동자들의 새로운 기대치 등에 의해 지속될 가능성이 높다는 점을 드러내는 용어입니다. 이 용어는 이러한 변화들이 노동시장의 작동 방식과 사람들의 일하는 방식을 재구성하고 있음을 보여주고 있습니다.

다시 팬데믹이 노동시장에 미친 영향에 대해 짚어보자면, 이 팬데믹이 끝나가자 클롯츠 교수의 예언대로 수많은 근로자들이 기다렸다는 듯이 직장을 떠났습니다. 대사직 현상의 정점을 찍었던 2021년 10월 미국에서의 근로자 사직률은 전체 노동력 대비 3%에 달했습니다. 이들 사직자들은 직장을 완전히 그만둔 것이 아니라 자신의 삶과 가치에 더 적합한 일자리를 찾아 떠난 것입니다. 클로츠 교수도 "이 사람들이 장기적으로 급여, 수당, 근무방식이 더 나은 일자리를 찾고 있다."고 설명했습니다. BBC 방송도 이러한 현상에 대해 "이제 사람들은 일에 자신의 삶을 맞추는 것에서 벗어나 자신의 삶에 일을 맞출 수 있는 능력이 더 커졌다."고 보도했습니다. 이러한 설명이 사실이라는 것은 사직자들이 새로 직장을 얻는 모습을 보면 알 수 있습니다. 팬데믹 기간 동안 사람들은 리스킬링이나 업스킬링을 통해 업그레이드된 기술을 습득하고는 이전의 업종과는 다른 새로운 업종의 직장을 얻는 경우가 많아진 것입니다. 퓨리서치(Pew Research)에 따르면, 2021년에 직장을 바꾼 사람들 중 절반이 넘는 사람들이 업종이 완전히 다른 직업으로 옮겼습니다.

대사직과 대개편 과정을 거치면서 미국의 노동시장에는 큰 변동이 발생했습니다. 2022년 미국 노동시장은 베버리지 곡선이 오른쪽으로 이동하면서 노동시장의 효율성 하락이 발생하며 큰 논란이 일어난 것입니다. 같은 기간 우리나라는 다행히 베버리지 곡선이 왼쪽으로 이동해 효율성이 개선된 것으로 나타났습니다.

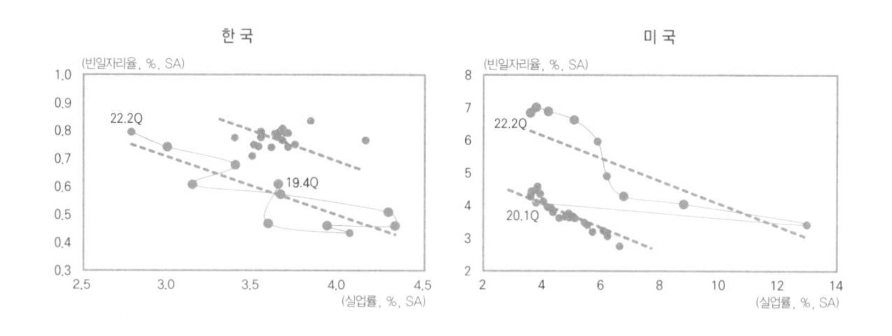

한국과 미국의 베버리지 곡선 비교 (출처 : 한국은행)

※ 회색은 팬데믹 이전(2014~2019년), 하늘색은 팬데믹 이후를 나타냅니다.

미국은 팬데믹 초기 경제활동참가율이 큰 폭 하락한 이후 2022년 6월 기준으로 여전히 팬데믹 이전 수준을 회복하지 못하고 있습니다.

이는 대사직 현상, 이민 감소, 실업급여 확대와 같은 대규모 재정지원 등으로 많은 근로자들이 직장을 떠나있기 때문입니다. 미국은 2021년 이후 자발적 사직률이 큰 폭 증가하였습니다. 거기에다 기업들의 구인 성공률이 팬데믹 이전보다 낮은 수준을 유지함에 따라 기업의 빈일자리가 제때 채워지지 못하면서 결과적으로 노동시장의 매칭 효율성을 떨어뜨린 것입니다. 여기에 한 가지 변수가 더해졌습니다. 베이비붐 세대의 퇴직 시기와 엇비슷하게 맞물린 것입니다. 팬데믹 기간은 베이비붐 세대가 은퇴하기에는 조금 이른 시기였지만 코로나19를 계기로 이들 중 많은 사람들이 조금 더 빠른 은퇴를 선택한 것입니다. 게다가 이렇게 은퇴한 퇴직자들은 다시 직장을 잡지 않기 때문에 미국의 빈일자리율이 유독 높게 나타나게 됐고, 그로 인해 베버리지 곡선이 더 오른쪽으로 이동해 간 것입니다.

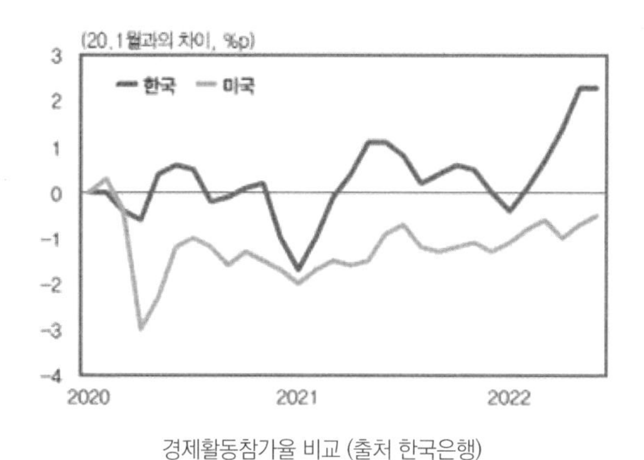

경제활동참가율 비교 (출처 한국은행)

우리나라는 이 시기에 감염병이 크게 확산된 시기를 제외하고 경제활동참가율이 팬데믹 이전 수준보다 꾸준히 높았습니다. 이는 사회적 거리두기로 인해 불가피하게 일자리를 잃은 미취업자들이 방역조치가 완화될 때마다 빠르게 노동시장으로 복귀하였음을 의미합니다. 또 미국과는 달리 자발적 퇴직률도 팬데믹 전후로 큰 변화가 없었습니다. 이렇게 우리나라는 상대적으로 노동공급이 충분하게 이루어지면서 팬데믹 기간 중 구인 성공률이 크게 상승했습니다. 그 덕분에 기업들이 보다 쉽게 빈일자리를 채우게 되면서 노동수요 증가에도 불구하고 빈일자리가 과도하게 쌓이지 않았습니다.

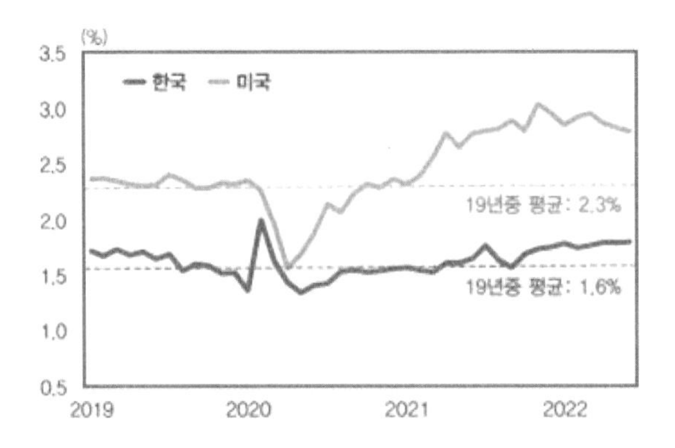

자발적 퇴직률 비교 (출처: 한국은행)

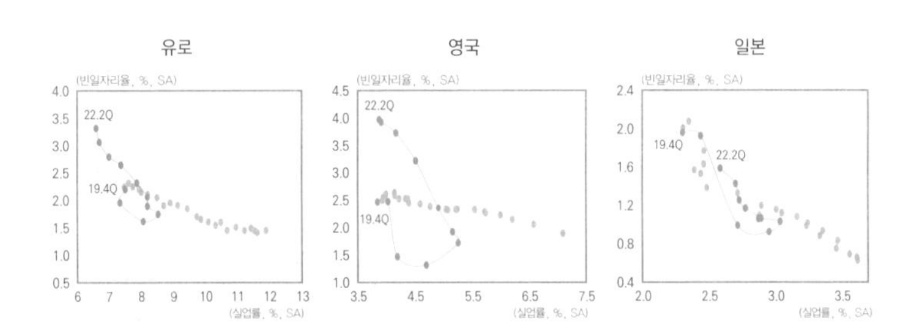

주요국의 베버리지 곡선 변동 (출처 : 한국은행)

우리나라와 미국의 이러한 노동시장의 차이는 조직문화에 기인하는 바가 커 보입니다. 왜냐하면 다른 주요국의 베버리지 곡선을 비교해 보면 유럽연합과 영국은 미국과 비슷한 양상을 보이지만, 우리와 조직문화가 비슷한 일본은 베버리지 곡선의 변동 역시 우리나라와 비슷한 양상을 보이기 때문입니다. 그렇다고는 하지만 시간이 흐를수록 우리나라의 노동시장도 글로벌 트렌드를 쫓게 되어 미국과 유사한 노동시장의 변화가 나타날 것으로 예상됩니다. 더구나 우리나라 직장 근로자들의 최근(2022년) 직원 몰입도는 세계 평균 23%에 훨씬 못 미치는 11.79%에 불과합니다.

팬데믹 이후 서구사회의 노동시장에서 나타나고 있는 베버리지 곡선의 변동은 미래의 일자리가 어떻게 변화될지 많은 것을 시사해 줍니다. 근로자들은 대사직과 대개편 시기를 거치면서 노동시장에 대한 새로운 통찰력을 얻고, 새로운 동기를 부여받게 됐습니다. 근로자들은 이제 보다 더 먼 미래까지 생각해서 자신이 가장 관심을 크게 가지고 있는 분야에서의 경력을 선택하려고 합니다. 링크드인(LinkedIn)의 인재개발 글로벌 책임자인 제니퍼 샤플리(Jennifer Shappley)는 변화된 분위기에 대해 이렇게 말합니다.

"직원과 회사 간의 근로계약이 다시 작성되고 있습니다. 직원들은 이전에는 기꺼이 받아들이던 것을 이제는 더 이상 받아들이지 않습니다. 그리고 회사로부터 받는 대우가 부족하다고 느낄 때면 휑하니 회사를 떠나고 맙니다."

많은 사람들이 하이브리드 및 원격 근무에 초점을 맞추고 있지만,

여기에 더하여 자신의 성장을 위해 경력 개발을 가능하게 하는 학습 기회를 가치 있게 여기기 시작했습니다. 그래서 온라인 학습 플랫폼, 가상 워크샵 및 세미나에 대한 액세스와 같은 전문성 개발 기회는 직원이 노동시장에서 경쟁력을 유지하고 경력을 발전시키는 데 필수적인 것이 돼 가고 있습니다. 온라인 평생교육 플랫폼인 로만(Lorman)의 연구에 따르면, 근로자의 70%가 훈련과 교육에 더 많이 투자하는 회사라면 기꺼이 옮길 의향이 있다고 합니다.

대사직과 대개편은 하나의 글로벌 트렌드를 형성하면서 미래의 노동시장에 큰 영향을 미칠 것으로 보입니다. 무엇보다 직장 문화가 직무 만족도와 직원 복지를 향상시키는 방향으로 나아갈 것입니다. 기업이 인재를 유치하고 유지하기 위해서는 직원들의 근로자 경험과 직장에서의 삶의 질을 중요하게 여길 수밖에 없습니다. 그러므로 기업은 직원들에게 더 나은 근무 환경, 유연한 근무 조건, 건강한 워라밸[38]을 제공하게 될 것이며, 이를 통해 직원의 몰입도와 충성도, 그리고 생산성을 향상시킬 수 있습니다. 둘째, 직원들이 자신의 필요와 욕구를 더 잘 충족시키는 직장을 찾아 이동할 가능성이 높으므로, 근로자들의 이직률이 높아지게 될 것입니다. 이는 채용 과정에 대한 경쟁을 높이며, 기업들은 이러한 동향에 대응하여 최고의 인재를 확보하고 유지하기 위한 전략을 수립할 것입니다. 셋째, 원격근로가 증가할 것입니다. 팬데믹 기

38) 워라밸(work-life balance)은 일과 삶의 균형을 의미합니다. 이는 개인이 일과 개인적인 생활 사이에서 시간과 에너지를 조절하여 양쪽을 균형 있게 유지하는 것을 말합니다. 즉, 일의 중요성과 삶의 다른 영역의 중요성을 인식하고 그들 간의 조화를 추구하는 개념입니다. 이를 위해 일하는 시간을 효율적으로 관리하고 우선순위를 설정하며, 적절한 휴식과 여가 활동을 즐기는 등의 방법을 적용할 수 있습니다. 워라밸은 개인의 행복과 만족도를 높이고, 직장에서의 성과와 생산성을 향상시킬 수 있는 중요한 요소입니다.

간 동안 많은 직원들이 원격 근무에 적응해야 했고, 많은 사람들이 그것을 선호하게 되었습니다. 이는 많은 기업들이 원격 근무 또는 유연근무 옵션을 제공하도록 유도하고 있습니다. 이는 또한 직원들이 더 넓은 지역에서 일자리를 찾을 수 있게 하여 노동시장을 개방적이고 글로벌화된 방향으로 이동시키고 있습니다. 마지막으로 능력 개발 및 재교육의 중요성이 점점 커지게 됩니다. 대개편은 직장 내에서의 이동이나 직종의 전환을 원하는 직원들에게 필요한 새로운 기술과 역량을 향상시키는 것의 중요하다는 것을 보여주고 있습니다. 그 때문에 기업들은 직원들의 교육과 개발을 지원하고, 평생학습 문화를 유지하도록 장려하게 될 것입니다. 이러한 경향은 노동시장을 빠르게 변화시키고 있으며, 기업들은 이러한 변화를 적극적으로 받아들이고 적응해나가게 될 것입니다. 앞으로는 기업이 빈일자리를 채우고 성공적으로 비즈니스를 펼치기 위해서는 인재들을 확보하고 유지하는 것이 핵심적인 요소가 될 것이며, 그러자면 직원들의 요구와 기대를 충족시키는 것이 점점 더 중요해질 것입니다.

미래의 일자리 환경과 대응 전략

"많은 사람들이 깨달아가고 있습니다. 한 직장의 직원으로 취직하는 것은 마치 주식 투자에 있어서 한 종목에 모든 돈을 다 투자하는 것과 마찬가지라는 사실을 말이죠. 이미 누구나 인정하듯이 더 나은 투자 전략은 포트폴리오를 다양화하는 것입니다. 그래서 많은 사람들이 자신의 직업을 다양화하려고 하는 것입니다."

혁신 컨설팅 회사 DDG의 설립자인 저스틴 토빈(Justin Tobin) 사장이 개인의 미래 일자리 전략과 관련해서 하는 말입니다.

미래학자인 페이스 팝콘(Faith Popcorn)[39]도 우리 모두가 가능한 한 애자일(민첩)해지고 소득을 올릴 수 있는 다양한 재능과 일을 가져야 한다고 강조합니다. 그녀에 따르면 미래에는 누구나 7~8개의 직업을 가지게 되며, 보통의 성인들은 하나의 대기업에 근무하지 않고 동시에 여러 회사에서 일하게 될 것이라고 합니다. 팝콘은 우리에게 이렇게 경고합니다.

"우리는 지금 거대한 변화의 소용돌이 한복판에 있습니다. 이 소용돌이는 우리 사회의 모든 수준, 모든 영역을 휩쓸게 될 것입니다."

페이스 팝곤은 미래를 예측하는 미래학자입니다. 이 분야에서 그녀는 거의 전설이 돼 있지만, 그런 그녀조차도 우리가 지금 맞이하고 있는 오늘날의 변화 속도에 상당히 당황해하는 모습입니다. 오죽하면 그녀가 한숨 섞인 말로 "독주나 한 잔 마시고 싶게 만드는 현상"[40]이라고

39) 페이스 팝콘(Faith Popcorn)은 미국의 미래학자이자 작가입니다. 고급 세단이 주류를 이루던 시절, 레저 여행용 '4륜구동 자동차'와 '택배업'의 유행을 예견한 것으로 유명합니다. 그녀는 일시적인 유행과는 다른 트렌드에 주목하면서 '트렌드'란 사람의 마음을 움직이는 방향이며, 적어도 10년간 유지될 것이라는 명확한 인식을 바탕으로 비즈니스의 지표로 삼아야 한다고 주장하였습니다. 페이스 팝콘은 1974년 컨설팅회사 '브레인 리저브(Brain Reserve)'를 설립하여 10대 소녀부터 대기업 총수까지 5,000여 명의 튀는 사람들의 라이프스타일을 확보한 '탤런트 뱅크(Talent Bank)'를 바탕으로 운영하고 있습니다. 신개념의 콜라 '뉴 코크'의 참패를 예고한 인물로, '마케팅의 노스트라다무스', '최고의 트렌드 제조기'라는 찬사를 받은 바 있습니다.

40) 페이스 팝콘은 가상현실의 힘을 크게 믿고 있으며, 미래의 많은 엔터테인먼트가 몰입형이 될 것이라고 생각합니다. 그녀는 이렇게 설명합니다. "우리는 영화 속으로 들어가서 자신의 아바타를 선택할 수 있을 것입니다. 영화 속에서는 향기도 나고 소리도 많이 들립니다." 또한 그녀는 우리가 가상 현실을 통해 우주여행이나 심해 다이빙과 같은 경험도 할 수 있다고 생각합니다. "정말 놀라운 일이 될 것입니다. 하지만 동시에 뭔가 많은 것을 놓치고 있다는 느낌도 받게 될 것입니다. 그래서 그냥 데킬라나 더 마셨으면 하는

했을까요?

미래의 일자리 환경은 지금과는 많이 달라질 것입니다. 팬데믹 이후에도 새로운 기술과 자동화, 원격 근무, 전자상거래 등의 추세가 계속되면서 우리가 일하는 내용과 방식을 바꿔나갈 것입니다. 따라서 우리는 자신의 직업이나 종사하는 분야가 미래에도 유효하고 안정적인지 점검하고, 필요하다면 새로운 직업이나 분야로 전환할 준비를 해야 합니다. 그러자면 새로운 기술과 역량을 쌓아야 합니다. 개인들은 미래에 필요한 기술과 역량을 습득하고 강화하기 위해 끊임없이 학습하고 성장해야 합니다. 또한, 자신의 장점과 흥미를 파악하고, 새로운 기회를 찾아야 합니다.

팬데믹 이후에도 원격 근무와 유연 근무의 비중은 증가할 것입니다. 그러므로 개인들은 원격 근무와 유연 근무에 적응할 수 있는 방법을 찾아야 합니다. 이를 위해서는 자신의 일과 생활의 균형을 잘 맞추고, 원격으로 소통하고 협업할 수 있는 기술과 도구를 익혀야 합니다. 또한, 자신의 일을 잘 관리하고, 성과를 측정하고 보여줄 수 있는 방법을 고민해야 합니다.

미래 일자리는 사회적 연결망과 지지망을 중요하게 만듭니다. 팬데믹 이후에도 일하는 장소와 시간은 다양해질 것입니다. 따라서 개인들은 사회적 연결망과 지지망을 구축하고 유지하는 것이 중요합니다. 이를 위해서는 동료들과 주기적으로 소통하고 관계를 유지하며, 필요한 경우 도움을 요청하거나 제공하는 것이 좋습니다. 또한, 자신의 건강과

생각이 들게끔 말이죠."

웰빙을 챙기고, 스트레스를 관리하고 해소하는 방법을 찾아야 합니다.

개인으로서 다가올 불확실한 미래에 대비하기 위해서는 먼저 큰 그림을 이해할 수 있어야 합니다. 큰 그림이란 세상의 변화를 가져오는 기술 발전과 메가트렌드가 미래의 일자리 세계에 미치는 영향을 말합니다. 우리는 앞에서 몇 가지 보고서들을 통해서도 살펴봤듯이 전문 연구기관들이 행한 큰그림에 대한 예측과 분석을 이해하고 개인에게 미칠 영향도 파악해야 합니다. 그러나 이러한 예측들이 그대로 들어맞는다는 보장은 없습니다. 그러므로 우리는 예상치 못한 것들에 대해서도 대비해야 합니다.

인공지능과 로봇이 인간의 일을 대체하고 있으며, 그 변화의 속도도 무척 빠릅니다. 이러한 현실적인 위협에 직면해 있긴 하지만 아직 인간이 해야 할 일은 너무도 많습니다. 우리는 기술을 개발하는 데 기여하거나, 좁은 범위에서 매우 전문화된 직업이나 매우 인간적인 유형의 일자리에서 일할 수 있습니다. 즉, 자동화가 아직 경쟁할 수 없는 영역을 찾는 것이 중요합니다. 미래에 필요한 기술은 과학과 기술뿐만이 아닙니다. 누차 강조하고 있듯이 창의력, 리더십, 공감 등과 같은 인간적인 소프트 스킬들의 강점이 점점 커지고 있습니다. 미래 일자리 세계에서 필요한 기술이나 재능이 무엇인지 확인하고, 이를 어떻게 함양하고 사용할 것인지에 대해 관심을 가져야 합니다. 쇠퇴하는 분야에서 근무하는 현직 근로자라면 대대적인 전문 기술 습득 및 전환 노력이 필요합니다. 반면 변화하는 분야나 성장하는 분야에서 근무하는 사람이라면 지속적인 학습 능력 개발과 역량 강화가 필요합니다. 이와 관련해 가장 좋은 소식은 기술 습득은 빠르게 이루어질 수 있으며, 온라인 학습은 공정한 기회를 제공할 수 있다는 것입니다. 대학 교육을 받았든 받지 않았든 모든 교육 수준의 근로자들은 온라인 학습을 통해 기술 자격증을 얻기 위해서는 동일한 시간을 들여야 합니다.

핵심은 민첩성과 적응력

민첩성과 적응력은 미래에 성공적으로 살아남을 수 있는 가장 중요한 재능입니다. 개인은 물론이고, 기업, 사회, 국가 등 모든 조직 역시 4차 산업혁명이 가져오고 있는 변화에 대처하기 위해서는 이 두 가지 재능은 필수입니다.

미래에 가장 필요한 기술을 정확하게 예측하는 것은 불가능하므로, 우리는 예측 가능한 시나리오에 맞춰 각 세계에서 민첩하게 적응할 수 있는 준비를 갖춰야 합니다. 적응이란 '준비된 미래'에 다름 아닙니다. 준비 없이 맞이하는 미래에 적응할 방법은 없습니다. 미래의 기술과 일자리 대한 예측이 불확실할 때에도 우리는 모두 준비되어 끊임없이 변화하는 상황에 대응하고 필요한 기술과 능력을 계속 발전시켜 나갈 수 있어야 합니다.

미래의 삶에 대한 책임은 우리 각자에게 있습니다. 개인은 기업의 변화에 민첩하게 적응해야 하고, 평생에 걸쳐 새로운 기술과 경험을 습득할 의지가 있어야 하며, 새로운 일을 시도하고, 심지어 일하고 있는 중에도 자신의 경력을 어떻게 쌓고 이어 나갈 것인지 고민하면서 재교육을 받을 준비가 돼 있어야 합니다.

자신의 미래를 보장하는 일자리란 없습니다. 더 나은 미래를 위한 선택지들이 있을 뿐입니다. 더 나은 미래라고 생각하는 선택지를 고르는 것은 각자의 몫입니다

PART 5

긱(gig) 경제와 일자리

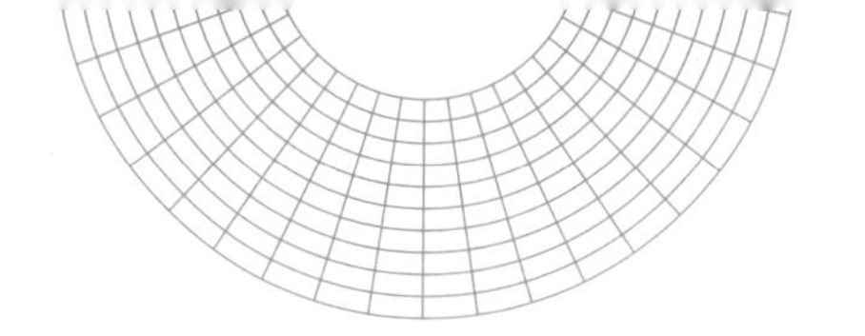

PART 5

긱(gig) 경제와 일자리

1 긱 경제 이해하기

긱 경제의 개념과 유래

가수, 연주자, 그룹사운드 같은 음악 계통에 종사하는 사람들은 일반 산업에서처럼 회사에 고용돼 고정 급여를 받으며 활동하는 경우가 드뭅니다. 일반적으로 이들은 각종 행사에 일회성 계약을 맺고 공연을 합니다. 이런 형태의 공연 일거리를 영어로 '긱(gig)'이라고 합니다. 긱은 표준 영어가 아니라 음악인들 사이에서 즐겨 사용되던 슬랭(slang, 속어)이었습니다. 기원으로 말하자면, 1920년대에 재즈 음악인들 사이에서 신조어로 만들어진 것인데, '공연 일거리'란 의미의 'engagement'를 줄여서 만든 말이라고 합니다. 그렇게 생겨난 후 점차 사용범위가 넓어져 재즈뿐만 아니라 다른 음악 공연에도 두루 사용되다가 지금은 아예 모든 산업에서 무차별적으로 사용되기에 이르렀습니다. 그래서 '긱'이라고 하면 '돈 받고 하는 일', 그중에서도 특히 임시로 하는 일자리를 의미하는 범용어가 되어 버린 것입니다. 긱의 본래 의미와 가장 잘 어울리는 일자리로는 드라마나 영화에 출연하는 단역 배우들의 일거리라고 하겠습니다.

비교적 최근에는 이 '긱'이라는 말을 써서 '긱 경제(gig economy)'라는 말이 생겨났습니다. 프로젝트 별로 생기는 일자리, 단기 및 초단기 일자리 같은 유동적인 일에 종사하는 사람들이 늘어나면서 그들이 만들어가는 경제 생태계를 일컫는 말입니다. 좀 더 정확히 정의해보면 그때그때 필요에 따라 제공되는 다양한 형태의 주문형 임시 근로를 뭉뚱그려 '긱'이라고 말하고, 이런 형태의 일자리들이 모여 하나의 경제 현상을 만들어내는 것을 '긱 경제'라고 합니다. 영어로 '긱 이코노미(gig economy)'라고 말하면 디지털 개념에 익숙하지 않은 영어권 사람들은 무슨 공연 이야기인가 한다고 합니다.

긱을 좀 더 이해하기 쉽게 표현하는 방법은 요즘의 우리 일상을 한 컷 한 컷 이야기하는 것입니다. 내일 아침에 먹을 모닝롤이 다 떨어졌습니다. 그러면 쿠팡 프레쉬에 모닝롤을 주문합니다. 아침에 일어나보면 주문한 빵이 문 앞에 와 있습니다. 그 빵을 새벽에 배송하는 일, 그것이 긱입니다. 제품 온라인 브로셔를 만들려고 합니다. 소기업이어서 디자이너가 따로 없습니다. 크몽에서 적당한 디자이너를 찾아 견적을 받고 저렴하게 의뢰합니다. 이 때 디자이너가 짧은 기한 내에 디자인을 완성해 주는 일, 그것이 긱입니다. 바다를 보러 동해안으로 2박 3일 가벼운 여행을 가려고 합니다. 호텔은 너무 비쌉니다. 모텔은 왠지 찜찜합니다. 에어비앤비로 바다 조망이 그럴싸한 공유 숙박시설을 잡기로 합니다. 이때 자기의 아파트나 오피스텔, 숙박시설을 에어비앤비에 등록해서 나에게 단기로 임대하는 일, 그것이 긱입니다. 집 대청소를 한 번 해야 하는데 직접할 시간이 없습니다. 집청소 전문 앱인 '청소연구소'에 들어가서 청소를 요청합니다. 약속된 시간에 청소를 전문으로 하는 청소매니저가 나타납니다. 이때 그 사람이 우리 집을 방문해 청소하는 일, 그것이 긱입니다.

이처럼 긱은 주로 온라인상의 앱이나 웹 사이트를 통해 거래가 됩니다. 이런 경우를 일러 특히 '플랫폼 긱'이라고 합니다. 플랫폼 형태가 아니라 개개인이 알음알이로 연결되는 단기 일거리 역시 긱입니다. 즉, 근로자는 중개업체를 통해 일을 할 수도 있고, 직접 임시 고용계약을 체결할 수도 있는 것입니다. 그렇지만 편리함과 매칭의 효율성으로 인해 인터넷을 이용한 플랫폼이 빠르게 시장을 장악해 가고 있습니다. 그러면서 새로운 수요도 함께 창출하며 시장을 넓히는 역할도 하고 있습니다. '청소연구소' 같은 경우를 보면 이 과정을 쉽게 이해할 수 있습니다. 이 플랫폼 설립자는 세 자녀를 둔 워킹맘으로 알려져 있습니다. 청소연구소 서비스는 설립자 자신이 직접 가사도우미를 구하며 겪었던 어려움에서 아이디어를 얻어 탄생했습니다. 그녀는 자신이 육아와 직장 생활을 병행하면서 특정 시간대에 방문해 줄 가사도우미를 구해야 했는데, 연결해 주는 소개업체가 거의 없었습니다. 그도 그럴 것이 동네 용역업체의 경우 주로 전일제로 일하는 입주 도우미를 연결해줬기 때문에 시간제 도우미는 구하기가 쉽지 않았던 때문입니다. 이런 경험을 바탕으로 설립자는 가사도우미 플랫폼을 만들어 동네 용역업체나 지인을 통해 알음알음 구해야 했던 가사도우미 서비스를 양성화하고 산업화했습니다. 이용자가 원하는 특정 요일, 특정 시간대에 매니저를 호출할 수 있기 때문에 이용자 저변이 훨씬 넓어졌습니다. 전일제 가사도우미는 부유층이 주로 고용해서 수요가 한정돼 있었던 반면, 시간제 도우미 서비스가 플랫폼화 되면서 20·30대 중·저소득 가정뿐 아니라 1인 가구도 많이 이용할 정도로 가사도우미 서비스가 대중화되는 계기를 만든 것입니다.

이처럼 인터넷의 보급으로 전통적인 직업 형태가 상당한 변화를 겪었습니다. 이메일과 통신 기술 등은 일을 더 유연하게 만들고 지리적으로 먼 사람들을 연결시킴으로써 사람들을 모이게 했습니다. 이러한 환경이 긱 경제의 등장을 가능하게 한 것입니다. 오늘날 사람들은 9시에 출근해서 6시에 퇴근하는 전통적인 일자리에 연연해하지 않고 유연한 일자리를 추구합니다. 자유롭게 단기적인 일을 맡으며 창의적이고 효율적인 일상을 즐기려 합니다. 반대로 사람을 고용하는 사업주 입장에서 보면 정규직 직원을 뽑지 않고 필요할 때마다 필요한 사람과 임시 계약을 맺고 일을 맡기는 형태가 되는 것입니다.

긱워커와 긱워크

긱 경제에서 일하는 사람들을 프리랜서, 긱워커(gig worker), 독립계약자 또는 독립근로자라고 부릅니다. 여기서는 '긱워커'로 부르기로 합니다.[1] 노동계에서는 독립계약자들의 권익 향상을 위해 노동조합 활동이 필요해짐에 따라 '플랫폼 노동자'라는 용어를 사용하여 '근로자성'을 확보하려고 하고 있습니다.[2] 반면에, 우리 정부는 노동관계법상 임금노동자가 아니라는 이유로 '플랫폼 종사자'라는 표현을 씁니다.[3]

근로의 유형은 매우 다양하므로 긱워커가 무엇인지 정의할 때 한 가지 기준만으로 긱워커를 분류해 내는 것은 불가능합니다. 긱워커의 정의에는 표준이 없으며, 초점을 어디에 두느냐에 따라 들쭉날쭉합니다. 사실 긱워커를 엄밀하게 정의해서 구분하고 그룹지어야 할 현실적인 이유도 별로 없습니다. 긱워커라는 개념은 법적·제도적 용어가 아니어서 어떤 일자리가 그 안에 포함되느냐 안되느냐에 따라 누군가가 이익을 본다거나 손해를 보는 경우 따위는 없기 때문입니다. 즉, 실익이 그다지 크지 않다는 것입니다. 그럼 왜 이런 개념이 등장했고, 또 사

1) '독립계약자'나 '독립근로자'라고 표현할 경우 기술적 측면보다 법률적 측면을 강조하게 됨으로써 법적 지위 문제와 사회제도로 논의의 초점이 옮겨질 수 있습니다. 우리가 여기서 긱 경제를 논하는 목적은 기술의 발달에 따른 일자리의 변화와 그에 대한 대응책을 살펴보고 위해서입니다.

2) 근로자성이란 어떤 근로자가 노조법과 근로기준법에서 정하는 근로자로서의 자격을 갖추고 있는 경우를 말합니다. 노조법상 근로자성을 인정받게 되면 노조를 조직하거나 설립할 수 있는 권한을 갖게 되며 헌법에 명시돼 있는 노동3권을 보장받을 수 있습니다. 또한 근로기준법상 근로자성이 인정되면 근로기준법·최저임금법 등 노동관계법상 근로자로서 명시돼 있는 법적 보호까지 전면적으로 적용받을 수 있습니다. 참고로, 현재 배달노동자들은 근로기준법상 근로자성은 인정받지 못하고 있지만 노동조합 및 노동관계조정법(노조법)상 근로자성은 인정받고 있습니다. 플랫폼 노동자의 근로자성 인정 여부를 둘러싸고 플랫폼 업체와 노동자 간 갈등이 일고 있으며 앞으로도 사회적 합의를 거쳐 제도가 확립될 때까지 갈등은 계속될 것입니다.

3) 한국고용정보원, 「플랫폼종사자 규모와 근무실태」, 2022

람들은 왜 이 말을 쓰는 걸까요? 기술의 발전이 우리의 삶과 사회에 미치는 영향을 알아보기 위해, 그리고 미래 일자리의 변화와 추세를 가늠하기 위해서입니다. 특히 4차 산업혁명이 진행될수록 일자리가 프로젝트 단위로 조각화 되면서 지금까지 보편적인 일의 형태였던 정규직들이 점차 임시직 형태의 일자리들로 대체되는 가히 충격적인 사회변화 현상을 설명하기 위해 고안된 개념이라고 하겠습니다. 목적은 바로 보다 나은 미래를 준비하는 것입니다.

◆ 계약 관계에 따른 분류

고용주인 개인이나 기업과 근로자 사이의 계약 또는 관계를 기준으로 일반 근로자와 임시직을 구분할 수 있습니다. 일반 근로자들은 장기적인 고용주-근로자 관계에서 월급이나 연봉을 받습니다. 이러한 표준적인 계약 외에 일시적·단기적 또는 프로젝트 기반의 일자리인 임시직 근로자가 있습니다. 임시직 근로자들은 특정 작업을 완료하거나 일정 기간 동안 고용되는 것이 일반적입니다. 프리랜서, 계약직 근로자, 자영업자[4], 하청 근로자 등이 있습니다. 이 경우 일부 근로자들은 실제로 일하는 회사와는 다른 고용주로부터 급여를 받을 수도 있습니다.[5] 이와 같이 다양한 형태의 임시직 계약 관계를 가지

4) CJ택배기사, 쿠팡맨 등 우리나라 택배기사들은 대부분 회사에 직접 고용되지 않은 자영업자들로, 자기 소유의 배송 트럭을 가지고 회사와 배송업무 계약을 맺는 독립계약자들입니다. 법적으로는 이들을 특수고용 근로자라고 표현하기도 하지만 계약의 유형으로 보면 근로 계약이 아닌 용역 계약이므로 '근로자'가 아닌 '자영업자' 또는 '개인사업자'가 정확한 표현입니다. 다만, 사회적 합의를 통해 근로관계법의 적용을 받도록 하여 이들을 근로를 보호하고자 '근로자'라는 법적 지위를 부여하는 것입니다. 계약 유형으로 분류할 경우 택배기사 일자리는 전형적인 긱워크라고 할 수 있습니다.

5) 파견 근무나 아웃소싱 근무가 대표적입니다.

고 있는 고용 형태는 특수 고용 형태로 간주되며, 대부분 긱워커(gig worker)로 분류된다고 볼 수 있습니다.

◆ 사회보험 가입 및 납세 여부에 따른 분류

법적 분류나 세금 관계에 따라 일반근로자와 독립계약자로 구분할 수 있습니다. 일반근로자의 경우에는 회사가 사회보험인 고용보험·산재보험·의료보험·국민연금 등 4대 보험 가입 책임을 집니다. 또 근로소득세를 공제하고, 최저임금법의 적용을 받습니다. 반면에 독립계약자는 직접적으로 고용되지 않은 상태에서 고용주를 위해 서비스(용역)를 제공합니다. 그러므로 4대 보험 가입이 되지 않고, 근로소득세도 공제되지 않습니다. 이 경우 고용주와 독립계약자는 근로관계법의 적용을 받지 않습니다. 즉, 둘 사이는 근로계약 관계가 아니라 물건을 사고 파는 것과 같은 일반 거래 관계인 셈입니다. 대체로 일반 근로자는 고용주에게 고용되어 근로 시간, 근로 장소, 근로 방법 등 노동 과정에서 고용주의 관리·감독을 받으며 근로 서비스를 제공합니다. 반면에 독립계약자는 노동의 결과물을 납품하는 조건으로 계약을 맺으므로 일하는 과정에 대한 고용주의 간섭이 존재하지 않습니다. 정해진 기간 내에 약속한 품질의 노동 결과물을 납품하기만 하면 됩니다.

잠시 우리나라의 근로자 형태를 짚어보려고 하는데, 복잡다단하기가 엉킨 실타래 같습니다. 우리나라 노동관계법에서는 근로자의 형태를 상용근로자, 단시간근로자, 초단시간근로자, 일용근로자 등 4가지로 분류하고 있습니다. 상용근로자는 1주일에 40시간 이상 근무하면서 고용계약 기간이 1년 이상이거나 3개월 동안 45일 이상인 경우를 말합니다. 정규직, 임시직이 모두 포함됩니다. 단시간 근로자는 상용근로자 가운데 1주일에 40시간 미만으로 일하는 근로자를 말합니다. 즉, 하루에 8시간이 아니라 그 이하로 근무하는 경우입니다. 이 역시 정규직, 임시직이 모두 포함됩니다. 초단시간근로자는 임시직이나 일용직 가운데 1주일에 15시간 미만, 월 60시간 이하로 근무하는 근로자입니다. 일용근로자는 근로계약을 1일 단위로 체결하고 그날 근로가 끝나면 고용계약이 종료되어 고용이 계속된다는 보장이 없는 근로자를 말합니다. 건설 현장 일용직이 대표적인 예입니다.

이러한 우리나라의 4가지 근로자 유형 가운데 4대 보험 가입과 근로세 납부 대상 여부를 살펴보겠습니다. 상용근로자와 단시간근로자는 모두 4대 보험과 근로세 납부 대상입니다. 산재보험의 경우 근로시간에 관계 없이 모두 가입해야 합니다. 건강보험과 고용보험은 한 달 동안 60시간 이상 근무한 경우, 국민연금은 한 달 동안 8일 이상, 또는 60시간 이상 근무한 경우에는 가입해야 합니다. 이 기준에 따르면 초단시간근로자가 애매해지는데요. 근무시간은 한 달에 60시간 미만이어서 고용보험·국민연금은 가입 대상이 아니지만, 한 달에 8일 이상 근무하는 경우라면 가입 대상이 됩니다. 일용근로자의 경우에는 모두 고용보험 가입 대상이고, 건강보험과 고용보험은 계약 일수에 따라 달라집니다. 한 달에 8일 이상 일한다면 가입 대상이 됩니다. 또 국민연금을 내지 않아도 되는 근로자 중에서 월 근로소득이 220만 원을 넘으면 국민연금에 가입해야 합니다. 참 복잡하죠? 아직 끝이 아닙니다. 근로소득세가 남아 있습니다. 모든 근로자는 근로소득세를 내야 합니다.

그런데 예외가 있습니다. 일용근로자가 일당을 187,000원을 넘지 않게 받으면 근로소득세를 내지 않습니다. 또 1인 가족의 경우 근로 유형에 관계 없이 106만원 미만일 경우에도 마찬가지입니다.

그러면 이 4가지 유형 가운데 긱워커의 범위는 어디까지일까요? 역시 애매합니다. 긱워커의 통상적인 개념에 따른다면 4대 보험과 같은 사회보험의 혜택을 받지 못하는 독립계약자나 임시직 근로자만 포함하는 것 옳을 것이므로 초단시간근로자와 일용근로자 중 고용보험과 국민연금 가입 대상이 아닌 근로자들만 해당될 것입니다.[6] 그러나 초단시간근로자와 일용근로자의 일은 모두 긱워커에 포함시키는 것이 옳습니다. 일부가 사회보험의 혜택을 누린다고 해도 일의 성격에 의한 것이 아닌 사회적 배려에 의한 혜택이기 때문입니다.

4차 산업혁명 기술이 발전함에 따라 일자리가 조각화(fragmentatiom) 되면서 전통적인 9~6 근로 형태[7]가 붕괴되고, 프로젝트 기반이나 임시직 등 새로운 근로 형태가 생겨나는 것에 초점을 맞추기 위해 '긱 경제'와 '긱워커'라는 개념이 생겨났으므로 일거리 또는 근로의 성격에 따라 일반 근로자와 긱워커를 분류하는 것이 가장 합당해 보입니다. 일의 성격에는 작업 일정, 유연성, 직접적인 관리·감독의 여부와 같은 특성들이 있습니다. 일반 근로자는 대부분 작업 일정, 근무 시간을 고용주가 정하고, 일하는 동안 고용주의 관리·감독을 받습니다. 반면에 긱워커는 근무 일정과 시간을 스스로 정하며, 고용주에게 일의 결과

6) 산재보험은 모든 근로자가 다 가입해야 하므로 기준에서 제외합니다.

7) 아침 9시에 출근하여 오후 6시에 퇴근하는 일반화된 8시간제 근무형태를 말합니다.

물만 제공하면 되므로 일하는 동안 고용주의 간섭을 받지 않습니다. 긱워커가 하는 일의 성격은 다음 3가지를 주요 특성으로 합니다.

- **자율성** : 일을 수행하는 데 있어 워커가 결정을 내리거나 일정을 관리하는 경우를 말합니다. 이러한 유형의 일거리는 프로젝트 기반의 일거리, 자유로운 일정으로 작업하는 프리랜서, 또는 자체 사업체에서 일하는 자영업자가 있습니다.
- **유연성** : 워커가 일을 언제 어디서 수행할지 결정할 수 있는 것을 말합니다. 이러한 유형의 일거리는 원격 근무가 가능한 일, 그리고 시간대가 서로 다른 곳에서 일하는 경우가 있습니다. 다만 원격 근무는 일반 근로자도 여건에 따라 할 수 있는 근무 형태이므로 긱워커만의 고유한 특성이라고는 할 수 없습니다.
- **직접적인 관리·감독 부재** : 워커가 독립계약자로 일하거나, 일의 결과물 기준으로 평가되며, 작업 과정에서 고용주의 직접적인 간섭을 받지 않는 경우입니다. 이러한 유형의 일거리는 프리랜서, 독립 기술자, 전문 기술을 지닌 시니어, 창의적인 분야의 전문가 등이 있습니다.

요컨대, 긱워커는 자율성, 유연성 및 직접적인 관리·감독 부재와 같은 특성을 가지는 새로운 근로 형태로 정의되며, 4차 산업혁명과 기술의 발전에 따라 더욱 주목받는 일자리 변화와 추세를 이해하기 위해 등장한 개념입니다. 이러한 변화를 이해하고 더 나은 미래를 준비하는 것이 긱워커 개념의 목적이라고 하겠습니다.

긱워커는 단기 임시직업, 개인 교습, 택시 운전, 음식 또는 기타 제품 배달, 집이나 아파트와 같은 개인 재산 단기 공유 임대업, 연기 또는 저술과 같은 창의적인 작업, 대체 교사 등 다양한 유형의 작업을 수행합니다. 이 책에서 '긱워커'는 계약직, 프리랜서, 임시직 또는 알바를 모두 포함하는 개념입니다. 인터넷이 발달하기 전까지만 해도 긱워커는 뜨문뜨문 존재했는데, 디지털 혁명으로 인터넷 플랫폼이 긱 경제를 시스템화하면서 폭증하기 시작했습니다. 긱 플랫폼이 긱 구하는 것을 엄청 쉽고 편리하게 만들어준 덕분입니다.

'긱워크(gig work)'는 '긱 일거리'를 뜻하며, 대학생이나 이미 풀타임으로 일하고 있는 사람들에게 투잡, 또는 알바를 할 수 있는 기회를 제공합니다. 이 근로자들은 긱워크의 유연성 덕분에 다른 일도 같이 할 수 있습니다. 이런 이유로 긱 경제는 부수입을 벌고자 하는 사람들에게도 좋은 기회가 됩니다. 긱워커 중 많은 사람들이 정규직에 종사하면서도 긱워커로 '부업'을 갖기도 합니다.

글로벌 긱 경제의 규모와 추이

긱 경제의 규모를 측정하는 것은 매우 어렵습니다. 근로활동 조사 자체가 정규직을 대상으로 하도록 되어 있고, 시간제나 계약 근로자(자유 근로자 포함) 및 자영업자들이 모두 정규직과 하나로 묶여 측정치가 부정확하기 때문입니다.

긱 경제는 팬데믹 시대를 거치면서 재택근무가 늘어나는 등 일자리 환경이 급변하는 통에 급성장하고 있는 분야입니다. 글로벌 긱 경제 규모는 2021년 3,550억 달러에서 5년 후인 2028년에는 8,730억 달러로 성장하면서 성장률은 연평균 16.18%에 달할 것으로 예상됩니다.[8] 맥킨지는 글로벌 긱 경제가 창출하는 부가가치가 2025년까지 전 세계 GDP의 2%에 달하는 2조 7,000억 달러(약 344조원)에 이를 것이라고 전망하고 있습니다.

긱 경제 시장은 서비스 유형에 따라 아파트와 같은 자산 공유 서비스, 운송 기반 서비스, 전문 서비스, 가정 및 기타 서비스 등으로 분류할 수 있으며, 이 중에서는 자산 공유 서비스가 가장 큰 부분을 차지합니다, 플랫폼 앱에 따라 분류하면 운송 및 배달, 프리랜서, 숙박, 식음료, 관광, 교육 등의 분야로 나눌 수 있습니다. 이 가운데 운송 및 배달이 가장 비중이 큽니다. 배달의민족, 쿠팡이츠, 요기요 같은 배달 앱은 긱워커를 활용하여 다양한 음식과 제품을 고객의 집으로 배달합니다. 고객 집 근처의 식당 메뉴, 식료품점·소매점의 상품이 배달 대상 품목들입니다. 이러한 플랫폼은 소비자 편의성을 개선하고 새로운 범주의 긱 일자리를 창출했습니다.

디자인이나 프로그램 개발과 같은 개별 프로젝트 또는 작업은 프리랜서가 자신의 조건에 비춰 수락 또는 거부할 수 있습니다. 수요가 많은 분야의 경우에는 지식과 경험이 풍부한 전문가 긱워커가 자신의 보수를 책정할 수도 있습니다. 긱워커들은 일반적으로 관리자에게 매일 보고하는 것을 달가워하지 않습니다. 그러나 긱워커는 여전히 구직 활동에 사용하는 온라인 플랫폼이나 시스템의 규칙을 준수해야 합니다.

경기 침체기에는 일반적으로 단기 또는 시간제 일자리가 가장 먼저

8) 비즈니스 리서치 인사이트(https://www.businessresearchinsights.com/)

사라집니다. 또한 대부분의 긱 일자리는 이직률이 높은 저숙련 역할이므로 급여와 복리후생이 있는 정규직과 동일한 수준의 재정적 안정을 제공할 수 없습니다. 긱워커는 본질적으로 자신이 소규모 비즈니스를 운영하는 형태이므로 각자 자신의 예산을 짜야 합니다. 예를 들어, 공유차 운전자나 배송 기사, 라이더는 차량의 연료비, 유지비, 보험 및 세금 등 제반 경비를 고려해야 합니다.

지역적으로 볼 때 미국과 캐나다가 속해 있는 북미 지역이 글로벌 긱 경제의 가장 큰 부분을 차지하고 있습니다. 긱 경제는 유연한 시간제 근무 기회를 제공하기 때문에 긱워크는 경제에 도움이 됩니다. 또한 많은 긱워커가 원격 근무를 선택할 수 있으며, 연구에 따르면 기존 직원보다 생산성이 최대 47% 더 높은 것으로 나타났습니다. 그 뒤를 이어 아시아 태평양 지역이 빠른 성장을 보일 것으로 예상됩니다. 아시아 태평양 시장은 빠른 도시화 및 글로벌 기업들이 사용하는 뛰어난 마케팅으로 인해 빠르게 성장할 것으로 전망됩니다.

그러면 이런 긱 경제에 대한 사람들의 생각은 어떨까요? 미국의 대표적 긱 플랫폼 스타트업인 업워크(Upwork)를 운영하고 있는 헤이든 브라운(Hayden Brown) 사장은 이렇게 말합니다.

"코로나를 거치면서 사람들이 일에 대한 생각을 완전히 바꿨습니다. 과거처럼 기업은 직원을 뽑고 사람들은 회사에 취직하지 않더라도 더 훌륭하게 일을 할 수 있는 방법을 깨닫게 된 것입니다. 전문가들은 프리랜서로서 원격으로 일을 합니다. 기업들은 필요할 때마다 그리고 프로젝트 별로 적합한 전문가들을 찾아 비즈니스를 해 나갑니다. 업워크와 같은 시스템화된 플랫폼을 통해 각 분야의 전문 프리랜서들은 손쉽게 일거리를 얻고 돈을 법니다. 소기업에서부터 포춘 300대 기업의 30%에 이르는 대기업들에 이르기까지 수많은 기업들이 우리 플랫폼에서 전에 없던 실용적인 방법으로 필요한 인재를 구합니다. 그러니 양쪽 모두에게 대박 아니겠습니까?"

업워크는 2013년에 설립돼 2018년 나스닥에 상장했습니다. 2020년 매출액은 5천억 원(3억7,360만 달러)을 돌파했습니다. 그리고 창업 10년만인 2023년 3월, 기준 시가총액 2조 원에 도달했습니다. 대표적인 긱 플랫폼인 업워크의 초고속 성장은 긱 경제가 얼마나 빠르게 영역을 넓혀가고 있는지를 보여줍니다.

긱 경제는 주로 인터넷을 통한 쇼핑, 플랫폼 기반의 서비스, 온라인 광고, 앱 개발, 클라우드 컴퓨팅 등 디지털 기술과 관련된 분야에서 활발하게 일어나고 있습니다. 그리고 기존의 경제 구조와는 다른 형태의 비즈니스 모델과 새로운 일자리를 창출하고 있습니다.

긱 플랫폼 유형은 매우 다양합니다. 다음은 서비스 유형별 글로벌 긱 플랫폼의 예입니다. 실제로 서비스를 하고 있는 플랫폼 유형은 이보다 훨씬 더 많습니다.

순위	플랫폼	내용
숙박시설 공유	에어비엔비(Airbnb), 코치서핑(CouchSurfing), 플립키(FlipKey), 원파인스테이(Onefinestay), 미국	숙박시설 공유 서비스
돌봄서비스	케어닷컴(Care.com), 시터시티닷컴(Sittercity.com), 어반시터(UrbanSitter),	돌봄, 베이비시터 매칭
배달 서비스	아마존플렉스(Amazon Flex), 카고매틱(Cargomatic), 시티스프린트(CitySprint), 딜리브(Deliv), DPD그룹(DPDgroup), 던조(Dunzo), 이쿠리어(eCourier)	배송, 용달기사 매칭
식료품 배송 서비스	팜드롭(Farmdrop), 블링키트(Blinkit), 푸드어셈블리(The Food Assembly), 어니스트비(honestbee)	식료품, 농산물 배달
음식 배달	딜리버루(Deliveroo), 도어대쉬(DoorDash), 딜리버리히로(Delivery Hero), 드리즐리(Drizly), 엘레미(Ele.me),	음식, 주류 배달
교육	아이토키(italki), 비프키드(VIPKid)	어학, 학습
지식, 프리랜서	에어타스커(Airtasker), 아마존 메카니컬 터크(Amazon Mechanical Turk), 토롤카(Toloka), 프리랜서(Freelancer.com), 업워크(Upwork), 파이버(Fiverr), 피플퍼아워(PeoplePerHour)	크라우드소싱, 프리랜서 매칭
비즈니스, 기술 서비스	안델라(Andela), 카탈란트(Catalant), 엑스퍼트360(Expert360), 필드네이션(Field Nation), 긱스터(Gigster), 라이브옵스(Liveops), 카글(Kaggle),	컨설턴트, IT 기술자, 사무직, 프로그래머 매칭

창작 서비스	99디자인(99designs), 크라우드스프팅(Crowdspring)	그래픽 디자이너 매칭
이사 및 가사 대행 서비스	애스크포태스크(AskforTask), 벨롭스(Bellhops), 그린팔(GreenPa), 핸디(Handy), 헬프링(Helpling), 핌리코플럼버(Pimlico Plumbers), 포치(Porch), 로버닷컴(Rover.com), 서드쉐어(SudShare), 태스크래빗(TaskRabbit),	이사, 조경, 청소, 집수리, 세탁, 반려동물, 심부름 매칭
건강관리 서비스	노마드헬스(Nomad Health), 페이저(Pager), 톡스페이스(Talkspace)	물리치료사, 간호사, 건강관리사, 치료사 매칭
법률서비스	리갈줌(LegalZoom), 로켓변호사(Rocket Lawyer), 업카운셀(UpCounsel)	변호사, 법률서비스 매칭
교통 서비스	리프트(Lyft), 우버(Uber)	교통 서비스, 택시 매칭

긱 경제와 관련해 유의해야 할 점이 하나 있습니다. 긱 경제가 점점 확장돼 가는 것은 기술 변화와 관계가 깊은 것이 사실입니다. 그러나 기술의 발달은 긱 경제의 성장을 가속화시키는 요인은 될 수 있지만, 긱 경제의 운명을 결정 짓는 본질은 아니라는 점입니다. 오히려 긱 경제는 그 사회의 정책 결정의 결과이자 사회제도가 만들어내는 작품입니다.

앞 장에서 이미 살펴본 대로 기술의 발달은 역사적으로 새로운 일자리를 만들어내면서, 동시에 있던 일자리를 파괴하기도 했습니다. 지금은 인공지능과 로봇에 의한 초자동화로 많은 일자리들이 사라지게 될 운명에 놓여 있습니다. 긱 경제에 대한 수요는 이런 변화에서 옵니다. 고용주들은 기존에 사람이 하던 일을 기계에 맡기고, 사람이 꼭 필요한 일은 정규직 직원 보다는 긱워커에 맡깁니다. 새로운 기술이 이 매칭을 아주 쉽게 만들어 준 덕분입니다. 업워크나 우버 같은 플랫폼 덕분에 적합한 기술이 있는 근로자들을 즉시 구할 수 있게 된 것입니다. 이런 모습 때문에 긱 경제가 기술 발달의 산물이라고 착각하기 쉽습니다.

우리가 주로 쓰는 긱 플랫폼을 생각해 봅시다. 글로벌 차원에서 활개를 치며 잘나가는 플랫폼들 가운데 유독 우리나라에서는 맥을 못 추는 것들이 상당히 많습니다. 몇 가지 대표적인 예를 들어보면 우버, 도어대쉬, 에어비앤비 등이 있습니다. 마치 전 세계의 워드 프로세스 시장을 석권한 마이크로소프트 워드가 한국에서만 한글과컴퓨터의 한글에 뒤지고 있는 것과 좀 비슷하다고나 할까요.[9] 이런 플랫폼들 가운데 우버를 예로 들어보겠습니다.

우버는 워낙 잘 가는 유니콘[10] 기업이라 이미 여러 가지 다양한 사업을 벌이고 있는데, 지금 얘기하려는 것은 스마트폰을 기반으로 한 승용차 공유 서비스입니다. 우버는 자사 소속의 차량이나 우버에 등록된 개인 차량을 승객과 중계해 주며, 승객이 요금을 지불하면 회사에

9) 1990년대만 해도 '한글'의 시장 점유율은 90%에 이르렀지만 지금은 '한글'이 52%, 'MS 워드'는 48%라고 합니다.

10) '유니콘' 기업이란 기업 가치가 10억 달러(약 1조 원) 이상이고 창업한 지 10년 이하인 비상장 스타트업 기업을 말합니다. 원래 유니콘이란 뿔이 하나 달린 말처럼 생긴 전설상의 동물을 말하는데, 스타트업 기업이 상장하기도 전에 기업 가치가 1조 원 이상이 되는 것은 마치 유니콘처럼 상상 속에서나 존재할 수 있다는 의미로 사용되었습니다. 유니콘 기업에는 미국의 우버, 에어비앤비, 한국의 쿠팡, 야놀자, 위메프, 쏘카 등이 있습니다. 비상장 스타트업의 기업 가치가 100억 달러 (약 10조 원) 이상이면 '데카콘(decacorn)'이라 부르고, 1천억 달러 (약 100조 원) 이상이면 '헥토콘(hectorcorn)이라 부릅니다. 데카콘 기업에는 미국의 우버, 에어비앤비 등이 있으며, 헥토콘 기업에는 중국의 바이트댄스와 미국의 스페이스X 등이 있습니다. 여기서는 편의상 우버를 유니콘 기업으로 부르겠습니다.

서 이의 일부를 수수료로 가져가는 형식으로 운영됩니다. 우버는 2010년부터 서비스를 시작했으며, 현재 전 세계 80개국 800여개 도시에서 운영되고 있습니다. 기업가치는 현재 680억 달러(약 75.3조 원)로 추산되고 있습니다. 이는 세계 스타트업 가운데 최상위 수준입니다. 더 잘나가던 2018년에는 기업가치가 1,200억 달러(약 134.9조 원)로 평가되기도 했습니다.

그러면 이와 비슷한 사업을 펼치고 있는 카카오택시는 어느 정도 수준일까요? 아직 주식거래소에 상장되지 않아서 정확한 기업가치는 산출하기 어렵지만, 장외시장에서의 추정에 따르면 2023년 현재 5조원 안팎이라고 합니다. 코로나19 이전에는 그보다 높은 8조 원 수준이었다고 합니다. 가히 다윗과 골리앗의 싸움처럼 느껴집니다. 그럼 어떻게 우리나라에서는 거인 골리앗이 행세를 전혀 못하고 자그마한 꼬마 다윗이 활개를 치는 걸까요? 여기에 긱 경제의 본질이 숨어 있습니다.

우버의 공유택시 사업 모델은 택시 운전자를 자체적인 절차를 통해 직접 선발합니다. 그런데 우리나라에서는 제도상 그게 허용되지 않습니다. 택시 영업을 하려면 법적인 절차, 즉 여객자동차운수사업법에 정해진 절차를 거쳐서 택시운전면허를 취득해야 하기 때문입니다. 우버의 한국 진출은 여기에서 콱 막히고 말았습니다. 설상가상으로 우버의 등장에 위기를 느낀 택시 운전사들(서울시택시운송사업조합)이 우버를 이러한 법규 위반으로 고발하면서 검찰에 기소까지 되는 변을 당합니다. 그 틈에 신생 스타트업이던 카카오택시가 우버와는 완전히 다른 방식으로 접근했습니다. 택시를 운전할 기사를 새로 모집한 것이 아니라 기존 택시 기사들을 대상으로 사업을 전개한 것입니다. 카카오택시 서비스를 이용할 수 있도록 자체 인증절차를 통해 카카오택시 기사 자격을 부여하는 방식을 채택함으로써 제도상의 장벽에 걸리지 않고 우버에게 열리던 신흥 시장을 잽싸게 낚아챈 것입니다.

우버 택시는 전형적인 긱 플랫폼입니다. 우버 플랫폼에 내 자가용을 택시로 등록하고 콜이 올 때마다 짧은 시간 택시 서비스를 제공하는 식의 긱워크를 수행하는 방식입니다. 이런 우버가 우리나라에 들어오지 못하고 긱 플랫폼도 아닌, 택시 콜 서비스를 디지털화한 카카오택시 플랫폼에 밀려난 것은 기술 발달이 미흡해서가 아니라 사회제도 때문이었습니다. 기술의 발달에 힘입어 우버가 무장한 거대 자본, 디지털 기술, 렌터카, 글로벌 네트워크, 대중으로부터 호의적인 기술혁신 및 공유경제 트렌드가 우리나라의 택시 조합과 관련 법규 앞에 무릎을 꿇었습니다.

이 말을 이렇게 자세히 하는 이유는 이 부분이 긱 경제의 본질을 밝히 보고 그 미래를 예측하는 데 매우 중요하기 때문입니다. 긱 경제는 기본적으로 기술 발전의 산물이 아니라 그 사회의 정책의 산물입니다. 우버가 맥을 못 추는 곳이 비단 한국만은 아닙니다. 실제로 미국의 여러 지방과 유럽 및 대만에서는 기존의 노동법 등에 위배된다는 이유로 우버 사업을 금지하고 있습니다. 앞으로도 긱 경제는 기술 발달과는 별개로 사회적 요구와 합의에 따라 많은 변화를 겪게 될 것입니다.

이미 그런 움직임이 세계 곳곳에서 포착되고 있습니다. 미국 뉴욕시는 2023년 6월, 배달 라이더들의 최저임금을 보장하는 제도를 시행했습니다. 우버이츠 등을 통해 음식 배달을 하는 플랫폼 배달 라이더들에게 시급 17.96달러(약 2만 3천 원)를 보장하도록 한 것입니다. 이 최저임금은 물가상승률을 반영해 2025년에는 19.96달러(약 2만 5천 원)로 오를 예정이며, 매년 물가상승률에 따라 조정됩니다. 2023년 현재 뉴욕시의 최저임금은 2019년부터 적용된 15달러(약 19,000원)이지만 배달 라이더들은 개인사업자로 분류돼 그동안 적용이 배제돼왔었습니다.

뉴욕시가 일부 긱 플랫폼에 최저임금제를 적용한 것은 이것이 처음은 아닙니다. 뉴욕시는 2018년 12월부터 우버나 리프트 등 차량호출서비스 플랫폼에서 일하는 운전기사에게 시간당 17.22달러 (약 2만 원)의 최저임금을 보장하는 제도를 도입했습니다. 이것은 미국에서 플랫폼 근로자에게 최저임금을 적용한 첫 사례이며, 저임금에 시달리던 운전기사들의 요구와 노동조합의 캠페인이 이뤄낸 성과였습니다.

2021년에는 영국에서도 대법원 판결을 통해 우버 운전기사가 자영업자가 아니라 근로자(worker)에 해당한다고 판시(判示)함으로써 이들에게 노조 결성, 최저임금, 유급휴가 등의 권리를 보장하기 시작했습니다. 네델란드에서도 이와 유사한 판결로 우버 운전기사의 근로자성을 인정하고, 앱 기반 모빌리티 운전기사들에게도 노동법에 보장된 모든 권리를 부여함과 동시에 택시 노동자에게 적용되는 단체협약도 적용되도록 했습니다. 스페인은 영국이나 네델란드와 같은 소송을 통한 판결이 몇 차례 이루어진 뒤 아예 법으로 이를 규정했습니다. 이른바 '라이더 법'을 제정을 통해 배달플랫폼 라이더를 근로자로 추정하도록

한 것입니다.[11]

또 한 가지 주의 깊게 봐야 할 것은 코로나19가 긱 경제에 미친 영향입니다. 코로나19는 세계 경제에 부정적 영향을 미쳐 수요와 공급이 모두 타격을 입었습니다. 특히 사회적 거리두기와 비대면 활동이 확산되면서 대면 서비스업이나 저숙련 노동자의 일거리가 크게 감소했습니다. 예를 들어, 음식점, 숙박업, 여행업, 문화예술업, 미용업 등의 분야에서 긱워크를 하는 사람들은 수입이 줄거나 일자리가 사라졌습니다. 또한 보호무역 강화와 인적교류 약화로 해외 시장 진출이 어려워지고 국내 시장 경쟁이 치열해지면서 긱워크의 불안정성과 불균형이 심화되었습니다.

한편으로 코로나19는 디지털 경제로의 전환을 가속화시켰습니다. 비대면 활동 유인이 커지면서 재택근무, 화상회의, 원격진료 등의 온라인 서비스가 활성화되었습니다. 이는 긱 경제의 장점인 유연성과 다양성을 강화하고, 새로운 수요와 시장을 창출하였습니다. 예를 들어, 음식 배달, 온라인 교육, 클라우드 컴퓨팅, 데이터 분석, 콘텐츠 제작 등의 분야에서 긱워크가 크게 늘었습니다.

코로나19로 인해 많은 사람들이 일자리를 잃거나 소득이 감소하자 생계를 위해 비자발적으로 긱워크를 시작하거나 부수입을 찾는 사람들이 증가했습니다. 특히 코로나19로 인한 비대면 업무와 재택근무 활성화 등으로 노동 시간이 자유로워지면서 직장 근무 시간 외에도 부가

11) 이 법은 애초에는 플랫폼 노동자 모두를 근로자로 추정하도록 법안이 만들어졌는데, 사용자 단체들의 반대로 이 규정은 배달 플랫폼 라이더에게만 적용하는 것으로 수정됐습니다. 이처럼 이 문제는 플랫폼 회사와 이용자들 사이의 첨예한 갈등을 분출시키며 전 세계적으로 큰 사회 이슈가 되고 있습니다.

적인 수입을 얻고자 하는 'N잡러(2개 이상의 직업을 가진 사람)'의 등장 또한 긱 경제 확산에 기여했습니다. 또, 코로나19로 노동시장의 구조가 변화하면서 긱워크를 선호하는 사람들도 늘었습니다. 일부 청년들은 정규직보다 유연하고 다양한 긱워크를 통해 자신의 역량을 발휘하고 싶어합니다. 또한 일부 기업들은 고정비용을 줄이고 실적에 따른 보상을 하기 위해 긱워크를 활용하려고 합니다.

이런 점들을 종합해 볼 때 경제가 극도로 위축된 상황이었음에도 긱 경제의 규모는 오히려 늘어난 면이 있으며, 긱워크가 더욱 다양화되면서 긱 경제의 범위를 더욱 넓혀 향후 긱 경제가 성장하는 기반을 갖추는 계기가 되었다고 하겠습니다.

코로나19가 긱워커들의 수입과 안정성에는 부정적인 영향을 미친 것으로 보입니다. 많은 업종과 기업이 위기에 처하면서 긱워커들에게 주어지는 일자리와 수수료가 줄었습니다. 예를 들어, 여행, 문화, 음식점 등의 업종에서 일하는 긱워커들은 코로나19로 인해 수요가 급감하면서 수입이 크게 감소했습니다. 설상가상으로 긱워커들 수가 증가하면서 경쟁이 치열해져 긱워크를 얻기 어려워졌고 그 때문에 수입이 불안정해졌습니다. 긱워커들은 정규직 근로자와 달리 고용보험이나 소득보장이 되지 않기 때문에 재정의 안전성을 확보하는 것이 중요합니다. 하지만 코로나19로 인해 수입이 감소하고 변동성이 커지면서 생활비를 마련하거나 비상금을 준비하는 것이 어렵게 되었습니다. 이러한 코로나19의 부정적 영향은 앞으로 긱 경제의 건전성에 걸림돌로 작용하게 될 것입니다. 그렇게 되면 긱 경제에 대한 규제의 목소리가 높아지게 될 것이고, 결과적으로 긱 경제의 성장을 저해하는 요인이 될 것입니다.

다만 코로나19로 일자리 환경이 바뀌면서 전문인력이 긱 경제 생태계로 유입되는 경로도 크게 확장됐습니다. 이들은 일자리를 잃으면서 긱워커로 내몰린 것이 아니라, 팬데믹 기간 동안 원격 근무나 유연한 업무 환경과 워라밸에 익숙해지면서 스스로 긱워커가 되는 길을 선택한 사람들입니다. 전문성이 요구되는 분야일수록 이런 자발적 자기주도형 긱워커가 차지하는 비중이 높습니다. 이들이야 말로 4차 산업혁명의 기술 발전과 잘 매치되는 미래형 긱 경제의 추동력이라고 할 수 있을 것입니다.

우리나라의 긱 경제

코로나19는 우리나라에서도 긱 경제를 성장시켰습니다. 전통적인 정규직 대신 유연한 시간제 근로나 계약직 근로, 프리랜서 일자리가 점점 더 많아지고 있는 것입니다. 긱워커(또는 플랫폼워커)는 디지털 플랫폼을 통해 주문형 방식으로 서비스를 제공합니다. 쿠팡과 같은 온라인 마켓플레이스가 급속도로 팽창하면서 긱워커들이 괄목할 만큼 증가했습니다. 또 많은 기업이 프로젝트 단위로 임시직을 고용하면서 긱워크의 수요가 증가했습니다. 구직자들에게 있어서는 업무 유연성과 독립성이 직업 선택의 중요한 요소가 되었으며, 이 모두가 긱 경제의 발전에도 기여했습니다.

이와 함께, 채용시장의 위축 등 사회경제적 위기로 인해 비자발적 긱워커로 내몰리는 경향도 감지됩니다. 코로나19로 폐업한 자영업자, 채용시장의 위축으로 취업에 실패한 청년들, 조선업과 운수업과 같은 전통 산업의 쇠퇴로 일자리를 잃은 임금노동자들이 플랫폼 일자리로 이동하는 흐름이 나타나고 있기 때문입니다.[12]

한국의 긱 경제 규모는 '긱'의 정의에 따라 다를 수 있습니다. 글로벌 경영전략 컨설팅 기업인 보스턴컨설팅그룹(BCG) 코리아는 2022년 우리나라의 긱 경제 현황에 대한 보고서를 발표했습니다.[13] 이 보고서에 따르면 현재 국내의 연간 긱워커 채용 건수는 1.2억 건입니다. 이 규모는 향후 연평균 약 35% 성장하여 2026년에는 연간 채용 건수가 5.5억 건에 이를 것으로 전망됩니다.

우리 정부는 '긱워커(플랫폼종사자)'를 "노동플랫폼을 이용하여 일자리(일거리, 일감)를 구하는 사람"으로 정의합니다. '광의의 플랫폼종사자'라고도 부릅니다. 이 정의에 따를 경우 2021년 5월 현재 온라인 플랫폼을 통해 서비스를 제공하는 근로자의 수는 약 220만 명으로 추정됩니다. 이는 한국 전체 15~69세 취업자의 8.5%에 해당합니다. 분야별 비중을 보면, 배달, 운송 및 운전 서비스는 플랫폼 근로자가 제공하는 전체 노동의 약 30%를 차지했습니다. 외식 서비스, 번역, 강의, 컨설팅 등 전문 서비스가 그 뒤를 이었습니다. 실제로는 긱워커가 플랫폼워커보다 더 넓은 개념이어서 긱워커 수는 이보다 훨씬 많을 것으로 판단됩니다. 여기에는 스마트폰 앱이나 온라인 구인·구직 웹 사이트뿐

12) 한국고용정보원, 「플랫폼종사자 규모와 근무실태」, 2022

13) BCG 코리아와 자비스앤빌런즈(Jobis and Villains), 「금융의 미래: 긱이코노미 시대, 당신의 플랫폼은 준비됐습니까?」, 2022

만 아니라 알음알이 소개를 통해 최종적으로 고용주에게 고용된 사람까지 모두 포함됩니다. 일례로, BCG 코리아는 2022년 통계청 조사를 기준으로 국내 전체 취업자 2,600만 명 중 1,000만 명이 긱워커라고 발표했습니다.

한편, '광의의 플랫폼종사자' 중에서 ①일자리 매칭 플랫폼이 거래를 조율하고, ②대가나 보수를 중개하며, ③매칭 플랫폼을 통해서 중개되는 일자리가 다수에게 열려 있어야 한다는 조건에 부합하는 인원은 66만 명입니다. 이는 15~69세 취업자의 2.6%에 해당하며, 보다 엄격한 기준으로 정의되었다는 의미에서 '협의의 플랫폼종사자'라고 할 수 있습니다. 음식 배달 서비스를 제공하는 배달의민족, 번역 서비스를 제공하는 플리토, 가사도우미 서비스를 제공하는 소다 등이 대표적인 협의의 플랫폼입니다. 협의의 플랫폼종사자의 월평균 근로일수는 14.9일이며, 주업형은 21.9일, 부업형은 10.3일, 간헐적 참가형은 5.4일로 조사되었습니다. 주당 평균 근로시간은 협의의 플랫폼종사자 전체가 26.1시간이며, 주업형은 46.3시간, 부업형은 10.9시간, 간헐적 참가형은 3.6시간이었습니다. 협의의 플랫폼종사자의 월평균 총수입은 199.4만 원이며, 이 중 플랫폼노동 참여를 통해 번 수입은 123.1만 원으로 총수입의 61.7%를 차지합니다. 주·부업 유형별로 보면 주업형은 플랫폼노동을 통해서 번 수입이 192.3만 원으로 월평균 총수입인 218.5만 원의 약 88.0%를 차지합니다.

긱워크 대부분은 보수 설정과 관련된 규제나 기준이 없습니다. 조사 결과에 따르면 플랫폼종사자의 보수를 '디지털 플랫폼이 정한다'는 응답이 60% 이상을 차지하는 반면, 본인이 정하거나 본인과 디지털 플랫폼이 협의해서 정한다는 응답은 약 14%에 불과합니다.

우리나라 긱워크의 유형을 보면, 우리에게 가장 친숙한 것이 음식 배달원, 대리운전기사, 퀵서비스 라이더와 같은 배달·배송·운송직이지만, 이외에도 플랫폼종사자가 일하는 분야는 가사도우미, 번역, 애플리케이션 제작, 미술창작 등으로 다양화되고 있는 추세입니다. 정부의 조사 결과에 따르면 광의의 플랫폼종사자를 대상으로 할 경우, 가장 많이 근무하는 직종은 배달·배송·운전(29.9%)이었고, 이어서 음식조리·접객·판매(23.7%), 전문서비스(9.9%), 사무보조(8.6%), 단순작업(5.7%), 가사·청소·돌봄(5.3%), 개인서비스(3.0%), IT관련 서비스(2.2%) 등의 순으로 나타났습니다. 여기서 배달·배송·운전과 음식조리·접객·판매에 종사하는 비율을 합산해보면 53.6%로 전체의 절반 이상을 차지하고 있습니다. 이를 통해 우리나라 긱 경제의 절반 이상을 배달과 요식업 서비스 관련 긱이 차지하고 있음을 알 수 있습니다.

이처럼 많은 사람들이 긱 경제 생태계 내에서 활동하고 있으며, 시간이 흐를수록 그 수는 점점 더 많아질 것입니니다. 글로벌 리서치 전문기관 스태티스타(Statista)가 2022년 한국에서 실시한 설문조사[14]에 따르면 응답자의 58% 이상이 긱 근로자로 일하고 싶다고 답했습니다. 사람들이 긱워커가 되고자 하는 주된 이유는 긱워크가 업무 유연성이 높고(80%), 퇴직 후에도 일할 가능성을 제공(35%)하기 때문입니다. 그러나 이러한 긱워크에 대한 관심이 높아지는 배경에는 재정적인

14) 스태티스타, 「한국의 긱 경제(Gig Economy in South Korea)」, 2022

이유가 큽니다. 앞서 말한 불안정한 노동시장 상황이 한몫하는 데다, 최근 생활비 증가로 인해 이미 일자리를 가지고 있으면서도 추가 수입원의 수요가 높아졌기 때문입니다. 이런 상황에도 불구하고 긱워커들의 직무 만족도는 전반적으로 높은 것으로 나타나고 있습니다. 위에서 언급한 설문조사에서 긱워커의 절반 정도가 자신의 일에 만족한다고 응답한 반면, 약 10%만이 만족하지 못한다고 답했습니다. 그러면서도 응답자의 거의 90%가 긱워커로 계속 일하기를 원했습니다.

기업의 입장에서 우리나라 긱 경제를 잠시 살펴보겠습니다. 2022년 구인·구직 플랫폼 '사람인'이 국내 기업 458개사를 대상으로 '긱워커 활용 경험'을 조사한 결과, 36%가 '경험이 있다'고 답했습니다. 이 기업들이 긱워커에게 일을 맡긴 이유는 '비정기적이고 단건으로 발생하는 일이라서(67.3%)'가 가장 많았습니다. 이밖에 '급한 업무라서'(32.7%), '정기적이지만 직원을 고용하기에는 일의 볼륨이 크지 않아서'(30.9%), '정규직、계약직 고용 인건비가 부담돼서'(20.0%) 등이 그 뒤를 이었습니다. 또, 약 36%는 지금도 계속 긱 근로자와 함께 일하고 있다고 응답했습니다. 기업 입장에서 보면, 정규직을 채용할 경우 4대 보험을 비롯해 유급 휴가, 퇴직금, 각종 복리후생비 등 고정비가 만만치 않게 지출됩니다. 이런 상황에서 높은 고정비 부담 없이 순수하게 일한 대가만 지불하면 되는 긱워커는 경영의 부담을 크게 줄여주게 됩니다. 그러니 기업에서 긱워커를 마다할 이유가 없는 것입니다.

긱워커에게 맡긴 직무 분야는 'IT개발'(20%, 복수응답)이 가장 많았습니다. 다음으로 '디자인'(18.2%), '서비스'(16.4%), '문서작업·작문'(15.2%), '마케팅·광고·홍보'(12.1%), '영상·사진·그래픽'(11.5%), '번역·통역'(11.5%) 등의 순이었습니다. 실제 긱워커를 활용한 경험이 있는 기업 중 86.1%는 '긱워커의 업무 처리에 만족한다'고 답해, 불만족한다는 답변(13.9%)보다 압도적으로 많았습니다. '앞으로도 긱워커에게 업무를 맡길 것'이란 기업도 94.5%에 달했습니다.

긱워커를 고용하는 창구는 '지인에게 연락 또는 소개'(60%, 복수응답)를 첫 번째로 꼽았습니다. 계속해서 '채용 플랫폼'(43.6%), '온라인 긱워커 플랫폼'(26.7%), '자사 사이트 또는 SNS'(7.9%)의 순이었습니다.

긱워커에게 업무를 맡긴 경험이 없는 기업들(293개사) 중 32.1%도 향후 긱워커에게 업무를 맡길 의향이 있다고 답했습니다. 긱워커를 활용하려는 이유는 '노동력을 쉽게 조절해 프로젝트를 탄력적으로 운영'(39.4%), '단건이고, 볼륨이 적은 일이라도 외주 가능'(33%), '전문가의 작업으로 결과물 퀄리티가 높음'(22.3%), '결과물을 빨리 받을 수 있음'(20.2%), '전문 업체, 대행사 대비 비용 부담이 적음'(18.1%) 등이 있었습니다.

그렇다면, 기업들은 긱워커들에게 업무를 맡기는 경우가 앞으로 늘어날 것으로 생각할까요? 응답 기업 중 71.2%가 그럴 것이라고 전망했습니다. 그 이유로는 '고용의 유연성 확보가 가능'(54.6%)하다는 것이 첫 번째였습니다. 그 외 '직무 전문화·분업화로 전문 인력에 대한 수요 증가'(46.9%), '인건비 부담을 줄이고자 하는 니즈 증가'(42.3%), '비즈니스 환경 급변으로 빠른 업무 대응이 필요해짐'(28.2%), '긱워커로 활동하는 사람이 늘어나면서 우수 인재들이 긱워커로 전향'(12.3%) 등이 뒤를 이었습니다.

우리 사회는 팬데믹을 거치면서 전통적인 풀타임 일자리 대신 파트타임 및 프리랜서 일자리가 널리 분포돼 있는 긱 경제가 급성장하는 것을 경험했습니다. 이러한 추세는 무엇보다도 많은 사람들이 추가 수입을 제공하는 유연한 부업을 찾으면서 더욱 강화되고 있습니다. 그 덕분에 한 가지 이상의 직업을 가진 긱워커의 수가 증가하고 있습니다. 긱워커의 수가 증가함에 따라 이들을 보호할 제도적 울타리를 손 봐야 한다는 목소리도 커지고 있습니다. 고용정보원 조사에 따르면, 플랫폼업체를 이용할 때 '어떠한 계약도 맺지 않았다'고 답한 응답자가 40%를 넘었습니다. 표준·근로계약서를 작성했다고 답한 응답자는 5.6%에 불과했습니다. 계약변경 절차에 대한 질문에서는 '플랫폼업체가 일방적으로 결정해 통보한다'는 응답이 47.2%로 가장 많은 반면 '플랫폼업체가 종사자에게 계약변경 내용 및 이유, 시기 등을 사전 통보한다'는 응답은 30.8%에 불과했습니다.

플랫폼워커의 고용보험 가입률도 아직 낮은 수준입니다. 정부는 지난 2020년 12월 예술인을 시작으로 2021년 7월 특수고용직 12개 직종으로 단계적으로 고용보험을 확대 적용해왔습니다. 2022년 1월 1일부터는 배달라이더 등 퀵서비스기사와 대리운전기사 같은 플랫폼워커도 고용보험에 가입할 수 있는 길이 열렸습니다. 또한 2022년 4월부터는 근로복지공단에서 저소득 플랫폼워커가 납부한 고용보험료 중 80%를 환급해주는 제도를 시행 중에 있습니다.

전 세계에 몰아치고 있는 긱 경제의 급한 성장세는 우리나라에서도 거스를 수 없는 트렌드가 되고 있습니다. 그러나 복지혜택과 사회보호 시스템 등 긱워커에 대한 정책은 불충분한 상황이어서 노동 제도의 사각지대에 있는 긱워커의 권리를 보장할 각종 제도적 장치 마련이 시급한 상황입니다.

우리나라의 긱 플랫폼

휴대폰이 스마트폰으로 바뀌면서 모바일 앱 산업이 급성장했습니다. 긱 경제도 이러한 조류에 영향을 받아서 수많은 플랫폼이 앱 형태로 개발되면서 범위와 규모를 확장해 왔습니다. 처음에는 배달의민족 같은 배달 서비스와 크몽 같은 재능 매칭 분야의 앱이 주도해서 생태계 형성을 이끌었습니다. 그 후로 코로나19로 인한 사회적 거리두기 영향으로 온라인 경제가 폭발하듯 성장하면서 긱 플랫폼도 우후죽순처럼 생겨났습니다. 작가나 디자이너와 같은 전통적인 프리랜서들을 수요자들과 매칭해 주는 것은 기본이고, 소프웨어 프로그래밍, 배달, 가사지원, 이사, 반려동물 돌봄, 심지어는 벌레잡기, 일상적인 심부름 등 일의 전문성을 가리지 않고 거의 모든 분야에서 체계적으로 긱워크를 매칭해주는 플랫폼이 생겨났습니다. 그리고 지금 이 순간에도 끊임없이 새로운 분야가 개척되면서 긱 경제를 확대하고 있습니다. 그러므로 수많은 온라인 플랫폼 가운데 긱 플랫폼을 골라내는 것도 어려울 뿐만 아니라, 분야나 유형별로 세분화하는 것도 난망한 작업입니다. 얼마나 많은 긱 플랫폼이 나와 있는지 통계도 찾아보기 어렵습니다. 더

구나 긱 플랫폼의 성격들이 갈수록 유사해지고 있습니다. 이는 플랫폼 간의 구분이 점점 더 의미가 없어진다는 것을 의미합니다. 다음은 우리나라의 다양한 긱 플랫폼들 가운데 분야별로 특히 많이 알려진 것들입니다.

플랫폼	분야	특징
배달의민족	음식 배달	2023년 기준 누적 주문 수 1억 건 돌파 2020년 12월 독일의 딜리버리히어로에 매각
쿠팡플렉스	상품 배송	쿠팡의 정식 직원이 아닌 개인이 자신의 차량을 이용해 쿠팡의 배송업무를 수행하고 배송 건수에 따라 보수를 받는 배송 플랫폼
우리동네 딜리버리	상품 배송	GS리테일의 플랫폼으로 GS25에서 고객이 주문한 배달 상품을 일반인들이 배달해 주는 서비스
크몽	전문가 매칭	디자이너와 프로그래머, 콘텐츠 제작자, 사진 작가, 마케팅, 번역·통역, 경영진단 등 각종 전문 분야의 전문가들을 소비(구매)자와 연결
플리토	번역	집단지성을 활용한 번역 플랫폼
우렁각시	가사관리	가사관리, 아동 돌봄, 정리수납 등 서비스를 제공하는 플랫폼
집청소연구소	집청소	집청소 서비스를 제공하는 플랫폼
미소	홈서비스	가사도우미, 집청소 도우미, 사무실 청소, 이사 청소, 가전 청소 등 다양한 홈서비스 제공

대리주부	홈서비스	가사도우미, 집청소, 홈클리닝 등 다양한 홈서비스 제공
해주세요	심부름	네 이웃끼리 서로 도와주고 수익도 창출할 수 있는 심부름 플랫폼
탤런트뱅크	인재 매칭	중소기업과 시니어 전문가를 잇는 인재 매칭 플랫폼
사람인 긱	프리랜서 매칭	구인·구직 잡포털 사이트인 '사람인'이 만든 프리랜서 매칭 긱 플랫폼
뉴워커	긱워커 매칭	국내 최초 기업주문형 긱워커 플랫폼
번지(Bungee)	채용 플랫폼	N잡러와 프로젝트 단위로 고용하는 기업들을 연결해주는 서비스
프립(FRIP)	여가·여행·액티비티	웹사이트와 애플리케이션을 통해 액티비티, 원데이 클래스, 소셜클럽, 여행 상품 등을 검색 하고 결제, 참여까지 한 번에 이용할 수 있는 서비스
애드픽	마케팅	자신이 원하는 광고를 블로그, 인스타그램, 페이스북, 유튜브 등 다양한 매체에 홍보하여 수익을 창출할 수 있는 마케팅 플랫폼
크라우드픽	사진 이미지	누구나 작가가 되어 자신이 찍은 사진, 일러스트, 캘리그라피를 올리고 수익을 창출할 수 있는 플랫폼
재능넷	재능 매칭	개인들의 재능을 공유해 거래하는 오픈마켓형 플랫폼
내만오(내가 만드는 오디오북)	오디오북	밀리의 서재가 제공하는 사용자 참여형 오디오북 서비스

이외에도 이프아이디자인(IF I DESIGN, 디자인), 라라잡(일자리 매칭), 요긱(일거리 매칭), 이모잡(전문가 매칭), 긱플(일거리 구독), 애니맨(심부름), 위큡(재능마켓), 브라우니(무인매장관리), 펫봄(반려동물 돌봄), 원티드(프리랜서 매칭), 숨고(전문가 매칭), 이지태스크(프리랜서 매칭), 일감플러스(일용직 매칭), 위프(전문가 매칭), 위시캣(IT 전문가 매칭) 등 수많은 플랫폼이 긱 경제를 확장해 가고 있습니다.

긱 경제는 현재와 미래의 불확실성 속에서도 지속적으로 성장할 것으로 예상됩니다. 특히 기업의 입장에서는 추진하는 비즈니스에 맞춰 신속하게 인력을 확장하거나 축소할 수 있고, 사내에서 구할 수 없는 전문 지식과 기술을 갖춘 전문가를 고용해 프로젝트를 진행할 수 있습니다. 원격 근무로 작업 결과물을 제공 받는 형태이기 때문에 글로벌한 채용이 가능하다는 장점도 있어 점점 더 긱 경제에 참여하는 비중을 높이게 될 것입니다. 이처럼 디지털 기술의 발전 속도가 빨라지고 경쟁도 치열해질 것으로 예상되므로, 긱워커의 입장에서는 이에 대응하여 지속적인 역량 강화와 발전을 위한 노력이 필요합니다.

플랫폼 경제와 긱 경제

'플랫폼 경제(Platform Economy)'는 긱 경제와 상당 부분 겹치기는 하지만 긱 경제 보다는 범위가 좁은 개념입니다. 원래 긱 경제는 일자리와 노동시장에 초점을 맞추며, 프리랜서, 계약직, 일용직 등의 노동자들이 일시적이고 단기간 진행되는 일자리와 계약을 기반으로 하는 경제 모델입니다. 그래서 긱 경제에 대한 이야기에서는 많은 경우 노동시장의 변화와 고용의 유연성에 관한 논의로 이어집니다. 물론 우리가 긱 경제를 이야기하는 목적은 긱 경제 현상이 4차 산업혁명과 어떤 연관이 있고, 미래의 일자리에는 어떤 영향을 미치며, 긱 경제 생태계에서는 어떤 행태로 접근하는 것이 개인의 자기 효용성을 극대화하는 길인가를 살펴보기 위함입니다.

플랫폼 경제는 주로 기술과 디지털 플랫폼이 중심이며, 지역의 경계 없이 공급자와 수요자를 연결하고, 상호작용을 통해 혁신적인 가치 창출을 이뤄내는 경제 현상입니다. 디지털 플랫폼을 통해 새로운 가치를 창출하면서 기존의 생산과 소비 패턴을 변화시키는 경제 모델입니다. 긱 경제가 노동시장의 변화와 일자리의 성격에 초점을 맞춘 것이라면, 플랫폼 경제는 기술과 플랫폼을 바탕으로 한 서비스 및 가치 창출의 혁신에 중점을 둡니다. 또 긱 경제는 노동자들에게 일거리를 제공하는 것이 주요 관심사이지만, 플랫폼 경제는 공급자와 수요자 사이의 상호작용을 촉진하고 최적화하는 것을 목표로 합니다. 많은 플랫폼 기반 회사들이 긱 경제 근로자들에게 일자리를 제공하고, 긱워커들은 플랫폼을 통해 일거리를 얻고 생계를 유지할 수 있는 기회를 얻습니다.

플랫폼 경제의 중심에는 배달의민족이나 우버, 업워크, 에어비앤비 같은 플랫폼 사업자들이 위치하며, 이들은 공급자(판매자)와 수요자(구매자) 사이의 거래를 촉진하고 효과적으로 조정해줍니다. 이는 근로의 유연성이 증가하고, 전통적인 고용 관례가 변화하는 현대 사회의 경제적 상황을 반영하는 현상입니다. 이렇게 긱 경제와 플랫폼 경제는 서로 영향을 주고 받으며 발전하고 있습니다. 디지털 플랫폼 기반의 사업이 확산되면서 긱 경제의 일자리가 증가하는 것이 대표적인 예입니다. 따라서 이들 경제 현상은 상호 연관되어 있지만, 각각은 독립된 개념으로 이해하는 것이 좋습니다. 플랫폼 경제는 임시직의 형태를 새로운 차원으로 끌어올렸다는 분석도 있습니다. 노동에 대한 수요와 공급을 하나로 통합함으로써 긱워크 시장의 진화를 견인하게 됐다는 이야기입니다.

플랫폼 워커와 긱워커

일하는 형태가 변화하면서 긱(gig)이라는 일의 범위는 과거 배우들이 땄던 공연일 같은 창의적인 일을 넘어 무한히 확장되고 있습니다. 이제는 긱이라고 하면 쿠팡이츠의 배달파트너와 음식 배달 라이더들, 크몽의 디자이너를 떠올립니다. 그렇지만 긱 경제는 일반인들이 생각하는 것보다 훨씬 더 다양하며, 코미디언부터 프리랜스 회계사까지 모든 것을 포괄합니다. 긱은 기본적으로 '수요에 따른 일'을 의미합니다. 장기적인 근로 의무가 없습니다. 야간 클럽에서 연주하는 음악가를 생각해보면 이해가 쉽습니다. 긱을 얻는 통로도 개인 간의 소개, 온라인 앱, 웹 사이트, 웹 카페, 신문광고, 온라인 광고, 지역 정보지, 아파트 게시판 등 다양합니다.

한편, 플랫폼 경제에 속해 있는 플랫폼워커들도 대부분 긱워커들입니다. 플랫폼 경제 내에서 긱워커는 디지털 플랫폼을 활용하여 일시적이거나 단기적인 프로젝트에 참여하는 근로자를 의미합니다. 여기에는 프리랜서, 계약직, 일용직 등이 포함됩니다. 배달의민족, 부릉, 쿠팡이츠파트너, 우버, 리프트, 도어대쉬와 같은 플랫폼에서 운전기사나 배달기사로 일하는 근로자들은 플랫폼에서 일을 찾고 수입을 얻기 때문에 긱워커로 분류될 수 있습니다. 또한, 업워크(Upwork), 파이버(Fiverr)와 같은 플랫폼에서 프로젝트별로 일하는 프리랜서들도 긱워커에 속합니다. 한마디로, 플랫폼워커는 긱워커 가운데 온라인 플랫폼을 통해 일거리(긱워크)를 얻는 긱워커에 한정해서 부르는 개념입니다.

플랫폼워크는 웹사이트나 스마트폰 앱 등 온라인 플랫폼을 매개로 일거리를 찾고 소득을 얻는 행위를 의미합니다. 이러한 플랫폼워크는 흔히 장소를 기반으로 하는 경우와 온라인 웹을 기반으로 하는 경우로 구분됩니다. 이 둘은 작업을 수행하는 방식, 위치, 그리고 필요한 스킬 측면에서 차이가 있습니다. 장소 기반 긱워크는 물리적인 위치에 근거하여 수행되어야 하는 일을 말합니다. 이러한 워크 형태는 일을 수행하기 위해 개인이 특정 위치에 실제로 존재해야 하는 경우에 해당됩니다. 실시간으로 상호작용하며 수행되는 경우가 많으며, 대표적인 예로는 우버 드라이버, 푸드 딜리버리, 매장 서비스, 가사 도우미, 에어비앤비 등이 있습니다. 쿠팡맨도 여기에 속합니다. 쿠팡맨은 쿠팡의 배송 팔로워로서, 배송 서비스를 제공하는 아르바이트 또는 프리랜서의 일입니다. 주문된 상품을 쿠팡의 창고에서 가지고 온 후, 고객에게 배달하는 업무를 담당합니다. 이러한 워커들은 특정 위치에서 제공되는 서비스를 수행하고, 고객과 함께 동일한 위치에 있어야 하며, 고객 요청에 실시간으로 대응해야 합니다.

온라인 웹기반 긱워크는 인터넷을 통해 특정 위치에 구애받지 않고 수행되는 일을 말합니다. 이러한 노동 형태는 원격으로 일할 수 있으며, 시간과 공간의 제약을 받지 않습니다. 온라인상에서 서비스를 제공하고, 전 세계적인 고객과 협업할 수 있는 것이 특징입니다. 대표적인 예로는 프리랜서 플랫폼에서 제공되는 웹 개발, 그래픽 디자인, 온라인 교육 강사, 온라인 마케팅, 데이터 분석 등의 업무가 있습니다. 이러한 노동자들은 자신의 모바일 장치나 컴퓨터를 통해 창의력과 전문성을 발휘할 수 있으며, 인터넷이 접속 가능한 곳이라면 어디서든 일을 할 수 있습니다. 크몽, 업워크, 파이버와 같은 프리랜서 마켓플레이스에서 각자의 전문 기술을 이용해 작업을 수행하는 프리랜서들이 여기에 속합니다. 이들은 웹 개발, 디자인, 번역, 글쓰기 등 다양한 서비스를 제공하며 클라이언트와 원격으로 협업합니다. 온라인 교육 플랫폼인 유데미(Udemy), 코세라(Coursera)와 같은 온라인 교육 플랫폼에서 자신의 전문 지식을 공유하는 강사들도 여기에 포함됩니다. 강사들은 다양한 주제의 강좌를 제작하고, 학생들은 수강료를 지불하여 강좌를 수강할 수 있습니다.

한국노동연구원은 플랫폼 노동에 대해 다음의 4가지 조건에 부합하는 근로자를 플랫폼 노동자로 규정합니다. ①디지털 플랫폼을 통해 거래되는 것이 서비스나 가상재화이며, ②디지털 플랫폼을 통해 일거리를 구해야 하고, ③디지털 플랫폼이 대가나 보수를 중개해야 하며, ④디지털 플랫폼을 통해 중개되는 일거리가 특정인이 아닌 다수에게 열려있어야 한다는 것입니다. 2021년 한국고용정보원의 조사에서도 동일한 조건으로 플랫폼 노동자를 규정했습니다. 국제노동기구(ILO)는 긱 경제를 플랫폼 경제와 동일한 것으로 보고 있습니다.

"긱 경제나 플랫폼 경제의 등장은 일의 세계에서 가장 중요한 새로운 변화 중 하나입니다. 플랫폼 경제의 중요한 구성 요소는 디지털 노동 플랫폼입니다. 여기에는 웹 기반 플랫폼과 지리적으로 분산된 워커들에게 일을 외주하는 '크라우드워크'와, 지리적인 영역에서 개인들에게 일을 할당하는 위치 기반 앱(app)이 있습니다. 이러한 앱은 주로 운전, 심부름, 집 청소 같은 현지의 서비스 지향적인 작업을 수행하기 위해 특정 지리적 지역에서 작업을 할당합니다."

플랫폼 경제와 공짜 점심

영어에 "There ain't no such thing as a free lunch."라는 격언이 있습니다. 줄여서 'TANSTAAFL(탠스타플)'이라고 합니다. '공짜 점심 같은 것은 없다'는 말로, 세상에 공짜란 없다는 것을 강조하는 경구입니다. 원래 이 '공짜 점심'은 예전에 한동안 미국 사회에서 유행했던, 술집에서 공짜로 주던 점심을 지칭하는 말이었습니다. 주로 이런 식이었습니다. 술집에서 맥주를 한 잔이라도 시키면 공짜 점심을 제공했는데, 그게 일종의 함정이었습니다. 그 점심에는 소금이 많이 들어 있어서 먹고 나면 갈증이 생겨 맥주를 더 많이 시키게 되는 것이었습니다. 실제로『정글북』으로 유명한 영국 작가 러디어드 키플링(Rudyard Kipling)이 1891년에 쓴『미국 여행기(American Notes)』에는 공짜 점심에 관한 이야기가 나옵니다.

"나는 백인들의 거대 도시(샌프란시스코) 속에서 철저히 외톨이였다. 본능에 이끌려 쉴 곳을 찾아 근처의 술집으로 들어갔다. 뒷머리에 중절모를 걸친 사람들이 빼곡히 들어앉아 게걸스럽게 음식을 먹고 있었다. 그들이 먹는 음식이 '공짜 점심'이라는 것을 알았을 때, 나는 기절초풍할 뻔했다. 맥주 한 잔만 시키면 공짜로 먹을 수 있는 점심이라니!"

'공짜 점심 같은 건 없다'는 말의 경제학적 의미는 우리가 원하는 한 가지를 얻으면 보통은 또 다른 한 가지는 포기해야 한다는 '기회비용'입니다. 고졸자들은 진학과 취업 가운데 하나를 선택해야 합니다. 하나를 선택하면 다른 대안들을 선택할 수 있는 기회는 포기해야 합니다. 결국 선택된 하나의 비용은 포기한 다른 것에 대한 기회입니다. 이처럼 공짜 점심이란 겉으로는 공짜 같아 보이지만 실제로는 눈에 보이지 않는 대가가 뒤따른다는 것입니다.

정글북 작가가 미국에서 겪은 도저히 이해할 수 없는 경험으로 기록해 세상에 알린 공짜 점심 이야기는 노벨경제학상을 수상한 경제학의 대가 밀턴 프리드만(Milton Friedman)이 자신의 경제학 책 제목으로 가져다 쓰면서 경제학의 유명 경구가 됐습니다. 사실 프리드만은 1975년에 저술한 『공짜 점심은 없다』라는 책을 통해 결정과 소비에는 항상 어떤 비용이 따르고, 무료로 보이는 것은 사실 누군가가 대신 지불하고 있다는 점을 강조했습니다. 예를 들어, 정부가 세금을 걷어서 사회복지나 교육을 제공한다면, 그것은 무료가 아니라 세금을 내는 사람들이 지불한 것입니다. 또한, 무료로 제공되는 것은 품질이 낮거나 부작용이 있을 수 있습니다. 프리드먼은 이런 논리로 정부의 개입을 최소화하고 시장의 자유를 존중하는 경제 정책을 주장했던 것입니다.

그렇다면 플랫폼 경제 생태계에서도 공짜 점심은 여전히 허상일까요? 이에 대한 대답은 『플랫폼 경제와 공짜 점심』이라는 책의 내용으로 대신하겠습니다. 금융위원회 서기관 출신인 강성호 저자는 플랫폼 경제에서는 공짜 점심이 있다고 주장합니다. 그의 설명에 따르면 플랫폼 경제는 기존의 경제와는 달리 전혀 다른 두 경제 주체를 연결하는 양면성 시장의 속성을 갖습니다.

양면성 시장은 상호 의존적인 두 사용자 그룹(경제 주체)이 서로 상호작용하는 시장입니다. 결혼할 남녀를 매칭시켜주는 온라인 결혼정보회사 선남선녀(善男善女) 플랫폼을 차린다고 해 보겠습니다. 결혼정보회사의 고객으로는 성향이 전혀 다른 두 고객 그룹인 선남(남성) 그룹과 선녀(여성) 그룹이 있습니다. 선남선녀 플랫폼은 선남 그룹과 선녀 그룹 사이에서 두 고객을 연결합니다. 플랫폼을 운영하려면 비용이 들고, 회사인 이상 이윤도 창출해야 합니다. 그러자면 고객들로부터 플랫폼 이용료인 가입비를 받아야 합니다. 그런데 남녀평등사회이니 남녀 두 그룹 모두에게 똑같이 저렴한 사용료를 받는다고 해 봅시다. 이 플랫폼이 수많은 선남선녀들로 북적이게 될까요? 천만의 말씀 만만의 콩떡입니다. 사용료를 그런 식으로 책정하면 회원들이 절대 모이지 않습니다.

먼저 선남 그룹의 입장에서 보겠습니다. 플랫폼을 보니 선녀가 거의 없습니다. 이거 돈 내고 가입하면 가입비만 날릴 것 같아 가입을 보류합니다. 선녀 입장에서 보겠습니다. 이런 소개회사에 가입하는 것이 부담스러워 썩 내키지 않는데 이용료까지 내라고 하니 닫힌 마음이 더 닫힙니다. 이렇게 되면 선남선녀 플랫폼은 개점 휴업 상태가 됩니다. 무엇이 문제일까요? 남성과 여성이라는 두 고객 그룹의 성향과 차이를 고려하지 않았기 때문입니다.

문제가 그거라면 가입비 책정을 달리할 필요가 있습니다. 이번에는 아무래도 가입에 덜 적극적인 성향을 가지고 있는 여성에게서는 가입비를 받지 않기로 합니다. 그 대신 남성들에게는 두 배의 가입비를 물리기로 합니다. 가입비가 무료라서 여성들은 속는 셈 치고 가입합니다. 적어도 가입비 부담은 없습니다. 선녀들이 우르르 가입합니다. 남성들이 보니 선남선녀 플랫폼에 여성 회원들이 많습니다. 매칭 기대감이 높아집니다. 가입비가 높긴 하지만 배우자감만 구할 수 있다면 그다지 부담이 되지는 않습니다. 선남들이 우르르 가입합니다. 인공지능이 결합된 선남선녀 매칭 알고리즘이 회원들의 모든 정보를 분석해서 최적의 상대를 골라 서로 연결해 줍니다. 대상자들이 많으니 매칭 성공 확률도 높습니다. 결혼 업계에 매칭 잘된다고 소문이 퍼집니다. 더 많은 선남선녀들이 몰려듭니다.

결혼 매칭 시장은 전형적인 양면성 시장입니다. 선남과 선녀라는 두 고객 그룹은 서로에게 의존성이 있습니다. 한 그룹의 가치가 늘어날수록, 반대쪽 고객 그룹도 더 많은 가치를 얻게 됩니다. 여기서 중요한 것은 중개자 역할을 하는 플랫폼이 존재해야 한다는 점입니다. 중개자,

즉 플랫폼이 없다면 두 고객 그룹 사이에 외부성[15]을 시장 안으로 끌어들여 내부화시키고, 서로에게 가치를 제공하는 것이 불가능해집니다. 이런 플랫폼은 원활한 상호작용을 통해 두 고객 그룹에게 이로움을 가져다주고, 시장에 안정성을 부여하는 역할을 합니다. 양면성 시장의 특징은 두 고객 그룹 사이의 상호작용을 통해 증가하는 가치와, 이러한 상호작용을 가능하게 하는 중개자의 존재입니다. 이 시장에서는 두 그룹의 가치가 서로 연결되어 있어, 한쪽의 가치가 증가할수록 반대쪽 그룹의 가치도 상승하는 특성이 특징입니다. 이로 인해 양면성 시장은 고객 그룹들, 중개자, 그리고 시장 전반에 혜택을 제공합니다.

선남선녀 플랫폼에서 선녀들은 플랫폼 매칭 서비스를 공짜로 받게 됩니다. 바로 양면성 시장이 주는 공짜 점심입니다. 물론 전체적으로 보면 선남 그룹이 점심값을 부담하게 됩니다. 플랫폼은 회원들의 데이터를 분석하고 서로 잘 맞는 남녀를 골라 선보는 자리를 만들어 주면서 비용을 들이지만, 결국에는 돈을 벌어갑니다. 선남 그룹은 비용을 지불하지만 매칭이 성공하면 큰 이득을 얻습니다. 이처럼 플랫폼 경제의 특징은 진짜 공짜 점심으로 소비자들을 끌어들이지만, 공짜 이상의 것을 바라는 소비자들의 주머니를 뒤져 플랫폼 기업과 비용을 부담하는 소비자에게 수익을 창출해 주는 돌고 도는 순환 경제를 만들어내는 마술쇼를 벌인다는 것입니다.

네이버와 카카오는 삼성전자처럼 반도체를 만들지 않습니다. 현대

15) 외부성(externalities)은 '외부효과'라고 표현할 수 있습니다. 이 용어들은 한 경제 주체의 거래나 활동이 다른 경제 주체에게 주는 영향을 나타내며, 이 영향은 긍정적일 수도, 부정적일 수도 있습니다. 선남선녀 플랫폼에서는 외부성이 긍정적인 영향을 미친다는 것을 알 수 있습니다.

자동차처럼 자동차를 만들지도 않습니다. LG화학처럼 수요가 대박인 배터리를 만드는 것도 아닙니다. 그냥 사람들만 바글바글합니다. 그런데도 기업의 가치 평가 척도인 상장기업 시가총액에서 2023년 현재 각각 11위, 13위를 기록하고 있습니다. 은행업을 하는 KB금융이 17위고 가전제품 분야에서 세계를 휩쓸다시피 하는 LG전자가 20위입니다. 이것이 바로 '연결성'[16]과 '초연결성'[17]이라는 마술이 만들어내는 마술쇼입니다.

공짜 점심을 주는 플랫폼 경제는 우리가 살펴보고 있는 긱 경제와도 큰 차이가 없습니다. 긱 플랫폼 역시 근본적으로는 고용주와 긱워커라는 두 차별화된 고객 그룹이 존재하고, 플랫폼 이용료에서 한 쪽이 더 많은 비용을 부담하면서 상대방에게 공짜 점심을 제공하는 양면성 경제 생태계를 기반으로 해서 펼쳐지는 장터라고 볼 수 있습니다. 플랫폼은 디지털 기술이 낳은 가장 혁신적인 경제 요소라 할 수 있는데, 플랫폼은 자신의 공간에 최대한 많은 이들이 모이도록 하기 위해 디지털 기술 기반의 다양한 서비스를 제공합니다. 플랫폼의 성공 여부는 무엇보다 '네트워크 효과'로 결정됩니다. 네트워크 효과란 기업이 가지고 있는 상품이나 서비스를 많은 사람들이 이용하면 할수록 그 가치가 올라가는 것을 말합니다. 플랫폼이 네트워크 효과를 얻으려면 사람들을 끄는 어트랙션(유인 동기)이 있어야 합니다. 그러자면 연결

16) 연결성(connectivity)는 네트워크에 연결되어 있는 상태나 정도를 의미합니다. 예를 들어, 인터넷 연결성은 인터넷에 접속할 수 있는 여부나 속도를 나타냅니다.

17) 초연결성(hyperconnectivity)은 다양한 수단과 방식으로 네트워크에 연결되어 있는 상태나 정도를 의미합니다. 예를 들어, 이메일, 인스턴트 메시징, 전화, 영상통화, 소셜 미디어 등을 통해 사람과 사람, 사람과 기계, 기계와 기계가 상호작용하는 것을 나타냅니다.

성, 통신성[18], 협업성, 큐레이션[19], 커뮤니티를 제공하는 것이 필수적입니다.[20] 네트워크 효과가 극대화된 거대 플랫폼 기업들이 '승자독식'하는 부작용도 있지만, 수많은 이용자들이 공짜 점심을 즐길 수 있는 다양한 가치와 즐거움, 편의를 제공하고 있다는 점에서, 더 나아가 더욱 세분화하고 체계화된 긱 경제를 가능하게 한다는 점에서 경제에 기여하는 바가 크다고 하겠습니다.

그러면 『플랫폼 경제와 공짜 점심』이라는 책에 말하는 공짜 점심이 플랫폼 경제에 정말로 있을까요? 엄밀히 말하자면 책 제목은 낚시입니다. 양면성 시장이라는 속성 덕분에 일부 사용자들에게 공짜로 점심이 돌아간다고 해도 그 점심은 누군가의 광고비나 긱 노동과 관련해 지출되는 비용 같은 것으로 충당됩니다. 심지어 공짜 점심을 먹는 사용자도 그 시간 동안 기회비용이 발생합니다. 그러므로 공짜 점심은 없는 셈입니다.

크라우드소싱과 긱 경제

크라우드소싱(croudsourcing)은 'crowd(군중)'과 'outsourcing(아웃소싱)'[21]의 합성어로, 다수의 사람들의 지식, 능력, 노력을 활용하

---

18) 통신성(communication)은 사용자들이 서로 정보를 교환하고 소통할 수 있는 정도입니다. 통신성이 높을수록 네트워크 효과가 강해집니다

19) 큐레이션(curation)은 사용자들이 자신의 취향과 관심에 맞는 정보나 콘텐츠를 찾고 추천받을 수 있는 정도입니다. 큐레이션이 높을수록 네트워크 효과가 강해집니다.

20) 이 가운데서 특히 중요한 것이 연결성입니다. 초연결로 정의되는 4차 산업혁명 시대에는 연결이 곧 권력이고 돈이기 때문입니다.

21) 기업이 고정비용을 낮추기 위해 자체적으로 인력을 채용하거나 기계장비를 사지 않고 필요할 때마다 외부에 위탁하는 경영 방식을 말합니다.

여 정보나 아이디어, 해결책 등을 얻는 것을 의미합니다. 즉, 기업이나 조직이 직접 사람들을 고용해서 일을 처리하지 않고(outsourcing), 외부 대중(croud)의 지식과 지혜, 즉 대중의 지성을 활용하여 믿을 만한 결과물을 얻어 내는 것을 목적으로 합니다. 인터넷 쇼핑몰에서 물건을 산 후 구매 후기를 쓰는 일, 신제품을 사용해 보고 사용 후기를 알려 주는 일 등 기업 경영, 마케팅 등 여러 분야에서 크라우드소싱은 없어서는 안 될, 집단지성에 기반한 의사결정 과정의 한 방법으로 자리 잡았습니다.

크라우드소싱 개념은 2006년에 와이어드(Wired Magazine)지의 제프 하우(Jeff Howe) 기자가 자신의 블로그에서 처음 소개했습니다. 제프 하우는 전통적인 그룹이나 조직이 아닌 인터넷을 통해 연결된 폭넓은 지식을 보유한 개인들의 집단지성에 의존하여 일을 수행하는 것을 설명하기 위해 크라우드소싱이라는 용어를 만들었습니다. 크라우드워커는 이러한 크라우드소싱 플랫폼에서 일하는 사람들을 의미하며, 전 세계의 다양한 배경과 전문 분야를 가진 사람들이 참여할 수 있습니다. 크라우드워커는 크라우드소싱 플랫폼에서 과제를 수행하거나 지식을 기여하며 보수를 받으므로, 긱워커의 한 부류라고 할 수 있습니다. 크라우드워커들은 인터넷 기술과 전 세계적인 접근성 덕분에 발전해 온 현실적 산물이며, 독립적이고 유연한 일, 지속 가능한 경제와 비즈니스 모델로 연결되어 있습니다. 이들은 전 세계의 어떤 기업들과도 협력할 수 있으며, 이를 통해 다양한 프로젝트와 경험을 쌓아 스스로 성장할 수 있습니다.

크라우드소싱은 기술의 발전과 인터넷의 성장 덕분에 하나의 뚜렷한 협업 방식으로 자리를 잡았습니다. 지리적으로 흩어져있는 원격 근로자가 대규모 프로젝트에 참여하고 협업하는 아이디어는 여러 단계를 거쳐 발전해왔습니다. 인터넷 태동기인 1990년대 후반부터 2000년대 초반에는 웹 기반 커뮤니티와 포럼이 크라우드 소싱의 초기 형태로 본격적으로 활용되기 시작했습니다. 이러한 커뮤니티에서 사용자들이 정보를 공유하고 토론하며, 대중의 의견을 얻어 문제 해결과 아이디어 창출에 활용했습니다. 1990년대 후반과 2000년대 초반이 되면서 오픈소스 소프트웨어 프로젝트들이 큰 인기를 끌며 크라우드 소싱의 발전에 크게 기여했습니다. 오픈 소스를 통해 전 세계 개발자들은 소프트웨어에 기여하며, 다양한 해결책과 아이디어를 제공했습니다. 리눅스 OS가 대표적인 예입니다.

2006년에 크라우드소싱이라는 개념이 등장하면서 많은 기업과 창작자들이 크라우드소싱을 활용하여 정보와 자원을 공유하기 시작했습니다. 그리고 2000년대 중반부터, 다양한 크라우드소싱 플랫폼들이 등장했습니다. 이들 플랫폼을 통해, 개인과 기업들은 전 세계의 전문가들과 협력하여 과제를 해결하거나 창의적 아이디어를 얻을 수 있게 되었습니다. 대표적인 플랫폼으로는 아마존 메커니컬 터크(Amazon Mechanical Turk), 카글(Kaggle), 99디자인(99Designs) 등이 있습니다. 그 후부터 크라우드소싱은 미술, 과학, 정치, 자금 모금 등 다양한 영역으로 확장되면서, 새로운 범위의 작업과 과제에 걸쳐 활용되기 시작했습니다. 인터넷과 관련 기술의 발전과 함께 성장해온 크라우드소싱은 앞으로도 새로운 기술과 통신 수단의 발전과 어우러지며 훨씬 더 다양한 영역으로 퍼져나갈 것입니다.

크라우스소싱으로 진행된 인상깊은 프로젝트들

◆ 갤럭시 동물원(Galaxy Zoo) 프로젝트

2007년 옥스포드대학교의 천문학자 크리스 린토트(Chris Lintott)와 그의 동료들은 '갤럭시 동물원'이라는 그들의 웹사이트에 70,000장의 사진을 공개하며 일반인들에게 분석을 요청하였습니다. 갤럭시 동물원은 24시간 만에 70,000장의 분석된 사진을 받았고, 그 후 1년간 5천만 장의 천체 사진이 일반인들에 의해 분석되었습니다. 이처럼 갤럭시 동물원 프로젝트는 일반 시민 과학자들이 은하의 형태를 분류하는 작업에 참여하는 크라우드소싱 천문학 프로젝트입니다. 이 프로젝트는 인공지능보다 사람의 눈이 은하의 모양을 더 잘 구별할 수 있다고 판단하여 시작되었습니다. 프로젝트에 참여하려면 웹사이트에 가입하고 간단한 교육을 받으면 됩니다. 그 후에는 우주 망원경이 촬영한 은하 이미지를 보고, 요청하는 분류 기준에 따라 은하의 모양을 선택하면 됩니다. 은하가 타원형인지 나선형인지, 나선 팔이 몇 개인지, 은하 중심에 무엇이 있는지 등을 판단하는 작업입니다.

갤럭시 동물원 프로젝트는 일반인들의 참여를 통해 많은 과학적 발견을 이루어냈습니다. 네덜란드의 한 초등학교 교사가 발견한 '하니의 물체'라는 신비한 은하 물체나, 푸른색으로 빛나는 '녹색 콩'이라고 불리는 새로운 종류의 은하 등입니다. 이 프로젝트는 천문학 연구에 기여할 뿐만 아니라, 우주의 아름다운 은하들을 감상할 수 있는 기회도 제공합니다. 갤럭시 동물원 사이트는 현재도 활발히 운영되고 있으며 이 프로젝트에 착안하여 린토트 박사는 2009년 '주니버스(Zoonivers)'라는 시민 참여 과학 프로젝트 플랫폼을 개설하였습니다.[22] 주니버스에서는 우주과학 프로젝트 뿐만 아니라, 의학, 지질학, 생물학, 환경 등 다양한 분야에 걸친 과학 프로젝트를 진행하고 있습니다. 이 모든 프로젝트는 무보수로 진행됩니다.

※ 크라우드소싱을 이용한 과학연구 프로젝트의 강점[23]

- 짧은 기간 안에 가능한 방대한 양의 데이터 분석 : 실제로 '갤럭시 동물원' 프로젝트를 시작했을 때 대학원생들이 3.5년에 걸쳐 분석할 수 있는 자료의 양을 일반인들은 6개월 만에 끝냈습니다.
- 집단지성을 이용한 검증 과정 : 소수 과학자들만이 수행해오던 작업과는 달리, 많은 수의 일반인들이 수행하는 상호 검증 과정을 거치므로 오류 발생 확률이 급격히 줄어듭니다. 오류뿐 아니라 여전히 가끔씩 터져 나오는 과학자들의 의도적 데이터 및 실험 결과의 조작과 같은 비윤리적 행위를 밝혀낼 수도 있습니다.
- 인간만이 보유한 인지능력의 활용 : 컴퓨터로 발견하기 매우 어려운 뜻밖의 성과를 사람들을 통해 얻을 수 있습니다. 인간의 눈은 비슷해 보이

22) 주니버스는 현재까지 10개 이상의 시민 참여 과학 프로젝트를 완료하였고 현재 진행 중인 프로젝트는 37개입니다. 자원봉사자로 등록한 사람은 2014년 2월 기준, 100만 명을 넘어섰습니다. 이 프로젝트를 지원하는 학계와 기관들도 영국의 옥스포드대학교, 영국국립해양박물관, 미국의 미네소타대학교, 존스홉킨스대학교 등 매우 다양합니다.

23) 스프레드 아이(Spread I) 웹사이트(www.spreadi.org) 참조. 스프레드 아이는 사회혁신을 연구·지원하는 비영리 기관입니다.

는 이미지에서도 이상한 것, 특별한 것을 인지할 수 있는 뛰어난 능력이 있습니다. 특히 이미 깊은 지식으로 중무장된 과학자들이 발견하지 못하는 새로운 패턴을 초심자인 일반인들이 발견해 내는 경우도 종종 있습니다. 익숙하지 않은 것을 새로운 눈으로 바로보기 때문에 전문가들이 놓치고 있는 패턴을 발견하는 사례입니다.

- 뛰어난 과학교육의 장 : 시민 참여 과학 플랫폼은 공식 또는 비공식적인 과학 교육의 새로운 기회입니다. 또한 과학 프로젝트에 참여함으로써 전체 프로젝트 과정을 배우는 것뿐만 아니라, 직접 과학 발전에 기여할 수도 있다는 점에서 참여자들의 관심이 높습니다.

◈ 폴드잇(Foldit) 프로젝트

또 다른 인상 깊은 크라우드워킹 프로젝트로 폴드잇이라는 온라인 게임을 들 수 있습니다. 이 프로젝트는 전 세계 참가자들의 집단지성을 활용하여 단백질 구조를 예측하고 연구하는 데 도움을 주기 위해 만들어졌습니다. 단백질 구조 예측은 생명 과학에서 중요한 연구 주제 중 하나입니다. 단백질 구조를 이해하면 질병의 원인과 치료법을 파악하는 데 도움이 되며, 신약 개발에 필요한 중요한 정보를 얻을 수 있습니다. 그러나 단백질의 3차원 구조를 예측하는 것은 매우 복잡한 문제로, 전문 연구자들마저도 이 문제를 해결하는 데 어려움을 겪고 있다.

폴드잇은 게임의 형태로 참가자들에게 단백질 구조 예측 문제를 제시합니다. 참가자들은 2장의 양자컴퓨터 단원에서 살펴봤던 단백질 구조의 접힘(protein folding)을 조정하여 최적의 단백질 구조를 찾으려고 노력합니다. 이 과정에서 최고의 결과를 얻은 참가자들은 포상도 받게 되어 동기부여가 되고, 지속적으로 게임 참여를 이어갈 수 있습니다. 이 프로젝트는 참가자들의 참여와 노력 덕분에 많은 단백질 구조를 성공적으로 예측할 수 있었습니다. 특히, 참가자들이 2009년 신종 인플루엔자 A/H1N1 질병 바이러스에 대한 연구에서 중요한 역할을 수행한 것으로 알려져 있습니다. 이 프로젝트는 크라우드워킹의 힘을 보여주는 좋은 사례이며, 다른 과학 연구 분야에서도 크라우드워킹이 어떻게 활용될 수 있는지 많은 힌트를 주고 있습니다.

주요 클라우드소싱 플랫폼

◆ 아마존 메커니컬 터크(Amazon Mechanical Turk)

아마존은 인간이 컴퓨터보다 훨씬 빠르게 수행하는 작업에 대해 인간에게 그 일을 아웃소싱 하는 개념을 고안했습니다. 이것을 구현하기 위해 만든 인공지능 플랫폼이 메커니컬 터크, 줄여서 엠터크(MTurk)입니다. 지금 회사에서 사용하는 컴퓨터로는 경제적으로 수행할 수 없는 큰 규모의 프로젝트를 마이크로태스크(microtask)[24] 단위로 분할해 외부 작업자(크라우드 워커)들에게 맡기는 방식의 크라우드소싱 웹사이트입니다. 연구, 비즈니스, 머신러닝, 데이터 처리 등 다양한 분야에서 활용되고 있습니다. 대학 연구원들은 설문조사를 수행하고 데이터를 수집하기 위해 사용할 수 있으며, 기업들은 대량의 데이터 처리 작업을 외주로 맡길 수 있습니다.

---

24) 마이크로태스크(microtask)란 큰 프로젝트나 업무를 잘게 쪼개 작은 크기의 일로 분할한 것을 의미합니다.

마이크로태스크로 쪼개진 작은 단위의 일은 일반적으로 시간이 적게 걸리고 간단한 기술이나 지식만으로도 수행할 수 있습니다. 마이크로태스크는 크라우드소싱 플랫폼에서 특히 인기가 많습니다. 전 세계의 다양한 작업자들이 이러한 작은 단위의 업무를 수행함으로써 기업이나 개인은 프로젝트의 진행을 빠르게 할 수 있으며, 커다란 업무를 자원들이 효율적으로 처리할 수 있는 더 작은 단위로 분할하여 관리할 수 있습니다.

마이크로태스크로는 엑셀의 셀에 데이터를 입력하거나 텍스트 문서를 검토하여 오타를 수정하는 것과 같은 간단한 업무를 비롯하여, 이미지나 비디오에 있는 객체나 개체에 이름을 입력하거나 분류하는 작업, 다양한 주제에 대해 의견을 수집하는 설문조사, 인터넷상에서 특정 정보를 찾거나, 웹사이트 주소를 찾아 작성하는 일 등이 있습니다. 간단한 문장의 번역이나 텍스트를 검토하고 수정하는 업무도 여기에 포함될 수 있습니다. 마이크로태스크 작업자들은 다양한 작은 단위의 일을 수행함으로써 소규모의 보상을 받을 수 있습니다. 이 과정에서 기업이나 개인은 대규모 프로젝트를 빠르고 효율적으로 처리할 수 있는 기회를 얻게 됩니다.

크라우드 소싱 플랫폼인 엠터크(MTurk)는 이러한 마이크로태스크를 주로 수행하는 플랫폼으로서 아마존 웹 서비스의 한 분야로 운영되고 있습니다. 고용주인 '발주자(requesters)'는 '인간 지능 작업(HIT, human intelligence task)'이라고 불리는 작업을 등록하여 게시합니다. 주로 게시되는 작업은 이미지나 비디오에서 특정 내용을 식별하거나, 제품 설명을 작성하거나, 설문 질문에 답하는 등의 작업입니다. 작업자(workers)인 크라우드워커들은 기존 작업들을 찾아보고, 고용주가 설정한 수수료를 받고 작업을 완료합니다.

원래 Mechanical Turk(메카니컬 터크)라는 이름은 18세기에 만들어진 체스 기계 '튀르키예인(the Turk)'에서 유래했습니다. 이 기계는 울프강 폰 켐펠린(Wolfgang von Kempelen)이라는 사람이 만든 자동 체스 기계였습니다. 켐펠린은 이 기계의 외형을 튀르키예(터키)인 분장을 한 사람 모양으로 만들었는데, 그 모습이 특히 인상적이어서 사람들은 그 기계를 '그 튀르기예인(the Turk)' 이라고 불렀던 것입니다. 그러니까 실상은 그 자동체스기나 아마존의 엠터크는 튀르키예와 아무런 관련이 없는 것입니다.

정확한 기록은 남아있지 않지만 구전되고 있는 바로는 튀르키예인 자동체스기는 18세기 당시 많은 체스 경기에서 뛰어난 성적을 거뒀습니다. 이 기계는 일반 시민들을 상대로도 많은 경기에서 이겼을 뿐만 아니라 세계에서 가장 높은 승률을 기록한 체스 선수들과 경기를 치르며, 그들에게도 종종 승리했다고 합니다. 거의 84년 동안 유럽과 미국에서 열리는 시연에서 대부분의 게임을 이겼고, 나폴레옹 보나파르트와 벤자민 프랭클린을 비롯한 많은 유명인 도전자들을 이기기도 해 그 명성이 드높았습니다. 그러나 이 기계는 진짜 기계가 아니라 인형을 마음대로 움직일 수 있도록 훈련받은 체스 마스터가 기계 안에 숨어서 인형인 튀르키예인을 조작하는 기계였습니다.

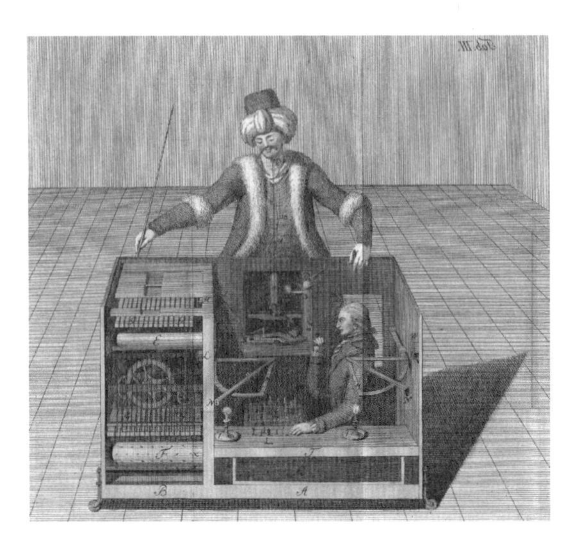

자동체스기 '튀르키예인'

참고로 현재의 인공지능 체스 기계는 그 수준이 이미 인간의 능력을 크게 뛰어넘었습니다. 빠른 컴퓨터 연산을 이용하기 때문에 인간의 체스 스타일과는 다르게 수많은 수(手)를 빠르고 정확하게 계산하고 최적의 수를 선택하기 때문입니다. 1997년에 세계 챔피언인 가리 카스파로프를 이기면서 인공지능 체스 기계가 인간을 능가하는 최초의 사례가 된 IBM의 딥 블루, 오픈소스로 개발된 인공지능 체스 기계로서 공개적으로 사용할 수 있는 가장 강력한 체스 엔진인 스톡피시(Stockfish), 그리고 2017년에 당시 최강이던 이 스톡피시를 100판의 대결에서 크게 이긴 구글 딥마드의 알파제로[25] 등 쟁쟁한 모델들이 많

25) 이 대결에서 알파제로는 28승 72무 0패를 기록하며 스톡피시를 압도했습니다. 이 대결이 사람들에게 큰 반향을 일으킨 것은 두 기계의 알고리즘 차이 때문이었습니다. 알파제로는 체스의 규칙만 알고 스스로 학습한 것에 비해, 스톡피시는 수십년간의 체스 이론과 수많은 게임 데이터를 바탕으로 만들어진 엔진이었

이 있습니다.

엠터크 온라인 서비스는 가짜 기계 튀르키예인과 마찬가지로 진짜 기계로는 불가능한 작업을 수행하기 위해 컴퓨터 인터페이스 뒤에 숨어 있는 원격 인간 노동을 사용합니다. 엠터크가 2005년에 출시되자, 사용자 수는 빠르게 증가했습니다. 출시 초기에는 아마존이 많은 수의 프로젝트들을 자체적으로 게시했습니다. 이는 아마존의 내부 업무 가운데 인간 지능이 필요했던 작업들을 크라우드 소싱하기 위한 것이었습니다. 그러던 것이 시간이 흐르면서 HIT 유형은 텍스트 변환[26], 평가, 이미지 태깅[27], 설문조사 등으로 확장되었습니다.

2007년에는 100개국 이상에서 100,000여 명의 작업자, 즉 크라우드워커가 있었습니다. 2011년에는 등록된 크라우드워커가 190개국에서 500,000명 이상으로 늘어났습니다. 현재는 정확한 인원을 파악할 통계가 없긴하지만, 엠터크의 인기로 미루어볼 때 많은 수의 워커들이 전 세계에서 등록하고 있으며, 수천에서 수만 명의 크라우드워커들이 서비스를 이용하고 있을 것으로 추정할 수 있습니다. 아마존은 작업

습니다. 사람들은 체계적인 이론과 게임데이터가 입력된 스톡피시가 이길 것이라고 생각했지만 결과는 정반대였습니다. 알파제로 스톡피시를 완벽하게 눌러버린 것입니다. 이 대결로 인공지능 체스 기계의 역사에 새로운 장이 열렸습니다.

26) 텍스트 변환(transcription)은 음성 또는 오디오 녹음을 텍스트로 변환하는 과정을 의미합니다. 음성 인터뷰나 회의록을 텍스트 문서로 옮기는 작업 등이 이에 해당합니다. 이러한 과정은 오디오 콘텐츠의 검색 및 분석을 용이하게 하거나, 청각 장애를 가진 사람들이 접근할 수 있도록 하는 데 중요한 역할을 합니다.

27) 이미지 태깅(image tagging)은 이미지에 특정 키워드나 태그를 부여하는 과정입니다. 이 태그들은 이미지의 내용, 객체, 주제, 색상 등과 같은 다양한 속성을 설명할 수 있습니다. 강아지가 공원에서 뛰고 있는 사진이 있을 경우, 해당 이미지에 '강아지,' '공원,' '달리기'와 같은 태그를 붙이는 방식입니다. 이러한 태깅 작업은 이미지 검색 엔진에서 이미지를 찾을 수 있게 하거나, 머신러닝 알고리즘이 이미지를 인식하고 분류하는 데 도움을 줍니다.

자들을 계약근로자로 분류하며, 어떠한 인사 파일을 작성하거나 보수에 관련된 세금을 지불하지 않습니다. 그렇게 함으로써 아마존은 최저임금, 초과근무 수당, 사회보험과 같은 근로 관계 법규를 피할 수 있습니다. 이는 '긱 경제' 플랫폼에서 일반적인 형태입니다. 자신의 소득에 법적 의무를 부담하는 것은 크라우드워커들이며, 세무 당국에 자신의 소득을 신고해야 합니다. 마이크로태스크를 통해 얻을 수 있는 수입은 일정하지 않고 정확한 통계도 없습니다. 그러나 간간이 나오는 데이터 소스에 따르면 평균 수입은 시간당 6,000원에서 12,000원 사이입니다. 경험이 많고 능숙한 워커들은 시간당 26,000원 이상을 벌 수도 있습니다.

발주자는 작업에 참여할 수 있는 워커의 자격 요건을 정하고, 자격을 확인하기 위한 테스트를 진행할 수 있습니다. 발주자가 프로젝트를 게시할 때는 다음 사항을 명시해야 합니다.

- 각 HIT 당 보수
- 각 HIT 당 작업을 수행할 작업자의 수
- 작업자가 단일 작업에 참여할 수 있는 최대 시간
- 작업자가 작업을 완료하는 데 주어진 시간
- 완료하고자 하는 작업에 대한 구체적인 세부 사항

발주자는 작업자가 제출한 결과에 대해 수락하거나 거절할 수 있으며, 이는 작업자의 평판에 영향을 미칩니다. 즉 거절되는 일이 적을수록 그만큼 평판이 높아지는 것입니다. 발주자는 성공적으로 완료된 작업에 대해 총금액의 20% 이상을 아마존에 수수료로 지불해야 합니다.

아마존 엠터크에서 주로 발주되는 마이크로태스크에 관해 좀 더 살펴보겠습니다. 엠터크는 인간 지능 작업자들에게 적합한 이미지 처리 플랫폼을 제공합니다. 발주자는 작업자들에게 이미지에서 발견된 객체에 이름과 같은 레이블을 달거나 그룹 중에서 가장 관련성 있는 사진을 선택하라고 요구하며, 부적절한 콘텐츠를 스크리닝하고, 위성 이미지에서 객체를 분류하거나, 손으로 작성된 문서를 스캔하여 제공해 이를 텍스트로 입력하는 전산화 작업을 수행하게 합니다. 대규모 온라인 카탈로그를 가진 회사들은 엠터크를 활용하여 중복 항목을 체크하고 세부 항목 정보를 확인합니다. 우편번호부인 옐로페이지 디렉터리 목록에서 중복 항목을 제거하거나, 음식점 전화번호 및 영업시간 같은 세부 정보를 확인하거나, 웹 페이지에서 이름이나 이메일과 같은 연락처 정보를 찾는 작업 등의 작업을 통해서입니다.

엠터크는 다양한 인력과 규모를 통해, 크라우드 플랫폼이 아니라면 어려웠을 대규모 정보 수집이 가능해졌습니다. 이러한 정보 수집 능력은 발주자들에게 기본적인 인구 통계부터 학술 연구까지 다양한 유형의 설문조사를 실시해 많은 설문자료를 수집할 수 있습니다. 또 다른 사용 예로는 웹사이트에 댓글이나 설명을 달고, 블로그 글을 작성하게 하며, 대량의 정부(또는 법률) 관계 문서에서 데이터 요소나 특정 필드를 검색하게 할 수 있습니다. 많은 회사들은 엠터크의 크라우드 노동력을 활용하여 다양한 유형의 데이터를 이해하고 대응하는 데 사용합니다. 팟캐스트의 편집 및 글로 받아적기, 번역, 검색 엔진 결과와 일치시키기 등과 같은 일거리도 많이 등록됩니다.

◆ **카글(Kaggle)**

카글은 데이터 과학자와 머신러닝 엔지니어들의 온라인 커뮤니티로, 전 세계의 참가자들이 경쟁하여 통계 분석 및 예측 모델링 문제를 해결하는 데 도움을 주는 공간입니다. 전 세계의 데이터 과학자들을 한데 모아 문제 해결을 위한 여러 방안을 탐색하도록 돕습니다. 따라서 많은 기업과 연구기관들이 이를 활용하여 성공적인 결과를 얻고 있습니다. 사용자들은 카글을 통해 AI 모델 구축에 사용할 데이터셋을 구할 수 있으며, 자신이 만든 데이터셋을 게시할 수도 있습니다. 또, 다른 데이터 과학자 및 머신러닝 엔지니어들과 협업할 수도 있습니다. 데이터 과학 문제를 해결하기 위한 경연대회에 참여할 수 있는 기회도 얻을 수 있습니다. 카글은 또한 데이터 과학 및 AI 교육을 위한 공개 데이터와 클라우드 기반 비즈니스 플랫폼도 제공하고 있습니다.

카글은 2010년에 시작되어, 2017년 사용자 수가 100만 명을 돌파했으며, 2021년 현재 800만 명 이상의 사용자를 보유하고 있습니다. 이 사용자들은 전 세계 194개 국가에 걸쳐 분포되어 있습니다. 이러한 성공적인 크라우드소싱 커뮤니티를 형성한 덕분에 2017년 구글에 인수돼 자회사가 됐습니다.

데이터 과학은 많은 분야에서 중요한 연구 도구로 자리 잡아가고 있으며, 수백만에서 수십억 건의 데이터로부터 유용한 정보를 추출하는 것이 중요한 연구 주제 중 하나입니다. 그러나 데이터의 양이 커지면서 독자적으로 이를 이해하고 분석하는 것은 전문가들에게도 어려운 일입니다. 또한 전문가들끼리 서로 다른 접근 방식을 결합할 때 좀 더 높은 연구 효과를 얻을 수 있음을 알게 되었습니다.

카글은 기업, 연구소, 대학교 등에서 제공하는 실제 데이터를 바탕으로 참가자들에게 문제를 제시하는 경진대회를 개최합니다. 참가자들은 경진대회를 통해 데이터를 처리하고 최적의 예측 모델을 만들어 경쟁합니다. 이 과정에서 참가자들은 머신러닝 모델링, 최적화 기술, 통계 분석 등을 활용하며 서로의 정보를 교환하고 협력합니다.

카글은 데이터 과학 분야의 개별 전문가와 팀들이 경쟁하고 협력함으로써 형성되는 집단지성의 힘을 보여주는 좋은 사례입니다. 참가자들에게 다양한 연구 주제에 대한 새로운 시각과 방법을 제공하며, 최적의 모델을 만들어내는 데 도움을 줍니다. 또한 기업들이 매우 혁신적이고 창의적인 해결책을 얻을 수 있게 됨에 따라 카글의 성과가 큰 관심을 끌게 되었습니다. 카글을 최근 카글 데이터셋과 카글 경연대회에 이어 '카글 모델(Kaggle Models)'을 새로이 론칭했습니다. 카글 모델에서는 이미 카글의 데이터셋과 경연대회를 통해 개발돼 사전 훈련된 머신러닝 모델들을 사용자들에게 제공합니다. 그 덕분에 사용자들은 2,000개 정도의 구글 모델과 딥마인드 모델, 그 외 다양한 모델들을 활용할 수 있게 되었으며, 앞으로 사용자들의 기여로 이 개수는 늘어나게 될 것입니다. 데이터셋의 경우에도 처음에는 몇 개밖에 되지 않았지만, 최근에는 20만 개 이상으로 늘었습니다.

카글은 경쟁 참가자들에게 다양한 형태로 보상합니다. 대부분의 경진대회에서는 상위 순위를 차지한 참가자들에게 상금을 지급합니다. 상금의 규모는 대회에 따라 다르며, 수천에서 수십만 달러까지 다양합니다. 일부 기업은 카글을 통해 높은 역량을 보여준 전문가를 채용하기도 합니다. 경진대회의 순위와 포트폴리오를 검토해 채용 과정에서 기업이 찾는 인재로 선정될 수 있는 것입니다. 사용자 프로필에 표시되는 게시판 포인트와 메달을 통해 참가자들의 랭킹과 성과를 확인할 수도 있습니다. 이를 통해 참가자는 자신의 전문성과 경쟁력을 입증할 수 있습니다.

이외에도 참가자들이 얻을 수 있는 이점은 더 있습니다. 카글 플랫폼을 통해 세계적인 데이터 과학자 및 머신러닝 엔지니어들과 네트워킹을 할 수 있고, 새로운 연구 주제를 찾거나 프로젝트를 위한 도움을 부탁할 수도 있습니다. 또 카글 경진대회를 통해 데이터 분석, 모델링 및 최적화와 같은 다양한 데이터 과학 기술과 지식을 습득하고 익힐 수 있습니다. 오픈소스 공유 및 협업의 기회도 얻을 수 있습니다. 참가자들은 자신의 노트북(커널)과 토론 게시판을 통해 전문 지식을 공유하고, 다른 참가자들과 협업하여 더 나은 솔루션을 찾을 수 있습니다. 이런 보상들은 참가자들이 더 열심히 참여하고, 스스로 발전하며, 전 세계적인 머신러닝 및 데이터 과학 전문가들과 협력하고 경쟁할 수 있는 동기를 부여합니다.

◆ 99디자인(99designs)

99디자인은 디자인 업무를 필요로 하는 클라이언트와 전문 디자이너들을 연결하는 온라인 디자인 플랫폼입니다. 웹 개발자와 디자이너를 대상으로 한 온라인 리소스 플랫폼인 사이트포인트(SitePoint)라는 회사에서 2008년 분사했습니다. 원래 사이트포인트는 전문가들과 자사 팀이 만든 웹 개발 자료, 프로그래밍, 디자인 관련 강좌, 기사, 전자책, 뉴스레터 및 동영상 자료를 제공함으로써 누구나 직접 자신의 웹 사이트를 개발하고, 디자인 능력을 향상시킬 수 있도록 서비스하는 회사였습니다. 우리나라에서는 카페24 같은 플랫폼들이 이와 유사한 일을 하고 있습니다.

사이트포인트는 출발 자체가 웹 개발자와 디자이너를 위한 포럼이었습니다. 이 포럼에 참여한 디자이너들은 가상의 고객과 요구사항을 프로젝트로 만들어 디자인 콘테스트를 개최하기 시작했습니다. 이름이 알려지면서 실제 고객들이 생겨났습니다. 이러한 디자인 콘테스트가 인기를 끌자, 이 아이디어를 독립된 플랫폼으로 전환하고 고객들이 의뢰하는 프로젝트를 게시하여 콘테스트를 진행하는 사업을 전개했습니다. 그리고 이 콘테스트 플랫폼을 독립시켜 '99디자인'을 만든 것입니다. 이 플랫폼이 성장하면서 다양한 규모의 기업이나 개인들이 자신들의 디자인 프로젝트 과제를 게시하면서 전 세계 다양한 디자이너들과 함께 일할 수 있는 글로벌 커뮤니티를 발전시켰습니다. 현재는 로고 디자인, 웹사이트 디자인, 앱 디자인, 패키지 디자인, 티셔츠 디자인, 그래픽 디자인, 그리고 많은 종류의 인쇄물 디자인 등 다양한 분야의 디자인 프로젝트를 제공하며, 수만 명의 전문 디자이너들이 활동하는 플랫폼이 되었습니다.

99디자인의 주요 서비스는 세 가지입니다. 첫째는 디자인 콘테스트로, 클라이언트는 디자인 요구사항과 예산을 토대로 콘테스트를 개최하며, 다양한 디자이너들이 원하는 디자인을 제안합니다. 클라이언트는 제안된 작업 중 최종 승자를 선택하고, 이를 통해 디자인을 확보할 수 있습니다. 둘째는 일대일 프로젝트입니다. 클라이언트가 특정 디자이너를 선택하여 직접 일대일로 작업을 진행할 수 있는 옵션입니다. 이 방식은 특정 디자이너의 작업 스타일이나 경험이 타겟 작업과 매칭될 때 많이 사용됩니다. 셋째는 디자이너 찾기 서비스입니다. 클라이언트는 이 플랫폼의 디자이너 검색 옵션을 사용하여 경험, 작업 예제, 평점, 스킬 등을 기준으로 원하는 디자이너를 찾을 수 있습니다.

99디자인 플랫폼에서 일하는 워커, 즉 디자이너들은 이러한 세 가지 서비스에 참여하여 돈을 법니다. 디자인 콘테스트를 통해 디자이너들은 다양한 프로젝트에 참여하여 자신의 디자인 제안을 클라이언트에게 보여줄 수 있습니다. 클라이언트가 특정 디자이너의 작업을 최종 승리작으로 선정하면 그 디자이너는 프로젝트에 따라 정해진 상금을 받게 됩니다. 또, 디자이너는 클라이언트와 직접 일대일로 협업하여 프로젝트를 수행할 수 있습니다. 이 경우에도 디자이너는 프로젝트에 따른 금액을 보수로 받게 됩니다. 디자이너가 콘테스트에서 좋은 성과를 냈을 때 클라이언트가 그 디자이너를 다른 프로젝트에서도 사용할 수도 있습니다. 99디자인 플랫폼은 디자이너들에게 수익을 창출하는 다양한 방법을 제공하며 뛰어난 디자인 작업을 계속 선보이는 것에 대한 보람을 느낄 수 있게 해줍니다. 단, 이러한 수익은 디자인의 품질과 디자이너가 참여하는 프로젝트의 수에 따라 다를 수 있기 때문에, 성공적인 결과를 위해 지속적으로 스킬을 개선하고 적극적으로 참여하는 것이 중요합니다.

이처럼 99디자인은 클라이언트에게 디자인 요구를 충족하는 작업을 보장하는 동시에, 디자이너에게 적합한 프로젝트에 참여하고 경쟁력 있는 비용으로 수익을 올릴 기회를 제공합니다. 이런 특징 덕분에 이 플랫폼은 협업과 창의성이 결합된 크라우드소싱의 좋은 사례로 꼽힙니다. 다양한 국가와 언어로 서비스를 제공하며, 전 세계 수만 명의 디자이너가 회원으로 가입되어 있습니다. 2012년까지 192개 국가에 걸쳐 175,000명의 디자이너가 등록했습니다. 2016년에는 그 수가 100만 명을 넘어섰습니다.

우리나라의 크라우드소싱 플랫폼

한국을 대표하는 크라우드소싱 플랫폼에는 라우드소싱, 메트웍스, 크라우드웍스 등이 있습니다. 라우드소싱은 디자인, 네이밍, 슬로건 등의 창의적 작업을 전문가들에게 의뢰할 수 있는 플랫폼입니다. 의뢰자는 다양한 작업물을 비교하고 선택할 수 있으며, 작업자는 자신의 능력을 발휘하고 보상을 받습니다.

◈ 라우드소싱

라우드소싱은 디자인 분야에 특화된 크라우드소싱 비즈니스 모델로, 의뢰자와 다양한 디자이너를 연결해 로고, 패키지, 캐릭터, 웹/앱, 명함, 리플렛 등 다양한 디자인 카테고리를 제공합니다. 라우드소싱은 디자인 공모전 방식으로 작동합니다. 의뢰자는 예산, 일정, 요구사항 등을 정하고 공모전을 개최합니다. 그러면 11만 명의 전문가들이 참여하여 다양한 작업물을 제출합니다. 의뢰자는 제출된 작업물 중에서 마음에 드는 것을 선택하고 보상을 지급합니다. 라우드소싱은 전문가들이 프로젝트를 골라 참여하는 방식입니다. 의뢰자가 전문가를 직접 고르는 것이 아니라, 전문가들이 자신의 능력과 취향에 맞는 공모전에 참여합니다. 이렇게 하면 전문가들은 자신의 재능을 발휘하고 보상을 받을 수 있으며, 의뢰자는 다양한 작업물을 비교하고 선택할 수 있습니다. 2021년까지는 공모전 방식의 콘테스트가 주요 사업 모델이었지만, 그 후 1대1 특화 모델인 '라우드 마켓'이 출시되어 수익 창출이 다양화되었습니다.

기존 콘테스트 모델의 단점은, 작품 선정이 실패하면 방치되는 경우가 많았지만, 라우드 마켓의 도입으로 선정되지 않은 작품들도 판매하거나 포트폴리오로 활용해 디자인 영업이 가능해졌습니다. 라우드 마켓은 디자이너가 본인의 스킬 및 서비스 범위와 가격을 정하여 올리고, 의뢰자는 원하는 디자인 서비스를 선택하는 모델입니다. 이를 통해 전문성만으로 승부 가능한 서비스 모델로 변모하였으며, 모션 그래픽, PPT/인포그래픽, SNS/블로그, 쇼핑몰/오픈마켓/배달앱 디자인 등 새로운 카테고리도 추가되었습니다.

2022년에는 기존 콘테스트에서 활발했던 '네이밍'과 '광고/슬로건' 카테고리를 분리하여 '아이디어 콘테스트'로 서비스 영역을 확장했습니다. 이를 통해 비즈니스 아이디어와 콘텐츠 아이디어 카테고리가 신설되었고, 공공기관, 대기업, 소상공인, 유튜버 등에서 콘테스트 개최가 활발히 진행되고 있습니다. 디자이너가 상금을 받을 때 일정액의 수수료가 부과되며, 라우드 마켓에서도 일부 수수료 부담이 있습니다.

◆ **메트웍스**

메트웍스는 작업자(워커)가 온라인으로 주어지는 다양한 미션을 수행함으로써 수익을 창출하도록 만든 크라우드소싱 플랫폼입니다. 미션을 통해서 창출된 데이터는 AI 학습용 데이터를 구축하는데 활용됩니다. 즉, 메트웍스는 크라우드소싱 방식을 통해 AI 데이터가 필요한 기업에게는 고품질의 데이터셋을, 작업자에게는 일할 기회를 제공하는 새로운 일자리 플랫폼입니다. 메트웍스는 기존의 크라우드소싱 시스템을 개선해 차별화했습니다. 기업과 워커를 연결하는 방식을 한 가지로 한정하지 않고, 누구나 참여할 수 있도록 한 오픈형 방식과 특정 기술을 갖춘 선별된 작업자에게 작업을 의뢰하는 맞춤형 방식을 통합했습니다. 기업은 과제 특성에 따라 유연하게 작업자를 모집할 수 있고, 작업자는 숙련도가 높아질수록 높은 단가의 미션에 도전할 수 있도록 설계한 것입니다.

자업자들에게 미션 수행에 대한 동기 부여 및 숙련도 향상 등을 통해 작업의 질을 높일 수 있도록 등급별로 보수를 차등 지급합니다. 전문적이고 체계적인 검증시스템으로 양질의 데이터를 창출하고 사용자 맞춤형 미션을 제공하여 작업자들의 전문성을 향상시켜 나갈 수 있도록 지원합니다. 미션 수익금은 작업자에게 포인트 형태로 지급되며, 이 포인트는 현금으로 교환할 수 있을 뿐 아니라, 포인트를 사용할 수 있는 서점, 편의점, 카페 등의 온라인 몰에서 직접 활용할 수도 있습니다.

작업자들은 프로젝트 참여 이력에 따라 등급이 매겨집니다. 등급에 따라 참여 가능한 미션이 다르기 때문에 등급이 높을수록 더 다양하고 많은 작업에 참여할 수 있게 됩니다. 작업자가 자신의 등급을 높이는 방법은 본인의 관심사에 맞는 작업을 수행·제출하여 작업 건수를 높이는 것입니다. 작업자의 숙련도와 맞춤형 미션을 통해 보다 높은 수익금을 얻을 수 있습니다. 또 꾸준한 미션 수행을 통해 레벨업을 달성하면 보상 포인트가 추가로 지급됩니다. 작업자들이 수행할 수 있는 미션은 네 가지입니다.

첫째는 텍스트 미션입니다. 영상, 이미지 또는 문서로부터 텍스트를 분류하여 데이터화 하는 작업입니다. 외국어로 된 문서 번역, 문서 내용 정리, 품사 레이블링[28], 음성 파일 텍스트 변환, 영상 또는 이미지에서 텍스트 레이블링 등의 작업이 여기에 포함됩니다. 둘째는, 이미지 미션입니다. 특정 사물을 촬영하여 수집하거나, 이미지로부터 객체를 정확하게 분리하여 레이블링하는 작업입니다. 특정 객체 이미지 수집, 이미지 내 객체 레이블링, 이미지 속성 부여 등의 작업이 있습니다. 셋

28) 품사 레이블링(POS Tagging, part-of-speech tagging)은 자연어 처리(NLP)의 한 작업으로, 텍스트의 각 단어에 해당하는 품사를 태깅하는 과정입니다. 품사는 명사, 동사, 형용사, 부사 등과 같은 언어의 문법적 범주를 나타냅니다.

째는 영상 미션입니다. 특정 과제에 해당하는 영상을 촬영하여 제출하는 작업입니다. 온라인 영상 수집, 객체의 움직임 수집, 감정별 표정 영상 수집, 영상 내 객체 레이블링, 영상 편집 가공, 음성 추출 등과 같은 미션이 여기에 포함됩니다. 마지막으로 음성 미션입니다. 특정 과제에 해당하는 음성을 녹음하여 제출하는 작업입니다. 가이드 리딩, 대화 녹음, 객체 소리 수집, 음성 파일 가공, 음성 레이블링 등이 있습니다.

◈ 크라우드웍스

크라우드웍스는 크라우드소싱 기반의 인공지능 데이터 플랫폼을 운영하며, 인공지능 데이터 개발 가치사슬 전 주기에 걸쳐 다양한 서비스를 제공하고 있습니다. 주요 서비스로는 크라우드웍스 온라인 서비스, 워크스테이지, ML웍스, 퀄리티웍스, 크라우드 아카데미 등이 있습니다. 이와 같은 서비스를 통해 다양한 산업에서 AI 데이터 구축 및 분석, 인공지능 모델 개발, 그리고 데이터의 품질 검증 등 다양한 과정을 지원하고 있습니다.

- 크라우드웍스 온라인 서비스(AI Data Service) : 데이터 수집, 가공, 검증, 모델 개발 등 AI 전 수명주기에 필요한 데이터 솔루션을 제공합니다.
- 워크스테이지(Workstage) : 원하는 데이터 라벨링 프로젝트를 개발 없이 구성할 수 있는 온라인 플랫폼입니다.
- ML웍스(MLworks) : 전처리 AI의 성능을 개선시켜, 원천 데이터를 정제하고 라벨러의 작업 생산성을 끌어올리는 프리미엄 전처리 옵션입니다.
- 퀄리티웍스(Qualityworks) : 국내 최대 작업자 풀의 그라운드 트루스

(Ground-truth) 기반 성능 검증 서비스[29] 입니다.

- 크라우드 애드(Crowd Ad) : 크라우드소싱 기반 DB 마케팅 서비스입니다.
- 크라우드 아카데미(Crowd Academy) : 데이터 라벨러 양성 교육원입니다.
- 크라우드 잡스(Crowd Jobs) : 데이터 라벨링 작업을 온라인으로 수행할 수 있는 플랫폼입니다.

데이터 라벨링

오늘날 생성되는 데이터의 80%는 가공되지 않는 비정형 데이터입니다. 아무리 빅데이터가 소중하다고 해도 이 상태로는 아무런 쓸모가 없습니다. 이런 원시 데이터를 인공지능 학습용 데이터로 사용하려면 정해진 형태로 가공되어야 합니다. 인공지능이 인식할 수 있도록 사진, 문서, 음성, 동영상 등의 데이터에 이름을 붙여주는 작업이 필요한 것입니다. 이런 작업을 전처리(데이터 가공)라고 합니다. 데이터 라벨링은 바로 전처리 과정을 의미하며, 인공지능이 특정 데이터를 스스로 학습할 수 있도록 해주기 때문에 인공지능 발전에 매우 중요한 역할을 합니다. 우리 인간은 의자 사진을 보면 바로 의자라는 것을 알 수 있지만, 인공지능은 그것이 의자라는 것을 알지 못합니다. 그래서 사진에 '의자'라는 라벨을 달아주면 인공지능이 이를 학습하면서 유사한 대상

29) 그라운드 트루스 기반 성능 검증 서비스는 모델이나 시스템의 성능을 평가할 때 사용되는 표준이나 참조점을 의미합니다. 그라운드 트루스(ground-truth)는 원래 기상학에서 '지상 실측 정보' 즉, 지상에서 실측을 통해 얻어진 정보를 뜻하는 말로 사용되던 전문용어입니다. 머신러닝과 같은 컴퓨터 과학에서는 학습이나 평가를 위해 사용되는 정확한 레이블 또는 참값을 가리킵니다.

을 인식할 수 있게 됩니다. 이런 작업을 하는 사람을 '데이터 라벨러'라고 하며, 작업자와 검수자로 구분됩니다. 작업자는 데이터를 수집·가공합니다. 검수자는 데이터가 올바르게 수집 및 가공되었는지 확인합니다.

데이터 라벨링은 다양한 머린러닝과 딥러닝에 적용되며, 컴퓨터 비전과 자연어 처리 등의 분야에서 중요한 역할을 합니다. 세계적인 AI 전문가인 앤드류 응(Andrew Ng) 박사는 인공지능이 모델 중심이 아닌 데이터 중심으로 발전해 나갈 것이라고 강조합니다. AI 발전에는 모델 성능보다는 데이터가 차지하는 비중이 더 크다는 의미입니다. 인공지능 분야의 발전은 제대로 된 데이터에 의해 좌지우지될 것입니다. 이러한 인공지능용 데이터 개발에는 크라우드소싱 방식이 주로 활용됩니다. 일반적으로 데이터 라벨러들이 하는 작업은 다음과 같은 것들이 있습니다.

- 객체 인식(object detection) : 이미지나 비디오 상의 객체에 박스를 그리고 이름을 붙이는 작업입니다. 자동차나 사람 등의 객체를 인식하고 분류하는 데 사용됩니다.
- 분할(segmentation) : 이미지나 비디오 상에서 픽셀단위로 구성요소나 영역을 나누는 작업입니다. 색상이나 경계선을 중심으로 작업이 이루어집니다. 의료 영상에서 종양이나 기관 등의 객체를 정밀하게 구분하는 데 사용됩니다.
- 키포인트(keypoint) : 이미지나 비디오 상의 객체의 특정 지점

에 점을 찍는 작업입니다. 얼굴 인식에서 눈이나 코 등의 특징점을 검출하는 데 사용됩니다.

- 바운딩(bounding) : 이미지나 비디오 상의 객체에 직사각형 모양의 박스를 그리고 이름을 붙이는 작업입니다. 자동차나 사람 등의 객체를 인식하고 분류하는 데 사용됩니다.
- 텍스트 태깅(text tagging) : 텍스트 데이터에 단어, 또는 문장의 의미나 카테고리를 붙이는 작업입니다. 감성 분석이나 개체명 인식 등에 사용됩니다.
- 폴리곤 (polygon) : 이미지나 비디오 상의 객체의 외곽선을 따라 다각형을 그리는 작업입니다. 의료 영상에서 종양이나 기관 등의 객체를 정밀하게 구분하는 데 사용됩니다.
- 폴리라인 (polyline): 여러 개의 점을 가진 선을 활용하여 특정 영역을 라벨링 하는 작업입니다. 인도, 차선 등을 구분하기 위해 사용됩니다.
- 큐비드(cuboid): 3D 객체를 정육면체로 표현하는 작업입니다. 자율주행에서 차량이나 보행자 등 객체의 위치와 방향을 파악하는 데 사용됩니다.
- 텍스트(Text): 텍스트 데이터에 단어, 또는 문장의 의미나 카테고리를 붙이는 작업입니다. 감성 분석이나 개체명 인식 등에 사용됩니다.
- 오디오(Audio): 오디오 데이터에 소리의 종류나 내용을 붙이는 작업입니다. 음성 인식이나 음성 합성 등에 사용됩니다.

데이터 라벨링은 시대적 조류에 맞게 각광 받는 '긱'으로 부각되고 있습니다. 크라우드소싱 플랫폼을 통해 데이터 라벨러들은 이러한 작업을 수행하고 보상을 받습니다. 데이터 라벨링에 도전하는 사람들 대부분은 취업준비생, 프리랜서, 주부, 은퇴자들입니다. 자신이 원하는 시간과 장소에서 핸드폰이나 컴퓨터만 있으면 연령, 성별, 경력에 상관없이 누구나 할 수 있는 부업 중 하나이기 때문입니다. 라벨링 업무를 본격적으로 하는 데이터 라벨러들은 3~5개의 플랫폼을 돌아가면서 일을 합니다. 초보자의 경우 단가가 낮지만 6개월에서 1년 이상 지속해온 숙련자라면 하루에 2~3시간을 투자해서 100만 원~200만 원 이상의 수익을 올리는 경우도 있습니다. 들이는 시간에 비해 수입이 괜찮은 편이어서 직장인들의 N잡에 특히 인기가 있습니다. 퇴근 후에 방문장소 사진 찍기, 영상 찍어 올리기, 영수증 제출하기, 차 번호판 찍기 등 다양한 일들이 있는 데다 일반 알바와는 다르게 면접을 다닐 필요 없이 곧바로 업무가 가능한 것도 인기에 한몫합니다.

◆ 데이터 라벨링 학습

데이터 라벨링은 어느 정도 숙련된 기술이 필요합니다. 그래서 데이터 라벨러가 되려면 먼저 일정한 코스의 교육 이수가 필수입니다. 전문성을 요구하는 직업인 만큼, 자격을 얻어 놓으면 N잡은 물론이고 노후 일자리까지 대비할 수 있습니다. 데이터 라벨링 AIDE 자격증도 있습니다. 교육은 보통은 다음과 같은 과정으로 진행됩니다.

- 데이터 라벨링 기초 : 작업자 양성 과정 수강

• 데이터 라벨링 심화 : 검수자 양성 과정 수강
• 데이터 라벨링 작업 수행

자격증 교육 과정은 국비로도 수강이 가능하다는 장점이 있습니다. 내일배움카드를 가지고 있다면 HRD-Net에 접속해 크라우드웍스 데이터 라벨링 교육을 신청하면 됩니다.

① 크라우드웍스 아카데미 회원가입 : 수강을 위해 아카데미 회원 가입
② 내일배움카드 발급 : HRD-Net에서 대상 여부를 확인 후 카드 발급
③ HRD-NET 수강 신청 : 신청 후 선발 여부 메시지는 HRD-Net에서 한 번 크라우드웍스에서 한 번 발송
④ 교육 수강 : 최종 선발 후, 해당 회차의 교육 시작일부터 수강 가능

내일배움카드가 없다면 대상 여부를 확인하고 대상이라면 온라인이나 오프라인으로 신청하시면 됩니다.

• 온라인 접수 : 필요 서류 구비한 뒤 HRD-NET (hrd.go.kr)로 접속하여 발급 신청
• 고용노동센터 방문 : 필요 서류를 구비한 뒤 고용센터 방문하여 발급 신청

◆ **데이터 라벨링 AIDE 자격증**

AIDE(Artificial Intelligence Data Expert)는 한국인공지능협회에서 주관하는 인공지능 학습 전문가 자격증으로 데이터 라벨링의 기본 지식과 실무 능력을 갖춘 전문가를 인증하는 자격증입니다. AIDE 자격증을 취득하려면 다음과 같은 과정을 거쳐야 합니다.

• 온라인 교육 이수 : 데이터 라벨링의 개념과 목적, 방법과 도구, 최선의

사례와 적용 사례 등을 배우고 실습하는 온라인 교육을 이수합니다.

- 오프라인 시험 응시 : 온라인 교육에서 배운 내용을 바탕으로 오프라인 시험에 응시합니다. 시험은 필기와 실기로 구성되며, 필기는 객관식 문제로, 실기는 크라우드웍스가 운영하는 워크스테이지 플랫폼에서 진행됩니다.
- 자격증 발급 : 시험에 합격하면 데이터 라벨링 AIDE 자격증이 발급됩니다. 자격증은 크라우드웍스 아카데미 홈페이지에서 확인할 수 있으며, 유효기간은 없습니다.

AIDE 자격증은 2급과 1급 두 종류가 있습니다. AIDE 2급 자격증 과정은 인공지능 이론, 데이터 라벨링 기초 이론, 데이터 라벨링 실습 프로젝트로 구성되어 데이터 라벨링 초보자라도 누구나 무리 없이 수강할 수 있도록 구성돼 있습니다. AIDE 1급은 검수자 자격증으로, 교육은 인공지능 이론 및 고난이도 데이터 라벨링 작업과 더불어 데이터 라벨링 검수 작업 과목이 포함되어 있습니다. 데이터 라벨러들이 수집·가공한 데이터들은 최종적으로 '검수' 단계를 거쳐야만 인공지능이 학습할 수 있는 안전한 데이터로 분류됩니다. 그렇기 때문에 데이터 라벨링 작업자에 대한 수요가 늘어날수록 데이터 라벨링 검수자에 대한 수요도 함께 증가합니다.

한국인공지능협회에서 발급하는 AIDE 1급 자격증은 데이터 라벨러의 검수 능력에 대한 전문성을 입증해 주는 자격증으로, 640여 개 이상의 인공지능 업체에서 활용 가능합니다. AIDE 2급 시험은 특별한 응시 자격은 없으며, 주 2회 시행되고 있습니다. AIDE 1급 시험은 2급

자격증을 취득한 사람을 대상으로 합니다.

데이터 라벨링 AIDE 자격증을 취득하면 데이터 라벨링의 이론과 실무를 모두 갖춘 전문가로서의 역량을 인정받을 수 있습니다. 크라우드웍스와 같은 데이터 전처리 업체들에서 진행하는 다양한 데이터 라벨링 프로젝트에 우선적으로 참여할 수 있어서 경력단절자, 주부 등 누구에게나 취업의 길이 쉽게 열릴 수 있습니다. 인공지능이 발달할수록 데이터 라벨링 시장이 확대되기 때문에 그만큼 데이터 전문 인력의 가치가 높아지고 있어서 경쟁력 있는 자격증이라고 볼 수 있습니다.

◆ 일거리 확인과 라벨링 도전하기

데이터 라벨링은 알바몬, 알바천국, 사람인, 잡코리아, 크라우드잡스를 통해서 공고를 확인할 수 있습니다. 해당 사이트에서 이력서를 작성하고, 지원한 후 선발 또는 테스트 과정을 거쳐서 작업에 참여하게 됩니다. '데이터 라벨링'으로 가장 검색을 많이 하고 그 이후에는 '크라우드워커,' '어노테이터,' '가공,' '검수,' 등 데이터 라벨링과 관련된 용어들로 검색을 합니다. 프로젝트가 상시적으로 올라오는 것은 아니므로 주기적으로 체크를 해보는 것이 좋습니다.

우리 정부가 공익적 차원에서 개설하여 운영하고 있는 AI 통합 플랫폼 **AI허브(aihub.or.kr)**[30]에서도 데이터 라벨링 정보를 얻을 수 있습니다. [참여하기-일자리참여] 탭을 누르면 일자리 정보를 한눈에 모아볼 수 있습니다. 정부 지원 사업에 대한 일자리 정보를 제공하므로

30) 과학기술정통부는 2017년부터 기업, 연구자 등이 시간·비용 문제 등으로 개별 확보하기 어려운 AI 학습용 데이터를 구축·개방해 왔고, 2020년부터 구축 규모를 대폭 늘렸습니다. 현재까지 수십만 건의 다운로드를 기록 중에 있습니다.

일일이 찾아보지 않아도 한 곳에서 확인이 가능합니다. 또 지난 일자리 정보도 전체적으로 모아 볼 수 있어서 앞으로 있을 프로젝트의 모집 기간 등을 미리 짐작해 볼 수도 있습니다.

데이터 라벨러들은 흔히 성수기와 비수기로 나눠 프로젝트가 많은 때와 적은 때를 구분하기도 합니다. 데이터 라벨링은 국책사업이 대부분으로 공식적으로 과학기술정보통신부와 한국지능정보사회진흥원을 통해 작업이 이루어집니다. 국가에서 지원되는 사업인 만큼 1~6월까지는 라벨링 업체들이 프로젝트를 설계하고 이 기관들을 통해 작업을 수주하게 됩니다. 수주를 받은 업체들은 본격적으로 작업할 데이터를 수집하고 생성해 실제로 일을 시작하는 기간은 7~12월정도가 됩니다. 경우에 따라서는 1~2월까지 프로젝트가 연장되는 경우도 있습니다. 그러므로 성수기는 7~12월이고, 나머지 기간은 비수기에 해당합니다.

데이터 라벨링 업무를 할 수 있는 사이트들은 상당히 많아서 일일이 소개하기도 버겁습니다. 데이터 라벨러들이 추천하는 사이트 몇 곳을 소개해 보겠습니다.

- 크라우드웍스 (crowdworks.kr)
- 매트웍스 (metworks.co.kr)
- 캐시미션 (cashmission.com)
- 사람과숲 (humanf.co.kr)
- 에이아이웍스 (aiworks.co.kr)
- 라벨온 (labelon.kr)
- 마이크라우드 (mycrowd.ai)
- 세명소프트 (smsoft.kr)
- 데이터고블린 (datagoblins.com)
- 알체라 (alchera.ai)
- 에이모 (labelers.aimmo.ai)
- 뉴워커 (newworker.co.kr)

- 슈퍼브에이아이 (superb-ai.com)
- 글로비트 (globit.co.kr)
- 레이블러 (labelr.io)
- 크라우드 Oh (cloudo.co.kr)

2 긱워커, 무엇이 문제인가?

긱워커들이 직면하는 가장 큰 문제 가운데 하나는 "내가 과연 은퇴할 수 있을까?"입니다. 영국의 다국적 금융서비스 기업인 리걸 앤 제너럴(Legal & General)이 펴낸 「미국 긱 경제 연구(U.S. Gig Economy Study)」에 따르면 미국의 긱워커들 중 절반 이상(53%)은 은퇴를 대비해 충분한 저축을 하기 어렵다고 느끼고 있는 것으로 나타났습니다. 그리고 65%는 긱워커의 가장 큰 단점은 기업의 정규직에게 제공되는 퇴직금 같은 복리후생이 주어지지 않는다는 것이라고 말합니다.

미국의 경우 2023년 긱워커의 수는 7,330만명이고, 2024년에는 7,640만명으로 늘어날 것으로 예상됩니다. 긱 경제는 이렇게 팽창하고 있지만 은퇴와 같은 미래의 준비는 매우 미흡한 것으로 조사됐습니다. 그들 중 30%는 아예 은퇴할 수 있다는 기대조차 없고, 45%는 65세 이전에는 은퇴가 여의치 않다고 생각하는 것으로 나타났습니다.

왜 그럴까요? 미국의 비영리 기관인 퓨 자선기금(Pew Charitable Trusts)의 연구조사에 따르면, 미국 긱워커들은 평균 근로자들보다 전반적으로 재무와 금융에 관한 지식이 더 높지만, 긱 경제의 생태계에서는 미래에 대한 준비에 많은 어려움을 겪고 있다고 합니다. 결국은 수입이 충분하지 못한 것이 가장 큰 이유인데, 생활비, 교육비, 의료 및 기타 보험료를 내고 나면 저축할 여유가 거의 없기 때문입니다. 전통적인 일자리들은 회사가 퇴직 시 퇴직금 등으로 지원해 주는 것이 일반적이지만, 긱워크에는 그런 보장이 없으니 그저 그렇게 버는 정도라면 당연한 일일 수도 있습니다.

퓨의 연구에 의하면, 설문에 응한 긱워커들 가운데 46%는 더 많은 일을 할 수 있는 능력이 있으므로 더 벌면 된다고 생각하지만, 29%는 자신이 능력이 있어도 긱 경제 모델이 그 능력을 발휘하지 못하게 함으로써 저축하는 것이 어렵다고 느낍니다. 그렇다면 노후는 어떻게 할 것이냐고 물었을 때 77%는 저축에 의존할 수밖에 없다고 답했습니다. 말하자면 저축이 쉽지 않는 상황이지만 그래도 기댈 것은 저축밖에 없다는 것입니다. 이러한 긱 경제의 단점에도 불구하고 긱워커들은 그것이 주는 업무의 유연성과 자유로움을 중요하게 생각합니다. 아마도 재정적인 문제가 있음에도 꿋꿋이 긱워커의 길을 가고 있다면 이러한 자유로움의 유혹을 뿌리치지 못해서일 가능성이 제일 큽니다.

어쨌든 현실적으로 긱워커들이 겪는 어려움은 재정과 금융 부분이 가장 큽니다. 이러한 부분을 조금이라도 해소할 수 있으려면 노후에 도움이 될 수 있는 개인연금, 안전한 투자, 면세·절세가 가능한 저축, 보험 서비스 등이 하나로 통합돼 있는 앱 기반 금융플랫폼이 절실해 보인다는 것이 이들 보고서의 결론입니다. 핀테크가 발전하면서 이러한 문제는 차츰 해결될 것입니다. 이에 대해서는 뒤에서 좀 더 자세히 살펴보겠습니다. 우리의 긱 경제에서도 이런 상황은 별반 다를 바 없으며, 따라서 결론도 같습니다.

긱워커가 겪는 어려움은 이러한 불안정한 수입으로 인한 불충분한 미래 대비 외에도 외부 인력에 대한 차별, 긱워커 간 치열한 경쟁, 경력 관리의 어려움, 불투명해 보이는 긱 경제의 미래 등이 있습니다. 긱워커들이 겪는 외부 인력에 대한 차별 문제는 긱워커들이 일을 하기 위해 플랫폼에 등록하면서 발생합니다. 이러한 플랫폼에서는 긱워커들을 일반적인 근로자와 구분하여 취급하고 있어서 급여나 근로 조건 등에서 차별이 발생합니다. 이 부분과 관련하여 가장 아쉬운 점은 노동의 대원칙이라고 할 수 있는 '동일노동 동일임금'의 원칙이 적용되지 않는다는 것입니다. 동일노동 동일임금의 원칙은 모든 근로자에게 적용되어야 합니다. 이 원칙은 성별, 정규직, 임시직, 파견 사원 등의 고용 형태, 인종, 종교, 국적 등과 관계없이 동일한 직업에 종사하는 근로자에 대하여 동일한 임금 수준을 적용하고 근로의 양에 따라 임금을 지급한다는 임금 규정입니다. 이런 원칙이 버젓이 존재하는데도 똑같은 일을 하더라도 정규직이 하면 높은 급여와 각종 혜택을 받지만, 긱워커와 같은 임시직이 하면 정규직에 비해 훨씬 낮은 보수를 책정하는 불합리성이 긱 경제를 왜곡시키는 주요인이 되고 있습니다. 이 문제에 대한 사회적 논의가 진행될 것이라고 기대는 하고 있지만, 언제쯤이 될지는 예측하기 어렵습니다.

노동계에서 플랫폼 노동에 대한 권리 찾기 논의가 활발하게 진행되는 것이 희망적인 움직임으로 다가옵니다. 다만, 최저임금제를 통해 뭉뚱그려 임금의 하한선을 만드는 정도로는 오히려 부작용만 낳을 뿐 실질적인 긱 경제의 건전한 발전에는 그다지 도움이 되지 못합니다. 한국개발원이 지난 2018년에 내놓은 연구보고서인 「최저임금 인상이 고용에 미치는 영향」을 보더라도 최저임금을 올리는 것이 능사는 아니라는 것을 알 수 있습니다. 보고서에 따르면 최저임금을 자꾸 올리기만 하면 고용 감소폭이 커지고 임금 질서가 교란되어 득보다 실이 클 수 있다고 경고하고 있습니다. 실제로 그해 최저임금 인상폭은 그 전 5년간의 평균 7%를 훌쩍 뛰어넘은 16.4%였는데, 그 결과는 참혹했습니다. 전국경제인연합회 산하 한국경제연구원은 「최저임금 인상에 따른 시나리오별 고용 규모」라는 보고서를 냈는데, 2018년 최저임금이 16.4% 인상돼 15만9천 개의 일자리가 감소한 것으로 나타났고, 2019년에는 10.9% 인상으로 27만7천 개의 일자리가 사라졌다고 분석했습니다. 이러한 폐단을 없애는 대안으로 주목 받는 것이 최저임금 업종별 차등 적용제도입니다. 최저임금 언저리에 있는 직종은 주로 대인 서비스 비숙련 단순노동 일자리들인데, 최저임금의 인상은 이 직종의 일자리를 빼앗을 뿐 다른 직종에는 별다른 영향을 미치지 못합니다. 간혹 최저임금 업종별 차등 적용제도를 기존의 최저임금보다 더 적게 주는 쪽으로 활용하고자 하는 못된 생각을 가진 세력도 보입니다. 그런 식의 주장은 우리 사회가 받아들일 리 없습니다. 긱 경제 전체를 놓고 볼 때 최저임금 업종별 차등적용이 필요한 이유는 비숙련 단순노동과 마찬가지로 그보다 임금이 높은 숙련 긱 노동이나 기술 긱 노동에 대해서도 보호가 필요한데 노동권을 보호받기 힘든 긱워커들이 스스로 노동에 합당한 대우를 받기가 어렵기 때문입니다. 최저임금 업종별 차등 적용제도를 실시하는 해외 사례를 봐도 일반 최저임금제의 최저임금 수준보다 업종별 최저임금의 임금 수준을 높게 설정하는 것이 일반적입니다.

예컨대, 호주는 국가 최저임금제를 바탕으로 하고, 이를 기준으로 직종 및 산업별 최저임금제를 실시하고 있습니다. 국가최저임금제라는 미숙련노동자에게 적용되는 단일 최저임금제를 바탕으로 하고, 숙련노동자에게는 최저임금 보다 높은 직종 및 산업별 최저임금제를 실시하고 있는 것입니다. 노동자의 숙련도에 따라 국가최저임금을 웃도는 직종 및 산업별 최저임금이 결정되는 것입니다. 일본의 경우에도 산업별 최저임금은 특정 산업의 노사가 기간제 노동자(긱워커)에 대해 지역별 최저임금보다 높은 임금이 필요하다고 요구하는 경우에만 설정되고 있는 것으로 나타났습니다. 독일도 법정 최저임금제를 기본으로 하고, 단체협약에 의해 결정되는 산별최저임금은 법정 최저임금의 2배 이상의 수준에서 결정된다고 합니다.

지금의 긱 경제에서는 긱워커 간의 치열한 경쟁도 큰 문제입니다. 긱 경제에서 긱워커 간의 경쟁이 치열해지는 이유는 우선, 긱 경제가 일자리를 구하는 사람들에게 쉽게 접근 가능한 플랫폼을 제공하기 때문입니다. 이로 인해 많은 사람들이 긱워커로 일하는 것을 선택하게 되어 대규모의 경쟁이 발생합니다. 둘째, 긱워커의 업무 수행 능력은 각기 다 다릅니다. 일부 긱워커는 경험이 많거나 전문적인 기술을 가지고 있는 반면, 일부 긱워커는 그렇지 않습니다. 긱 경제에서 제공되는 일자리는 한정되어 있고, 수요와 공급에 따라 일자리의 품질과 가용성이 달라집니다. 따라서 긱워커들은 제한된 일자리에 대해 경쟁하게 되며, 업무 수행 능력이 뛰어난 워커들이 일자리를 선점할 확률이 높아집니다. 그러면 업무 수행 능력이 낮은 긱워커들에게는 남는 일자리가 줄어들어 경쟁이 더 치열해집니다. 이와 조금 다른 시나리오도 있을 수 있습니다. 이들은 모두 수입이 더 높은 일을 놓고 치열한 경쟁을 하게 되는데, 기간이 짧은 일자리일수록 업무 능력의 차이를 평가하기 힘들어져 일에 대한 보수가 업무 능력이 떨어지는 긱워커 수준에 맞춰 하향 평준화 되는 문제가 생길 수 있다는 것입니다. 실제로 시간이 흐를수록 긱에 대한 보수가 점점 낮아지는 원인 중 하나는 이러한 형태의 경쟁이 심화되기 때문입니다. 마지막으로, 긱 경제의 특성상 일자리가 일시적이고 불규칙하기 때문에 급하게 일자리를 찾는 긱워커들은 경쟁이 더욱 치열하게 됩니다. 이처럼 다양한 요인들이 어우러져 긱워커 간 경쟁이 치열해지게 되고, 그 결과 긱 경제의 건전성이 약화되는 원인이 됩니다.

긱워커들이 겪는 또 다른 어려움 가운데 하나는 경력 관리가 어렵다는 것입니다. 긱워커들은 대부분 일시적이고 임시적인 일자리를 수행하기 때문에, 관련성 있는 경력을 쌓기 어려울 수 있습니다. 이와 같은 일자리는 고정된 입지를 갖지 못한 비정규직 워커들의 이력서에서 연속성과 관련성이 부족하게 표현됩니다. 또 다양한 일자리를 수행해야 하므로 특정 분야의 전문성을 키워나가기 어렵다는 점도 문제입니다. 짧은 기간 동안 다양한 일자리를 수행하는 것으로는 특정 분야에 깊이 있는 전문 지식을 쌓기 어렵습니다. 긱워커들은 정규직 근로자들과 달리 고용주와의 긴밀한 관계가 없기 때문에 실력 평가를 받기 어려운 것도 경력 관리에 악영향을 미칩니다. 이로 인해 경력 및 전문성에 대한 기준이 불명확하며 워커들 스스로의 진로 관리가 어려워질 수 있기 때문입니다. 긱워커들은 일반적인 직장인의 경력 관리 프로세스와는 다른 방식으로 경력 관리를 해야 합니다. 그런데 현행의 경력 관리 시스템은 긱워커들이 안정적인 경력 관리를 할 수 있는 채널을 제공하지 못하고 있습니다. 이러한 어려움을 극복하기 위해서는 경력 관리에 더 많은 노력을 기울이고, 구직 시에도 자신의 경력을 어필하여 경력에 도움이 되는 일자리를 찾는 것이 중요합니다. 그러자면 그 분야 실력을 쌓고 최신 기술에 뒤처지지 않도록 끊임없이 자기 개발을 할 필요가 있습니다.

기술의 급속한 발전으로 인해 인공지능, 로봇공학, 자동화 등이 다양한 산업에서 빠르게 확산되고 있습니다. 이러한 기술 변화로 일부 일자리가 축소되거나 사라지는 반면, 새로운 일자리가 생겨나는 현상이 발생하고 있음은 이미 앞서 살펴봤습니다. 이로 인해 긱워커들은 자신들에게 필요한 기술이 무엇이고 어떤 직종이 어떻게 변화할지 예측 또한 어렵기 때문에 미래의 경쟁력 확보를 위한 준비가 안정적으로 이루어지기 어렵습니다. 게다가 전통적인 노동시장과는 달리 긱 경제는 정부와 규제 기관들의 입장에서 적절한 규제와 보호 체계를 구축하는 것이 어려운 상황입니다. 플랫폼 기업들 사이의 경쟁도 치열해지고 있는 추세입니다. 많은 기업들이 긱 플랫폼으로 진입하면서, 일자리 수가 늘어나는 효과도 있긴 하지만, 문제는 소비자 유인 경쟁으로 긱워크의 질을 점점 떨어뜨려 궁극적으로는 긱워커에게 더 힘든 환경을 만든다는 것입니다.

3 4차 산업혁명과 긱 경제의 상호작용

긱 경제는 변화된 고용과 노동력의 본질을 반영하고 있습니다. 이러한 발전들은 우리가 미처 상상하지도 못하는 방식으로 미래의 일자리를 형성해 나갈 것입니다. 긱 경제가 갖는 마술봉과도 같은 '유연성'은 기술 발전이 인간 사회와 접하는 부분에서 마찰력을 줄여주는 윤활유 같은 역할을 합니다. 만약 긱 경제가 형성되지 않거나 기술 발전 속도에 맞춰 빠르게 성장하지 않는다면 4차 산업혁명의 기술 발전은 여러 면에서 제약을 받을 것이 분명합니다. 직관적으로만 봐도 긱 경제라는 노동시장의 완충지대가 존재하지 않는다면 기술 발전이 초래하는 고용시장의 붕괴는 경제를 무너뜨리면서 결국은 기술 발전을 저해하는 제동장치로 작용하게 될 것이 불 보듯 뻔하기 때문입니다.

반면, 4차 산업혁명이 진행되지 않았다면 긱 경제는 전통적인 경제 내에서 무시해도 될만큼 미미한 부분을 차지하면서, 긱 경제라는 개념을 도입할 필요조차 없었을 것입니다. 4차 산업혁명 기술들이 급속히 발달하면서 모든 산업 부문에 혁신을 가져와 산업구조가 송두리째 재편되고, 그에 따라 산업이 요구하는 인력의 구성과 노동 스킬이 변화되었습니다. 이러한 변화는 근로자의 역할을 재정립하게 하면서 곧바로 노동시장의 변화를 초래했습니다. 노동시장은 산업의 혁신이 요구하는 노동의 유연성을 받아들일 수밖에 없습니다. 이 부분이 4차 산업혁명과 긱 경제의 공통분모 가운데 가장 큰 부분이라고 할 수 있습니다.

긱 플랫폼은 긱워커가 프로젝트별로 자신의 기술과 서비스를 유연하고 접근하기 쉽도록 제공합니다. 근로자들은 긱 플랫폼을 통해 자신의 능력과 경험을 긱 장터에 내놓고, 원하는 프로젝트에 참여하며 일할 수 있습니다. 긱워커들은 시간과 장소에 구애받지 않는 자유로운 일정과 일하는 방식으로 노동을 제공하고, 기업이나 클라이언트는 필요에 따라 적합한 전문 기술을 보유한 긱워커를 찾아 고용할 수 있습니다. 이를 통해 노동시장에는 보다 유연하고 다양한 형태의 일자리가 발생하며, 기업들도 필요에 따라 신속하게 전문 기술을 활용할 수 있는 이점을 얻을 수 있게 됩니다. 전통적인 직장 구조와 노동시장이 큰 변화를 겪게 된 것입니다. 4차 산업 혁명의 기술 트렌드는 일자리를 새롭게 창출하는 동시에 기존 일자리를 대체하게 됩니다. 이로써 노동시장은 각종 전문 기술을 갖춘 노동자와 새로운 직업 영역의 형성으로 빠르게 변화하고 있습니다.

긱워커를 양산하는 4차 산업혁명 기술들

4차 산업혁명은 기술, 인터넷 및 디지털화가 주도합니다. 이 시대는 클라우드 컴퓨팅, 인공지능, 딥러닝·머신러닝 및 로봇 기술과 같은 첨단 기술 혁신을 도입하여 변화를 선도했습니다. 이는 상품과 서비스의 대량 생산, 생산 및 제조의 유연성, 비즈니스 아웃소싱, 낮은 에러율 및 거부율, 효율성 향상, 고객 요구에 대한 대응 능력 향상을 가져왔습니다. 신기술과 인터넷, 스마트폰, 모바일 앱 등이 광범위하게 사용되면서 자연스럽게 기존의 비즈니스 방식에서 사용자들을 분리시키는 결과를 가져왔습니다. 디지털 플랫폼과 같은 새로운 비즈니스 모델이 등장한 것입니다.

4차 산업혁명은 시장과 산업에 변화를 가져와 일자리와 고용의 본질에 영향을 미치고 있습니다. 선진 국가들에서는 특히 창조적 파괴 또는 비즈니스 붕괴라고도 불리는 현상을 초래했습니다. 신체 노동이 필요한 작업의 대부분은 서서히 기술과 자동화, 디지털화로 대체되고 있습니다. 이 단계에서는 기업들이 4차 산업혁명 기술을 채택함으로써 노동시장을 뒤흔듭니다. 기존에는 안정된 직장에서 정규직으로 일하는 것이 일반적이었지만, 이제는 프리랜서, 독립 계약자, 임시직 등 비정규직이 증가하며 긱 경제를 확장시킵니다. 긱 경제는 서비스 제공자와 서비스 수요자가 유연하고 편리하게, 그리고 필요에 따라 운영되는 형태로 서로의 요구 사항을 충족시키고 있습니다. 이런 경제가 가능한 것은 인터넷과 다른 기술들을 활용하여 24시간 365일 서로를 연결하는 기기들 덕분입니다. 인터넷 확산과 스마트폰의 보급은 플랫폼 생태계의 가장 기본적인 인프라를 구축해 사용자들이 언제, 어디서든 쉽게 서비스를 이용하고 제공할 수 있게 해 주었습니다. GPS 기술의 발전은 우버와 같은 디지털 플랫폼이 사용자의 위치를 정확하게 파악하고, 서비스 제공자와 소비자를 실시간으로 연결할 수 있게 하였습니다. 이로써 효율적이고 편리한 서비스가 가능해졌습니다. 긱 경제가 기존의 영구적인 고용과 달리, 단기 계약 또는 프리랜서로서의 일자리가 주류를 이루는 노동시장이므로 일자리를 찾는 개인(긱워커)과 특정 서비스를 필요로 하는 기업이나 클라이언트를 연결해 주는 디지털 플랫폼, 즉 긱 플랫폼과 기술을 통해 가능해집니다. 긱 플랫폼의 등장은 이러한 다양한 4차 산업혁명 기술들이 융합돼 만들어낸 결과물입니다.

인공지능과 긱 경제

기술 발전의 결과로 많은 기술의 유효기간(반감기)이 점차 짧아지고 있습니다. 이런 현상은 기업들로 하여금 기술 발전에 영향을 많이 받는 일자리들에 대해서는 정규직 직원을 고용하는 대신 프로젝트 기반으로 숙련된 프리랜서 전문가를 선택하게 만듭니다. 낮은 인건비, 계약상의 의무 감소, 틈새 기술 고용 등은 기업이 거부하기 힘든 긱 경제의 매력입니다. 긱 경제의 성장에도 불구하고 기업이나 고용주가 적합한 프리랜서 전문 인재를 찾는 것은 쉽지 않은 일입니다. 능력을 갖춘 프리랜서를 뽑지 않으면 기술 불일치의 문제가 발생해 서로 곤란한 처지에 빠지게 됩니다. 이런 어려움은 채용뿐만 아니라 성과와 생산성 모니터링에서도 나타납니다. 이에 대한 해법이 없다면 긱 경제 모델의 궁극적인 이점이 사라질 수도 있습니다.

해결 방안은 인공지능에 있습니다. 인공지능을 도입해 인재 매칭을 초자동화 하면 이런 문제를 말끔히 해소할 수 있습니다. 긱 플랫폼이 등장한 것은 이러한 간극을 메꾸고자 하는 높은 수요 덕분이었습니다. 인재 매칭 프로세스 전반에 걸쳐 인공지능과 머신러닝이 적용되어 프로세스를 개선시킴으로써 긱워커를 고용하고 관리하는 것이 정규직 관리만큼 쉬워졌습니다. 긱 플랫폼은 유연한 근무 문화를 장려하는 동시에 기업이 필요한 분야에 맞는 최적의 프리랜서를 고용할 수 있게 해줍니다. 채용 담당자들도 긱 경제의 잠재력을 알고 있어서 인재와 기술 수준을 평가하는 새로운 방법을 만들어가고 있으며, 인공지능을 활용해 이러한 노력의 효율성을 향상시키고 있습니다. .

긱 인재를 선발할 때 인공지능을 활용하면 다양한 요소를 통해 데이터를 집계하여 자격 있는 후보자 목록을 작성하고 인재 선발 기준으로 설정한 요구 사항이나 역량에 맞춰 더 나은 인재를 추천할 수 있습니다. 인공지능은 후보자 목록에 오른 인재들에게 적극적으로 연락을 취하고, 그들의 관심을 끌어 채용 프로세스에 참여하도록 할 수 있습니다. 이는 인공지능 기반의 메신저 봇이나 이메일 솔루션을 활용하여 후보자들에게 자동으로 면접 일정이나 추가 정보에 대한 안내를 보내 줌으로써 이루어질 수 있습니다. 이러한 방식은 채용 담당자에게 많은 시간과 노력을 절약할 수 있게 해주며, 더 효율적으로 인재를 선발하고 관리할 수 있도록 도와줍니다. 인공지능에 의한 적극적 접근은 과정의 일관성을 향상시켜, 후보자 경험을 개선하고, 더 나은 인재를 찾을 가능성을 높여줍니다. 또 인사 담당자들이 후보자의 적합성을 평가할 수 있도록 도와주어, 주어진 프로젝트에 가장 적합한 인재 풀

(pool)을 만들어 내는 데 도움이 됩니다. 인공지능이 들어 있는 솔루션을 사용하면 인재들의 정보를 빠르게 분석하고 이해할 수 있습니다. 인공지능은 후보자의 이력서, 포트폴리오, 그리고 제공된 기타 정보를 처리하여, 해당 인재의 기술 및 경력과 관련된 분석을 제공합니다. 데이터 분석은 기업이 각 인재들를 쉽게 비교할 수 있어서 채용 과정을 개선하고 더 많은 정보를 확보하게 도와줍니다. 이를 통해서 기업은 각 후보자가 가진 기술과 장래 지향적 목표를 이해하고 그들이 회사의 요구사항과 얼마나 잘 부합하는지 판단할 수 있습니다. 이렇게 인공지능을 활용하면 채용 과정이 훨씬 효율적이고 정확해집니다.

인공지능과 머신러닝은 면접 과정도 더 간편하고 단순화해 줍니다. 인공지능 면접 시스템이나 화상 면접 플랫폼을 사용하면 지원자와의 사전 인터뷰를 수행하는 데 많은 시간을 들이지 않아도 됩니다. 또 가장 적합한 자격을 갖춘 지원자들과의 심층 인터뷰도 자동으로 예약할 수 있습니다. 이렇게 되면 기업은 단지 구인 포털, 소셜 미디어, 데이터베이스 등의 자원에만 의존하지 않아도 됩니다. 이를 통해 지원자가 프로젝트에 얼마나 잘 부합하는지 더 정확하게 평가할 수 있습니다.

이제는 기업이 긱워커에게 작업을 할당하고 그들의 작업 진행 상황을 추적하는 데에도 인공지능이 활용됩니다. 프로젝트 단위로 긱워커들과 협업하는 많은 기업들은 작업의 특정 부분을 긱워커들에게 할당하고 효율성이 유지되도록 피드백을 제공할 수 있는 인공지능을 사용합니다. 긱 인재를 성공적으로 채용한 후 팀 구성에도 인공지능을 사용하여 효율적으로 조직화할 수 있습니다. 기업은 낯선 긱워커들을 회사의 미션에 따르게 만들려고 하기보다 인공지능 기반 소프트웨어를 활용하여 특정 프로젝트에 집중할 수 있도록 효과적으로 팀을 구성하는 데 초점을 맞춥니다.

오늘날 광범위한 인공지능 애플리케이션을 활용하여 기업들은 긱 경제 생태계에서 더 큰 가치를 창출할 수 있습니다. 기업은 직원들 간의 협력, 내부 직원들과 외부 직원들 간의 조화와 균형 유지, 효율적인 프로젝트 관리, 내부 직원과 외부 전문가로 구성된 하이브리드 팀의 조직화 같은 문제로 골머리를 앓을 때가 많습니다. 이때 인공지능을 잘 활용하면 여러 문제들을 쉽게 해결할 수 있습니다. 이와 관련한 대표적인 인공지능 솔루션으로 IBM의 왓슨(Watson)을 들 수 있습니다. 왓슨을 활용하면 긱 경제 생태계에서 효율적인 업무 수행을 할 수 있고, 고객 만족도도 높일 수 있습니다. 따라서, 기업들은 인공지능을 활용하여 여러 문제를 쉽게 해결하고, 긱 경제의 가치를 극대화할 수 있는 것입니다.

인공지능은 다른 기술과 결합함으로써 산업구조와 일자리 지형을 뒤흔들기도 합니다. 그 가운데 긱 경제에 미치는 영향이 특히 두드러지는 결합 기술은 인지 클라우드 컴퓨팅입니다. 2장에서도 살펴봤듯이 인지 클라우드 컴퓨팅은 인공지능과 클라우드 기반 서비스의 힘을 결합한 신흥 기술입니다. 인공지능을 활용하여 데이터를 더욱 효율적으로 처리하고 분석합니다. 이 혁신적인 접근 방식을 통해 기업은 방대한 양의 데이터에 액세스하고 분석하여 이전보다 빠르게 통찰력을 얻고 정보에 기반한 결정을 내릴 수 있게 됩니다. 기업들은 점점 접근하기 쉬워지는 인공지능 기반 도구와 응용 프로그램을 활용해 꾸준히 업무 및 프로세스 자동화를 이뤄 나갈 것입니다. 인지 클라우드 컴퓨팅을 활용함으로써 효율성을 향상시키고 운영을 간소화하며, 자신들이 속한 산업에서 혁신을 주도할 수 있습니다. 인지 클라우드 컴퓨팅의 부상은 초자동화를 가속화시킴으로 필연적으로 일자리의 미래를 재구성하며 긱 경제를 팽창시키게 될 전망입니다.

소비자 경험과 긱 경제

긱 경제 생태계 내에 포함되는 플랫폼 경제는 4차 산업혁명 시대에 높아지고 있는 소비자 경험[31]을 충족시키기 위해 생겨났다고도 할 수 있습니다. 인공지능, 빅데이터, 사물인터넷, 가상현실 등 4차 산업혁명의 기술들이 발전하면서 소비자들의 기대치도 상승하고 있습니다. 이러한 기술을 적절히 활용하여 소비자 경험을 개선하는 것이 기업이 경쟁력을 유지하고 시장에서 성공하는 데 중요한 요소가 되었습니다. 그 결과 기업들 간의 경쟁이 치열해져 상품과 서비스의 가격 경쟁력이 높아졌습니다. 이러한 상황에서 소비자 경험은 브랜드 인지도와 충성도를 높이고, 차별화를 제공하는 중요한 경쟁력이 됩니다. 소비자들은 점점 더 맞춤화된 제품과 서비스를 찾고 있습니다. 소비자들의 이러한

31) 소비자 경험(또는 고객 경험, CX)은 한 기업의 마케팅에서부터 영업, 고객 서비스에 이르기까지 소비자가 제품이나 서비스를 구매하는 여정의 모든 지점에서 기업이 소비자와 소통하는 방법을 뜻합니다. 넓게 보면 소비자 경험은 고객이 브랜드와 맺는 모든 상호작용의 총집합이라고 할 수 있습니다. 소비자 경험은 소비자가 물건을 사면서 행하는 단순한 행동이 아닙니다. 소비자 경험은 소비자가 소비행위를 하는 과정에서 느끼는 감정을 중시합니다. 기업은 소비자와의 모든 접점에서 소비자가 브랜드에 대해 느끼는 감정을 좋게 만들 수도 있고, 나쁘게 만들 수도 있습니다. 기업이 소비자와 접촉하는 각 접점에서 내려야 할 중요한 결정이 있으며, 이러한 결정은 결과적으로 비즈니스의 성공 여부에 영향을 미칩니다.

요구와 고객 중심 접근법을 통해 시장에서 성공하려면 기업은 소비자 경험을 중요시하지 않을 수 없습니다.

소비자들은 제품과 서비스에 대한 정보를 손쉽게 얻고 공유하기 위해 온라인 리뷰, 블로그, 소셜 미디어 등 다양한 채널을 활용하고 있습니다. 기업들은 이러한 채널에서 소비자들의 경험에 따른 후기와 추천이 비즈니스에 매우 큰 영향을 미친다는 것을 고려해야 합니다. 소비자들은 지속 가능한 설계, 친환경 원료 사용 및 더 나은 생산 방식을 요구하고 있습니다. 기업은 소비자 경험의 일부로 지속 가능한 방식으로 제품과 서비스를 제공하는 데 집중해야 합니다. 이러한 여러 이유로 기업들은 4차 산업혁명 시대에 소비자 경험을 개선하고, 혁신적인 상품과 서비스를 제공하여 시장에서 성공적으로 차별화를 이루어내야 합니다. 이를 통해 기업은 브랜드 가치를 향상시키고, 소비자 만족도를 높이며, 지속적인 성장을 이룩할 수 있습니다.

긱 경제는 다양한 방식으로 소비자 경험에 기여합니다. 먼저, 소비자들에게 편리성과 접근성을 제공함으로써 소비자 경험을 향상시킵니다. 긱 경제의 플랫폼은 주로 모바일 애플리케이션이나 웹 플랫폼을 통해 서비스를 제공합니다. 스마트폰이나 컴퓨터를 사용하여 언제 어디서나 쉽게 접근할 수 있고, 특정 서비스를 찾을 때 다양한 필터링 및 검색 기능을 제공합니다. 예를 들어, 배달의천국, 에어비앤비, 청소연구소 등과 같은 모바일 앱을 통해 사용자는 편리하게 음식 배달, 숙소, 집안 청소 서비스 등을 이용할 수 있습니다. 긱 경제의 서비스 중 많은 것들이 즉시 서비스를 제공합니다. 사용자들은 원하는 시간과 장소에서 서비스를 받을 수 있습니다. 또한, 예약 기능을 통해 원하는 시간에 서비스를 받을 수도 있습니다. 예를 들어, 라이드쉐어링(자동차 공유) 앱에서 차량 호출을 바로 하거나, 사전에 예약하여 원하는 시간에 차량이 도착하도록 할 수 있습니다. 긱 경제 서비스는 전통적인 서비스와 비교하여 더 넓은 지리적 범위를 다룹니다. 이를 통해 사용자들이 서비스의 혜택을 누리기 위해 어디로든 이동할 수 있게 되고, 지리적 제약이 크게 줄어듭니다. 우버의 경우 시골 지역에서도 택시 서비스를 제공하고 있어서 전통적인 택시 서비스를 찾지 못하는 곳에서도 편리하게 이동할 수 있게 해줍니다. 긱 경제가 제공하는 결제 편의성도 소비자 경험 향상에 도움이 됩니다. 대부분의 긱 경제 플랫폼은 온라인 결제를 지원합니다. 이를 통해 소비자들은 서비스 이용 후 현장에서 직접 금액을 정산하지 않아도 되고, 디지털 기록으로 비용 추적 및 관리가 쉬워집니다.

둘째로, 긱 경제는 다양한 방식으로 개인화된 경험을 제공함으로써 소비자 경험에 기여합니다. 긱 경제 서비스 제공자들은 고객 한 명 한 명의 필요와 선호를 고려하여 개인 맞춤형 서비스를 제공합니다. 고객은 자동차 공유 서비스 이용 시 원하는 차량 종류와 크기를 선택할 수 있습니다. 자신의 취향에 맞게 집안 청소에 전문적인 능력을 갖춘 가사도우미를 직접 선택할 수 있습니다. 인공지능과 데이터 분석을 활용하여 고객의 관심사와 행동 패턴을 파악하고, 그에 맞는 상품이나 서비스를 추천할 수도 있습니다. 온라인 쇼핑몰에서 구매했던 상품과 비슷한 상품을 추천하거나, 음악 스트리밍 서비스에서 고객이 좋아하는 장르나 아티스트와 유사한 음악을 추천하는 등 개인화된 경험을 제공하는 식입니다. 긱 경제 플랫폼에서는 고객의 의견과 피드백을 직접적으로 수집해 서비스의 개선점을 파악하고 반영할 수 있습니다. 이렇게 함으로써 점점 더 고객들이 원하는 서비스를 제공할 수 있으며, 고객 개인별로 맞춤화된 경험을 가능하게 합니다. 긱 경제에서 제공되는 서비스 중 일부는 고객의 특정 요구에 맞춰 유연하게 적용할 수 있는 옵션을 제공합니다. 숙박 공유 서비스인 에어비앤비에서 고객은 맞춤 요금 구조를 결정할 수 있으며, 특수 요구사항에 따른 추가 서비스를 요청할 수 있습니다. 긱 경제 플랫폼은 고객과 서비스 제공자 간의 실시간 소통 기능을 제공하여 고객의 요구에 즉각적으로 대응할 수 있습니다. 이를 통해 개인화된 서비스를 제공하고, 서비스 품질을 유지하며, 신뢰를 구축하게 됩니다.

셋째로, 긱 경제는 소비자들에게 다양한 선택권을 제공하며, 이를 통해 소비자들은 각자의 요구와 취향에 따라 제품과 서비스를 선택할 수 있습니다. 긱 경제는 전통적인 서비스에서 볼 수 없는 다양한 종류의 서비스와 솔루션을 제공합니다. 예컨대, 숙박, 음식 배달, 라이드쉐어링, 튜터링(개인교습), 전문가 상담 등 각종 서비스 옵션을 선택할 수 있습니다. 여기에다 다양한 가격대의 서비스를 제공함으로써 고객이 자신의 예산에 맞는 서비스를 선택할 수 있도록 해줍니다. 저렴한 가격의 경쟁력 있는 서비스에서부터 프리미엄 서비스까지 고객에게 선택의 폭을 넓혀 줍니다. 긱 경제 플랫폼은 서비스 제공자와 고객을 연결하는 역할을 하기 때문에, 전통적인 경제에서는 얻기 어려운 지역적·시간적 선택권을 제공합니다. 고객은 원하는 시간과 장소에서 서비스를 선택하고 이용할 수 있습니다. 긱 경제에서는 다양한 배경과 전문성을 갖춘 각기 다른 서비스 제공자들로부터 서비스를 이용할 수 있습니다. 이를 통해 소비자들은 서비스 제공자의 전문성, 경험, 리뷰 등을 고려하여 자신에게 가장 잘 맞는 서비스를 선택할 수 있습니다.

넷째로, 긱 경제는 소비자들에게 여러 가지 경제적 혜택을 제공함으로써 소비자 경험에 기여합니다. 소비자들은 긱 경제에서 보다 경제적이고 효율적으로 서비스를 이용할 수 있습니다. 긱 경제 서비스는 전통적인 산업에 비해 규모의 경제 효과를 활용하여 경영 비용을 절감하거나, 중간 유통 과정을 줄이기 때문에 대체로 서비스 가격이 저렴합니다. 라이드쉐어링 서비스의 경우 전통적인 택시 서비스와 비교해 동일한 서비스를 더 저렴한 가격에 제공합니다. 긱 경제 플랫폼에서는 여러 서비스 제공자들이 경쟁하기 때문에 소비자들은 가격 비교를 쉽게 할 수 있으며, 이를 통해 합리적인 가격을 찾아 서비스를 선택할 수 있습니다. 이는 경제성을 높여 소비자 경험에 긍정적인 영향을 미칩니다. 또 긱 경제는 공유 및 플랫폼 기반의 경제 모델을 통해 사용하지 않거나 남는 자원을 활용하여 경제성을 높입니다. 에어비앤비가 대표적인데, 빈 방이나 집을 활용하여 숙박 서비스를 제공합니다. 긱 경제에서 제공하는 많은 서비스들은 전통적인 시장에서 찾아보기 어려운 유연한 요금 구조를 제공합니다. 이는 고객이 실제로 이용한 만큼 비용을 지불할 수 있도록 함으로써 경제성을 높입니다. 자동차 공유 서비스의 경우 이용한 시간 또는 거리에 따른 요금을 지불하게 됩니다. 긱 경제 플랫폼은 서비스 제공자와 소비자 간에 경쟁력 있는 가격과 서비스를 제공하며, 커미션 및 할인 등의 이벤트를 통해 소비자들이 경제적 혜택을 누릴 수 있게 합니다. 이러한 방식들로 긱 경제는 소비자들이 서비스를 보다 경제적으로 이용할 수 있도록 도와줍니다. 이렇게 소비자들에게 경제성을 제공함으로써 긱 경제 플랫폼에서 높은 합리성을 갖춘 서비스를 제공하고, 소비자의 만족도와 충성도를 높일 수 있습니다.

마지막으로, 긱 경제가 소비자 경험에 기여하는 '소비자 피드백 및 참여'는 고객의 견해와 의견이 서비스 품질과 개선에 직접적인 영향을 미치는 중요한 요소입니다. 대부분의 긱 경제 플랫폼에서는 고객들에게 서비스 제공자에 대한 평가와 리뷰를 작성할 수 있는 기능을 제공합니다. 소비자들은 서비스를 직접 경험한 후 자신의 만족도와 서비스의 장단점을 표현할 수 있습니다. 이러한 피드백은 다른 소비자들에게도 유용한 정보를 제공하고, 서비스 제공자가 개선할 부분을 파악할 수 있게 합니다. 그렇게 되면 고객 요청 및 의견을 적극 수렴함으로써 서비스를 개선할 수 있습니다. 고객들은 소셜 미디어, 이메일, 어플리케이션 내 메시지 기능 등을 이용해 자신의 의견을 피력할 수 있으며, 이러한 피드백은 서비스 제공자가 고객들의 취향과 선호도를 파악하는 데 도움을 줍니다. 일부 긱 경제 플랫폼에서는 사용자들이 서비스 창조 및 개선 과정에 참여할 수 있는 기회도 얻습니다. 소비자들은 서비스 개발의 공동 창조자로 참여하게 됨으로써 비전을 공유하고 그들의 목소리에 따라 플랫폼이 발전합니다. 또 이벤트, 워크샵, 네트워킹 파티 등 고객 참여 활동을 통해 고객들과의 상호 소통 및 협업을 촉진하며, 플랫폼은 고객들의 의견과 피드백을 받아들일 수 있는 기회를 얻게 됩니다. 고객의 피드백 및 참여는 투명성과 신뢰성을 높이는 데도 기여합니다.

이처럼 긱 경제에서 소비자 피드백 및 참여는 서비스 품질 개선과 고객 만족도를 높이는데 기여합니다. 서비스 제공자들은 이를 기반으로 서비스를 개선하며 사람들의 삶에 더 나은 가치를 전달할 수 있게 됩니다.

4차 산업혁명과 긱 일자리 : 추억 너머로 사라지는 중국집 배달원

4차 산업혁명이 긱 경제 확대에 핵심적인 역할을 하고 있다는 것은 기술이 발전하면서 전통 산업을 변화시킴으로써 기존의 일자리를 긱 일자리로 변화시키기거나 새로운 형태의 긱 일거리를 쏟아낸다는 의미입니다. 우리 사회에는 짜장면 배달 같은 전통적인 음식 배달 서비스가 이전부터 있었습니다. 전에는 대부분의 중국집들이 배달원을 직접 고용하여 음식 배달을 해 왔습니다. 4차 산업혁명이 진행되면서 다양한 배달 앱과 플랫폼 경제의 등장으로 배달 서비스의 범위가 크게 확장됐습니다. 그러자 중국집들은 이제 배달원을 직접 고용하기보다는 플랫폼의 배달 파트너들을 활용합니다. 플랫폼의 기술력과 리소스를 활용할 수 있어 더 높은 만족도와 경쟁력을 가질 수 있기 때문입니다.

중국집은 플랫폼 경제를 통해 더 많은 고객들에게 노출되어, 다양한 메뉴와 가격 경쟁력을 갖추게 됩니다. 규모의 경제를 활용할 수 있고, 시장 점유율을 높일 수도 있습니다. 플랫폼 경제에서 제공하는 배달 앱은 음식점이 직접 배달원을 고용하는 것보다 훨씬 빠르게 시스템화된 배달 서비스를 제공합니다. 소비자들은 주문한 음식을 더 빠르게 받게 되어 고객 만족도가 높아집니다. 이뿐만이 아닙니다. 플랫폼 경제를 통해 고객들의 선호도와 주문 데이터를 활용할 수 있습니다. 이는 메뉴 개발, 프로모션 전략 등에 활용되며, 고객에게 맞춤형 서비스를 제공할 수 있는 기회를 얻게 됩니다. 여기서 빠질 수 없는 포인트는 역시 경제성입니다. 배달원을 직접 고용하는 대신 플랫폼을 통한 배달 파트너를 이용함으로써 고정비용을 줄일 수 있습니다. 이를 통해 음식점들은 절약되는 자원을 다른 분야에 집중할 수 있어서 경영 효율성도 높아집니다. 여기서 끝일까요? 아닙니다. 정말 중요한 이득이 남았습니다. 예전에 TV 드라마에서도 가끔 등장하곤 했는데, 중국 음식점이 배달원을 고용하면 예측하지 못한 문제로 골치를 썩여야 하는 경우가 종종 발생했습니다. 그건 바로 배달원이 오토바이를 타고 배달을 나갔다가 교통사고를 당하는 경우입니다. 많은 경우 배달원이 피해자이긴 하지만 입원이라도 하게 되면 그 빈자리를 사장님이 메워야 했습니다. 음식을 만들고 경영을 해야 할 시간에 배달을 나가니 사업이 말이 아니게 됩니다. 사고 해결에 직접적으로 들여야 하는 돈뿐만 아니라 이와 같은 기회비용 또한 만만치 않았습니다. 중국음식점들이 플랫폼 경제 속으로 쏙 들어오면서 이 위험은 이제 플랫폼 기업으로 넘어갔습니다. 이 또한 플랫폼 경제가 가져다 준 경제적 이득이라고 할 수 있을 것입니다.

중국음식점의 배달원 사례와 같이 4차 산업혁명의 기술들은 기존 일자리를 분산화하고, 유연한 고용 형태로 전환시킵니다. 중국집 배달원과 마찬가지로 자동차 공유 서비스는 기존 택시 운전사의 일자리를 분산시켜 일반인들이 차량을 공유하며 추가 소득을 올릴 수 있는 긱워크로 변환시키고 있습니다. 이와 같이 기존의 일자리들이 유연한 근로 시간, 장소 독립성 등의 특징을 가진 일자리로 전환되면서 다양한 긱워크 기회가 생겨납니다.

한편으로는 4차 산업혁명 기술이 발전하면서 이전에는 존재하지 않았던 새로운 일거리를 만들면서 긱 경제에 기여합니다. 첨단 기술의 발전은 전통적인 산업과 직업에 큰 변화를 가져올 뿐만 아니라 이러한 변화를 통해 새로운 긱워크를 창출합니다. 소프트웨어 개발, 앱 개발, AI 개발, 데이터 분석, 데이터 라벨링 등 새로운 긱워크가 생겨나는 것이 그 예입니다. 우버, 에어비앤비, 프리랜서 마켓플레이스 등의 플랫폼들이 중개 역할을 하여 수요와 공급 측을 연결해주고, 기존 산업의 경계를 허물어 다양한 기회를 제공하게 되는 것입니다. 4차 산업혁명은 학력이나 경력보다 개개인의 전문성과 역량을 중시하게 되며, 이를 통해 콘텐츠 크리에이터, 온라인 마케터, 온라인 코칭 등의 비전문직 긱워크가 출현하게 됩니다. 이들은 개인의 역량과 경험을 기반으로 일을 찾고 오프라인 혹은 온라인으로 다양한 일거리를 찾을 수 있습니다. 또 기술의 발달은 원격 근무를 더욱 쉽게 만들어 사람들이 시간과 장소의 제약 없이 일할 수 있게 합니다. 유연한 근무 시간 제공을 통해 맞춤형 일자리를 찾기 쉬워지며, 일과 삶의 균형을 추구할 수 있는 기회가 생깁니다. 일부 디지털 플랫폼은 사용자들이 서비스 개선 및 공동 창조에 참여할 수 있는 기회를 제공합니다. 긱워커들이 프로젝트 기반으로 협업하고 기술과 전문 지식을 공유함으로써, 다양한 분야의 혁신과 도약에도 도움이 됩니다. 디지털 플랫폼 경제에서는 또 이용자들 스스로 서비스를 제공하고 수요를 충족시키며, 그 과정에서 새로운 긱워크를 창출할 수도 있습니다. 온라인 커뮤니티, 전문가 상담, 튜터링 등 다양한 형태로 새로운 긱워크 기회가 등장합니다. 이러한 변화 속에서 각 개인은 전문적 역량을 갖추고, 유연한 근무 환경과 급변하는 산업 트렌드에 적응하면서 다양한 기회를 얻을 수 있습니다.

4 긱 경제와 디지털 유목민

4차 산업혁명을 가져오는 첨단 기술을 사용하면서도 원시시대의 수렵·채집 생활처럼 자유로운 삶! 최소한의 소유만 어깨에 매고 세계 어느 곳이든 가고 싶은 곳을 따라 이동하며 사는 원초적 유목의 삶! 바로 디지털 유목민이 지향하며 누리는 삶입니다. 디지털 유목민(digital nomad)[32]란 일을 하면서도 국내든 세계든 자유롭게 여행하며 살아가기 위해 첨단 기술을 활용하는 사람을 말합니다. 현실적인 여러 문제들을 논외로 친다면, 이런 삶을 마다할 사람이 세상에 있을까요? 온

32) 우리나라에서는 '디지털 노마드'라는 말을 더 많이 씁니다. 다만 여기서는 보다 매끄러운 문맥을 위해 디지털 유목민과 디지털 노마드를 혼용하기로 합니다.

라인으로 돈을 벌면서 자신의 경제 사정에 맞게 비싼 곳, 싼 곳을 골라 여행을 즐기는, '나는 돈 버는 자유인이다!'식의 라이프 스타일, 그것이 디지털 노마드입니다. 물론 누구나 선택할 수 있는 삶은 아닙니다. 지난 10여 년간 폭발하듯 성장한 '워크 앤 트래블(일하며 여행하기, work & travel)' 문화는 여러 가지 모습을 지니고 있습니다. 기술이 인터넷 문화와 서브컬쳐[33], 인간 공동체를 맹렬한 속도로 진화시킨 탓입니다.

하버드 비즈니스 리뷰의 연구에 따르면, 디지털 유목민들은 자신들의 일과 수입에 대해 높은 만족도를 보이고 있고, 고급 기술 기술을 보유하고 있으면서 지속적으로 학습을 한다고 합니다. 과거에는 프리랜서, 독립계약자, 자영업자 같은 킥워커들이 디지털 유목민들의 대부분을 차지했지만, 2020년과 2021년에는 전통적인 직장을 가진 사람들이 노마드 열풍을 부추겼습니다. '디지털 노마드'라는 개념은 대체로 1997년에 등장했다고 알려져 있는 만큼 역사는 결코 짧지 않습니다.[34] 그러면 얼마나 많은 사람들이 디지털 유목 생활을 하고 있고, 또 돈은 어떻게 버는 걸까요? 그리고 궁극적인 질문 하나 더, 과연 디지털 노마드는 지속 가능한 라이프 스타일일까요?

상상으로는 천상의 세계 같은 섬나라에서 해먹에 누워 여유롭게 온

33) 서브컬쳐(subculture)는 주류 문화와는 다른 독자적이고 개성적인 스타일, 언어, 패션 등을 가진 작은 단체 또는 소집단의 문화를 가리키는 말입니다. 주로 비정상적인 행동이나 관심사에 따라 구성된 구성원에 의해 유지되며, 통상적으로 일반적인 문화와 분리하여 존재합니다. 구체적인 예로는 청소년 문화, 음악 팬들의 서브컬처, 힙합 커뮤니티, 팬 아트, 팬픽션 등이 있습니다.

34) '디지털 노마드'라는 말은 프랑스 사회학자 자크 아탈리가 1997년 『21세기 사전』이라는 저서를 통해 "21세기는 디지털 장비를 갖고 떠도는 디지털 노마드의 시대"라고 규정하면서 사용되기 시작했습니다.

라인 매출을 체크하며 생활하는 모습이 가장 먼저 떠오를 것입니다. 물론 불가능한 모습은 아니지만, 대부분의 디지털 유목민은 그런 모습과는 거리가 멉니다. 디지털 노마드는 일 중심으로 이야기하면 '어디에서든지 일한다'는 의미가 됩니다. 사실 우리 가운데 단편적으로나마 디지털 노마드를 경험해 보지 않은 사람은 거의 없을 것입니다. 예컨대 여름 휴가 때 가족들과 피서를 즐기러 바다로, 들로 여행을 갔지만 급한 일이 있어서 노트북으로 일을 처리한다거나, 피시방에 들러 온라인으로 업무를 본 경험 같은 것입니다. 컴퓨터가 아닌 전화로 업무를 한 경우도 마찬가지입니다. 이런 경험이 노마디즘과 약간 닮은 것은 맞지만, 요즘 하나의 직업 트렌드로서 이야기되는 진짜 노마디즘은 대체로 2가지 요건을 충족시키는 경우입니다.

1. 인터넷과 같은 통신을 이용해 물건을 판매한다거나, 글을 쓴다거나, 홈페이지를 만든다거나 하는 등의 돈 버는 비즈니스를 해야 합니다.
2. 국내 또는 해외로 여행하며 비즈니스를 병행해야 합니다.

디지털 유목민을 단 하나의 범주로 묶어내는 것은 가능하지도 않고, 그럴 이유도 없습니다. 다만 위에서 말한 2가지 요건처럼 모두 원격으로 일하면서 저마다의 이유와 다양한 기간 동안 여행을 한다는 공통점이 있습니다. 어떤 사람들은 수년 동안 여행하며 다른 나라, 멀게는 다른 대륙을 이동합니다. 또 다른 사람들은 몇 주에서 몇 개월이라는 비교적 짧은 기간 동안 유목 생활을 하며 일명 '워케이션'[35]이나

35) '워케이션(Workation)'은 'work'와 'vacation'의 합성어로, 일과 휴가를 결합한 개념입니다. 즉, 일을 하면서 동시에 휴가를 즐기는 것입니다. 일반적으로 직장에서 장기간 휴가를 얻는 대신, 일하는 동안에도

일시적인 휴가를 즐깁니다. 또 어떤 사람들은 전 세계를 여행하지만, 그보다 더 많은 사람들은 해외로 나가지 않고 한 곳에서 생활하며 일하는 것을 선택합니다. 여행과 새로운 모험에 대한 열정을 삶에 그대로 노출시키는 디지털 유목민들은 인터넷이 연결되는 곳이면 어디에서든 일할 수 있는 능력을 갖추고 있습니다.

디지털 유목 문화의 확산 속도는 얼마나 많은 사람들이 유목생활에 참여하는지를 통해 가늠해 볼 수 있습니다. 정확한 통계는 나와 있지 않지만, 몇몇 자료에 따르면 전 세계적으로 디지털 유목민으로 자처하는 사람들의 수는 대략 3,500만명 정도로 추산됩니다. 일자리 자체가 워낙 자유분방하다 보니 이들을 대상으로 통계를 내는 것이 쉽지는 않아 보입니다. 좀 더 구체적인 현황은 하버드 비즈니스 리뷰가 발표한 연구 결과에 등장하는 미국 통계로 유추해 볼 수 있습니다. 이 자료에 따르면 스스로 디지털 유목민이라고 말하는 미국인들의 수가 2019년의 730만 명에서 2020년에는 1,090만 명으로 49%나 증가했습니다. 유목민들의 구성도 변했습니다. 이전 몇 년 동안 디지털 유목민은 프리랜서, 독립계약자, 자영업자와 같은 긱워커들이 주를 이뤘지만, 2020년에 늘어난 유목민의 수는 전통적인 직장을 가진 사람들이 주를 이뤘습니다. 많은 직장인들이 사무실 벽에 갇히지 않고 한데로 나서는 것을 선택한 결과입니다. 실제로 전통적인 직장을 가진 디지털 유목민의 수는 2019년 320만 명에서 2020년에는 630만 명으로 96%나 증

여행이나 휴식을 할 수 있도록 구성된 형태의 작업 환경입니다. 이는 원격 근무를 하는 사람들이 자유롭게 여행하면서 일을 할 수 있는 유연성을 보여줍니다.

가했습니다. 그 덕에 이제는 전통적인 직장인들이 디지털 유목 인구의 반 이상을 차지하게 됐습니다. 2017년 뉴욕타임스가 갤럽 조사를 바탕으로 한 보도에 따르면 2016년 미국 근로자의 43%가 최소한 업무의 일부분을 원격으로 처리한다고 응답했습니다. 모르긴 해도 이 수치는 지금 훨씬 늘었을 것이 분명합니다.

조금 더 최신 자료를 살펴보겠습니다. MBO파트너스[36]가 내놓은 2022년 연구조사에 따르면 미국의 디지털 유목민의 수는 대략 1,700만명에 이릅니다. 이 수치는 한 해 전인 2021년보다 9% 늘어난 것이며, 코로나19 이전인 2019보다는 무려 131%나 폭증한 것입니다. 전통적인 직장인들 가운데 유목의 길을 선택한 사람들의 증가세는 최근 들어 더 뚜렷합니다. 2020년에는 그 수가 배가 됐고, 2021년에는 42% 증가했으며, 2022년에는 다시 9% 늘었습니다. 2022년 현재 이들의 수는 1,100만명이나 됩니다. 앞의 통계와 이 통계를 연결시켜 보면 유목생활을 하는 전통적인 직장인은 팬데믹을 거치면서 3배나 늘었다는 것을 알 수 있습니다.

유목이라는 용어가 주는 느낌은 아무래도 남성 쪽으로 기우는 경향이 있지만, 디지털 노마드 세계는 이런 우리의 선입관을 벗어납니다. 왜냐하면 유목민의 70%가 여성이기 때문입니다.[37] 유목민들의 세대 구성을 보면 MZ세대[38]가 2/3(64%)에 육박하며, 그 뒤를 X세대

36) MBO파트너스(MBO Partners)는 미국의 자영업자들과 중소기업들을 대상으로 컨설팅을 제공하는 회사입니다.

37) 플렉스잡스(FlexJobs), 「디지털 노마드 연구보고서(Digital Nomad Survey)」, 2018

38) MZ세대는 대략 1997년 이후 태어난 세대로, 디지털 원주민(digital native)이라고 불립니다. 온라인에서 콘텐츠를 소비하고 또한 직접 만들어내는 것을 즐깁니다. 이 세대는 그들만의 가치관과 윤리관을 가지고

[39](23%)가 뒤따릅니다. 60~70대인 베이비붐 세대는 2019년(27%)에 비해 반으로 줄어들어 13%를 차지합니다.

그렇다면 이들은 대체 얼마를 벌며 여행을 즐길까요? 먼저 액수를 논하기 전에 자신들의 벌이에 대한 만족도부터 살펴보는 게 좋겠습니다. 위에서 말한 MBO파트너스의 보고서는 디지털 유목민의 81%가 자신의 일과 생활에 대해 '매우 만족'하며, 11%는 '만족'한다고 보고했습니다. '불만족'인 사람은 단 3%에 불과했습니다. 그러면 이런 유목민들의 만족도를 일반 근로자들과 비교해 보면 어떨까요? 한곳에 정착해서 일하는 정착민(非디지털 노마드)들 중에서는 자신의 일과 생활에 대해 '매우 만족'한다는 사람들은 68%이고, '만족'하는 사람들은 14%로 나타났습니다. 인류가 선사시대에 수렵과 채집 생활을 하며 옮겨다니다가 농경문화가 발전하면서 중앙아시아 대평원을 제외한 대부분의 지역에서 유목 생활을 접었는데, 그 이유는 정착해서 농사를 짓는 것이 여러모로 훨씬 더 만족스러운 삶을 제공하기 때문이었습니다. 그런데 그로부터 10,000년 가까운 세월이 흐른 지금, 정착 생활보다 떠도는 생활의 만족도가 높아지는 시대를 맞이하는 것이 좀 뜨악하게 느껴지지 않습니까?

조금 더 들여다보면 디지털 유목민들의 높은 만족도가 이해됩니다. 이들은 얼마나 벌든 대부분 자신의 수입에 만족한다고 하는데, 그 비

있으며, 직장에서의 업무와 삶의 질을 모두 중요시하는 경향이 있습니다. 또한, 다양성과 평등이 중요하다고 여기며, 소수의 목소리에도 귀를 기울이는 활발한 사회적 활동을 보이고 있습니다.

39) X세대는 대략 1965년부터 1980년생까지를 일컫는 용어이며, 베이비붐 세대 이후 태어난 세대입니다. 이 세대는 인터넷, 휴대전화 등 디지털 기술의 발전과 함께 성장하였고, 일하기 위해 조직에 충성하는 것보다는 자신의 가치를 인정받으며 동시에 개인의 가치와 삶의 질도 고려하는 것을 중요시합니다.

율은 82%(매우만족 51% + 만족 31%)에 이릅니다. 반면 정착민 근로자들은 그보다 낮은 71%(매우 만족 32% + 만족 39%)가 만족한다고 답했습니다. 또한 만족도 점수는 소득이 높은 그룹이나 낮은 그룹 모두에서 유사하게 나타났습니다. 즉, 적게 벌어도 좋다는 것입니다. 이러한 성향은 디지털 유목민들이 수입뿐만 아니라 여행 자체에도 초점을 맞추기 때문으로 추측됩니다. 보고서에 따르면, 많은 디지털 유목민들이 자신의 여행을 계속할 수 있을 만큼 수입이 유지된다면 만족한다고 말합니다.

이들의 소득자료를 좀 살펴보겠습니다. 플렉스잡스 통계에 따르면 미국 출신 유목민의 경우 25%는 연 소득이 6,500만 원 ~ 1억3,000만 원입니다. 그리고 MBO파트너스는 44%가 연평균 1억 원 정도를 번다고 보고했습니다. 미국 근로자의 연평균 소득이 7,800만 원 정도인 걸 고려하면, 디지털 유목민들이 왜 생기는지 대충 짐작할 수 있습니다. 더구나 그들이 미국보다 훨씬 생활비가 덜 드는 나라로 유목을 떠난다면 그 이점은 어렵지 않게 짐작할 수 있습니다.

이제 무엇이 그들로 하여금 배낭여행족 같은 여행자의 길로 들어서게 만드는지 살펴볼 차례입니다. 당연하게도 여행이 가장 중요한 동기입니다. 세계를 여행하면서 유목민 스타일로 생활하는 것은 많은 사람들에게 매력적으로 다가옵니다. 두 번째로 중요한 동기는 나라마다 차이 나는 통화의 힘입니다. 생활비가 높은 나라에 사는 사람들이 돈의 힘이 약한 나라로 가면 같은 돈으로도 더 많은 소비력과 더 높은 생활수준을 누릴 수 있습니다. 그래서 디지털 유목민을 가장 많이 배출하는 나라는 주로 소득 수준이 높고 화폐의 힘이 센 미국, 영국, 러시아, 캐나다, 독일, 프랑스, 호주 등입니다. 특히 미국 출신의 비중이 높습니다. 이들 선진국 출신 유목민들이 태국, 인도네시아, 조지아, 우크라이나, 불가리아, 콜롬비아 등 상대적으로 경제력이 약한 나라로 유목을 가면 본국에서보다 훨씬 적은 돈으로 생활할 수 있습니다. 세 번째 동기는 네트워크 구축입니다. 해외에서 생활하면 자연스럽게 외국인들을 만날 수 있으며, 이것은 네트워크 구축에 아주 좋은 방법입니다. 이외에도 다른 나라에서 생활하고 일하면 새로운 기회를 찾는 데 도움이 될 수 있고, 다른 문화를 접하면서 문제에 접근하는 다른 방법을 배울 수 있으며, 국경에 갇히지 않고 국제적인 트렌드에 편승하는 데도 도움이 됩니다. 심지어 다른 사람들이 비즈니스를 어떻게 하는지 보는 것만으로도 좋은 경험이 될 수 있습니다.

디지털 유목민들의 삶을 들여다보기 위해 웹 서핑을 하다 보면 디지털 유목주의(노마디즘) 경제학을 접하고 "아하!" 하는 깨달음을 얻는 때도 있습니다. 예컨대 이런 계산법입니다. 매출을 올린다거나 월급을 받는 것은 경제력이 센 미국 같은 나라를 대상으로 하고, 쓰는 것은 인도네시아 발리 같은 곳에서 하면 한 나라에서 벌고 쓰는 것과 비교해 경제 효과는 거의 2배 쯤 높아지게 됩니다. 미국에서 벌고 미국에서 쓴다거나 발리에서 벌고 발리에서 쓰는 경우와 비교해 보면 금방 감이 옵니다. 이런 경제 전략이야 말로 '개같이 벌고 정승같이 쓰는' 가장 모범적이고 현실적인 사례가 아닐까 싶습니다. 디지털 유목주의를 관통하는 이런 경제학적 원리로 인해 아마도 미국 뉴욕이나 일본 도쿄에서 디지털 유목 생활을 하는 우리나라 출신 유목민은 거의 없을 듯합니다.

이쯤이면 디지털 유목민들에게 가장 인기 있는 디지털 초원지대가 대략 어디 어디일지 알 수 있을 것입니다. 유목민들 사이에서 최고의 장소로 꼽히는 곳은 스페인 바르셀로나, 태국 방콕과 치앙마이, 대만의 타이베이, 콜롬비아의 메델린, 인도네이사 발리, 불가리아 플로브디프, 필리핀 마닐라, 헝가리 부다페스트, 베트남의 사이공 등입니다.

디지털 유목에 가장 잘 어울리는 일자리로는 원격으로 근무가 가능한 개발자, 비즈니스 컨설턴트, 제휴마케터, 드롭시퍼, 프리랜서 작가, 블로거, 소셜미디어 관리자, 프리랜서 디자이너 등을 들 수 있습니다. 제휴마케팅(affiliate marketing)은 다른 회사의 제품이나 서비스를 홍보하고, 해당 제품이나 서비스를 판매할 때마다 판매금의 일부를 판매 수수료로 받는 온라인 비즈니스를 가리킵니다. 드롭시핑(drop-shipping)은 판매자가 상품 재고를 갖고 있지 않고, 주문이 들어올 때 제조사나 도매상에 주문 정보를 넘겨 바로 제품을 배송하도록 하는 유통 방식을 말합니다. 요즘 개인이 운영하는 온라인 쇼핑몰 중 많은 수가 이러한 방식을 따르고 있습니다. 판매자는 상품의 구매와 보관 등의 불필요한 비용을 줄이면서 고객 주문에 대해 더 신속하게 대응할 수 있는 장점이 있습니다. 흔히들 잠을 자도 돈이 들어오게 만드는 것이 가장 좋은 돈벌이라고 하는데, 이런 소득을 '수동소득(passive income)'이라고 합니다. 투자 수익, 저작권료, 온라인 광고 수입 같은 것들입니다. 수동소득을 만들어 내는 것이야 말로 디지털 유목 생활의 가장 큰 목표 가운데 하나입니다.

디지털 노마드의 개념이 확장일로에 있다 보니, 이들을 위한 별도의 비자를 제공하는 나라들도 있습니다. 여행 정보를 제공하는 사이트 중 디지털 노마드 비자를 제공하는 국가들을 소개하는 곳도 심심찮게 볼 수 있습니다. 어떤 사이트는 노르웨이, 아르메니아, 사이프러스, 콜롬비아, 아이슬란드, 라트비아 등 57개 국가가 발급하는 디지털 노마드 비자에 관해 자세히 알려주기도 합니다. 디지털 노마드 비자는 전 세계를 여행하면서 일을 할 수 있는 일종의 근로 비자입니다. 이 비자는 일반적으로 디지털 노마드들이 자주 방문하는 국가들에서 제공되며, 이를 통해 디지털 노마드는 특정 국가에서 살면서 자유롭게 원격으로 일할 수 있게 됩니다. 디지털 노마드 비자는 일반적으로 비즈니스, 금융, 관광 등 다양한 목적으로 사용될 수 있습니다. 비자를 취득한 디지털 노마드들은 특정 국가에서 일정 기간 동안 거주하거나 여행하면서 자신의 업무를 수행할 수 있게 됩니다. 이 비자는 각 국가마다 다양한 형태로 발급되며, 일부 국가는 디지털 노마드들을 유치하기 위해 세금 우대, 산업 지원, 비즈니스 지원과 같은 특별한 혜택을 제공하기도 합니다.

세상의 일이 대부분 그러하듯이 디지털 유목 생활에도 많은 애로가 있습니다. 수입이 안정되지 못하고, 일거리가 꾸준하지 못할 수도 있으며, 회사의 동료나 고객과 밀접한 접촉이 어려워 장기적인 관계 구축이 거의 불가능합니다. 또 건강보험 또는 연금 계획과 같은 전통적인 혜택을 받지 못할 수도 있고, 사회적 연결이 단절됨으로써 고립감과 외로움을 겪을 수도 있습니다. 이민 및 비자 규정에 대한 잘못된 정보로 인해 일부 국가에서 정상적인 유목 생활이 어려울 수도 있습니다.

이러한 문제들에도 불구하고 디지털 노마드는 단지 돈을 벌며 여행하는 의미를 넘어서 새로운 여행 문화를 창조하고 있습니다. 앞서 말한 디지털 노마드 비자가 대표적입니다. 게다가 일을 하는 장소를 찾아가는 여행을 하므로 호텔과 같은 비싼 숙박시설 보다는 장기 거주가 가능한 원룸이나 에어비앤비와 같은 공유 숙박시설을 선호합니다. 수많은 사람들이 이러한 주거 시설을 찾으면서 숙박 문화 역시 이에 맞춰 변화됩니다. 좀 더 저렴하면서도 편리한 숙박시설, 공유 오피스 등에 대한 수요가 크게 증가하게 될 것입니다.

디지털 노마드는 여러 가지 혁신을 통해 세계의 발전에 기여할 수 있습니다. 첫째는 문화 간 협력 증진입니다. 디지털 유목민들은 당연하게도 다양한 배경과 문화를 가진 사람들과 협력합니다. 이 과정에서 기존의 동질적인 팀에서는 나오기 힘든 혁신적인 아이디어와 접근방식을 이끌어 낼 수도 있습니다. 둘째는 글로벌한 시각을 가질 수 있게 해준다는 점입니다. 세계의 다른 지역을 여행하고 다른 문화를 직접 경험함으로써 시야를 넓히고 새로운 아이디어와 해결책을 얻을 수 있습니다. 셋째는 유연성입니다. 디지털 유목민들은 원격 작업과 협력을 가능하게 하는 새로운 기술과 도구의 선구자들입니다. 이러한 유연성과 새로운 아이디어에 대한 수용은 업무와 문제 해결에 더 혁신적인 접근을 가능하게 할 수 있습니다. 넷째는 기업가 정신의 함양입니다. 많은 디지털 유목민들은 자신의 비즈니스를 창업하거나 독립적인 프로젝트에 참여합니다. 이 기업가 정신은 혁신에 기여하는 새로운 제품,

서비스 및 아이디어의 창출로 이어질 수 있습니다. 마지막으로 적응력 향상과 회복탄력성 강화입니다. 디지털 노마드들은 대부분 언어 장벽, 문화적 차이, 익숙하지 않은 작업 환경과 같은 어려움을 겪게 마련입니다. 이러한 환경을 극복하면서 적응력과 회복탄력성이 길러집니다.

앞에서 살펴본 대로 디지털 유목민의 인구는 갈수록 증가합니다. 특히 전통적인 직장인들이 디지털 노마드로 변신하는 비율이 점차 높아지고 있습니다. 이에 따라 많은 기업들도 디지털 노마드를 통해 더 많은 이점을 얻을 수 있도록 하이브리드 근무 모델을 늘리는 등 기업의 업무 방식을 최적화시키게 될 것이며, 이러한 변화는 다시 디지털 노마드를 더욱 활성화시키는 동인으로 작용하게 될 것입니다.

팬데믹을 거치면서 원격 근무의 실험은 끝났습니다. 공장 가동, 기계 수리와 같은 현장 업무에 필요한 인력을 제외하고는 원격 근무는 기업의 옵션이 아니라 기본으로 자리매김할 것입니다. 세상이 초연결화 되면서 오피스 빌딩은 점점 쓸모를 잃어가게 될 것입니다.[40)]

사무직 일꾼들 대부분은 디지털 유목 경제에 편입되면서 언제 어디서든 일할 수 있는 능력을 갖게 될 것입니다. 9시부터 6시까지 근무하는 업무 시간은 역사 속으로 사라지게 될 것입니다.

---

40) 본래의 기능을 상실한 도심 내 빌딩들은 4차 산업혁명의 중요 분야 가운데 하나인 수직농장으로 탈바꿈할 가능성이 높아 보입니다. 수직농장은 신기술 집약 농법으로 수직적인 구조를 가지고 층을 쌓아서 농작물을 재배하는 시스템입니다. 작은 공간에서도 여러 층으로 나누어 작물을 재배할 수 있어서 일반적인 농경지에 비해 더 많은 양의 농작물을 생산할 수 있습니다. 또한, 수직농장의 농작물 생산에는 물, 토양, 비료 등 대량의 자원을 필요로 하지 않아서 적은 비용으로도 생산이 가능합니다. 또한 실내에 위치하기 때문에 날씨 등 외부 환경에 영향을 받지 않기 때문에 안정적인 농작물 생산이 가능합니다. 이러한 이유로, 수직농장은 미래 도시 농업의 견인차 역할을 하게 될 전망입니다.

개인의 입장에서 디지털 노마드는 유연성, 자유, 글로벌 경험과 기회라는 측면에서 상당한 혜택을 주는 잠재력을 가지고 있습니다. 원격근무 및 디지털 노마디즘은 급성장을 계속하면서 쓰나미 같은 변화의 물결을 일으킬 것입니다. 준비되지 않은 상태로 휩쓸리면 디지털 유목민은커녕 디지털 유민(流民)이 될 수도 있습니다. 이제 우리에게 주어진 첫째 과제는 디지털 시대를 슬기롭게 헤쳐 나가는 것입니다. 디지털 노마디즘이 지니고 있는 독특한 강점과 약점을 빠르게 이해하고 기회를 포착하는 방법을 터득하는 것이 그 과제를 해결하는 지름길입니다.

5 긱 경제 사용설명서

긱 경제의 두 가지 치명적 유혹

앞서 소개한 리걸 앤 제너럴의 「미국 긱 경제 연구」에 따르면 2023년 현재 미국의 긱워커 수는 7천만 명이 넘습니다. 미국의 경제활동인구가 2021년 기준으로 약 1억 6천만 명이니, 돈을 버는 사람들 중 3명에 1명꼴로 긱워크를 해서 돈을 번다는 말이 됩니다. 아마도 많은 사람들이 이 정도로 긱 경제가 몸집을 불렸을 줄은 예상하지 못했을 것입니다. 이 많은 사람들이 정규직이 아닌 임시직으로 삶을 영위해 가고 있는데, 과연 이들은 무슨 이유로 이런 삶을 선택했을까요? 이 질문에 대한 답도 리걸 앤 제너럴의 연구 자료에 잘 나와 있습니다. 일단 이들이 긱워커가 된 것이 자발적인 선택인지 아니면 경기 악화로 인해 해고돼서 어쩔 수 없이 그렇게 된 것인지 물어봤더니 82%가 자발적으로 선택했다고 대답했습니다. 반면 정규직 일자리에서 더는 버틸 수 없어 차선책으로 긱워커 길을 선택했다는 대답은 13%에 불과했는데 차이가 상당합니다. 이 결과도 아마 많은 사람들에게는 예상 밖일 것입니다.

조금 더 자세히 살펴보겠습니다. 긱워커의 83%가 직장에서 정규직으로 잘 다닐 수 있는데도 뿌리치고 긱 경제 생태계 속으로 제 발로 걸어 들어온 이유는 뭘까요? 그 동기는 다양했습니다. 많은 사람들은 기업에서 일하는 것이 스스로 느끼기에 도덕적으로 떳떳하지 않고 아름답게 느껴지지도 않았다는 것입니다. 회사 사무실에 놓인 파티션으로 가둬지거나 기업 문화 때문에 자신들의 자유가 속박당하는 느낌을 받았다고도 했습니다. 40%가 이러한 거부감을 드러냈는데, 그중 19%는 전통적인 회사 사무실 환경에서 일할 수 없다고 말했고, 11%는 미국 기업 문화가 도덕적으로 문제가 있으며, 10%는 전통적인 기업 환경에서는 일할 수 없다고 했습니다. 일부 사람들은 "상사도 싫고 동료도 싫습니다."라고 했으며, "원하는 일만 하고 원치 않는 일은 하지 않겠습니다!"라고도 말했습니다.

또 다른 동향도 나타났습니다. 미국의 긱워커들은 꽤 많은 수가 여러 분야에 걸쳐 풍부한 지식과 다재다능한 역량을 갖추고 있는 폴리매스(polymath)로, 한 가지 유형의 일에만 매달리지 않고 여러 가지 다양한 방식으로 돈을 법니다. 많은 사람들에게 있어서 가장 중요한 선택 기준은 생계를 유지하는 방법입니다. 아마도 프리랜서가 되기로 마음 먹은 것은 마침 찾은 일거리가 자신이 가장 잘 할 수 있는 분야이거나 정말 해보고 싶은 일이었기 때문일 수도 있습니다. 거꾸로, 과거 직장을 잡았을 때 맡겨진 일이 자기가 원하던 일이 아니었거나 채용 과정이 썩 맘에 들지 않았을 수도 있을 것입니다. 어찌 됐건 독립 만세를 부르는 것이 체질에 더 맞는다고 생각하는 사람들이 대체로 긱워커의 길을 선택한 것으로 보입니다.

◈ 첫 번째 유혹 : 일의 유연성

세월이 흐를수록 사람들 사이에서 직장에 얽매이지 않고 자유롭게 시간을 활용할 수 있는 워라밸을 추구하는 경향이 강해지고 있습니다. 연구 결과에 따르면 긱워커들은 다른 어떤 요소보다 자유롭게 일하는 것을 더 중요하게 생각하는 것으로 나타났습니다. 63%가 지금 하는 일이 자신에게 잘 맞다고 생각하는 이유가 유연성이 있기 때문이라고 했습니다. 일에 유연성이 있다는 것은 필요할 때 시간을 내서 가족이나 건강을 챙길 수 있다는 뜻이기도 합니다. 그래서 13%는 긱워크를 선택한 이유가 자녀 때문이었습니다. 9%는 전통적인 직장 생활에서는 시간을 내기 어려운 건강 관리와 가족 돌봄을 위해 긱워크를 선택했습니다. 짐작하는 대로 자녀가 있는 근로자들 중 69%가 일자리 선택의 가장 중요한 기준으로 일의 유연성을 꼽았습니다.

◈ 두 번째 유혹 : 돈벌이의 유연성

한편으로 긱워커들에게는 이 유연성이 반대로 작용할 수도 있습니다. 무슨 말인가 하면, 일하는 데 시간을 덜 들이려고 유연성을 찾는 것이 아니라 그 반대로 일하는 시간을 더 늘이기 위해 유연성을 활용하는 경우도 있다는 뜻입니다. 왜 일까요? 그거야 당연히 돈을 더 벌려고 하는 것입니다. 이런 식으로 역발상을 하는 긱워커들은 35%쯤 됐습니다. 그리고 연 수입이 억대를 넘는 긱워커들로 범위를 좁히면 그 비율은 54%로 늘어났습니다. 이런 식으로 하면 돈을 더 벌 수 있다고 생각하는 것처럼, 돈을 많이 버는 것을 가장 중요한 가치로 여기는 긱워커들은 46%였습니다. 긱워커들이 일에서의 자유로움보다는 돈을 많이 버는 것에 비중을 두는 경우 우리는 이것을 '일의 유연성'에 빗대 긱 경제가 갖는 '금전적 유연성'이라고 말할 수 있습니다. 금전적 유연성을 기준으로 하면 긱워커들의 생각은 두 가지로 나눌 수 있습니다. 하나는 "내 일정과 수입은 내 스스로 결정한다."는 것이고, 다른 하나는 "직장에 다닐 때랑 돈벌이는 비슷한 데 지금이 훨씬 행복하다."는 것입니다.

그런데 이런 좋은 두 가지 유혹에도 불구하고 기술 주도 환경에서 긱워커들에게 큰 위협으로 다가오는 것이 있습니다. 그것은 모든 것을 스스로 결정하고 선택해야 하는 긱워커들이 빠르게 발전하는 기술과 그에 따라 변화되는 일의 방식과 문화에서 점점 벗어나게 될 수도 있다는 점입니다. 실제로 설문조사 결과에 따르면 16%의 긱워커들이 독립적으로 일함으로써 변화하는 문화에 더 잘 적응할 수 있다고 주장하고 있긴 하지만, 이와는 반대로 빠르게 변화하는 일 문화에서 자신들이 정보를 놓치는 느낌을 받는다고 응답한 긱워커들은 20%로 더 많았습니다.

전체적으로 보면 긱워커들은 자신들의 선택에 대해 어느 정도 불안함과 우려를 지니고 있긴 하지만 돈을 벌기 위한 기회를 더 많이 잡거나 다양한 업종에서 여러 가지 다른 과제를 수행하는 등의 긍정적 동기에 의해 분명히 이끌리고 있습니다. 그중에서도 가장 중요한 것은 일의 자유와 금전적 유연성을 추구하고 있다는 점입니다. 긱 경제는 여러 가지 단점을 내포하고 있기도 하지만, 독립 만세를 즐겨 부르는 근로자들에게는 꽤 적합한 모델입니다.

한 가지 분명한 것은 팬데믹으로 인해 일과 직장의 성격이 근본적으로 변화했으며, 이러한 변화 중 일부는 일상이 회복된 후에도 불가피하게 남게 된다는 점입니다. 미국의 긱워커들이 표현한 선호도는 사람들이 지금 어떻게 일하길 원하는지 잘 보여줍니다.

어느 작가의 긱 경제 생존기

애니 크로포드[41]는 작가가 되겠다는 꿈을 좇아 안정된 직장을 박차고 나왔습니다. 보통 작가는 프리랜서로 일하는 경우가 많았으므로 글 쓰는 직장을 새로 선택할 이유는 없었습니다. 더구나 프리랜서가 주는 매혹적인 삶의 스타일이 그녀를 강하게 끌어당겼습니다. 그녀는 그것을 얼마나 동경했던지 "섹시한 매력"이라고까지 칭송했습니다. 자유로운 근무 시간, 쉬운 돈벌이, 1인 기업 사장 등 독립의 열망을 가진 직장

41) 애니 크로포드(Annie Crawford)는 미국 캘리포니아 오클랜드에 거주하는 전업 작가입니다. 이 수기는 그녀가 영국에서 발행되는 주간지 The Week에 게재한 글입니다. 긱워커에게 네트워크 구축이 얼마나 중요한지 알 수 있는 좋은 글입니다.

인이라면 끌리지 않을 이유가 없었습니다.

지인 한 사람이 그녀의 블로그를 읽고 자신의 웹사이트에 매일 칼럼을 써서 올리는 긱을 제안해왔습니다. 그리고 다른 긱워크도 들어왔습니다. 곧 그녀는 사무실을 빌렸습니다. 샌프란시스코는 임대료가 비싸기로 악명 높습니다. 이제 첫 번째 교훈을 얻을 차례입니다. 프리랜서에게 철밥통이 될만한 일거리란 없습니다. 모든 일거리가 불확실하기 때문입니다.

"독립선언을 한 지 8개월 만에 내가 글을 올리던 웹사이트가 폐쇄됐습니다. 하나 남은 긱워크로는 겨우 점심이나 해결할 수 있는 정도였으니 비싼 임대료는커녕 쌓이는 세금 고지서들도 해결할 수 없었습니다. 저는 긱워커에게 꼭 필요한 네트워크도 구축하지 않았고, 돈도 모아놓지 못했습니다. 설상가상으로 이가 아파 치과에 가야 했습니다. 치료비가 500만 원이 넘게 나왔습니다. 전에 앓던 불안증이 다시 찾아왔습니다. 밀린 세금이 650만 원에 이르렀을 때 제 수중에 남아 있는 돈은 3만 원이 전부였습니다."

결론이 났습니다. 그녀는, 특히 재정문제에 있어서는, 프리랜서로서 독립 만세를 부르기에 아직 어린아이였던 것입니다. 돈이 너무 급했기 때문에 실직자들에게는 영혼까지 빨아먹는 온라인 사이트인 크레이그리스트[42]를 뒤지기 시작했습니다. 그때 "앱 배송 드라이버를 하면 현금을 벌 수 있다"는 문구를 봤습니다. 말로만 듣던 '플랫폼 경제'였습

42) 크레이그리스트(Craigslist)는 우리나라의 교차로와 같은 미국의 광범위한 온라인 광고 서비스 웹사이트입니다.

니다. 당시 한창 뜨고 있던 플랫폼 산업이어서 자신을 구원해줄 구세주라고 생각했습니다.

샌프란시스코에 있는 한 스타트업 회사의 사무실에서 45분간 오리엔테이션을 받은 다음 앱 로고가 큼지막하게 박힌 배달 가방을 받고서 즉시 일을 시작했습니다. 간단하게 계산해 보니 식료품, 음식, 간식을 배달하면 금세 130만 원은 벌 수 있을 것 같았습니다. 그제야 일이 제대로 풀리는 듯했습니다. 그래서 회사가 제공하는 앱 브랜드의 흰색 플라스틱 선글라스를 쓰고 다시 어른이 되어 세상으로 나왔습니다.

역시나 배송원으로서도 그녀는 젬병이었습니다. 3시간 후 교대했을 때 번 돈은 고작 4만 원이었습니다. 잘해야 차 기름값이나 될까 한 금액이었습니다. 실리콘밸리에서 사는 생활비를 충당하기에는 어림도 없었습니다. 말도 안되는 벌이보다 더한 것은 배송하느라 차를 운전하고 남 대신 식료품 쇼핑을 하면서 자신이 철저하게 단절되고 인간으로서의 존엄을 잃은 듯한 느낌이었습니다. 한 번은 밀크세이크 한 잔을 배달하러 어느 집 현관으로 가서 배송 지시서에 적혀있는 대로 난간에 물건을 올려놓고 벨을 누르고 왔습니다. 또 한 번은 앱을 통해 건강을 되게 챙기는 남자가 주문한 식료품을 사서 배달했는데, 배달 지시서에는 그래놀라, 아몬드 우유, 핫소스와 같은 브랜드들이 꼼꼼하게 적혀 있었습니다. 정말 힘들고 스트레스 받는 일이었습니다.

프로모션 기간 동안 사은품으로 받는 무료 피자 한 조각을 배달하고는 멘붕에 빠지고 말았습니다. 세상에서 제일 거지 같은 주자창에 4,900원이나 내고 주차를 한 다음 1시간 내 배송 약속을 지키기 위해

(시간이 넘으면 배달비 못 받는 수가 생김) 신발 밑창에 불이 나도록 뛰어서 1분 남기고 가까스로 현관문에 도착했습니다. 눈물이 다 날 것 같았습니다. 문을 두드리자 한 소녀가 나왔는데, 그 아이는 씩 웃으며 피자를 건네받았습니다. 그러고는 문을 쾅 하고 닫았습니다. 그게 끝이었습니다. 인간적 교류라고는 개뿔도 없었습니다. 팁은 언감생심이었습니다. 그녀는 거기서 무너졌습니다. 물론 그게 다시 글 쓰는 일을 찾는 계기가 됐습니다. '어떤 글이라도 쓰자!' 이렇게 결심했습니다. 3주 만에 그녀는 플랫폼 배달 일을 때려치웠습니다.

정말이지 플랫폼 배달원이나 심부름꾼, 도우미들은 모두 이 지구상의 진정한 영웅이라는 생각이 들었습니다. 그들이 하는 일은 사람들의 친절과 팁을 받기에 충분히 가치가 있습니다. 그런 플랫폼에서 먹고사는 것이 얼마나 힘든 일인지 몸소 체험했습니다. 사실 그녀는 다른 저임금 긱워커들에 비하면 아주 좋은 위치에서 살았습니다.

그녀가 배달 긱을 접고 글 쓰는 일로 돌아오자 일들이 자리를 잡기 시작했습니다. 처음에는 시간 단위의 글쓰기 긱을 받았습니다. 보수도 그다지 높지 않았습니다. 그래도 글에 저자로 이름이 오르고 네트워크를 구축할 수 있는 기회도 생겼습니다. 작가들과 편집자들을 열심히 만나면서 밑바탕부터 다시 비즈니스 네트워크를 구축하기 시작했습니다. 물론 그해에는 빚을 조금도 갚지 못했지만, 근근이 살아갈 수는 있었습니다.

그 후 4년이 흐르자 그녀는 전에 직장 다닐 때보다 더 많은 돈을 벌 수 있었습니다. 그래서 세금도 착실히 내고, 연금도 가입하고, 저축도

할 수 있게 됐습니다. 가끔은 여행도 합니다. 노트북 컴퓨터 하나만 달랑 있는 자신의 디지털 노마드 사무실 덕분이었습니다. 장기 고객이 있어서 큰 도움이 됐지만 그게 미래를 보장해 주지 않는다는 것을 너무도 잘 알고 있습니다. 그녀는 자신이 그동안 경험한 것을 통해 얻은 교훈을 이렇게 말합니다.

"재정적으로 어른이 되는 것은 나이만 먹는다고 되는 것이 아닙니다. 스스로 예산을 짜고 네트워크를 구축하고 긱을 찾아야 합니다. 이제는 지금의 삶을 바꿀 생각이 없습니다. 돈을 더 많이 준다 해도 옛 직장으로 돌아갈 생각은 없습니다."

긱 경제에서 성공하기

기술 발전이 긱 경제 성장을 촉진하는 것은 여러 차례 살펴본 바와 같습니다. 이제 기술 발전이 멈추지 않는 한 노동시장에서 가장 빠르게 성장하는 추세 중 하나는 정규직에서 벗어나 긱 경제로 흡수되는 인력이 늘어나는 것입니다. 이것은 기업이 추진하는 비즈니스 형태가 점차 프로젝트 단위로 조각화되면서 정규직 인력보다 전문 지식이나 기술을 가진 프리랜서를 활용하는 것이 훨씬 효율적이기 때문입니다.

얼마 전까지만 해도 대졸 인재들은 '따박따박' 나오는 봉급, 일정한 근무 시간, 직원 복리후생이 있는 정규직을 찾으러 다녔습니다. 그러나 날이 갈수록 이러한 일자리들이 점점 줄어들고 있습니다. 경기 침체와 새로운 디지털 기술의 출현은 기업들에게 있어 고용 전략의 변화를 의미합니다. 그들은 필요에 따라 고용할 수 있는 단기직을 늘리고, 정규직은 최대한 줄여서 고정비를 절감하려고 합니다. 한편, 어쩔 수 없는 측면도 있긴 하지만, 대체로 직업에 대한 근로자들의 선호도가 변하고 있습니다. 근로자들은 안정성 보다는 여러 회사에 서비스를 계약하면 일하는 시간과 업무 유형을 유연하게 결정할 수 있다는 것을 최고의 가치로 삼기 시작했습니다. 그 접점이 바로 긱 경제를 만나게 되는 곳입니다.

긱 경제에 참여하는 사람들은 전통적인 8시간 근무에서 벗어나려는 MZ세대로 생각하기 쉽지만, 경험 많은 간호사나 엔지니어, 마케팅 컨설턴트 등도 많습니다. 긱 경제에 참여하는 동기는 다양합니다. 정규직 진입이 어려운 시기이므로 먼저 임시 계약직을 찾아 원하는 업계에 발을 담그는 것도 하나의 전략입니다. 또는 스스로 1인 기업 사장이 되어 다양한 고객을 대상으로 프로젝트를 진행하고 싶을 수도 있습니다.

긱워크를 얻기 위한 전략은 원하는 업무 관계 유형에 따라 다릅니다. 많은 회사에서 정규직과 동일한 방식으로 단기 또는 임시직을 모집합니다. 이 경우에는 기업들의 웹 사이트 및 온라인 구직 사이트 또는 링크드인(LinkedIn)과 같은 소셜 네트워크의 경력 섹션에 게시된 모집 공고를 탐색하는 것이 좋은 방법이 될 것입니다.

단기 긱워크 계약이나 프로젝트 기반 긱워크는 접근 방법이 좀 다릅니다. 이런 경우에는 기업들이 공식적인 채용 절차를 거칠 가능성이 적습니다. 대신 프리랜서 같은 긱워커를 위한 전용 웹사이트에 프로젝트를 게시할 수 있습니다. 프리랜서 작업을 위한 인기 있는 사이트로는 사람인긱이나 뉴워커, 크몽 등이 있습니다. 번지(bungee.work)의 경우에는 특히 인재들을 프로젝트 단위로 연결하는 인재 매칭 서비스를 특화했습니다. 한편, 태스크래빗(taskrabbit.com) 같은 사이트는 일반적인 긱워크에도 전념하지만 가사 프로젝트와 같은 보다 캐주얼한 긱워크의 기회도 많이 제공하고 있습니다. 이러한 전문 플랫폼은 기업이 프로젝트 또는 단기 계약을 위해 인재를 찾는 가장 일반적인 방법 중 하나입니다. 긱 경제에서 일자리를 얻기 위한 경쟁이 치열할 때가 많은데, 플랫폼 기술의 발전으로 공간의 제약이 없어지면서 현지의 인재만을 선택할 이유가 없기 때문입니다. 치열한 경쟁을 뚫는 가장 좋은 방법은 자신의 가치를 증명할 수 있는 프리미엄을 갖는 것입니다. 과거 실적을 담은 프로젝트 포트폴리오와 자신만의 고객 목록 같은 것입니다. 이와 함께 최신 기술과 업무 경험으로 업데이트한 전문가로서의 이력서는 정규직을 찾는 사람들과 마찬가지로 긱워커에게도 당연히 가치가 있습니다.

◆ 긱 경제가 나에게 적합할까?

긱 경제에 적합하지 않는 사람은 없습니다. 이미 정규직으로 고용된 사람들을 포함하여 모든 종류의 사람들에게 적합한 이유는 많은 사람들이 긱을 전업이 아닌 추가 수입을 얻는 방법으로 생각하고 있기 때문입니다.

물론 긱워커들 중 많은 사람들이 생계를 유지하기 위해 긱 경제에 의존하고 있습니다. 이 긱워커들은 한 분야에 매진하는 경우가 많지만, 그 분야에서 영구적인 일거리를 찾는 것이 어렵기 때문에 선택의 폭이 좁을 수밖에 없습니다. 이런 경우에는 다른 분야에 대한 관심을 가지고 새로운 기술을 습득한다거나 하여 선택의 폭을 넓힐 필요가 있습니다. 이런 긱워커들 외에 다른 사람들은 긱 경제에 참여하는 것이 선택 사항이 될 텐데, 이럴 때는 여러 요소를 고려할 필요가 있습니다.

첫째, 수요가 충분히 있는 전문 기술을 지니고 있는지 스스로에게 물어보는 것이 좋습니다. 즉, 내가 능숙한 재능(그래픽 디자인, 글쓰기, 코딩 등)을 지니고 있어서 기업이 기꺼이 돈을 지불할 것인지 자문해 볼 필요가 있는 것입니다.

그런 다음 긱워커와 정규직의 차이점을 고려해야 합니다. 긱워커는 새로운 고객이나 프로젝트를 찾는 데 많은 시간을 들여야 하며, 꾸준한 일거리가 있다는 보장이 없습니다. 자신이 일꾼이자 사장입니다. 때로는 재정적으로 어려움에 빠지는 경우도 생길 수 있습니다.

아무리 어떤 분야에 뛰어난 기술이나 재능을 지니고 있고, 지속적으로 일거리를 제공하는 기업이 있다고 해도 돈에 대해서는 현명해져야 합니다. 앞서 이야기한 애니 크로포드의 경험담에서도 볼 수 있듯이 재정 문제를 잘 다루지 않으면 큰 곤란에 처할 수도 있습니다. 회사가 예산을 세우듯이 긱워커도 개인의 예산을 세우고 관리를 잘 해 나갈 필요가 있습니다.

◆ 긱 경제에서의 성공은 자신의 브랜드에서 온다

대학 졸업 후 직업 세계에 발을 들일 때, 적절한 일과 삶의 질, 유연성이라는 장점으로 인해 긱 경제도 이제는 실행 가능한 옵션 가운데 하나가 되고 있습니다. 더구나 여러 가지 긱워크를 동시에 하면서 상당한 돈을 벌고, 열정을 불태울 수 있는 기회를 제공하기도 합니다. 그러나 이러한 장점에도 불구하고, 긱 경제는 어떻게 대처하느냐에 따라 피할 수 없는 단점들도 있습니다. 그중 제일 큰 어려움은 일상에 빠져 항상 일하려는 동기를 유지하는 것이 어려울 수도 있다는 것입니다. 근무 시간이 유연하기 때문에 때때로 게으름을 피우는 것은 당연하다 하겠지만, 반복되면 큰 문제가 됩니다. 긱 경제에 편입돼 있는 한 자신을 드러내고 시간을 들여 자신의 존재를 알려야 하는데, 그러자면 전문 웹사이트나 플랫폼에서 자신의 상태를 지속적으로 업데이트하는 것이 중요합니다.

그렇다면 오늘날과 같이 급변하는 긱 경제에서 어떻게 살아남을 수 있을까요? 제일 먼저 해야 할 일은 루틴을 설정하고 이를 따르는 것입니다. '루틴'이라는 말이 식상하게 들릴 수도 있지만 긱워커에게는 매우 중요한 개념입니다. 먼저 하루 또는 한 주를 계획하고 목표를 설정합니다. 그러면 자신이 일에 집중하고 잠재력을 최대한 발휘하는 데 도움이 됩니다. 또, 계획, 일정 또는 할 일 목록을 작성하면 동기 유지에 도움이 됩니다.

긱워커로 일할 때 연결성을 유지하는 것이 어려울 수 있으므로 네트워크를 지속적으로 구축하고 유지·관리하는 것이 매우 중요합니다. 이렇게 하면 자신의 주변에서 생기는 모든 긱워크를 파악할 수 있습니다. 전통적인 네트워킹과 온라인을 통한 사람들과의 연결은 긱워커 경력을 향상시키는 데 큰 도움이 됩니다. 해당 분야의 대상 고객을 식별하고, 그들과 프로젝트를 연결하고 협업할 수 있는 효과적인 방법을 찾는 것이 중요합니다.

또 하나 긱워커에게 생명과도 같은 일은 자신만의 브랜드를 구축하는 것입니다. 적절한 네트워킹을 통해 브랜드를 효과적으로 구축할 수 있습니다. 긱워커로서 스스로 자신에게 주어진 일을 꼼꼼히 관리하고, 자신의 시장 가치를 창출함으로써 기업의 브랜드와 같은 자신만의 브랜드로 포지셔닝해야 합니다. 그러자면 자신의 존재를 알린다는 측면에서 기술과 전문성을 강조하는 프로필을 만드는 것이 필수입니다. 링크드인과 같이 프로필 관리에 도움이 되는 플랫폼이나 다른 인재 매칭 전문 플랫폼을 활용하는 것이 좋을 것입니다.

◆ 긱 경제에서 성공하기 위한 팁

긱 마켓은 자유경쟁 시장입니다. 고용주는 긱 경제에서 정규직 대신 유연한 임시직 긱워커를 고용합니다. 화이트칼라의 상당 부분이 현재 긱 경제를 통해 수입을 올리고 있는 것으로 나타나고 있습니다. 긱 경제의 또 다른 표현인 이른바 '주문형(on-demand) 경제'는 지난 10년 동안 전 세계적으로 크게 성장했습니다. 우리나라도 예외는 아닙니다. 긱워커 매칭 플랫폼들의 성장세를 보면 유추가 가능합니다. 원티드랩은 긱워커 채용 중개시장의 규모를 긱워커의 추정 연평균 소득에서 플랫폼들의 수수료를 10%로 가정해서 시장의 규모와 추이를 연구해 발표했습니다. 연구 결과에 따르면 2020년 9,300억 원이던 시장 규모가 2023년에 1조 원을 넘어섰고, 2025년에는 2조 원에 달할 것이라고 합니다. 이 수치를 기준으로 할 경우, 우리나라 긱 경제가 우리 사회에 미치는 경제유발효과는 어림잡아도 수백조 원은 될 것입니다. 우리나라 경제의 메인스트림은 아니지만 전체 경제에 상당한 영향을 미치는 긱 경제를 우리가 이제는 피하고 싶어도 피할 수 없는 상황이 됐습니다. 피할 수 없으면 즐기는 것이 상책입니다. 긱 경제에서 성공하려면 전략을 잘 수립할 필요가 있습니다. 갈수록 경쟁도 더 치열해질 것입니다.

긱 경제는 추가 수입을 얻고자 하는 개인에게 또 하나의 기회가 될 수 있습니다. 좀 아이러니하지만, 위기의 팬데믹 기간을 지나면서 사람들은 원격 근무의 확산 덕분에 처음으로 일과 삶의 균형을 발견했습니다. 매우 생소한 일의 형태인 긱 경제도 생각보다 쉽게 이해되는 것도 이 때문일 것입니다. 사람들은 이제 개인이 어디에도 소속되지 않고 독립적으로 일을 할 수 있고, 그러한 일의 형태가 지속 가능하다는 것도 이해합니다.

어떤 사람들에게는 긱 일자리가 별로 희망도 없어 보이는 데다 마땅찮고 평범해 보일 수 있습니다. 긱워크로 전업을 삼으려고 한다면 고려해야 할 것들이 한둘이 아니겠지만, 추가 수입 차원으로 접근한다면 이보다 더한 매력을 가진 경제도 달리 없을 것입니다. 그런 사람들에게 긱 경제는 수입원을 다양화해주고, 관심 있는 모든 일을 경험할 수 있게 해주며, 그래서 일상 생활에 다양성을 입혀주는 기회의 장으로 다가갑니다. 이를테면, 서비스 지향적인 사람이라면 아침에는 집 청소 서비스를, 오후에는 개 산책 서비스를 제공할 수 있습니다. 프리랜서 작가는 특집 기사에서부터 짧고 간결한 소셜 미디어 캡션에 이르기까지 모든 것을 포함시키도록 서비스 포트폴리오를 확장할 수 있습니다. 긱워커의 경우 서비스 제공을 다양화하는 것만으로도 수익을 높일 수 있습니다.

우리의 삶에는 항상 도전이 존재합니다. 이것은 긱 경제에 참여하는 긱워커들에게도 다르지 않습니다. 이러한 도전 과제 중 하나는 자신의 능력을 입증하는 것입니다. 그 기본이 되는 것이 포트폴리오입니다. 포트폴리오를 작성할 때는 자신에게 돌아온 긍정적인 피드백을 잘 활용하는 것이 좋습니다. 한 번 작성된 포트폴리오는 그대로 유지할 것이 아니라 프로젝트를 마무리할 때마다 추가하는 방식으로 업데이트를 해야 합니다. 포트폴리오와 프로필은 웹사이트나 다양한 디지털 플랫폼에 올려 홍보하는 것이 중요합니다.

긱워커들이 직면하는 또 다른 도전은 처음 몇 번의 일을 얻고, 완료하는 것입니다. 원래 처음이 어려운 법입니다. 이 도전에서 승리하려면 자신을 기업처럼 생각하고, 기업 마인드로 보수에 대해 접근해야 합니다. 처음 몇 번의 긱워크를 성공적으로 완료하고 좋은 평점과 리뷰를 받는다면 꾸준히 보수를 높여갈 수 있습니다.

시간이 지나야 증명이 되겠지만, 긱 경제의 무서운 성장 기세를 보며 앞으로 긱 경제가 노동시장에서 새로운 근로 기준이 될 수 있다고 생각하는 사람들이 늘고 있습니다. 다음은 이러한 긱 경제에서 긱워커로서의 생존 전략에 꼭 필요한 몇가지 팁입니다.

- 기술을 정기적으로 업데이트 하기
- 전문가 네트워크를 구축하고 확장하기
- 능동적이고 적극적으로 행동하기
- 접근 가능한 모든 채널을 활용하여 자신을 홍보하기
- 피드백을 활용해 자신을 개선하기
- 끈기 있게 노력하며 지속적으로 결과물을 내기
- 자신의 포트폴리오를 효율적으로 공유하여 온라인 인지도 높이기
- 말 보다는 실력과 성과물로 자신의 능력을 보여주기
- 탁월한 소통능력, 좋은 유대관계와 같은 스프트 스킬에 집중하기
- 제대로 된 자기개발 전략 세우기

6 긱 경제의 미래

DAO와 긱 경제

기술이 계속 발전함에 따라 긱워커들이 일하는 방식을 더 혁신할 수 있는 새로운 조직 구조가 등장하고 있습니다. 그것은 바로 DAO, 즉 탈중앙화 자율 조직[43]입니다. 2장에서 살펴본 것처럼 DAO는 이더리움과 같은 블록체인 플랫폼에서 스마트 계약에 의해 운영되는 조직입니다. 스마트 계약은 변호사나 공증인과 같은 중개자나 중간 역할자가

43) decentralized autonomous organizations

없이 계약의 효력을 증명하고 자동으로 계약 조건을 실행하는 자체 실행 계약입니다. 이 말은 DAO가 중앙 관리 기관 없는 분산된 체제로 운영될 수 있다는 것을 의미하며, 더욱 민주적이고 투명한 의사 결정 과정을 가능하게 합니다.

이처럼 중앙 집중을 벗어나는 분산화를 핵심으로 하는 새로운 계약인 DAO는 긱 경제에서 일하는 방식을 혁신할 수 있는 잠재력을 가지고 있습니다. DAO에서는 긱워커가 자신의 일과 수입에 대해 직접 결정할 수 있는 권리를 더 많이 얻습니다. 긱워커가 자신의 일에 관한 의사 결정 과정에 참여할 수 있는 것입니다. 일반적으로 배달의민족, 우버, 에어비앤비와 같은 전통적인 긱 플랫폼에서는 플랫폼 자체가 노동자의 수입에서 상당한 수수료를 떼 갑니다. DAO를 통해 탈중앙화된 긱 플랫폼을 생성하면 기존의 플랫폼 기업이 없어도 되므로 긱워커는 더 이상 수수료를 떼이지 않아도 됩니다.

그뿐만 아니라, DAO는 긱워커들에게 더 큰 안정감을 제공할 수 있습니다. 지금의 긱 경제에서는 안정된 일거리와 수입이 보장되지 않아 긱워커들은 미래에 대한 불확실성 속에서 살아가는 경우가 많습니다. DAO는 이러한 어려움을 극복하는 데 큰 도움이 됩니다. 일반적으로 인간 관리자가 처리하는 많은 관리 업무를 자동화함으로써 고정비용을 줄이고 프로세스를 최적화할 수 있습니다. 이렇게 해서 절감되는 비용 덕분에 고용주에 대한 수수료를 줄일 수 있고, 긱워커들에게는 더 높은 수입을 올릴 수 있게 해 주어 더 안정된 소득원을 제공합니다.

또한, DAO는 전통적인 채용 과정에서 존재하는 인사담당자들의 편견을 줄일 수 있어, 긱워커들에게 더 공정한 경쟁 환경을 제공합니다. 딱히 내세울 만한 그룹에 소속돼 있지 않거나 다른 사람들에 비해 배경이 떨어지는 긱워커는 채용 과정에서 차별을 경험하는 때가 많습니다. 그러나 DAO를 통한 채용 결정은 긱워커의 기술과 경험 등 객관적 기준에 따라 이루어지며, 외모나 배경과 같은 주관적 요인의 영향을 훨씬 적게 받습니다.

DAO를 활용한 긱 경제 플랫폼은 지금 주류로 형성돼 있는 플랫폼들과는 차원이 다른 잠재적 이점을 지니고 있지만 아직 해결해야 할 과제들도 많아 현실로 나타나는 데는 시간이 필요합니다. 그중 하나는 규제 문제입니다. DAO는 탈중앙화 플랫폼에서 운영되기 때문에 규제가 미치기 어려워 정부가 노동법과 기타 규정을 준수하는지 확인하기 어려울 수 있습니다. 또 다른 도전 과제는 블록체인 기술의 보편적인 채택의 필요성입니다. 블록체인은 최근 몇 년간 상당한 인기를 얻고 있지만 아직은 비교적 새롭고 복잡한 기술로 인식돼 사람들에게 친숙한 개념으로 자리 잡지 못하고 있습니다. DAO가 긱워커들에게 실현 가능한 솔루션이 되려면 블록체인 기술에 대한 인식과 이해가 더욱 필요합니다.

이미 시중에는 DAO를 이용하여 긱 플랫폼을 쉽게 구축할 수 있도록 해주는 프로젝트들이 등장하고 있습니다. 그 가운데 가장 앞선 것이 2014년부터 시작된 콜로니(Colony) 라는 프로젝트로, 인간 조직의 미래를 위한 효과적인 인프라를 구축해 가고 있습니다. 콜로니는 독특하고 포괄적인 탈중앙화 자율 조직 프레임워크를 도입하여, 관심 있는 사람들이, 완전히 탈중앙화되고 중개자가 필요 없으며 누구나 접근 가능한 오픈 소스 기반의 DAO를 생성할 수 있는 플랫폼을 만들었습니다. 콜로니가 제공하는 플랫폼은 중앙 관리자에 의해 운영되는 것이 아니라, 조직의 자율성을 보장하는 향상된 네트워크로 운영되도록 만들어져 있습니다. 사용자들은 쉽게 플랫폼 내에서 사용할 수 있는 새로운 이더리움 기반의 표준 토큰(암호화폐)[44]을 발행하거나 이더리움과 같은 기존의 암호화폐와 연결하여 사용할 수도 있습니다. DAO에 대한 일반적인 우려 사항 중 하나는 끊임없는 의사결정이나 투표, 즉 지분 구조를 결정하기 위한 투표 때문에 생산성이 저하되거나, 정작 중요한 비즈니스를 못하게 될 수도 있다는 것인데, 이 플랫폼은 이런 문제를 해결할 수 있도록 설계돼 있습니다. 게다가 콜로니는 코인 머신(Coin Machine)과 연결되어 있어, 사용자들이 거래 수수료 없이 쉽게 토큰을 판매할 수 있게 해줍니다. 이렇게 콜로니는 인간 조직의 미래를 위한 혁신적인 인프라를 제공하고 있습니다.

콜로니를 활용하여 DAO 기반의 긱 플랫폼을 구축하는 과정은 일반적으로 다음의 단계를 거치게 됩니다.

- 목표 및 비즈니스 모델 설정 : 먼저 플랫폼의 핵심 목표와 비즈니스 모델을 설정합니다. 그런 다음 정확한 영역, 서비스 범위, 적용 대상 및 효과를 파악하고 명확한 목표를 수립합니다.

44) 이더리움 토큰의 표준 규격인 ERC-20 토큰을 말합니다. 이 토큰은 이더리움 블록체인 기반의 자산으로, 스마트 계약을 통해 생성되고 관리됩니다. ERC-20 토큰은 초기 코인의 거래소 상장(ICO)과 같은 자금 조달 방식, 가상 통화 거래소, 소프트웨어 개발 및 호환성 유지, 토큰화된 자산(부동산, 예술작품 등)과 같은 다양한 영역에서 사용됩니다. 이 토큰 규격은 이더리움 토큰의 개발 및 통합을 단순화하기 때문에, 이더리움 블록체인 기반의 탈중앙화된 애플리케이션(DApp) 및 프로젝트에 널리 사용되고 있습니다.

- 콜로니 프레임워크 활용 : 콜로니 프레임워크를 활용하여 프로젝트 관리, 팀 구성 및 조직, 투표 및 의사결정, 보상 체계, 자율성 및 유연성 등을 아우르는 완전한 DAO 기반의 긱 플랫폼을 구축합니다.
- 스마트 계약 개발 : 플랫폼 내에서 이루어지는 긱워커의 일 수행, 보상 지급, 참가자 간의 투표 및 의사결정 과정 등이 자동화되도록 스마트 계약을 개발하고 구현합니다. 이를 통해 투명한 운영과 참여자들의 신뢰를 확보할 수 있습니다.
- 긱 플랫폼 커뮤니티 구축 : 콜로니를 사용하여 긱워커의 모집, 역할 분담, 협업 도구 제공, 의사소통 창구 확립 등의 프로세스를 구축하고 실행합니다. 이렇게 하면 다양한 기술과 지식을 가진 긱워커들을 모아서 계획된 프로젝트를 효과적으로 실행할 수 있습니다.
- 플랫폼 홍보 및 지속적인 운영 : 플랫폼을 알리기 위한 홍보 전략을 세우고, 참여자들에게 프로젝트 정보를 전달하여 플랫폼에 많은 참여자가 참여하도록 유도합니다. 또한 지속적인 운영 및 개선을 통해 큰 규모의 긱 플랫폼으로 성장시키도록 노력합니다.

이 플랫폼의 사용자이자 수혜자인 고용주와 긱워커는 서로 각자의 역할을 수행하게 됩니다. 콜로니를 활용한 긱 플랫폼이 구축됐다면 이제 인재를 필요로 하는 고용주들은 이 플랫폼에 긱워크를 등록하고, 긱워커는 플랫폼에 게시되는 일거리들 가운데 자신의 재능에 맞는 일거리를 선택하게 됩니다. 고용주와 긱워커의 역할을 분리해서 살펴보겠습니다. 먼저 고용주의 역할입니다.

- 일거리 제공 : 프로젝트, 기회, 또는 일거리를 DAO에 제공하며, 긱워커들이 도전할 기회를 얻고 수입을 창출할 수 있습니다.
- 요구 사항 및 기대치 설정 : 일거리에 대한 자세한 요구사항과 기대치를 명확하게 설정하고, 이를 긱워커들과 공유하여 서로 간의 기대와 이해를 동일하게 유지할 수 있습니다.
- 참여와 의사결정 : DAO 내에서 고용주 스스로, 또는 대리인을 통해 의사결정 과정에 참여하고 프로젝트에 관한 중요한 결정을 할 수 있습니다.
- 긱워커 평가 및 보상 : 스마트 계약을 통해 긱워커의 성과에 따라 자동화된 방식으로 보상을 지급할 수 있으며, 이를 통해 공정한 보상 시스템을 유지할 수 있습니다.

다음은 긱워커의 역할입니다.

- 작업 수행 : 고용주가 제공하는 일거리를 성공적으로 완수하는 것이 주요 역할입니다. 이를 통해 긱워커는 수입을 얻게 됩니다.
- 자율성 및 유연성 활용 : DAO 내에서 스스로의 시간, 일정 및 업무 방식을 관리함으로써 일의 자율성과 유연성을 활용할 수 있습니다.
- 의사소통 및 협업 : 고용주 및 다른 참여자들과 의사소통하고 협업하여, 프로젝트의 진행 내용과 결과를 개선할 수 있습니다.
- 피드백 제공 : 일거리와 관련된 피드백을 고용주에게 제공할 수 있으며, 이를 통해 고용주와의 관계와 프로젝트의 결과를 개선할 수 있습니다.

이처럼 중앙에서 관리하는 플랫폼 기업이 없이 이해당사자들이 모여 성공적으로 긱 플랫폼을 구축하고 운영할 수 있습니다. 이를 통해 전 세계 참여자들이 어디서나 자율적으로 일하고, 의사를 결정하는 과정에서 복잡하고 강제적인 계층 구조 없이 분산화된 방식으로 협업하도록 독려할 수 있습니다. DAO라는 자율 장터 위에서 고용주와 긱워커는 서로 상호적이고 협력적인 관계를 구축하게 되며, 이를 통해 긱경제 시장 전체의 성장과 개선에 기여할 수 있습니다.

정리해 보면, DAO는 미래에 실현될 일이긴 하지만 긱 경제를 변혁시켜 긱워커들에게 더 많은 권리와 안정성을 부여하며, 나아가 운영을 간소화하고 비용을 줄일 수 있어서 긱워커들에게 그만큼 더 많은 수익을 가져다줄 수 있을 것입니다. 그러나 이러한 잠재력을 실현하기 위해서는 블록체인 기술에 대한 인식과 이해의 지평이 넓어질 필요가 있으며, DAO의 성장과 발전을 지원하는 사회적 규제가 수립돼야 합니다. 앞으로 기술이 계속 발전해 가면서 DAO와 기타 탈중앙화된 솔루션들이 긱 경제를 통해 미래의 일자리를 형성하는 데 어떤 영향을 미치는지 지켜보는 것도 흥미로운 일이 될 것입니다.

핀테크와 긱 경제

금융기술을 의미하는 핀테크(FinTech)는 긱 경제의 부상과 함께 일의 방식을 변화시키는 데 핵심적인 역할을 하고 있습니다. 긱 경제가 계속해서 성장함에 따라 긱워커의 요구에 맞춘 혁신적인 금융 솔루션에 대한 수요도 증가하고 있습니다. 핀테크와 긱 경제는 전통적인 산업을 혁신하고, 보다 효율적이고 유연하며 접근 가능한 서비스를 제공하기 위해 함께 어우러지는 조합이 되었습니다. 핀테크는 기술을 활용하여 금융 서비스를 제공하는 것을 의미합니다. 이 산업은 새로운 스타트업과 기존 회사들이 모두 기술을 활용하여 혁신적인 금융 제품과 서비스를 제공함으로써 빠르게 성장하고 있습니다. 핀테크는 사람들이 결제와 자금 이체, 대출, 보안 및 투자 관리 등을 포함한 자금을 관리하는 방식을 혁신할 수 있는 잠재력을 가지고 있습니다.

핀테크가 긱 경제를 지원하는 방법 가운데 하나는 긱워커의 독특한 요구에 맞춘 금융 서비스를 제공하는 것입니다. 기존 은행과 금융기관들은 노동 형태의 변화를 따라잡지 못해 긱워커들에게 충분한 서비스를 제공하지 못하고 있습니다. 그러나 핀테크 기업들은 성장하는 긱 시장이 가져올 기회를 인식하고 긱워커들를 위해 특별히 개발된 솔루션을 제공합니다. 예컨대, 많은 긱워커들은 수입이 매달 상당히 변동적이기 때문에 불규칙한 수입을 관리하는 데 어려움을 겪습니다. 핀테크 기업들은 예산 편성 및 재무 계획 도구를 개발하여 긱워커들이 재정을 더 잘 관리하고 미래를 계획할 수 있도록 도움을 줍니다. 이러한 도구들은 긱워커들이 세금을 내고, 저축하고, 은퇴를 위한 자금을 축적하며, 어려운 시기에 재정적 안정성을 확보하는 데 도움을 줄 수 있습니다.

긱워크들이 직면하는 또 다른 어려움은 대출을 받기가 쉽지 않다는 것입니다. 전통적인 금융기관들은 안정된 소득과 근무 경력을 요구하는 경우가 많은데, 이는 긱워커들에게는 녹록지 않은 부분입니다. 핀테크 기업들은 이러한 공백을 메우기 위해 대안적인 대출 솔루션을 제공하고 있으며, 대출 신청자의 전반적인 재정 건강 상태를 고려하는 것에 중점을 둡니다. 이를 통해 긱워커들이 대출, 신용 카드, 기타 금융 상품에 더 쉽게 접근할 수 있게 되었습니다.

핀테크 기업들은 맞춤형 금융 서비스를 제공하는 것 외에도 긱 경제 플랫폼과 파트너십을 맺어 통합 솔루션을 제공하고 있습니다. 일부 핀테크 기업들은 우버나 리프트와 같은 자동차 공유 플랫폼과 협력하여 운전자들이 주간이나 월간 정산을 기다리지 않고 수익금을 미리 사용할 수 있도록 해 줍니다. 이는 연료나 차량 유지보수와 같은 즉각적인 비용을 충당하기 위해 수입에 의존하는 긱워커들에게 특히 유용합니다.

핀테크와 긱 경제 간의 협력은 긱워커들뿐만 아니라 양쪽 산업 전반의 성장과 성공에도 기여하고 있습니다. 긱워커들이 직면하는 독특한 문제들에 대해 핀테크 기업들이 혁신적인 솔루션을 개발함으로써, 더 포용적이고 접근 가능한 금융 시스템을 만들어가고 있습니다. 동시에, 긱 경제는 핀테크 혁신에 풍부한 토양을 제공하며, 기업들은 이 성장하는 시장의 요구에 부응하기 위해 노력하고 있습니다.

결론적으로, 핀테크와 긱 경제 간의 결합은 전통적인 모델을 혁신하고, 더 효율적이고 유연한 접근 가능한 서비스를 제공하기 위해 두 산업 모두 노력하고 있기 때문에 완벽한 조화를 이루고 있습니다. 긱 경제가 계속해서 성장함에 따라 변화되고 있는 일의 방식을 지원하기 위해 더 많은 혁신적인 금융 솔루션이 등장할 것으로 기대됩니다.

긱 경제의 미래

긱 경제의 미래는 4차 산업혁명 기술의 미래를 예측하는 것과 같은 맥락에서 살펴볼 수 있습니다. 4차 산업혁명 기술이 계속 발전하면서 산업과 우리의 삶을 끊임없이 변화시키게 될까요? 아마 대부분의 사람들은 이 질문에 그럴 것이라고 답할 것입니다. 그렇다면 긱 경제도 마찬가지입니다. 기술이 계속 발전하는 한 긱 경제도 계속 진화할 것이고, 기술이 우리 삶을 완전히 바꿔 놓는 때에는 긱 경제가 우리의 노동시장에서 주류를 형성하는 때가 될 것입니다. 그래서 이러한 관점에서 보면 앞으로 수십 년 동안 긱 경제는 그 범위를 넓혀가며 노동시장의 중심 모델로 자리를 잡아가게 될 것으로 보입니다. 긱 경제는 이제 인터넷을 넘어 다른 산업으로 확장하는 속도가 빨라질 것입니다. 예컨대, 프리랜서 의사, 프리랜서 변호사, 프리랜서 승무원들이 생겨날 것입니다. 기업들도 점점 더 긱 경제에 의존하게 될 것입니다. 앞에서도 짚어봤듯이 긱 경제가 드러내고 있는 문제점들이 있습니다. 대표적인 것이 긱워커들에 대한 보호와 복지의 부족입니다. 이런 문제는 시간이 흐르면서 사회적 합의와 그에 따른 국가의 규제를 통해 해결해 나가게 될 것입니다. 처음에는 그런 과정이 일시적으로 긱 경제를 위축시킬 수도 있지만 급속한 기술 발전 속도가 그 기간을 오래 끌게 내버려 두지 않을 것입니다.

미래의 긱 경제에서 인공지능, 특히 생성형 인공지능이 매우 중요한 역할을 할 것입니다. 생성형 인공지능은 지루하고 반복적인 작업을 처리하는 수준을 넘어, 계산과 분석, 창의성과 생각 등 심리적인 작업까지도 수행할 수 있기 때문입니다. 생성형 인공지능은 긱 경제에서 일하는 작가, 디자이너, 마케터 등의 업무에도 적용될 수 있습니다. 인공지능을 통해 긱 경제의 특성인 빠르고 정확한 업무 수행이 가능해집니다. 자동화된 작업은 인력을 추가로 채용하는 부담을 덜어주고, 긱 경제 참여자들은 보다 효율적이고 생산적인 업무를 수행할 수 있습니다. 또한, 생성형 인공지능의 진보로 인해 보다 복잡한 작업까지도 인공지능이 수행할 수 있게 될 것입니다. 그러다 보면 다양한 산업에서 일부 직종이 인공지능으로 대체됨으로써 일자리가 사라질 수도 있습니다. 이로 인해 정규직으로 근무하던 많은 인재들이 새로운 직종 탐색과 역량 강화를 위해 긱 경제에 참여할 가능성이 높아집니다. 이는 긱 경제의 규모가 더욱 커질 것이라는 것을 의미합니다. 긱 경제 참여자들은 자신의 기술과 능력을 살려, 자신만의 브랜드와 경쟁력을 확보하면서 수익을 창출할 수 있습니다. 그러나, 인간적인 감성과 능력이 요구되는 일부 직무는 쉽게 인공지능 기술로 대체하기 어려울 것입니다. 그런 부분에서는 인공지능이 인간과의 협업을 통해 인간이 가지는 창의적인 역량을 돕는 역할을 할 것입니다. 전반적으로, 인공지능은 긱 경제 참여자들에게 높은 효율성과 생산성을 제공하는 한편 일부 산업에서 일자리를 대체할 수 있습니다. 이에 따라, 긱 경제 참여자들은 새로운 가능성을 모색하며, 더욱 창의적인 일을 수행하는 방향으로 진화하게 될 것입니다.

온라인 공개강좌를 의미하는 무크(MOOC, Massive Open Online Course)는 현재 상당히 인기 있는 교육 방식 중 하나입니다. 또한, 미래의 긱 경제에서 중요한 역할을 수행하게 될 것입니다. 인공지능이 점점 더 발전하면서 노동시장은 더 경쟁적인 환경이 될 것이며,

이에 따라 노동자들은 더욱 특화된 기술과 전문성을 갖추려고 할 것입니다. 이러한 상황에서 무크는 유용한 교육 방식으로 대두됩니다. 무크를 통해 개인은 다양한 분야에서 전문성을 향상시켜 고급 기술을 보유하는 무대에 서게 됩니다. 인공지능으로 대체하기 어려운 기술과 좀 더 많은 전문성을 보유할수록 긱 경제에서 더 큰 성공을 거둘 가능성이 높아집니다. 미래의 긱 경제에서 무크는 사람들이 산업과 기술의 변화에 적응하고, 새로운 분야에 진출하기 위해 필요한 인력을 배양하는 데 중요한 역할을 할 것입니다. 무크는 정보 접근성을 향상시키고, 교육 여건이 충족되지 않는 지역이나 개인들도 손쉽게 참여할 수 있는 환경을 만들어 줍니다. 따라서 무크는 미래의 긱 경제에서 인재 수요와 인적 자원의 부족 문제를 해결하는 중요한 수단 중 하나가 될 것으로 예상됩니다.

선진국에서 진행되는 저출산과 노령화는 미래의 긱 경제에 큰 영향을 미칠 것입니다. 지난 몇십 년 동안의 출산율과 노령화 추세는 인적 자원 부족 문제를 가속화시킵니다. 이러한 상황에서 적극적으로 긱 경제를 활용하면서 경제 팽창을 지속시키기 위해서는 특정 분야나 직무에 대한 인적 자원 보충이 필요해질 것입니다. 지금부터 2050년까지 경제적으로 발전된 우리나라, 일본, 독일 등 선진국에서는 50세가 넘는 시민들의 비율이 빠른 속도로 늘어나게 됩니다. 이러한 상황에서는 근로자 부족으로 인해 긱 경제의 활용도가 점차 높아질 것입니다. 긱 경제를 통해 선진국들은 부족한 인적 자원을 대체할 수 있는 노동력을 확보할 수 있습니다.

인터넷 기술인 웹3.0도 미래의 긱 경제에 큰 영향을 미칠 것입니다. 긱 플랫폼은 인터넷을 기반으로 구축되고 운영됩니다. 웹3.0은 블록체인과 분산 웹 기술을 기반으로 하며, 현재의 인터넷과는 다른 형태의 인터넷으로서 긱 경제 참여자의 삶을 크게 변화시킬 것입니다. 웹3.0이 지속적으로 발전하면서 인적 자원의 유동성과 효율성이 대폭 개선될 것으로 기대됩니다. 일례로 웹3.0을 통해 개인 정보를 체계적으로 관리할 수 있는 디지털 ID가 활성화되어 긱 경제 참여자들은 개인 신원과 역량을 증명하기가 더 수월해질 것입니다. 긱 경제가 디지털 자산을 기반으로 하게 되면 더욱 투명하고 효율적인 경제 모델로 진화하게 됩니다. 웹3.0은 또한, 다양한 직종에서 일하는 사람들이 쉽게 긱 경제에 참여할 수 있는 접근 환경을 만들어 줄 것입니다. 웹3.0과 결합된 기술인 블록체인과 분산 웹 기술을 바탕으로 하기 때문에 모든 긱 경제 참여자는 자신의 전자지갑을 만들어 적극적으로 경제에 참여할 수 있습니다. 청소, 홈케어, 가사 일과 같은 직종에서도 긱 경제 참여자들은 쉽게 일자리를 찾고, 능력을 인정받을 수 있을 것입니다.

이미 웹 기술 분야에서는 웹5.0 기술이 논의되고 있습니다. 웹5.0은 사용자에게 분산형 플랫폼을 제공하면서도 인공지능을 통해 인간적 감성을 전달할 수 있는 차세대 인터넷 기술입니다. 이전 웹 버전에서 나타난 한계점은 데이터 소유자가 자신의 데이터를 제어하지 못하는 것과 감성지능이 부족하다는 것입니다. 웹5.0은 웹2.0과 웹3.0의 장점을 결합하여 의미 중심의 시맨틱 웹[45]을 더욱 발전시키고, 글로벌 미디어 연

45) 시맨틱 웹(semantic web)은 인간과 컴퓨터가 모두 이해할 수 있는 정보를 표현하는 웹 기술입니다. 즉,

결을 지원하며, 동시에 사용자 데이터의 완전한 분산화와 제어를 가능하게 한다는 목표를 가지고 있습니다. 웹5.0은 이전 인터넷 버전들과 달리 블록체인, 인공지능, 딥러닝 기술을 이용한 인간적 감성 제어를 통해 작동될 것입니다. 이를 통해 사용자 데이터에 대한 완전한 분산화와 제어를 가능하게 해 줄 것입니다. 완전한 분산화가 어려운 웹3.0의 단점을 극복하고 투명성을 촉진해, 사용자 데이터에 대한 완전한 제어권이 사용자에게 주어짐으로써 기업이나 중앙 관리자와 같은 중앙 집중화 된 권력 구조의 문제점들로부터 사용자를 보호합니다. 웹5.0은 보다 강력한 분산화와 사용자 중심적인 인터넷 환경을 창출할 것입니다.

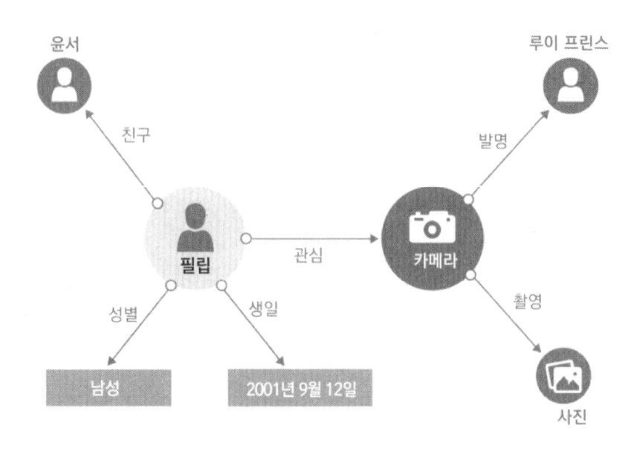

시맨틱 웹에서의 의미중심적 관계로 표현된 데이터

웹상에 있는 정보가 의미론적으로 정확하고 구조화되어 있어서, 기계가 이를 이해하고 처리할 수 있게끔 하는 것을 의미합니다. 시맨틱 웹은 일반적인 텍스트만을 표현하는 것이 아니라, 정보들 사이의 연관성, 의미, 서로의 관계성을 표현합니다. 그리고 이를 이해하고 처리할 수 있도록 컴퓨터가 인식 가능한 형식인 자원 기술(記述) 프레임워크(RDF) 형식으로 저장합니다. 시맨틱 웹은 이러한 표현 방식을 통해서, 사용자들이 검색 엔진에서 필요한 정보를 보다 쉽게 검색할 수 있도록 돕습니다. 예를 들어, 검색어로 '골든 리트리버'를 입력했을 때, 시맨틱 웹 상에서 이 검색어가 '애완 동물'이라는 의미와 연관되어 있으면, 검색 결과에 이와 관련된 정보들이 더 많이 보여지는 것입니다. 그리고 시맨틱 웹은 검색 엔진이 아니라 컴퓨터가 데이터를 처리하는 데 있어서도 유용합니다. 이를 통해, 머신러닝, 인공지능과 같은 분야에서 다양한 데이터와 정보를 활용하여 문제를 해결할 수 있습니다.

웹5.0은 데이터의 분산과 개인 데이터에 대한 사용자 중심의 통제를 보장하기 위해 블록체인 기술을 적극 활용합니다. 이로 인해 미래 금융 산업에서 블록체인 기술은 가장 주목받는 부분 중 하나입니다. 블록체인 기술은 웹5.0의 핵심 기술 가운데 하나이며, 긱 경제와 금융 시스템 전반에서 활용될 것으로 예상됩니다. 미래에 웹5.0은 기업과 개인의 데이터에 대한 관리와 보호를 향상시키면서 창조적으로 정보와 기술을 활용하는 긱 경제와 상호작용하게 될 것입니다. 긱 경제는 이전의 중앙 집중적인 대출 및 투자 시스템에 도전장을 내면서, 사용자 중심의 자체 제어 시스템인 웹5.0과 함께 어우러져 분산형 금융 모델에서 중요한 부분을 차지할 것입니다. 웹5.0은 창작자들이 자유롭게 디지털 컨텐츠를 만들어서 제공하고, 사용자들은 이를 구매하고 소유할 수 있도록 하는 시스템을 구축할 수 있습니다. 이 프로세스는 중개자와 중간자의 역할이 없기 때문에 개인의 수입과 창작자들의 창조적인 시장 활동 중심으로 이루어질 것입니다. 긱 경제와 웹5.0은 미래의 금융과 사회 모델을 혁신시키는 데 큰 역할을 할 것입니다. 이를 통해 사용자 중심의 금융 시스템과 인터넷 환경이 형성될 것입니다. 이러한 환경에서 사람들은 자신의 금전적 자유와 창조적인 영역의 자유를 더욱 향상시킬 수 있게 될 것입니다.

맺는말

4차 산업혁명을 넘어 5차 산업혁명으로

맺는말

4차 산업혁명을 넘어 **5차 산업혁명**으로

4차 산업혁명이 도외시한 사회적·환경적 문제

1859년은 인류의 역사에서 매우 기념비적인 해였습니다. 다윈이 『종의 기원』을 발표하면서 인간의 뿌리에 대한 사유의 틀을 제시하며 진화라는 관념을 인간들에게 심어줬기 때문입니다. 인간과 동물 간의 생물학적 연관 관계가 구체적으로 드러나게 되면서 유아독존 식의 인간 우월주의나 예외주의가 설 자리를 잃게 됐습니다. 인류의 진화 역사를 되짚어 보면 인간이 두 발로 걷고 도구를 사용한 증거가 뚜렷한 인류는 제4기가 되어서 나타난다고 합니다. 제4기는 홍적세와 충적세로 나뉘고, 홍적세는 다시 네 차례의 빙하기와 그 사이의 간빙기로 되어 있습니다. 충적세는 약 1만 년 전에 마지막 빙하기가 끝나고 기후와 동식물의 군상(群像)이 오늘날과 거의 비슷해진 시대입니다.

홍적세에 나타난 화석인류 가운데 원인(猿人)의 한 부류인 오스트랄로피테쿠스(Australopithecus)는 약 300만 년 전 다른 종에서 진화했을 것이라 추정됩니다. 그러니까 원숭이에 가깝던 인류가 두 발로 걷게 되면서 호모 에렉투스(homo erectus)가 되었고, 그 덕분에 앞발의 기능이 변해 손이 되면서 호모 하빌리스(homo habilis)가 되었으며, 그 손으로 도구를 사용하기 시작하면서 호모 파베르(homo faber)가 되었습니다. 이렇게 인간이 네 발로 걷는 원인에서 도구를 사용하는 호모 파베르가 되기까지 걸린 시간은 무려 300만 년쯤 됩니다. 생물학적 진화란 지구의 환경이 갑작스럽게 변한 후 그 상태로 쭉 지속되지 않는 한 이처럼 매우 느리게 이루어집니다.

호모 파베르가 말로 의사소통을 하게 되면서 다시 호모 로퀜스(homo loquens)로 진화합니다. 언어를 사용한다는 것은 신체적 근육 보다는 두뇌의 발달을 필요로 하며, 언어 사용으로 추상적 개념에 대한 사유가 가능해지면서 자가 학습의 선순환 사이클이 두뇌 발달을 촉진합니다. 이런 진화의 과정을 거쳐 마침내 지금의 인류인 호모 사피엔스(homo sapiens)가 완성됐습니다. 이때부터 인간의 진화 속도는 빨라지기 시작합니다. 물론 여기서 말하는 진화는 생물학적 진화의 한 측면이라고 할 수 있는 두뇌의 발달과 함께 자연스럽게 진행되는 도구의 진화입니다. 인간은 도구를 진화시킴으로써 생물학적 진화의 느림보 속도를 극복하고 만 것입니다. 인간의 역사는 이제 생물학적 진화의 역사가 아니라 도구 즉 기계의 역사로 바뀌게 된 것입니다. 우리 역사책을 보면 인간의 역사는 곧 문명사입니다. 문명은 인간이 도구를 만들어 그 도구로 쌓아 올리는 유·무형의 구조물입니다. 무형의 구조물이라고 할 수 있는 사회제도의 경우에는 도구의 발달이 없었다면 생산력이 뒷받침되지 않아 잉여 생산물이 생기지 않았을 테고, 그러면 권력자도 등장하지 않아 문명을 이룩할 만큼의 규모가 되는 사회와 국가를 형성하지 못했을 것입니다. 이 과정에서 종이와 같이 지식을 기록하여 후대에 전하는 도구는 지식의 축적을 가능하게 하는 매우 중요한 도구 가운데 하나입니다.

인간 진화의 꽃은 산업혁명이라고 하겠습니다. 산업혁명을 통해 인간은 도구와 융합되었습니다. 기계는 말하자면 인간의 신체 일부가 되어 인간에게 제약이 되는 경계를 뛰어넘는 마술봉 역할을 해 줍니다. 이로써 인간은 자연의 경계도, 문화의 경계도 뛰어넘을 수 있었습니다. 20세기로 접어들 때부터 기술이 고도화됨에 따라 더욱 하이브리드형 인간으로 변모해 갔습니다. 그리고 21세기를 맞고 있는 지금 그 정점에 4차 산업혁명이 있습니다.

제4차 산업혁명은 사물인터넷, 빅데이터, 인공지능, 머신러닝, 클라우드 컴퓨팅, 블록체인 등 매우 파괴적인 일련의 디지털 기술들이 주도했습니다. 빠르고 자동화된 의사 결정을 가능하게 하는 광범위한 상호연결성과 실시간 데이터 수집 및 분석을 특징으로 합니다. 또한 거의 모든 것을 데이터화하여 무한한 정보를 생성했습니다. 이 시대는 가상적·물리적 제조 시스템의 병합을 통해 나타난 스마트 팩토리(지능형 공장, smart factory)의 시대이기도 합니다. 이러한 기술 발전은 공장 운영 방식뿐만 아니라 사회에서 이루어지는 다른 중요한 활동 방식에도 변화를 가져왔습니다.

반도체 기술의 혁신은 4차 산업혁명이 기술 혁신을 주도하는 데 핵심적인 역할을 수행했습니다. IoT가 IIoT(산업 사물인터넷)[1]로 변환되는 것과 같은 기술의 급속한 발전으로 인해 디지털화의 시대로 정확하게 특징지어졌습니다. 클라우드 컴퓨팅이 포그 컴퓨팅[2]과 엣지 컴퓨팅[3]으로 발전합니다. 통신 기술도 2G에서 3G, 4G 및 5G로 급속히 발전했습니다. 인공지능과 머신러닝이 딥러닝으로 이동하고 최근에는 챗GPT와 같은 생성형 인공지능인 대형 언어 모델(LLM)이 등장하여 영향력의 범위가 훨씬 더 넓어졌습니다. 다양한 기술의 융합은 디지털 혁명을 보편적이고 이동성이 높은 것으로 만들었습니다.

기업에 미치는 영향 측면에서 플랫폼 비즈니스 모델, 제품 맞춤화, 새로운 운영 모델과 같은 개념이 광범위하게 확대됐습니다. 플랫폼 비

1) IIoT(industrial internet of things)는 산업 자산을 연결하고 운영을 자동화하는 산업용 사물인터넷입니다. 센서, 액추에이터, 소프트웨어 및 통신 기술을 사용하여 산업 자산을 연결하고 데이터를 수집하고 분석하기 위한 기술로, 제조, 에너지, 운송, 헬스케어 등 다양한 산업에서 사용됩니다. 산업 자산을 연결하고 운영을 자동화하여 생산성을 높이고 비용을 절감하며, 제품 품질을 개선하고 안전을 강화할 수 있습니다. IIoT는 아직 초기 단계에 있지만, 잠재력은 매우 커서 산업을 변화시키고 더 스마트하고 효율적인 세상을 만들 수 있습니다.

2) 포그 컴퓨팅(fog computing)은 클라우드 컴퓨팅과 엣지 컴퓨팅의 중간에 위치한 분산 컴퓨팅 패러다임입니다. 포그 컴퓨팅은 데이터, 컴퓨팅, 스토리지 및 애플리케이션을 중앙 클라우드에서 멀지 않은 국소 네트워크 영역으로 옮기는 기술입니다. 이 패러다임은 디바이스와 클라우드 서비스 간의 지연 시간을 줄이고, 데이터 처리를 훨씬 빠르게 하여 전체 네트워크 성능을 향상시키는데 도움이 됩니다. 포그 컴퓨팅은 실시간 처리와 응답이 필요한 IoT 및 IIoT 같은 응용 분야에서 특히 유용하며, 빠른 의사결정이 요구되는 스마트 시티, 스마트 그리드, 스마트 자동차 등과 같은 분야에서 이점이 있습니다.

3) 엣지 컴퓨팅(edge computing)은 데이터를 중앙 클라우드 서버가 아닌 가까운 지리적 위치의 엣지 디바이스 또는 엣지 서버에서 직접 처리하는 분산 컴퓨팅 패러다임입니다. 이 접근 방식은 데이터 처리, 분석 및 저장을 기기 자체 또는 해당 기기와 가까운 곳에서 수행하도록 합니다. 엣지 컴퓨팅은 데이터의 지연 시간을 최소화하고, 네트워크 과부하를 줄이고, 응답 시간과 전반적인 성능을 개선하는 데 도움이 되는 패러다임입니다.

즈니스 모델은 배달의민족, 우버, 에어비앤비와 같은 스타트업들이 자산이 없이도 거대 기업으로 성장하도록 만들었습니다. 또한 긱 경제의 출현과 '휴먼 클라우드(human cloud)'[4]가 시작됐습니다. 블록체인 기술의 출현으로 비트코인과 다양한 암호화폐의 시대가 도래했습니다. 자율주행차, 드론, 에어 택시도 등장했습니다.

많은 전문가들이 4차 산업혁명을 물리, 생물, 디지털 기술의 융합으로 설명합니다. 물리학적 영역과 디지털 영역이 융합된 피지탈(phygital)[5]의 응용 사례로는 적층방식 제조(3D 프린팅), 자율주행차, 고급 로봇 등이 있습니다. 생명공학 분야에서는 유전공학, 유전자 서열 분석, 합성 생물학, 바이오 연료, 뉴로테크(신경 기술) 등이 혁명적인 새로운 기술로 발전했습니다. 이와 함께 나노 기술 및 양자 컴퓨팅의 출현도 중요한 역할을 했습니다. 3D 제조와 유전자 편집을 결합하여 유전자 변형 동식물과 3D 바이오 프린팅 등의 혁신을 이끌어냈습니다. 유전자가 사전에 편집된 아기를 의미하는 소위 '디자이너 베이비'[6]의 잠재력은 짐작하기조차 어렵습니다.

---

4) 휴먼 클라우드(human cloud)는 전 세계의 독립적인 프리랜서, 개인 사업자 및 소규모 기업이 온라인 플랫폼을 통해 협력하고 작업하는 가상 인력 시장을 의미합니다. 이는 인터넷과 클라우드 기반 기술을 활용하여 전통적인 고용 관계를 밀어내면서 경제 활동을 보다 유연하게 만들고 있습니다.

5) phygital은 '물리적(physical)'과 '디지털(digital)'이라는 두 단어를 합친 합성어로, 물리적 환경과 디지털 기술이 융합되어 상호작용하는 현상을 나타냅니다. 고객이나 사용자에게 물리적 체험(또는 효과)과 디지털 정보 기술이 결합된 새로운 경험을 제공하는 데 중점을 둡니다. 예를 들어, 증강현실, 가상현실, 인공지능 등의 디지털 기술을 사용하여 산업이나 업무에서 개선과 새로운 협력 과정을 만들 수 있습니다.

6) 디자이너 베이비(designer baby)는 유전자 조작을 통해 사전에 선택된 또는 향상된 특성을 가진 태어날 아기를 의미합니다. 이 개념은 유전공학과 관련 연구의 발전으로 인해 등장했으며, 부모가 아기의 물리적, 지적 또는 성격 특성을 선택할 수 있는 미래를 상상하게 합니다. 이를 통해 아이의 우월한 건강, 지능, 외모 또는 특정 능력을 개선할 수 있습니다. 그러나 이런 기술은 도덕적, 윤리적, 사회적 논란을 불러일으킵니다.

이러한 혁명적인 기술이 기업, 경제 및 사회 전반에 미치는 영향을 잠시 정리해 보겠습니다. 4차 산업혁명은 고객 기대를 변화시키고 데이터 기반 제품과 서비스를 새로운 삶의 방식의 표준이 되도록 만드는 등 글로벌 차원에서 많은 사회경제적 추세를 낳았습니다. 또한, 건강관리와 금융 등의 분야에서도 광범위한 기술 응용이 진행되고 있습니다. 그러나 주목할 점은 이러한 기술 응용의 발전에도 불구하고 인간 간의 연결이 점점 더 필요해지고 있다는 것입니다. 4차 산업혁명 기술은 인간의 권한을 점차 약화시키면서 그 대신 기계가 의사 결정을 대신하게 만들고 있는 것입니다. 사회적으로는 이러한 파괴적 변화에 대응하기 위해 '순환경제'와 '인류세'라는 개념이 등장하기도 했습니다. 인류세란 인간이 발전시킨 기술로 인해 환경에 악영향을 미치기 시작한 시대를 말합니다. 4차 산업혁명은 기술을 활용하여 효율성을 추구하고 기술의 상호 연결성 및 적용을 극대화하는 것을 주요 목표로 삼았습니다. 기업과 산업이 이윤을 추구하는 데 초점을 맞춤에 따라 기술이 인간의 일자리를 빼앗으면서 인간과 경쟁 구도를 만들고, 환경 문제 완화에 대해서는 립서비스 수준에서 머무르고 말았습니다.

제4차 산업혁명은 인간의 생존 문제와 직결돼 있는 지구 환경과 관련해서는 지속가능성을 담보해 내지 못했습니다. 넷제로, 2050 탄소중립 같은 목표들을 열심히 수립하기는 했지만 날로 악화되는 환경오염과 기후변화로 내일모레 인류가 멸망한다 해도 이상하지 않을 정도입니다. 속도전식의 기술 개발과 발전에 치중함으로써 인간성은 상실되고 인간은 한낱 기계와 경쟁하는 상황으로 내몰리고 있습니다. 자원의 고갈을 막고자 등장한 순환경제는 개념만 거창할 뿐 현실적으로 실현되는 사례는 찾아보기 어렵습니다. 4차 산업혁명이 추구해온 개별 산업 단위, 기업 단위 발전의 수직적 혁신은 산업 간, 기업 간, 심지어 부서 간 협력도 어렵게 만듭니다. 한마디로 4차 산업혁명은 많은 문제들을 노정시킨 것에 비해 다양한 사회적 요구에는 거의 부응하지 못했습니다.

4차 산업혁명의 문제 해결사, 5차 산업혁명

우리는 지금까지 꽤 많은 분량으로 4차 산업혁명이 가져올 파괴적인 미래에 대해 살펴보았습니다. 그러면서 한편으로는 어떻게 하면 정글 같은 디지털 세계에서 살아남을 수 있을까를 탐구했습니다. 미래를 준비하는 데 대한 동기를 부여하기 위해 부정적인 측면을 더 많이 다룬 면도 있기는 합니다. 그러나 이 책에서 묘사한 4차 산업혁명의 미래에 대한 개략적인 그림은 그리 틀리지 않을 것이라고 생각합니다.

4차 산업혁명이 지니고 있는 약점을 보완하고 산업의 발전에 새로운 모티브를 제공하면서 방향을 재설정하기 위해 인위적인 이니셔티브로 진행되고 있는데, 이런 움직임을 '제5차 산업혁명'이라고 부릅니다. 기술의 발전 방향에 인간의 의지가 개입되기 때문에 순수한 산업혁명이라고 하기 어려우므로 '5차 산업혁명주의'라고 부르는 편이 더 어울릴 수도 있습니다. 4차 산업혁명의 부정적 측면을 고려할 때 당연하게도 제5차 산업혁명은 인공지능, 사물인터넷, 빅데이터, 로봇 등 첨단 기술을 다양한 산업에 통합하는 것이 가장 큰 특징이며, 사람과 기술의 조화를 중요시합니다. 기술이 주도하는 것이 아니라 인간이 주도하는 산업혁명인 것입니다. 기술의 발달은 막을 수도 없고, 막아서도 안 되지만, 그 방향만큼은 선한 곳을 향하도록 조정하는 것입니다. 그렇게 해서 기계가 아닌 사람이 진화하도록 인간의 진화 과정을 재설정하는 것입니다.

이처럼 5차 산업혁명은 제4차 산업혁명이 가져온 기술 혁신을 기반으로, 인간 중심, 지속 가능성 및 생태계를 포함한 회복력을 실현하는 차세대 산업 환경이라고 말할 수 있습니다. 즉, 여러 가지 기술과 방식을 통합하여 사회, 경제 및 환경 측면에서 가장 중요한 가치인 '인간 중심성'과 '지속가능성'에 초점을 맞추고 있습니다.

<4차 산업혁명과 5차 산업혁명 비교>

항목		4차 산업혁명	5차 산업혁명
인간 중심 vs. 기술 중심	극대화 전략	기술의 종류와 범위, 상호 연결성 극대화	기술과 인간의 강점을 파악하여 각각의 장점 극대화
	경쟁 vs. 협업	인간은 일자리를 얻기 위해 기계와 경쟁	인간과 기계의 협력
웰빙	환경 강조	환경을 강조하지 않음 기술 진보 우선시(예 : 스마트 팩토리) 이윤 추구	인류와 지구의 웰빙 추구 지속 가능하고 재생 가능한 자원에 집중 목적이 잘 정의된 이윤 추구
	기술의 한계 초월 여부	각 기술별로 안정화 시켜 신뢰할 수 있도록 만드는 것이 급선무	인도적 사용을 위해 기술들의 경계를 넘어 통합적으로 접근

5차 산업혁명의 핵심은 인간, 기술 그리고 사회적 가치의 고려를 통해 지속 가능한 발전과 혁신을 추진하는 것입니다. 인간의 복지와 삶의 질 향상을 목표로 하는 동시에 환경 지속 가능성과 회복탄력성을 개선하기 위해 통합적 접근법을 적용합니다. 이러한 혁신을 이루기 위해 정보통신 기술과 인공지능, 로봇공학, 생명과학 및 기타 기술의 고도화 및 통합에 집중하며, 가상 공간(사이버 공간)과 현실 공간(물리 공간)을 통합하여 최적의 솔루션을 만들어냅니다.

4차 산업혁명은 개별 기술들의 범위를 넓히는 것이 주요 목표였지만, 5차 산업혁명은 과거에 비해 경제 주체들과 중요 요소들의 개념을 더 확장할 수 있도록, 고도로 발전한 기술들을 인간 중심적인 방법으로 사용하는 데 중점을 둡니다. 이전에는 경제 주체를 개인, 기업, 국가로 한정했지만, 5차 산업혁명에서는 그 범위를 소비자, 서비스 공급자, 사회, 시민, 환경까지 포괄하도록 확대합니다. 이를테면 마케팅 삼각형 모델[7)]과 서비스 피라미드 모델[8)] 같은 이전의 연구들은 고객, 근로자, 기업을 이해당사자로 설정했습니다. 그러나 사회와 환경이라는 요소가 점차 고객, 근로자, 그리고 기업과 상호 연결성이 커져감에 따라 이를 반영할 수 있도록 5차 산업혁명에서는 여기에 사회와 환경을 포함시킵니다. 5차 산업혁명에서는 기술의 의미가 확대됩니다. 파라슈라만의 마케팅 피라미드 모델은 코틀러의 전통적인 삼각형 모델에 고객, 근로자, 기업 사이의 상호작용에 점점 더 많은 영향을 미치고 있는 기술의

---

7) 필립 코틀러(Philip Kotler), 『마케팅 매니지먼트(Marketing Management)』, 1994

8) 파라슈라만(A. Parasuraman), 『기술준비지수(Technology Readiness Index)』, 2000

역할을 추가했습니다. 5차 산업혁명은 이렇게 개선된 모델에서 한 걸음 더 나아갈 것을 요구합니다. 4차 산업혁명을 통해 발전한 모든 기술들이 생물학적 기술, 물리적 기술, 디지털 기술로 집약되고 있는 추세를 반영할 수 있습니다. 또 양방향 화살표를 통해 경제 주체와 기술 사이의 협력 관계를 나타냅니다.

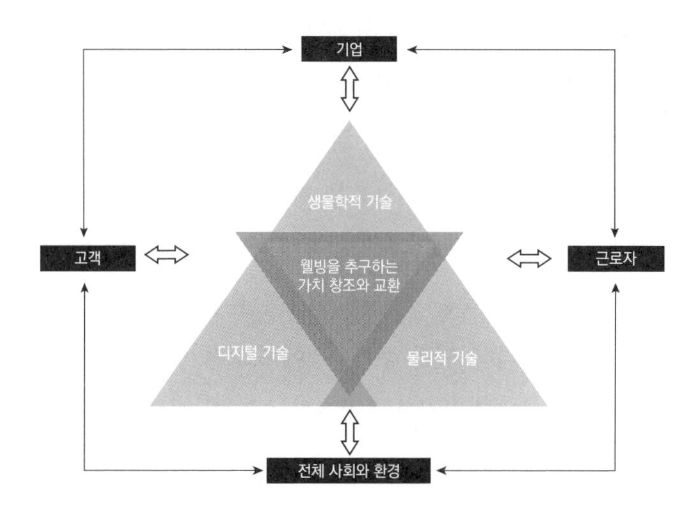

5차 산업혁명주의의 대원칙은 유토피아적인 개념화입니다. 인간과 기계 사이의 조화롭고 시너지가 넘치는 협업을 추구하려고 하는 것입니다. 그래서 등장하는 개념이 협업 로봇인 '코봇(cobot)'입니다. 로봇은 4차 산업혁명에서 가장 많이 도입된 기계 유형이었으며, 조립, 가공, 운반, 배송 등에서 작업하는 산업 로봇은 생산성을 크게 높일 수 있었습니다. 4차 산업혁명에서 산업 로봇은 안전장치 뒤에서 작업을 수행했지만, 5차 산업혁명에서는 작업을 수행하는 로봇과 사람이 같은 공간에서 작업을 하게 됩니다. 사람과 같은 공간에서 함께 작업을 수행하는 산업 로봇이 코봇입니다. 코봇은 사람의 안전을 보장하기 위해 로봇 팔에 초음파 센서를 장착하여 사람의 근접도를 감지하고, 작동 속도를 감지하여 조절하는 가속도 센서, 정확한 작동에 필요한 고정밀도의 경사 측정 및 조절용 자이로센서 등이 장착됩니다. 또한 작업물의 색상이나 형태를 정확하게 파악해야 하는 경우에는 시각 감지 기능을 갖는 '기계 눈(machine vision)' 시스템도 장착되어 있습니다. 여기에 안전 제어 소프트웨어 등이 결합되면서 사람과 로봇 간의 협업이 가능해지는 것입니다. 이런 코봇은 기계 간의 통합과 통신을 통해 동시에 여러 작업을 지원하고, 수요 변동에 따라 생산량을 증감시키는 것도 지원하며, 생산 품목을 바꿀 수 있도록 유연한 생산 시스템을 구축하는 데도 활용됩니다. 인간 중심주의에 초점을 맞춘 인간 친화적인 코봇은 사람 가까이에서 안전하게 작동할 수 있기 때문에 공장뿐만 아니라 서비스 분야에서도 활용 가능하며, 기계 눈과 인공지능의 심화에 따라 의료, 교육, 음식점, 소매 등 다양한 분야에서도 응용할 수 있습니다.

지속 가능한 경제 실현 측면에서는 '스마트 셀(smart cell)'이라는 기술이 돋보입니다. 스마트 셀은 생물학적 세포의 물질 생산 능력을 최적화하고 제어할 수 있도록 고도의 설계를 통해 만들어지는 세포를 말합니다. 생명공학과 디지털 기술(예: 정보 분석)을 결합하여 세포를 프로그래밍하고, 이들의 특징과 기능을 맞춤화하며, 생산 공정에서 더욱 효율적인 세포를 개발할 수 있도록 합니다. 이 개념은 세포를 공장에서 생산하는 것처럼 만들어내는 차세대 생명공학 기술입니다. 스마트 셀은 다양한 산업과 응용 분야에서 혁신적인 솔루션을 만들어낼 수 있습니다. 4차 산업혁명에서는 생물학이 정보통신 기술, 인공지능 등의 최첨단 디지털 기술들과 융합되면서 생명공학 분야에 눈부신 발전을 가져왔습니다. 스마트 셀 산업은 이러한 통합을 더욱 촉진시키고 있습니다. 유해한 색소를 사용하지 않고 카멜레온과 같은 자연에서 존재하는 생물체의 색 변환 기술을 인공적으로 재현하여 색이 바래지 않는 친환경적이고 인체 친화적인 도색 제품도 만들 수 있습니다. 바이오 연료 및 유전자 치료도 스마트 셀 산업에 포함됩니다. 이러한 스마트 셀 산업은 인공지능을 통한 빅데이터 분석, 각 제조 공정별로 모듈화된 장비의 조합, 실험용 인간형 로봇, 모든 요소들의 네트워킹 등의 디지털 기술들을 필요로 합니다. 이러한 디지털 기술들이 더욱 발전된 생명공학과 고차원적으로 통합하는 것이 5차 산업혁명에서 인간과 환경에 친화적인 '지속 가능한' 경제 활동을 실현하는 열쇠라고 할 수 있습니다.

5차 산업혁명은 고객, 근로자, 주주(株主), 지구, 인류 전체를 포함한 다양한 이해관계자들의 웰빙에 높은 가치를 부여합니다. 기술의 인간 친화적이고 윤리적 사용을 강조하며, 인간에게 파괴적인 영향을 최소화하기 위해 신중하게 규정되는 제재를 하려고 합니다. 모든 산업에 이익뿐만 아니라 목적까지 고려하는 경영 방식을 강조하며, 지속 가능하고 재생 가능한 에너지 자원을 채택할 요구할 것입니다. 이 새로운 시대의 최대 과제는 사회적·환경적 도전 과제를 해결하면서 인류의 발전을 추구하는 것입니다. 생명공학 분야에서도 중요한 발전을 이루어냅니다. 앞서 말한 스마트 셀 외에도 바이오 연료, 유전자 치료 등과 같은 기술들 그리고 '바이오닉 증강' 및 '생체 인터넷(Internet of Bodies)'[9]을 통한 인체와 기술의 통합 등이 있습니다. 이러한 융합의 근본적인 목표는 기술이 환경 지속 가능성을 최우선으로 하고, 인간과 사회의 복지를 위해 제 역할을 하는 것입니다.

유럽연합(EC)은 지속 가능하고 인간 중심적이며, 탄력적이고 미래 지향적인 산업에 초점을 맞춘 5차 산업혁명 개념을 제시했습니다. 유럽연합 모델은 유럽을 중심으로 하고 있지만, 전 세계로도 확대 적용할 수 있습니다. 4차 산업혁명에서 디지털화 및 기술이 낳고 있는 파괴적인 영향에 대처하는 것을 주요 목표로 하고 있습니다. 생산 과정의 한복판에 있는 근로자의 복지를 향상시키고, 위기가 닥쳤을 때 필수적인 인프라를 지원하며, 직관적이고 사용자 친화적인 기술을 채택하는, 탄력적이고 포용적인 산업을 창출하려고 합니다.

일본의 경우에도 모든 시민에게 혜택이 돌아가는 종합적인 전환 전략 및 정책, 철학을 담은 5차 산업혁명의 개념을 도입했습니다. 일본의 개념은 경제 발전과 사회적·환경적 과제 해결 사이의 균형을 도모하며, 새로운 인류 중심 사회를 지향합니다. 사이버 공간과 물리적 공간의 융합은 현재 당면하고 있는 사회적 문제와 환경 문제를 해결할 솔루션

9) 생체 인터넷(Internet of Bodies, IoB)은 기존의 사물 인터넷(IoT) 개념을 인간의 신체와 연결하여, 인간의 건강, 행동, 생리적 신호 등의 데이터를 수집, 분석 및 공유하는 기술을 말합니다. 이는 전자 의료 기록(EMR), 웨어러블 기기, 생체 증강 장치 등 다양한 기술을 통합하여 실시간으로 개인의 건강 상태를 모니터링하고, 예방적 관리와 진단을 개선하며, 효율적인 치료법을 제공합니다.

을 찾는 데 큰 역할을 합니다.

5차 산업혁명이 인간의 웰빙과 가치를 중심으로 한다는 것은 4차 산업혁명과 상당히 차별화되는 점입니다. 4차 산업혁명이 일자리의 파괴와 재정의, 경쟁에 대한 두려움을 불러오고, 기술 발전을 우선시했던 것과는 대조됩니다. 5차 산업혁명은 각 사람의 강점을 발전시키고 모든 사람들의 웰빙을 추구합니다. 사람, 지구 그리고 인간적인 활용을 위한 기술인 것입니다. 세계경제포럼에 따르면, "5차 산업혁명 기술은 우리의 일과 생활에 깊은 영향을 미칠 것으로 예상되지만, 이때는 인간 중심적인 접근법에 따라 모든 혜택이 널리 공유되고, 부정적 영향은 최소화되는 방향으로 발전"이 이루어지게 됩니다.

5차 산업혁명과 우리의 미래

5차 산업혁명이 가져올 기술과 사회의 변화에 대해 간략히 정리해 보겠습니다.

1. 인간과 기계는 협업하는 동료관계로서 함께 일할 것입니다
2. 인지 능력을 지녀서 인간 감정을 이해하는 로봇이나 디지털 감성 기계나 로봇이 산업과 개인의 삶 곳곳에 존재할 것입니다.
3. 인간 중심적 혁신이 사회 구조를 재정립하고 인간관계와 인간의 가치를 증진시키게 될 것입니다. 정책의 시행과 법적 집행은 신속하고 투명하며 권위 있게 이루어질 것입니다.
4. 제품, 서비스, 상호작용, 경험은 모두 개별화되고 가상화될 것입니다.
5. 인간 신경망(HNN)은 현실로 구현될 것이며, 두뇌를 서로 연결하여 정

보와 경험을 직접 전달하는 기술 덕분에 우리는 즉각적인 학습이 가능해질 것입니다.[10]

6. 지능형 나노 로봇[11]은 의학과 건강관리 시스템에 널리 사용될 것이며, 그 덕분에 모든 질병에 대해 유전공학과 융합된 정보로 치료법을 프로그래밍할 수 있게 됩니다.
7. 몰입형 경험과 가상의 상상 세계에서 생활하는 것이 새로운 현실이 될 것이며, 마치 매트릭스 안의 시뮬레이션 세계처럼 다양한 멀티 메타버스로 구성될 것입니다.[12]
8. 교육은 프로그래밍되어, 모든 개인에게 맞춤형으로 제공될 것이며, 각종 가상 메타버스에서 언제 어디서나 접근할 수 있게 될 것입니다. 교육 방식은 정보와 지시에 대한 내용이 적어지고, 몰입형 경험 중심의 공동 학습으로 변화할 것으로 예상됩니다.
9. 양자 컴퓨팅 기술은 인간들이 직접 여행하기 힘든 우주를 가상으로 탐색할 수 있게 해 줄 것입니다. 우주에서 관측된 데이터들을 기반으로 양자 컴퓨터를 이용하면 그 동안은 측정하기 어려웠던 우주와 다른 세계들을 정확하게 모델링하고 시뮬레이션할 수 있기 때문입니다. 또 양자 컴퓨팅을 활용한 로켓 엔진과, 어떠한 조건에도 적응할 수 있는 물질, 그리고 인간의 유전체에 대한 연구 등을 통해 우주여행이 더욱 빨라지고, 인간의

---

10) 뇌과학 분야의 세계적 석학인 미겔 니코렐리스(Miguel Nicolelis)의 저서 『뇌의 미래(Beyond Boundaries)』(2012)를 참조하세요.

11) 의료용 지능형 나노 로봇(intelligent nano robots)은 아주 미세한 로봇으로 조직, 세포, 분자 수준에서 치료하는 것을 목표로 하며, 암 세포 파괴, 정확한 곳에 약물 전달, 구강 치료, 심장 질환 치료 등의 임무를 수행합니다.

12) 가상현실 기술의 발전과 함께 실제 현실과 가상현실이 점점 뒤섞이고, 가상현실 세계에서의 경험이 더욱 현실적으로 느껴져, 사람들이 가상 세계에서의 생활을 더욱 중요하게 생각하게 될 것을 예측하는 것입니다. 여러 개의 가상 세계끼리 서로 융합하여 새로운 메타버스를 형성함으로써 더욱 현실감 있고 다양한 경험을 제공할 것으로 예상됩니다.

생물학적·생화학적 한계를 극복할 수 있는 가능성이 열리게 될 것입니다.

10. 3D 프린팅된 물질, 식물, 인체 기관 등은 식품, 의료, 인도주의적 분야에 혁신적인 변화를 가져오게 될 것이며, 기계 임플란트[13]와 같은 기술을 통해 인간의 신체 능력을 극도로 향상시키게 될 것입니다.

이러한 전망은 지금으로서는 여전히 공상과학 소설처럼 느껴지지만, 2030년대부터 점점 정착되기 시작할 것입니다. 이 기술들의 기초 요소들은 이미 존재하고 있으며, 다양한 방법으로 연구 개발 중에 있습니다. 앞으로 '공상과학'이라는 개념은 시간 여행, 순간 이동 등의 영역으로 확장되어 재정의되어야 할 것입니다.

이제 다시 우리의 주제로 돌아가 보겠습니다. 지난 몇 년간 우리는 팬데믹으로 인해 전례 없는 변화를 겪었습니다. 양상을 많이 바뀌긴 했지만 지금 이 순간에도 4차 산업혁명의 영향으로 변화는 계속되고 있습니다. 5차 산업혁명이 본격화될 때까지 수많은 전통적인 직업에 변화가 찾아오게 되고 많은 일자리들이 자동화되어 기계에 의해 대체될 것입니다. 우리는 이런 변화를 받아들이는 것만으로는 충분하지 않습니다. 미래를 밝히 보고 변화를 예측하여 미리 대비해야 합니다. 자칫하면 긍정적인 물결을 타는 기회를 놓치고 준비할 시간이 충분하지 않을 수 있기 때문입니다. 지금은 4차 산업혁명과 5차 산업혁명이 혼재된 상태로 진행되고 있는 전환기입니다. 이런 유동적인 시기에는 더 주의를 기울여 변화의 동향을 살피고 미래를 위한 대비 전략을 세울

13) 이미 보편화된 치아 임플란트처럼 인체 기능 향상을 위해 인체의 다른 기관에도 기계를 부착하는 임플란트를 말합니다.

필요가 있습니다.

개인 차원에서는 새로운 스킬을 습득하기 위한 재훈련에 주안점을 두어야 합니다. 최근 몇 년 동안 가장 강조돼 온 부분이지만 정말로 이젠 시급해졌습니다. 대부분의 일자리는 기술에 대한 요구사항이 점점 높아지고 있습니다. 그렇다고 모든 직업인이 프로그래밍 언어를 배워야 한다는 것은 아니지만 적어도 디지털 리터러시와 직무별 필수 기술은 습득해야 합니다. 일자리가 재정의되면서 경력보다는 기술의 중요성이 더 높아지고 있습니다. 한 직업에 필요한 기술을·습득하면 평균적으로 13가지 다른 일자리에도 자격이 생긴다고 합니다.

미래에는 근로자들은 단순 기술적 시스템에서 사회-기술적 생산 시스템으로 적응해야 하며, 따라서 지식, 기술, 그리고 자격을 지속적으로 향상시키고 재학습함으로써 새로운 일자리 기회를 잡을 수 있어야 합니다. 지속 가능하고 탄력적이며 인간 중심으로의 변화에 부응하여 생산 시스템에서 적극적인 역할을 할 수 있도록 준비되고 훈련되어야 합니다. 요컨대 5차 산업혁명은 인간과 스마트 기술 간 협업에 중점을 두면서 미래 생산 시스템의 기술적·사회적 관리에 영향을 미칠 것입니다. 그러므로 우리는 다양한 소프트 스킬과 디지털 기술을 함양하여 미래의 숙련된 전문인력이 되도록 부단하게 학습해야 할 것입니다.

디지털 정글에서 살아남는 법 2

발행 1쇄 2023년 10월16일

지은이 임정혁

펴낸이 임정혁

디자인 전혜민

펴낸곳 포아이알미디어

주소 서울특별시 영등포구 국회대로 800, 422호

출판등록 2023. 6. 26. 제2023-000079호

홈페이지 4irmedia.kr

블로그 imioim.com

이메일 imioim@naver.com

ISBN 979-11-984260-2-4